现代分析检测技术丛书

Advances in Flow Analysis
Volume 1　Methodologies and Instrumentation

流动分析技术
第一卷　方法与设备

〔波〕马雷克·特罗扬诺夫伊茨 (Marek Trojanowicz)　主编

张　威　刘　楠　何声宝　主译

中国轻工业出版社

图书在版编目（CIP）数据

流动分析技术. 第一卷，方法与设备/［波］马雷克·特罗扬诺夫伊茨
（Marek Trojanowicz）主编；张威，刘楠，何声宝主译
. —北京：中国轻工业出版社，2023.2
　　ISBN 978-7-5184-3954-6

　　Ⅰ.①流… 　Ⅱ.①马… ②张… ③刘… ④何… 　Ⅲ.①分析
化学—分析方法—研究　Ⅳ.①O652

中国版本图书馆 CIP 数据核字（2022）第 063944 号

责任编辑：张　靓

文字编辑：王庆霖　　　责任终审：白　洁　　　封面设计：锋尚设计
版式设计：砚祥志远　　　责任校对：宋绿叶　　　责任监印：张　可

出版发行：中国轻工业出版社（北京东长安街 6 号，邮编：100740）
印　　刷：三河市万龙印装有限公司
经　　销：各地新华书店
版　　次：2023 年 2 月第 1 版第 1 次印刷
开　　本：787×1092　1/16　印张：19.5
字　　数：438 千字
书　　号：ISBN 978-7-5184-3954-6　定价：108.00 元
邮购电话：010-65241695
发行电话：010-85119835　传真：85113293
网　　址：http：//www.chlip.com.cn
Email：club@ chlip.com.cn
如发现图书残缺请与我社邮购联系调换
200435K1X101ZYW

本书翻译人员

主　译　张　威　刘　楠　何声宝

副主译　王英元　王　燃　冯晓民　罗安娜　徐如彦
　　　　　张玉璞　王光耀　吴寿明　闫洪洋

参　译　石红雁　王晓春　王　菲　韶济民　王晓琛
　　　　　白国强　龚珍林　王春琼　王仰勋　周　浩
　　　　　周　东　尚　峰　王　毅　张志灵　谷晓懂
　　　　　范月月　张晓慧　张　丽　李玉娥　靳冬梅
　　　　　冯国胜

本书编写人员

J. R. Albert-García
University of Valencia
Department of Analytical Chemistry
Dr. Moliner, 50
46100 Burjassot
València
Spain

Lúcio Angnes
Universidade de São Paulo
Instituto de Química
Av. Prof. Lineu Prestes 748
05508-900 São Paulo
Brazil

Alberto N. Araújo
Universidade do Porto
REQUIMTE
Departamento de Química Física
Faculdade de Farmácia
Rua Aníbal Cunha 164
4050 Porto
Portugal

Christopher M. A. Brett
Universidade de Coimbra
Departamento de Química
3004-535 Coimbra
Portugal

José L. Burguera
Los Andes University
Faculty of Sciences
Department of Chemistry
P. O. Box 542
Mérida 5101-A
Venezuela

Marcela Burguera

Los Andes University

Faculty of Sciences

Department of Chemistry

P. O. Box 542

Mérida 5101-A

Venezuela

J. Martínez Calatayud

University of Valencia

Department of Analytical Chemistry

Dr. Moliner, 50

46100 Burjassot

València

Spain

S. Cárdenas

Universidad de Córdoba

Department of Analytical Chemistry

Campus de Rabanales

14071 Córdoba

Spain

Andrea Cavicchioli

Universidade de São Paulo

Escola de Artes, Ciências e Humanidades

Rua Arlindo Béttio

1000 Ermelino Matarazzo

03828-000 São Paulo

Brazil

Víctor Cerdà

University of the Balearic Islands

Automation and Environment

Analytical Chemistry Group

Department of Chemistry

07122 Palma de Mallorca

Spain

StuartJ. Chalk

University of North Florida

Department of Chemistry and Physics

1 UNF Drive

Jacksonville
FL 32224
USA

Purnendu K. Dasgupta
University of Texas at Arlington
Department of Chemistry and
Biochemistry
Arlington
TX 76019—0065
USA

R. J. E. Derks
Vrije Universiteit Amsterdam
Division of Analytical Chemistry &
Applied Spectroscopy
De Boelelaan 1083
1081 HV Amsterdam
The Netherlands

José Manuel Estela
University of the Balearic Islands
Automation and Environment
Analytical Chemistry Group
Department of Chemistry
07122 Palma de Mallorca
Spain

Mário A. FeresJr
Universidade de São Paulo
Centro de Energia Nuclear
na Agricultura
Avenida Centenario, 303
Caixa Postal 96
13400—970 Piracicaba SP
Brazil

Juan Francisco García-Reyes
University of Jaén
Department of Physical and Analytical
Chemistry
Paraje Las Lagunillas S/N
23008 Jaén

Spain

Maria Fernanda Giné

University of São Paulo

Centro de Energia Nuclear

na Agricultura CENA

Avenida Centenario, 303

Caixa Postal 96

13400-970 Piracicaba SP

Brazil

Ivano G. R. Gutz

Universidade de São Paulo

Instituto de Química

Av. Prof. Lineu Prestes 748

05508-900 São Paulo

Brazil

Elo Harald Hansen

Technical University of Denmark

Department of Chemistry

Kemitorvet

Building 207

2800 Kgs. Lyngby

Denmark

Kees Hollaar

Skalar Analytical B. V.

Tinstraat 12

4823 AA Breda

The Netherlands

Fernando A. Iñón

University of Buenos Aires

Facultad de Ciencias Exactas y Naturales

Pabellón 2

1428 Buenos Aires

Argentina

Hubertus Irth

Vrije Universiteit Amsterdam

Department of Analytical Chemistry &

Applied Spectroscopy

De Boelelaan 1083

1081 HV Amsterdam
The Netherlands
Takehiko Kitamori
The University of Tokyo
Department of Applied Chemistry
Graduate School of Engineering
7-3-1 Hongo
Bunkyo-ku
Tokyo 113-8656
Japan
Robert Koncki
University of Warsaw
Department of Chemistry
Pasteura 1
02-093 Warsaw
Poland
Jeroen Kool
Vrije Universiteit Amsterdam
Department of Analytical Chemistry &
Applied Spectroscopy
De Boelelaan 1083
1081 HV Amsterdam
The Netherlands
Pawel Kościelniak
Jagiellonian University
Faculty of Chemistry
R. Ingardena Str. 3
Kraków, 30-060
Poland
Petr Kubáň
Mendel University
Department of Chemistry
and Biochemistry
Zemědělská
Brno 61300
Czech Republic
José L. F. C. Lima
Universidade do Porto

REQUIMTE
Departamento de Química-Física
Faculdade de Farmácia
Rua Aníbal Cunha 164
4050 Porto
Portugal

Henk Lingeman
Vrije Universiteit Amsterdam
Department of Analytical Chemistry &
Applied Spectroscopy
De Boelelaan 1083
1081 HV Amsterdam
The Netherlands

Shaorong Liu
Texas Tech University
Department of Chemistry
and Biochemistry
Lubbock
TX 79409–1061
USA

R. Lucena
Universidad de Córdoba
Department of Analytical Chemistry
Campus de Rabanales
14071 Córdoba
Spain

Manuel Miró
University of the Balearic Islands
Department of Chemistry
Faculty of Sciences
Carretera de Valldemossa, km 7. 5
07122–Palma de Mallorca
Spain

Antonio Molina-Díaz
University of Jaén
Department of Physical and Analytical
Chemistry
Paraje Las Lagunillas S/N

23008 Jaén
Spain

M. Conceição B. S. M. Montenegro
Universidade do Porto
REQUIMTE
Departamento de Química Física
Faculdade de Farmácia
Rua Aníbal Cunha 164
4050 Porto
Portugal

Shoji Motomizu
Okayama University
Department of Chemistry
Tsushimanaka
Okayama 700−8530
Japan

Bram Neele
Skalar Analytical B. V.
Tinstraat 12
4823 AA Breda
The Netherlands

Beata Rozum
University of Warsaw
Department of Chemistry
Pasteura 1
02−093 Warsaw
Poland

João L. M. Santos
Universidade do Porto
REQUIMTE
Departamento de Química-Física
Faculdade de Farmácia
Rua Aníbal Cunha 164
4050 Porto
Portugal

Javier Saurina
University of Barcelona
Department of Analytical Chemistry

Martí i Franquès 1–11
08028 Barcelona
Spain

B. M. Simonet
Universidad de Córdoba
Department of Analytical Chemistry
Campus de Rabanales
14071 Córdoba
Spain

Marek Trojanowicz
University of Warsaw
Department of Chemistry
Pasteura 1
02–093 Warsaw
Poland
and Institute of Nuclear Chemistry
and Technology
Dorodna 16
03–195 Warsaw
Poland

Manabu Tokeshi
Nagoya University
Department of Applied Chemistry
Graduate School of Engineering
Furo–cho
Chikusa–ku
Nagoya 464–8603
Japan

Mabel B. Tudino
University of Buenos Aires
Facultad de Ciencias Exactas y Naturales
Pabellon 2
1428 Buenos Aires
Argentinia

Lukasz Tymecki
University of Warsaw
Department of Chemistry
Pasteura 1

02–093 Warsaw
Poland

Miguel Valcárcel
Universidad de Córdoba
Department of Analytical Chemistry
Campus de Rabanales
14071 Córdoba
Spain

N. P. E. Vermeulen
Vrije Universiteit Amsterdam
Division of Molecular Toxicology
De Boelelaan 1083
1081 HV Amsterdam
The Netherlands

Elias A. G. Zagatto
Universidade de São Paulo
Centro de Energia Nuclear
na Agricultura
Avenida Centenario, 303
Caixa Postal 96
13400– 970 Piracicaba SP
Brazil

译者序

传统化学实验操作是通过滴管、移液管或药勺等器材，手动移取试验品混合到烧杯或锥形瓶等容器中，然后使其进行反应。此过程是在物理平衡下进行的完全反应。且仪器的调整、维护和使用需要操作者具有较高的专业技能才能保证检测具有较高的准确性，实验操作烦琐，费时、费力。因此，后来有化学家提出了一种能在非平衡状态下，将上述实验操作综合到一个实验装置中进行的方法——流动分析法。它的出现打破了人们的传统观念，使在非平衡状态下的定量分析成为可能。流动分析在混合过程与反应过程中的高度重现性，使它具有分析速度快、精度高、设备和操作简单、节省试剂与试样以及适应性广等优点。

流动分析技术发展迅速，它已被应用于很多分析领域：水质检测、土壤样品分析、农业和环境监测、发酵过程监测、药物研究、禁药检测、血液分析、食品分析、分光光度分析、火焰光度分析、质谱分析、原子光谱分析、荧光分析、生物化学分析等，以译者所在的烟草行业为例，与流动分析相关的国家和行业标准就有数十个之多。

华沙大学的 Marek Trojanowicz 教授是国际知名的流动分析技术研究专家，其主编的 *Advances in Flow Analysis* 一书详细介绍了流动分析技术的理论、研究应用现状和发展趋势，是众多流动分析研究者不可多得的技术工具书，在国际流动分析学界有着巨大的影响力。流动分析技术在我国化学分析领域的应用越来越广泛，为便于广大流动分析检测技术人员学习流动分析技术理论，了解流动分析技术的研究应用现状，掌握流动分析技术的发展趋势，获得及时解决检测工作中"疑难杂症"的能力，译者将原著进行了翻译，并拆分成两卷。本书为第一卷，主要介绍流动分析技术方法与设备，第二卷主要介绍流动分析技术应用与进展。

译者虽力求准确传达原著作者的思想，但由于时间关系以及水平有限，译文中难免存在疏漏或不当之处，恳请读者批评指正。

译者

1

前　言

化学分析是现代生活各个领域中不可或缺的一项技术。随着科学技术的进步，以及需求的增加，作为一门学科的分析化学及以实际应用为目的的化学分析方法和技术均取得了可观的进步。由于所需检测的样品数量越来越多，终端用户需求设计出可直接使用而无需专业实验室服务的分析仪器和方法，分析测定数据的质量要求也在提高，都导致了人们对分析测定的需求不断提升。根据应用领域的不同，这种需求包括缩短分析时间、减少分析所需的样品量、多组分测定更低的检测限或更好的选择性以及更好的精确度和/或准确度。

分析方法的进步以不同方式发生，是多种因素共同作用的结果。其影响分析方法的因素与影响分析测定结果的参数一样多。自然科学、材料科学、电子学和信息学的进步，材料和设备工程的进步，以及它们在分析程序中的应用，都会对分析方法的发展产生影响。人类创造和探索的欲望是无限的，而这正是人们进行科学研究的驱动力。因此，科学或技术发展的任何阶段都不是永恒不变的，这当然也包括分析化学以及化学分析方法和技术的进展。

起初，在流动模式下进行分析测定看似通过省略采样步骤对传统的非流动程序进行了简化。20 世纪 30、40 年代建立的工艺过程中电导率的测定是第一个流动模式的过程分析测量方法。之后，随着检测方法和测量仪器的发展，氧化还原电位、pH、浊度、给定波长吸光度等指标都建立了流动模式的测量方法。这些方法已成为现代过程分析的常用方法。流动模式分析作为化学分析领域的一个独立分支，在过去半个世纪得到了很好的发展并且拥有了大量专门设计的测量仪器，但还有许多具体问题需要解决。这一化学分析领域有很多相关文献，本书不会讨论工艺过程流动分析问题。

本书涉及的是实验室流动分析。这种分析与环境、技术条件以及过程、设备的规模有关。简单的处理方法是将得到广泛认可的作者的理论被实际检测方法采用情况进行分析。在 20 世纪 50 年代，大型医院的临床分析实验室有大量样本需要分析，所以他们迫切需要一种加快分析过程的方案。第一个发明实验室流动分析系统的是来自美国凯斯西储大学医学院附属医院的生物化学家 Leonard J. Skeggs Jr.，他也是现代人工肾的共同发明者。他设计了第一个用光度法测定血液中尿素氮的实验室流动系统，迅速为新仪器申请了专利，并在三年内由 Technicon Co. 将其推向市场并取得了巨大成功。第一个原型机包含了流通光度计和用于连续记录信号的带状图记录器在内的突破性仪器解决方案。本书将介绍其中的一部分，以说明在该系统构建过程中涉及的许多发明和开创性解决方案。该系统是为分析血液样品而设计的，因此要设计一个旋转进样器来从样品瓶中吸取样品。吸入管路中的样品可能会在流动过程中扩散，但这种扩散可能会受到气泡分割的限制。尿素氮的测定需要去除蛋白质，因此有必要设计流通式膜透析器。液相色谱在早期与各种检测器一同被开发，已知其可以在流体中实现连续检测。开发的空气分段式流动分析系统可以实现众多机械化操作（进样、添加试剂、孵育、透析），这是实验室分析中最重要的突破。

在接下来的 20 年里，基于化学实验室分析机械化概念的仪器在大型临床实验室中占主导地位，但随后关于分析过程机械化的许多其他想法变得越来越具有竞争力，包括离心分析仪、采用固态试剂条的设备，尤其是有各种设计的离散分析仪，在过去的 20 年中已经完全取代了临床流动分析仪。它们更高效、更通用，并且可以对一个样品进行几十次检测。但是，在环境保护、农业分析和食品质检领域的常规分析实验室中仍然广泛使用空气分段式流动分析仪。

在 20 世纪 70 年代中期，通过将少量样品注入流动的载体流或直接注入试剂流的流动分析方法的发明，为实验室流动分析的进一步发展提供了关键的推动力。甚至在几年前，人们可以在流动分析的文献报告中发现，通过引入比实际需求更少的样品可以在气泡分割系统中实现稳态平衡的信号。该发现得出的结论是，在该系统中获得的稳态信号可用于分析，并且可以提高进样率。根据现有文献，我们注意到流动进样分析的概念来自分析仪器的不同分支。在某种情况下，它被认为是早期开发的空气分段系统的演变，其消除了流动流体的分段，并通过注射端口而不是通过连续抽吸来微量进样。在获得稳态信号的同时减小了管径，该系统可以提供快速分析信号。相同的分析概念源于商业仪器在液相色谱中的应用以及在无分离柱的流动分析中的应用。通过适当的化学条件，可以实现对特定分析物的选择性分析。

在接下来的几年里，人们对这种分析方法的兴趣迅速增加（如果以分析期刊上发表的论文数量来衡量的话，几乎呈指数增长），这在很大程度上归功于 J. Ruzicka、E. H. Hansen 以及他们的研究团队在众多出版物中发表的结论：对于实验室研究，几乎每个分析实验室都可以通过低成本、简单的组件轻松构建流动进样分析系统，而无需大的设备投资。这是实现各种技术设计理念，在此类系统中进行各种化学反应和样品处理操作以及利用各种检测方法的一种方式。这是流动系统中分析过程机械化的一种非常有吸引力的方式，但必须承认这不是测量自动化的一种方式。根据自动化理论，并遵循 IUPAC 术语建议，自动化系统必须配备智能控制系统，使用反馈-循环机制，无需人工操作即可控制和调节测量条件，因此在流动条件下进行分析测量并不意味着测量的自动化。

自 20 世纪 70 年代以来，开发的用于分析的流动进样方法已经在技术上得到了改进，例如最常见的流动系统：将样品和试剂按顺序注射到单管线系统中［称为顺序进样分析（SIA）］，直接注入检测器传感表面的无管系统中的流动测量［称为间歇注入分析（BIA）］，或在具有可移动固体颗粒的流动注入系统中的应用（称为微珠进样分析，其缩写同样为 BIA）。流动进样分析系统发展的另一个方面是流动系统模块的快速小型化以及集成化，例如，通过将一些模块并入进样阀，或将它们小型化到微流模式。

通常，流动分析系统可以描述为分析测量设备，其中样品预处理和分析物检测的所有操作都在流体中进行。这似乎是对流动分析的一个非常普遍的理解，但同时我们也可以发现这样的描述有不准确之处。是否可以将带有火焰原子化的简单测量纳入流动分析，其中样品被吸入、雾化，然后传输到火焰进行光学检测？在直接进样的质谱测量中，注入的液体样品被蒸发，分析物被电离（也可以被碎裂），然后传输到检测器，质谱分析可否认为是流动分析？而最难解决的问题就是液相色谱和流动分析的区别。在柱色谱中，样品中的分析物在柱上被分离，它们有时也可以被衍生化，然后被输送到流通检测器。毛细管电泳也会出现类似的情况。从传统和历史发展的角度来看，更重要的是，从分析化学中的作用来看，将柱色谱包含在流动分析中似乎并不合适。另一方面，在任何类型的典型流动系统中（空气分段连续系统、流动进样系统等），填充反应器常用于样品净化或预浓缩，这些操作就是遵循色谱的常见机制所进行的操作。那么，划分界限在哪里呢？为了本书主题的框架，流动分析是指测量系统中的分析，其中样品处理和检测的所有操作都在流动溶液中进行，但不包含多组分色谱或电泳分离。大多数情况下，它是采用机械化样品预处理的单组分方法，而流动系统中的多组分分析是在具有更复杂歧管的系统中进行的，或者通过使用多组分检测器进行检测。流动分析的动态特性广泛应用于样品处理中，在许多情况下用于改进某些检测方法的参数，目前在多组分测定的设计方面很少涉及。

本书的主要目的是介绍近年来流动分析的成就，这些成就可能有助于确定其在现代化学分析中的地位。尽管自 Skeggs 开创性发明的 60 年间发表了数千篇论文，但这种分析方法似乎在常规化学分析的各个领域都被低估了。当然，在 20 世纪 60、70 年代取得的巨大成就，是将带有空气分段系统的商业流动分析仪应用于临床实验室中。经过多年的发展，大量发表的论文和一些用于流动进样方法的商业仪器，并没有将流动进样方法充分引入常规分析实验室。如今，如果在常规分析实验室中使用一些流动分析仪，它们大多是具有空气分段流动并记录稳态平衡信号的连续流动分析仪。

本书所有章节的主题都是我选择的，因为近年来这些流动分析领域取得了巨大的进步。感谢出版商接受我的选择。特别感谢所有接受我邀请为本书出版做出贡献的作者。我相信他们都和我一样希望本书对流动分析的进一步发展和这些化学分析方法的推广有所帮助。

还要感谢所有接受我的邀请并审阅了一些章节的同事：加拿大金斯顿皇后大学的 Diane Beauchemin 教授、德国布伦瑞克亥姆霍兹感染研究中心的 Ursula Bilitewski 教授、芬兰阿博·阿卡德米大学的 Ari Ivaska 教授、瑞典斯德哥尔摩大学 Bo Karlberg 教授、波兰克拉科夫雅盖隆大学 Pawel Koscielniak 教授、捷克布尔诺孟德尔农林大学 Petr Kuban 教授、美国密歇根安娜堡分校 Mark E. Meyerhoff 教授、巴西皮拉西卡巴圣保罗大学 CE-NA Boaventura Reis 教授、捷克赫拉德茨-克拉洛韦查尔斯大学 Petr Solich 教授、马萨诸塞大学阿默斯特分校 Julian Tyson 教授、美国威尔明顿杜邦公司的 Bogdan Szostek 博士和英国普利茅斯大学的 Paul Worsfold 教授。非常感谢他们在审稿时提供的宝贵帮助。还要感谢参与本书出版的 Wiley-VCH 出版社的所有工作人员，特别是 Manfred Köhl 博士、Waltraud Wüst 博士和 Claudia Nussbeck 女士。

Marek Trojanowicz

目录CONTENTS

1 流动分析理论

1.1 引言 ………………………………………………………………………… 2

1.2 流动系统的分类 ……………………………………………………………… 2

1.3 流动注射分析中的分散：从开口管中的流体运动到受控分散 ………… 4

1.4 分散测量 ……………………………………………………………………… 11

1.5 流动系统的不同组分对分散的贡献 ……………………………………… 15

1.6 设计方程 ……………………………………………………………………… 21

1.7 结论 …………………………………………………………………………… 28

致谢 …………………………………………………………………………………… 29

参考文献 ……………………………………………………………………………… 29

2 流动分析进样技术

2.1 引言 …………………………………………………………………………… 36

2.2 连续流动分析（CFA） ……………………………………………………… 36

2.3 分段流动分析（SFA） ……………………………………………………… 37

2.4 流动注射分析（FIA） ……………………………………………………… 38

2.5 顺序进样分析（SIA） ……………………………………………………… 43

2.6 多通道流动进样分析（MCFIA） ………………………………………… 48

2.7 多重注射器流动进样分析（MSFIA） …………………………………… 50

2.8 多泵流动系统（MPFS） …………………………………………………… 55

2.9 组合注射法 …………………………………………………………………… 56

2.10 结论 ………………………………………………………………………… 58

参考文献 ……………………………………………………………………………… 58

3 可移动固体悬浮液在流动分析中的应用

3.1 引言 …………………………………………………………………………… 66

3.2 流动分析悬浮液中使用的固体微粒 ……………………………………… 67

3.3 处理流动系统中颗粒的悬浮液 ……………………………………… 68

3.4 流动系统中使用的悬浮粒子检测方法 ……………………………… 71

3.5 流动系统中的可再生柱 …………………………………………… 75

3.6 微流体与颗粒悬浮液的处理 ……………………………………… 77

3.7 流动系统中的纳米粒子 …………………………………………… 80

3.8 结论 ……………………………………………………………… 81

参考文献 …………………………………………………………… 82

4 间歇进样分析

4.1 引言 ……………………………………………………………… 90

4.2 间歇进样分析理论 ………………………………………………… 90

4.3 实验方面——流动池的设计和检测策略 ………………………… 91

4.4 间歇进样分析的应用 ……………………………………………… 95

4.5 BIA 与流动进样技术的比较 …………………………………… 100

4.6 展望 ……………………………………………………………… 100

参考文献 …………………………………………………………… 100

5 电渗驱动流动分析

5.1 引言 …………………………………………………………… 106

5.2 泵系统 ………………………………………………………… 106

5.3 EOF 泵送系统 ………………………………………………… 110

5.4 在 FIA，SIA 和微全分析系统（μ-TAS）中使用的 EOF 进样方法 … 116

5.5 EOF 驱动的泵送在流动分析中的应用 ………………………… 117

5.6 展望 …………………………………………………………… 119

致谢 ……………………………………………………………… 119

参考文献 ………………………………………………………… 119

6 微流体装置中的流动分析

6.1 引言 …………………………………………………………… 124

6.2 微流体装置中的连续流动化学处理 …………………………… 124

6.3 微流体装置中的流动进样分析 ………………………………… 132

6.4 展望 ·· 136

参考文献 ·· 137

7 流动分析中的多路换向概念

7.1 引言 ·· 140

7.2 概念 ·· 142

7.3 离散操作设备 ·· 143

7.4 系统设计 ·· 144

7.5 串联流体 ·· 145

7.6 涉及多路换向的过程 ·· 146

7.7 应用 ·· 150

7.8 结论 ·· 157

7.9 趋势 ·· 157

参考文献 ·· 158

8 流动进样分析中的高级校准方法

8.1 引言 ·· 170

8.2 高级校准程序 ·· 171

8.3 高级校准概念 ·· 178

8.4 趋势与展望 ··· 182

参考文献 ·· 183

9 多组分流动注射分析

9.1 引言 ·· 190

9.2 多组分分析的主要策略 ·· 191

9.3 趋势与展望 ··· 212

参考文献 ·· 213

10 与离散样品进样仪器相耦合的流动处理设备

10.1 引言：样品处理的问题 ··· 222

10.2 流动处理设备的作用 ··· 222

10.3 将流动处理装置与离散进样仪器耦合的方法 ·················· 222

10.4 将流动处理装置与气相色谱仪耦合 ·············· 223

10.5 将流动处理装置与液相色谱仪耦合 ·············· 226

10.6 流动处理设备与毛细管电泳设备相耦合 ·········· 229

10.7 展望 ·· 234

参考文献 ·· 235

11 流动分析中的在线样品处理方法

11.1 引言 ·· 244

11.2 水样和空气样品的在线预处理方案 ·············· 244

11.3 固体样品的在线处理：浸出/萃取方法 ·········· 254

11.4 趋势与展望 ··· 255

缩略语表 ·· 257

参考文献 ·· 258

12 流动分析和互联网–数据库、仪器、资源

12.1 引言 ·· 270

12.2 数据库 ·· 270

12.3 期刊 ·· 274

12.4 仪器 ·· 277

12.5 标准方法 ··· 277

12.6 其他有用的网站 ··································· 283

12.7 未来方向 ··· 285

参考文献 ·· 287

1 流动分析理论

Fernando A. Iñón 和 Mabel B. Tudino

1.1　引言

流动注射分析（Flow injection analysis，FIA）的出现是化学分析领域自动化进程不断发展的结果，也是连续流动分析（Continuous flow analysis，CFA）自然进化的产物，连续流动分析彻底革新了化学分析的概念，尤其是在临床分析和样品处理领域。

FIA 属于样品（包含分析物或其反应产物）进样非分段载流分析方法的一种，载流会携带样品通过化学或物理调制器到达检测器。不同的色谱法和毛细管电泳法也属于这类分析方法。图 1.1（1）描述了适用于这类方法的过程。各类方法因调制器的性质不同而有所差异。调制器将方波（进样）转换为谱图或一个 FIA 峰［图 1.1（2）］。

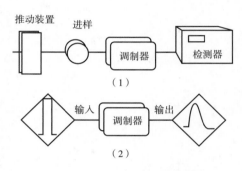

图 1.1　流动系统中的输入－输出

通过区分调制器的功能和对其造成影响的特性可以更好地理解不同技术手段之间的差别。FIA 和色谱法的主要区别在于后者会在两相之间存在质量传递，但迄今发表的 FIA 系统的多样性使得很难在这两者之间划出明确的界限。现今，色谱法和 FIA 的主要区别在于，色谱法通过不断地相互作用来调节样品通过系统时不同的迁移率，从而达到组分分离的目的；而 FIA 利用化学反应将分析物转化为检测器可以定量分析的物质。

1.2　流动系统的分类

1.2.1　连续流动分析

Skeggs[1] 引入的连续流动分析基础理论是：样品和试剂在管道中流动的时候会发生反应，并由管道输送至检测器。气泡将流体分隔开从而减少样品的分散和不同样品间的相互影响，这样有利于样品的混合和分析频率的提高。

1.2.2　流动注射分析

1975 年，Růžička 和 Hansen 引入的 FIA[2]（最初称其为非分段连续流动分析）表明气泡分割对于防止液体带过并非必要，而且还会降低系统内样品停留时间的可重复性。使用非分段技术，通过精确控制系统的流体动力学条件可以保持样品流动脉冲的完整性。在 CFA 中，分析的顺序很重要；一旦反应完成（达到平衡），就应进行检测。而在 FIA 中，却不需要这样做。虽然在 CFA 中通常要保持稳态，并且灵敏度和"反应池"技术相同，但仍不能利用化学动力学和混合动力学（梯度技术）作为变量来调整分析响应。这也验证了在某些检测系统中，气泡的存在会给实际检测带来困难。

1.2.3　顺序进样分析

正弦流动系统[3]避免了样品过快地输送至检测器（也缩短了样品覆盖的距离），可使样品和试剂之间能更好地混合，反应得更充分。这是通过快速变化载体的流动方向（前后）直到达到所需要的反应程度来实现的，这种技术减少了试剂的大幅消耗，但通常也将分析频率降低了一半。这就是顺序进样分析（Sequential injection analysis，SIA）的原理[4-6]。

SIA 的出现就是为了应对在 FIA 中发现的两个基本问题：一是所采用的管路配置越来越复杂，二是要在分析过程进行控制。前者由于给既定的系统增加了步骤，从而产生了许多工作通道，导致消耗更多的试剂并使得系统难以"调谐"。后者（过程控制）则需要系统强大、可靠和长期稳定，并且可以无人操作，试剂消耗低。

作为一种连续流动系统，FIA 存在一些缺陷，例如样品和试剂的高消耗、需要持续监控蠕动泵、系统频繁的重新校准和手动调整。这些缺陷在实验室中并不是问题，但在工业化过程控制中却成为了主要影响因素。

SIA 通过简化系统解决了这些缺陷：其使用了单柱塞泵（允许双向精确流量控制）、单个流路和一个选择阀（非进样）。通过这个阀门，体积精确测量的载体、样品和试剂被引入反应体系。一旦完成该步骤，阀门就会改变，将流体引向检测器。在这一步中，混合是通过来回运动完成的，最后将反应体系内的物质以同一方向传递到检测器。

另一方面，通过在选择阀周围大部分使用单管路而降低了多通道 FIA 系统的复杂性。SIA 中的操作参数是：每种溶液的体积、流速以及停止流动或改变流动方向的时间。有时可能需要更多的泵（每条管路一个），这使得系统控制变得非常困难。由于采样脉冲非常分散，导致其信号轮廓失真[7-9]，因此在线稀释仍然是 SIA 系统中存在的一个问题。

1.2.4　流动注射分析中的多路换向

多路换向是 FIA 做出的一项改进，旨在提高流动系统的多功能性、减少试剂消耗、改善混合和促进自动化。这个概念在 20 世纪 80 年代首次被提及[10,11]，直到 1994 年多篇论文发掘了它的价值[13,14]，这才正式被引入[12]。这种技术的主要优点之一是在连续进样时可以很容易地选择样品和载体的体积。

该技术采用了三通电磁阀，并通过微处理器进行控制。系统设计通常很简单，从其设置可以看出，该技术的优势能够得到充分利用并足以与 FIA 或 SIA 系统相媲美（图 1.2）。

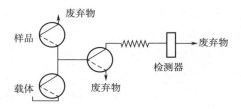

图 1.2　多路换向系统

多路换向是一种兼具 FIA 和 SIA 的优点并克服了两者所有缺点的技术[13]。

当然，优化流程技术的关键在于平衡进样脉冲的分散和试剂的混合，需要考虑试剂转化为检测目标物的最佳参数所需的时间。

1.2.5　停流

在源自 FIA 的现代技术中，停流技术似乎是最容易实施和最通用的[15]。在这项技术中，进样与传统的 FIA 一样，但当样品和试剂进入流动池（在检测器处）时，停止流动，使得这种技术具有一些优点[15,16]。尽管分散的驱动力仅仅是自身扩散，使物理分散被最小化，但是，由于反应时间增长且产物的分散性降低，化学反应（解耦两个过程）的灵敏度提高了。试剂消耗和废物产生减少，并且通过控制停止时间可以选择浓度范围，这对于动力学测定中不同波长的选择至关重要。停流的缺点是需要一个非常强大且可重复的时间控制，以免影响结果的精确度。

1.2.6　间歇流动进样分析

Honorato 等[17] 提出了间歇流动进样分析（Batch flow injection analysis，BFA），将其作为流动系统中进行滴定的替代方法。采样和信号处理在通常的流动系统中进行，而化学反应发生在类似于间歇系统中的反应室中。该方法是一种流动–间歇混合系统，结合了流动系统的固有优势，如高进样率、低取样体积、低试剂消耗、低成本、易于自动化等，以及间歇处理系统固有的广泛应用范围。

该方法基于使用 3 个三通电磁阀将反应室内的流体传递到反应器，在反应器中，磁力搅拌器确保流体的瞬时均质化。重复选择已添加的等分试样由计算机控制的开/关间隔阀实现。

1.3　流动注射分析中的分散：从开口管中的流体运动到受控分散

任何一种流体物质在静止时能承受剪切力并在受力时发生连续变化。当流体在运动时不能将热量从一个部分转移或传递到另一部分，也不能与管的内表面产生摩擦时，可将其称之为理想流体。理想流体也可以定义为没有黏度的流体。显然，分析化学中的所有流体都具有黏度，即内摩擦。如果黏度与任何施加剪切力的时间无关，则该流体称为牛顿流体（例如水）。非牛顿流体的黏度取决于剪切力系数和时间（即使对于恒定剪切力）。流动系统中使用的大多数载体是水溶液，可以认为是牛顿流体，所以通常只考虑牛顿流体。

流体动力学是研究流体的科学，并在生物学、化学、工程、医学等领域有广泛应用。它基于守恒定律（例如质量、动能、能量和热力学）和组分定律（例如确定浓度梯度影响质量传递的菲克第一定律）。有了这系列定律，就可以为任何过程写出一系列微分方程，并从中推断、预测或描述整个过程。

然而，这些方程的解很少能在真实的系统中找到。另一方面，许多组分定律是经验性的[18]，它们的系数（黏度、扩散等）仅在某些具体实验条件下已知，并且在许多情况下不能外推到实际系统。

传递是流体动力学的一个领域，该领域是研究不同实验条件（即系统的尺寸、几何形状等、流体类型等）下不同类型的传递。它们的目标之一是提供应用于归约系统的方程，即系统的实际大小由一些需要定义的无量纲数（即雷诺数、施密特数、贝克来数等）归一化确定。实际系统中的传递过程可以通过减少维度的传递过程来解释。

1.3.1　流体的输送

值得强调的是传递过程和运输现象之间的区别：过程是在给定维度（空间或时间）中整合的现象。传递定律基于流体的黏度和热导率这两个最相关的特性，以及在溶液情况下的扩散率。与平衡相反，传递特性与给定过程的速度有关。

1.3.1.1　黏度

黏度（η）是流体抵抗变形的能力，取决于流体的成分及其温度。对于牛顿流体，η 是切应力与垂直于该力方向的切变速率之间的比例系数。

对于水溶液，可以使用式（1.1）[19] 计算黏度。

$$\ln\left[\frac{\eta(20℃)}{\eta(T)}\right] = \frac{1.37023 \cdot (T-20) + 8.36 \times 10^{-4}(T-20)^2}{109+T} \tag{1.1}$$

式中 η（20℃）= 1cP（厘泊，1×10^{-3}Pa·s）。扩散系数或者其数量级可以通过 η 来预测。

运动黏度是流体的黏度和密度（δ）之间的比率，其单位是长度的平方除以时间（20℃时水的运动黏度为 1×10^{-6}m^2/s）。在使用标准化扩散系数来比较传质比时，运动黏度是有用的参数。

从分析的角度来看，不同样品的黏度必须尽可能保持恒定，因为根据 Brooks 等[20] 的研究，流动系统内的浓度梯度分布及其仪器的响应在很大程度上取决于该特性。

当样品溶液和载体溶液之间存在明显差异时，大多数检测器都会出现虚假信号，此情况称为纹影效应。纹影效应会严重影响检出限。为了尽量减少这种误差源，Betteridge 和 Růžička[21] 建议标准溶液和样品溶液的黏度必须相同。当无法匹配黏度时，可加入带有磁力搅拌器的混合室[22]。该方法主要用于 BFA。

1.3.1.2　热导率

热导率是流体通过传导传递热量的能力，取决于流体成分及其温度。一些方法需要对流动系统的某些部分进行加热，而这一特性可以用于确定热量的大小。

1.3.1.3　扩散率

黏度是指力矩传递，热导率是指传热，而扩散率是指物质传递。扩散率与分子在其他分子的"海洋"中移动的速度有关（实际上，这个"海洋"也可以是相同的物质，在这种情况下，该术语称为自扩散率）。它取决于温度、分子/颗粒大小和分子间作用力的强度。固态时的扩散率极低，液体中的扩散率比气体中的低。在气相中，气体 A 在气体 B 中的扩散率几乎等于气体 B 在气体 A 中的扩散率。与气相中的扩散率不同，溶质 A 在溶剂 B 中的扩散率几乎与溶质 B 在溶剂 A 中的扩散率不同。

1.3.1.4 扩散

扩散是一种传递现象，是指在没有任何对流运动的情况下溶质的运动，它是在给定方向流体中，由于溶质的活性不同造成化学势差异的结果。即使在没有平流的情况下，稀溶液中浓度的任何差异也会通过扩散过程实现均匀化。

给定方向净质量的通量取决于同一方向的浓度梯度。该扩散通量可以表示为一个向量，其分量 J_x，J_y，J_z 定义在式（1.2）中：

$$J_x = -k\frac{\partial C}{\partial x} \quad J_y = -k\frac{\partial C}{\partial y} \quad J_z = -k\frac{\partial C}{\partial z} \tag{1.2}$$

式中 C 是溶质的浓度，x，y 和 z 是轴方向。上述方程称为菲克第一定律，k 称为该介质中溶质的扩散系数（D_m）。菲克第一定律通常表示布朗运动导致溶质从流体中较浓的区域到浓度较低的区域的净通量。

气体中扩散系数的大小为 $10^{-5} \sim 10^{-4}\,\mathrm{m^2/s}$（单位大气压），而在液体中通常为 $10^{-10} \sim 10^{-9}\,\mathrm{m^2/s}$。扩散系数随温度增加而增加，其大小取决于摩尔密度、压力和黏度的变化。正如本章将要讨论的，流动系统中的扩散起着举足轻重的作用，且有着巨大的研究意义。尽管如此，对于流动注射系统，还需要考虑对流传质。

1.3.2 开放管路中的对流-扩散方程

在管路内流动的流体内部质量的传递可以是等温、吸热或放热模式。非等温变化会导致流体特性发生变化，例如黏滞性[18,23]。对于在圆柱管内流动的牛顿流体、不可压缩（恒定密度）、恒定黏度（等温变化）的流体，可以推导出式（1.3）。它考虑了基于线速度（u）的对流传递，该线速度与 z 坐标无关，但取决于径向坐标（图1.3）。这仅在具有恒定内径、没有任何曲率、扰动和接头的直通管路中成立，因为以上因素会改变速度分布。

$$\frac{\partial C}{\partial t} + u(r) \cdot \frac{\partial C}{\partial z} = D_m \cdot \left(\frac{1}{r}\frac{\partial C}{\partial r} + \frac{\partial^2 C}{\partial r^2} + \frac{\partial^2 C}{\partial^2 z} \right) \tag{1.3}$$

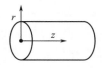

图 1.3　坐标定义

作为时间函数的浓度取决于对流（由等式左侧第二项表示）和扩散传递（由等式右侧表示）。可以清楚地看到，扩散影响径向和轴向质量传递。

与流体流动同轴的对流和扩散是管内轴向分散的主要原因。Taylor[24,25] 和 Levenspiel[26] 是管内传递和扩散理论研究的开拓者，其工作为流动分析系统领域的扩散理论研究和建模奠定了基础。

对于 FIA 来说，Růžička 和 Hansen[27] 首次为描述这些系统的流程提供了理论依据。需要注意的是微分方程式（1.3）没有通用解，它在任何系统中的适用性都是基于几个假设。

1.3.3 停留时间的分布

系统内物质的停留时间与每个流体成分的停留时间有关，是 FIA 的关键因素之一，它取决于系统设计的具体参数（尺寸、流速、几何形状等）。此节需要了解系统内不同部分进样物质的停留时间分布（Residence time distribution，RTD）以及与质量、化学反应物的组成和传热相关的所有平衡。

在实验中，RTD 曲线是通过引入示踪剂（例如有色物质）并记录该示踪剂在系统出口处的浓度（即在该物质的特征吸收波长处测量吸光度）而得到的，参见 Levenspiel 的文献[26]。RTD 曲线可以通过式（1.4）进行归一化：假设所有示踪元素都离开系统，曲线下的面积等于 1。

$$\int_{t=0}^{\infty} E(t)\partial t = 1 \tag{1.4}$$

式中 E 是与时间 t 相关的流体的分数。$E(t)$ 是给定流动模型的特征。了解 RTD 曲线可以帮助了解系统内部的流动形态，并建立一个定量表达式来描述系统分布。平均停留时间（t_m）可以使用式（1.5）计算。

$$t_m = \int_{t=0}^{\infty} t \cdot E(t)\partial t \tag{1.5}$$

一种用于比较不同系统的常见的变量缩减是使用时间（t）和平均停留时间（t_m）的比率。该比率由等于 t/t_m 的量纲为一的数 θ 表示。

RTD 曲线的显示方式有多种。"C 曲线"相当于图 1.4 中显示的 E 曲线，其计算方法是将系统出口处的示踪剂浓度 [$C(t)$] 除以曲线下的面积。"F 曲线"是那些 $C(t)/C_0$ 计算与时间相关的函数，并且可以与 C 曲线的积分相关联。图 1.5 所示为三种不同流态下（活塞流、理想混合流和非恒定流）系统的曲线。给定系统的分散与 F 曲线的斜率成反比，与 C 曲线的宽度直接相关。

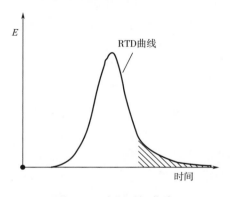

图 1.4　停留时间曲线

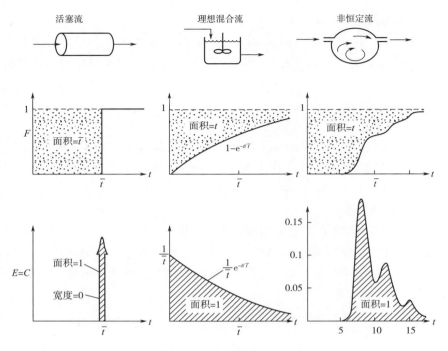

图 1.5　不同流态的曲线 E，C 和 F

Taylor[24] 已经表明，在尺寸与分析流动系统类似时，扩散起着关键作用。尽管与对流相比，轴向扩散可以忽略不计，但轴向扩散始终很重要，尤其对于小内径管和低流速系统，轴向扩散可能是分散的主要方式。

为了表征流动系统的液体力学特性而定义了许多无量纲数，它们基于线性流速（u）、扩散系数（D_m）、时间（t）、反应器长度（L）、管半径（a）等。这些无量纲变量的主要目标是对一组相似系统而不是每个特定系统的微分方程［即式（1.3）］进行积分。Painton 和 Mottola[28,29] 是在 FIA 中使用无量纲数的先驱。

分析流系统中最常用的特征数是：贝克来数、施密特数、傅里叶数和雷诺数，其定义如表 1.1 所示。

表 1.1		无量纲数的定义		
雷诺数（Re）	贝克来数（Pe_L）	贝克来数径向（Pe_r）	傅里叶数（τ）	施密特数（Sc）
$2 \cdot \bar{u} \cdot a / \left(\dfrac{\eta}{\delta} \right)$	$\dfrac{\bar{u} \cdot L}{D_m}$	$\dfrac{\bar{u} \cdot a}{D_m}$	$\dfrac{D_m \cdot t_m}{a^2}$	$\dfrac{\eta}{\delta} \cdot \dfrac{1}{D_m}$

雷诺数是流体力学中表征黏性影响的相似准则数，是用以判别黏性流体流动状态的一个无因次数群。流体的流动形态除了与流速（ω）有关外，还与管径（d）、流体的黏度（μ）、流体的密度（ρ）这 3 个因素有关。直管中 Re 低于 2000 表示层流，即流体组分的流线平行于流动方向。对于湍流的界定没有给出具体的 Re 数，并且层流和湍流之间存在两种流态混合流动的过渡区。直管中过渡区的末端以临界雷诺数（Re_c）表

示，大约为2300。螺旋管稳定层流流动时，随着管内径与盘管直径比例的增加，Re_c增加。

径向贝克来数或降低速率[30]，将对流的质量传递（$\bar{u} \cdot \Delta C/a$）与扩散的质量传递（$D \cdot \Delta C/a^2$）联系起来。轴向贝克来数（Pe_L）比较了对流和扩散的轴向质量传递。类似但不相同的比率在流动分析系统中更常用，称为缩短距离（$\frac{D_m \cdot L}{2\bar{u} \cdot a^2}$）。Gumm 和 Pryce 的研究[31] 表明，对于相对较小的 Re（0.02~420），在径向和轴向贝克来数与 Re 数之间存在相关性。

Pe_L 的倒数在化工领域被定义为反应器分散数（D_N），并被用来描述 RTD 方差，它是分散的估计值（见下一节）[26]。在较高的 Pe_L 下，对流占主导地位，较小的值则表明扩散的影响较大。

傅里叶数（τ）类似于小规模的贝克来数，在时间坐标中，傅里叶数将停留时间与分子扩散进行了比较。高 τ 值表示质量传递的扩散贡献较高，而低值表示对流贡献较高。

施密特数与溶质和流体特性有关，而与流动特性无关。高 Sc 值（矩扩散高于分子扩散）在液体中很常见（在水溶液中发现 Sc 范围在 100~10 000），这表明对流优于扩散。Pe 可由 Re 和 Sc 的乘积得到。

1.3.4 从 RTD 曲线到流动进样系统中的信号生成

1.3.4.1 分散过程

Taylor[24,25] 首次发表了关于小内径管道内流体的分散过程的相关实验和理论研究。他将化学惰性溶质引入到溶剂处于层流模式的圆形管内，并研究了实验过程中的不同阶段。

结果表明[24]：短时间内（高线速度），轴向对流是主要传递，对溶质区扩散起主要作用；在较长时间内，径向分子扩散有助于扩散过程。分子扩散的净效应是减少溶质区的轴向拉伸，从而减少轴向扩散。在更长的时间内，分子扩散继续限制轴向扩散，产生更均匀的溶质区浓度。在更长时间过后，轴向和径向扩散有助于分散，溶质区可以被视为一个塞子，其中轴向浓度分布趋于高斯分布。需要注意的是，这并不意味着没有径向速度分布。这些条件在 FIA 或多路换向系统中从未实现过。

对流-扩散方程［式（1.3）］的解析仅在两种极端边界条件下可用：①质量传递仅归因于对流传递（停留时间短）；②扩散传递是导致分散的主要传递现象（停留时间长）。在这些边界条件下，流动分析系统不是特别适用。

1.3.4.2 受控分散的概念和分析

分散的后果是灵敏度和检测范围的损失。因此，从分析的角度来看，分散是影响分析系统性能的决定性因素。与静止状态下获得的灵敏度相比，在流动系统中分散这一术语与灵敏度的损失直接相关。尽管这是一个结论，但它并没有描述涉及物理和化学过程的分散现象。

物理分散是在没有化学反应的情况下，进样到载体中的具有一定脉冲的流体在空间上进行质量重新分布的过程。这种重新分布是由于非分段流动系统中的抛物线速度分布而产生的。这种分布的结果是出现径向浓度梯度，该梯度通过扩散和二次流的存在（在主流方向以外的方向）而趋于均匀化。

当涉及化学反应时，需要考虑到化学分散，它与检测时反应完成的程度有关（一般在 FIA 中出现）。因此，化学分散总是伴随着物理分散，因为它取决于试剂的混合和所形成产物的重新分布。浓度梯度影响反应动力学，反应动力学又反过来改变了浓度梯度[28]。需要从理论的角度而不是实验的角度去理解的是，化学分散的研究是非常复杂的，需要进行大量的简化。

许多作者[16,20,32-34]错误地将术语"稀释"与"分散"联系在一起。然而，稀释可以理解为分散的一种特殊情况，其中质量的重新分配在时间和空间上是均匀的，在 FI 中用分散更为合适。所以，在 FIA 中，只能讨论流体横截面上样品的平均稀释度，但这种平均稀释度并不能充分地表示分散过程的进行。

分散过程来源于当物质经受不同类型的梯度时强加于其上的不均匀性。在流动系统流动的载体中引入具有一定脉冲的物质，这将使物质经受两种类型的梯度：一种是质量梯度，另一种是速度梯度（或一般的矩）。不同方式的分散是这些梯度均匀化的结果。这些复杂过程的研究涉及质量和能量从原始分布到系统出口的再分布。但是，由于分散过程是可控的，因此可以获得可靠的分析结果。

1.3.4.3　瞬态分布

当样品/示踪剂进入流动系统时，其空间分布发生变化，这种变化取决于流动系统各部分的不同维度和操作变量。通过系统输出端检测器获得的信号分布与样品的空间和时间分布直接相关。Taylor[24,25] 和 Levenspiel[35,36] 研究了这些因果关系。

从分析的角度来看，将浓度与可测量变量（例如电压）相关联所需的信息是通过响应信号获得的。在流动系统中，这种响应可以有两种：①当样品、试剂和载体均质化并且所有可能的反应达到平衡时获得的稳态信号；②当样品的有限部分在给定的载体上经历分散过程时获得的动态信号，此时发生的化学反应可能没有达到平衡。

在后一种情况下，浓度曲线仅取决于分析物浓度，并且该曲线的重复性至关重要。

在 CFA 系统中，达到平衡很重要。在这种情况下，可以通过对达到平衡时的响应信号 n 取平均值来提高精度。此外，当达到平衡时，灵敏度通常高于其他流动系统，但样品的排出量降低，样品和试剂消耗量增加[37]。

在 FIA 系统中观察到的不对称峰是受进样模式的影响以及对流和扩散对质量传递的影响。

一种常见的方法是通过给定模型来拟合响应信号，在出现峰值的情况下，高斯模型是最容易应用的模型之一。在 FIA 系统中，高分散条件下获得的信号可以通过高斯模型拟合。如果分散程度为中到高，则可以描述为指数修正高斯模型（EMG）[38]。当分散程度低或中到低时，没有通用模型来拟合 FIA 峰值。

在 FIA 中，样品和载体溶液的相互分散是强制性的。如果分析响应是由样品中给定分析物的浓度引起的，则其最大值将位于样品中分析物的最大浓度处。然而，如果反应的产物介于分析物和载体之间，那么该假设通常是错误的，因为它取决于优化化学反应的分析物与反应物的比例。

对载体/样品相互分散影响最大的操作和设计参数是：管半径、反应器的空间和几何布置/歧管、流速、进样方式和反应器体积。下面将分别讨论每个参数对响应信号的影响。

载体和样品溶液的物理性质很重要。温度和黏度的影响可以通过扩散系数来概括。更好的径向质量分布，其值的增量形成更尖锐、更窄的峰。极限情况是无限径向扩散，这是理想活塞式流动模型的基础。

众所周知，峰形还受检测器类型和检测器尺寸和形状的影响[39-42]。流动系统中的动力学现象将决定进入流动池的时间和空间浓度梯度，但检测的动力学效应可能会完全改变这些梯度。

关于径向混合，Johnson 等[32]在研究使用不同尺寸的填充环（即"蛇形Ⅱ"）作为减少 FIA 峰宽的方法时提到的相关改进使人们获得更类似于活塞式的流动模型。

在没有化学反应的 FIA 系统中能够观察到肩峰（或驼峰），但是层流模式中的畸变往往会使它们变得平滑[43]。在发生化学反应的系统中，如果试剂浓度不超过样品浓度，则会获得驼峰。驼峰的极限情况是双峰。在这种情况下，反应物无法到达样品流动的中心，获得的（双峰）信号是由于反应产物在头尾处流动不畅所致。

关于检测器，Růžička 和 Hansen[16]提出，虽然检测器的瞬时信号与浓度呈线性关系，其与所用信号的性质（高度或面积）没有区别。严格来说，正如在色谱中出现的那样，信号的面积与进样的分析物的总量直接相关。只有当峰轮廓不随样品的任何物理性质改变而变形时才可使用峰高。

1.4 分散测量

瞬态信号可以通过不同的参数来描述，例如峰高（h）、保留时间（t_a）、基线到基线的时间或峰宽（Δt_b）、进样和信号最大值之间的时间间隔（t_r）、信号区等。大多数情况下，这些参数本身不能描述分散现象，获得的值与"理论"值进行比较。这些参数没有绝对的大小，因为它们描述的是与初始条件相比时质量分布（重新分布）的变化。

下面，将介绍能通过瞬态信号分布特性评估分散的不同参数。这些计算的参数以一种非常实用的方式，帮助人们优化分析系统，用起来很有趣。

1.4.1 分散系数"D"

Růžička 分散系数 D 是最常用的实验参数，能够评估流动系统中的分散情况[27,44]。由于它易于计算，D 已被作为表征样品稀释程度的参数。由于 D 涉及分散的在线定义，而进样脉冲的主要特征是质量重新分布，所以 D 作为标准使用遭到了反对。分散研究需要基于能够评估这种分布的参数。有几篇论文侧重于研究峰宽而不是 D[29,45]来评估分散。这将在下一节中讨论。

D 构成了比较与操作变量相关的不同的流动系统的实用方法。Růžička 和 Hansen 提出了一种基于 D 值的不同流动系统的分类。这种方法能充分满足分析人员希望将 FI 变量数字化的优化要求。

Růžička 和 Hansen[27] 将分散系数 D 和停留时间 t_R 与系统的不同变量作出如下关联：

$$D = 3.303 \cdot a^{0.496} \cdot L^{0.167} \cdot q^{-0.0206} \tag{1.6}$$

$$t_R = 1.349 \cdot a^{0.683} \cdot L^{0.801} \cdot q^{-0.977} \tag{1.7}$$

Vanderslice 等[43] 研究了不同流经时间管内浓度分布的情况。这些研究表明分散系数随着管半径的增加而增加。此外，还证明了非对称初始分布在时间接近 1 时变为准高斯分布。但是，作者没有提供能够显示这种影响的解析方程。

Narusawa 和 Miyamae[46-48] 采用 ZCFIA（区域循环 FIA）和模拟技术，在没有化学反应的条件下将系统变量与分散相关联。作者提出的关系在式（1.8）中给出：

$$D_A = 0.045 \cdot L^{1.01} \cdot q^{-1.46} \quad D_r = 0.349 \cdot L^{0.559} \cdot q^{-0.222}$$

$$D_A = 0.076 \cdot t^{1.02} \cdot q^{-0.42} \quad D_r = 0.449 \cdot t^{0.564} \cdot q^{0.335}$$

$$\frac{D_r - 1}{D_A - \theta_t} = 7.5 \cdot L^{-0.45} \cdot q^{1.24} \quad D_r = 0.388 \cdot L^{0.351} \cdot t^{0.206}$$

$$\frac{D_r - 1}{D_A - \theta_t} = 6.7 \cdot t^{0.75} \cdot q^{-0.48} \tag{1.8}$$

式中 D_A 代表轴向分散，D_r 是真正的径向分散（注意它与 D 不同，因为径向扩散的分量不包括在后者中）。但是，如同作者后来报道的那样，由于实验设置的一些问题，在样品环连接处不适用于该结论[49]。

1.4.2 峰宽和保留时间

保留时间（t_a）不是分散的估计值，但它能够对峰宽相关的有用信息进行补充。Vanderslice 等[50] 将 Δt_b 作为最后一个参数的符号，其可以从 FIA 中观察到的瞬态信号中获得。在某些情况下，使用体积（$\Delta t_b V_b = \Delta t_b \times q$）表达的峰宽可以消除体积流量对歧管内流体停留时间的影响。

Vanderslice 等报告了 Δt 对 FI 变量的依赖性。在该条件下，Ananthakrishnan 等[30] 对对流-扩散方程进行数值积分。t_a 和 Δt_b 与操作变量的关系如式（1.9）和式（1.10）所示

$$t_a = \frac{109 \cdot a^2 \cdot D^{0.025}}{f}\left(\frac{L}{\bar{u}}\right)^{1.025} \tag{1.9}$$

$$\Delta t_b = \frac{35.4 \cdot a^2 \cdot f}{D^{0.36}}\left(\frac{L}{\bar{u}}\right)^{0.64} \tag{1.10}$$

由于 Ananthakrishnan 等设定的用于求解对流-扩散方程的条件不适用于传统的 FI 系统，因此设定了 f 作为调整因子。需要注意的是，t_a 和 Δt_b 与环路长度 "l" 无关。这对于 t_a 来说，无论进样脉冲的长度如何，样品的前端都会同时到达检测器，因此 Δt_b 也不相同。在另一项工作[51] 中，Vanderslice 等报告了上述方程有效的条件。Gómez Nieto 等[52] 研究表明，调整因子 f 取决于流速、歧管长度和管道直径。有几项研究使

用多元回归，找到能够将系统的实验变量与 Δt_b 或 t_a 拟合的等式：

$$t_a = 0.898 \cdot a^{0.950} \cdot L^{0.850} \cdot q^{-0.850} \tag{1.11}$$

$$\Delta t_b = 69.47 \cdot a^{0.293} \cdot L^{0.107} \cdot q^{-1.057} \tag{1.12}$$

Kempster 等[53] 的研究得到了如下等式：

$$\Delta t_b = 48.43 \cdot a^{0.444} \cdot L^{0.282} \cdot q^{-0.893} \tag{1.13}$$

$$\Delta t_b = 32.33 \cdot a^{0.504} \cdot L^{0.367} \cdot q^{-0.888} \tag{1.14}$$

式（1.13）是从配置 30μL 流动池的分光光度检测系统中获得的。式（1.14）是从配置 300μL 混合室的 ICP-OES 获得的。

Korenaga[45] 进行了系统变量中与 t_a 和 Δt_b 相关的一些实验，实验表明应特别注意避免流动模式中的扰动。对于管半径（r）来说，当 $r>0.33mm$ 时，Δt_b 与 r^2 为线性关系。对于较低的值，Δt_b 与 $d^{0.7}$ 呈线性关系。但是，由于没有给出其他实验变量，很难找到存在这些差异的原因。

对于反应器长度（L），Korenga 研究表明 Δt_b 和 $L^{0.64}$ 为线性关系。这与 Vanderslice 等的观点一致［式（1.10）］。对于 Δt_b 和 q 的关系与 Δt_b 和 D 的关系一致［参见式（1.6）；Růžička 和 Hansen[27]］。

峰宽不能作为分散的估计量，因为分散不仅受长度、进样体积的影响，还受原始样品液段的宽度以及其在向检测器流动时发生变形的影响。

1.4.3 峰值变化和理论板高度

根据 Tijseen[54] 的研究，流动系统分散参数的定义是在色谱领域开发的用于评估峰宽的参数。峰方差（σ_u）被用于估算系统的分散程度，因为它与进样脉冲的停留时间分布有关。峰方差和峰高（H）都是色谱分散的估算值，它们的关系为：$H=L\times(\sigma_u/t_m)^2$（其中 L 是反应器长度，t_m 是峰最大值的时间）。当处理高斯分布时，例如在色谱和 Tijssen 实验中获得的分布，这些分散估算量与 $\Delta t_{1/2}$ 成正比。

Painton 和 Mottola[29] 研究了分散系数（$D_N = Pe_L^{-1}$）与 $C-t$ 曲线方差之间的关系。这些关系基于不同条件下的对流-扩散方程。他们发现方差与 D_N^2 成正比。

通过对高斯函数（EMG）[43,55] 进行指数修正，Brooks 等[20] 评估了在 FI 系统中体积流量方差 q 的影响因素。通过使用方程进行峰值调整的方法只能在径向混合良好的系统（使用连续反应器、低流速、长歧管等）中才可行。

如前所述，σ_τ 和 Δt_b 因为未考虑初始进样脉冲的大小而无法很好地描述分散。换句话说，如果在进样影响不可忽略的条件下增加进样量，则获得的信号的方差将增加，但分散不会增加。因此，单独评估对分散的不同影响因素十分方便。

1.4.4 轴向分散的程度和强度

Li 和 Gao[31] 报告了两个用于评估流动系统中分散的新参数。作者采用的流动模型如图 1.6 所示。

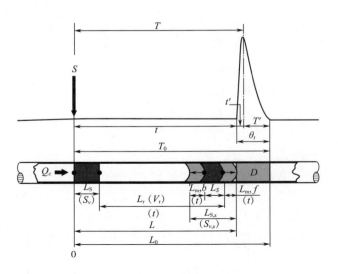

图 1.6　Li 和 Gao 的模型[31]

S—进样点　D—检测器　t—保留时间（t_a）　t'—峰值上升时间　T'—从最大值基线到返回之间的时间　T_0—总停留时间　Q_c—载体的体积流速　S_v—注入样品的体积　$S_{v,z}$—样品区的体积　L—反应器长度　Ls—定量环长度　L_0—整个歧管的长度　Ls—注入样品的初始长度　Ls, z—注入样品所占区域的长度　L_m, f—轴向的前进距离（纯分散）　L_m, b—轴向的后退距离（纯色散）　θ_t—以时间为单位的注射样品的峰宽

　　该模型以非常完整的方式描述了与流动系统相关的所有参数。然而，它采用管内流速的平均值，这是不准确的，因为直管中的流速分布是抛物线的，并且中心轴处的流体速度是平均流速的 2 倍。

1.4.4.1　轴向分散度

Li 和 Gao 定义轴向分散度为 A_D：

$$A_D = \frac{S_{v,z}}{S_v} = \frac{L_{s,z}}{L_s} \approx \frac{\sigma_t}{\theta_t} \tag{1.15}$$

　　该参数为样品区体积 $S_{v,z}$ 与进样体积 S_v 之间的商，假设 $S_{v,z}$ 等于 $L_{s,z}$。瞬时峰宽是由 $L_{s,z}$ 和平均流速的乘积得到的，这种结论是错误的。对于 σ_τ（分散样品区的宽度），流速与载流流速和"分散的分子流动"（可以忽略不计）相关。目前尚未有研究能确定管中心距离与体积的换算关系。轴向分散与系统变量的关系，由式（1.16）表示。

$$A_D - 1 = 2\pi \cdot a^2 \cdot t^{0.5} \cdot A_f^{0.5} \cdot S_v^{-1}$$

$$A_D - 1 = k_7 \cdot S_v^{-1} \cdot L_R^{\mu_1} \cdot Q_c^{\mu_2}(\mu_1 > 1, \mu_2 < 0)$$

$$A_D - 1 = k_8 \cdot S_v^{-1} \cdot t^{\mu_3} \cdot Q_c^{\mu_4}(\mu_3 > 1, \mu_4 > 0) \tag{1.16}$$

　　式中 A_f 是轴向分散系数，它源自轴向分散流模型的概念。下面将介绍此模型。系数 k 和 μ 需要通过实验拟合，它们的值取决于管长和半径、流速和系统配置。

1.4.4.2　径向分散强度

径向分散强度定义为 J_f：

$$J_f = \frac{D}{A_D} = \frac{S_v}{S_{v,z}} \cdot \frac{C_0}{C_{max}} \tag{1.17}$$

式中 D 为 Růžička 分散系数，A_D 为轴向分散程度。根据 Li 和 Gao 的说法，J_f 值越大，样品区的径向分散越大，就越接近方形。根据信号方差和信号高度，式（1.17）可以用式（1.18）表示：

$$J_f = \frac{\theta_t}{\sigma_t} \cdot \frac{h_0}{h_{\max}} \tag{1.18}$$

该参数描述了样品延伸的共同作用与径向传质相反。

然而，将 J_f 与系统变量［式（1.19）］联系起来时，Li 和 Gao 的方法存在一些问题。

$$J'_f = \frac{D-1}{A_D-1} \cdot S_V \cdot Q_c^{-1}$$

$$J'_f = k_9 \cdot S_v \cdot L_r^{\mu_5} \cdot Q_c^{\mu_6}(\mu_5 < 0, \mu_6 > 0)$$

$$J'_f = k_8 \cdot S_v \cdot t^{\mu_7} \cdot Q_c^{\mu_8}(\mu_7 < 0, \mu_8 < 0) \tag{1.19}$$

总之，即使在对分散进行精确描述时都未能成功地估算分散参数（如 D、峰宽和方差），但它们也很容易通过实验数据获得，这对完善新的分析方法有很大帮助。

1.4.5 其他测量分散的方法

为了推进分散的研究，Andrade 等[56] 建立了一种新方法——集成电导法（ICM），人们能够通过随着时间的推移简单地监测整个单一系统的电导（G）来跟踪进样流体的质量分布。G 是通过在歧管两端放置铂电极来测量的。作者证明，特征曲线 G 与时间的关系可以归因于进样流体沿管的质量重新分布。后来，同一作者[57] 提出了一个模型，该模型以很高的精度拟合了实验曲线，并建立了模型参数与典型 FI 变量的相关性。这些曲线可以定义一个新的分散描述符 IDQ（积分分散商）[57]，它与 Růžička 和 Hansen 分散系数 D 密切相关。IDQ 提出了关于 D 的几个优点，总结如下：随着时间的推移（D 只能作为 t_R 的函数进行评估），IDQ 允许对单一响应曲线进行计算，并且在测量的电导值中没有观察到检测器的贡献（零死体积检测单元）。

但是，与 D 的情况一样，IDQ 仅考虑对分散的径向贡献。迄今为止，该方法另一个局限是：其仅针对不涉及化学反应的单一歧管进行了测试。

1.5 流动系统的不同组分对分散的贡献

FIA 系统通常由 4 个基本元素组成：动力模块、进样模块、反应器和检测模块。到目前为止，已经报道了多次尝试研究每个模块对整体分散的影响，这些研究中 Johnson 等[32] 及 Spence 和 Crouch[34] 的论文是最相关的。

Golay 和 Atwood[58,59] 将色谱模型应用到 FIA 中，提出将 FIA 系统各部分产生的方差相加，得到系统的整体方差。作者认为，如果峰型是对称的，那么这个假设可能适用（至少可以用 30 个理论模型验证其适用性）。但是，它们也证明了这种方法是很难实现的，因为层流中的任何扰动都意味着系统的各个部分是相互联系的（这是添加方差的条件），此外，在线性系统中，很少能够实现对称峰。

Poppe[60] 的研究表明，FIA 和色谱法在峰展宽方面有相似性。假设[55,61] 整体峰宽可通过进样、传递和检测引起的个体方差之和计算，如式（1.20）所示。

$$\sigma_{总}^2 = \sigma_{进样}^2 + \sigma_{传递}^2 + \sigma_{检测}^2 \tag{1.20}$$

值得注意的是，式（1.20）没有考虑化学反应产生的影响。检测方差是迄今为止最容易最小化的，占其他方差的比例不超过 10%[32]。这些差异的重要性在于可由此获得最大分析频率（f_A）。一般来说，f_A 与峰宽成反比[60]。高斯峰的总方差很容易通过实验获得，但非高斯峰的总方差需要通过计算获得，这将在下一节中提到。

为了将分散系数（D）与各个分散系数联系起来，有学者已经进行了几项研究。Valcárcel 和 Luque de Castro[62] 认为 D 是系统内所有个体分散系数的相加，即进样、传递和检测；Růžička 和 Hansen[16] 认为 D 是所有单独分散系数的乘积。Růžička 和 Hansen 的方法基于信号在通过系统的每个部分时都会有一定程度的衰减，因此整体衰减应为所有单独衰减的乘积。Valcárcel 和 Luque de Castro 没有解释它们方法的基本原理。

Spence 和 Crouch[34] 的研究基于个体方差对式（1.20）描述的全局方差的独立贡献理论，他们通过改变检测单元的尺寸、FIA 导管的长度和进样体积，分析了不同传统 FIA 系统和毛细管 FIA 系统的组件。他们能够估算给定线性流速下每个组分对总方差的贡献。作者假设这些变量与每个系统的方差之间存在线性关系，并建立了全局方差与反应器长度、进样体积和流动池体积之间的线性回归关系。如上一节所介绍，这些关系不是线性的（即检测单元方差与流动池体积的平方成正比），但呈现的回归系数非常接近 1。作者得出结论：对于传统的 FIA 系统，检测的方差约占整体方差的 6%，对于毛细管 FIA，这一比例上升到 40%；进样器方差分别占了 40% 和 28%；反应器的方差分别占了 60% 和 32%。作者认为主要占比源自于流动池，并且这一假设如前所述可能不正确。

对论文中提供的数据进行更深入分析，发现作者未考虑以下几个事实：

（1）毛细管系统的整体方差与流动池体积的回归斜率是传统 FIA 系统的 4 倍，这表明流动池体积在毛细管系统中的重要性。由于两个系统中的线性流速（u）都保持恒定，因此这种对流动池体积变化的依赖性增强无疑与毛细管系统中较低的体积流速（q）相关，这反过来会在流动池内产生更长的停留时间，因此方差更大。

（2）方差对反应器长度（L）的依赖性分析表明，毛细管系统的斜率是常规系统的一半，表明前一个系统的方差较小，或者样品在毛细管系统中"拉伸"较少。

（3）在毛细管系统中进样器对总体分散的贡献比在一般系统中的贡献更大。这可能是因为流体在两种情况下都"及时"完成进样并且进样的贡献受传递类型的影响，因此随着管半径的减小，分散更小。

（4）毛细管系统的全局方差仅为常规系统全局方差的 75%，这意味着峰高的增加（降低检测限）和峰宽的减小（增加分析频率）。

作为回归分析结果的全局方差的表达式可以写成：

$$\sigma_{peak}^2 = k_1 \cdot L + k_2 \cdot S_v + k_3 \cdot V_{cell} \tag{1.21}$$

式中每一项代表式（1.20）中每个分量的方差。在表 1.2 中，每个常数的值是回归图中的斜率，单位应与调整数据时使用的单位一致。

表 1.2	方程中的常数	
	毛细管系统	常规系统
$k_1/(\text{s}^2/\text{cm})$	0.60	1.39
$k_2/(\text{s}^2/\mu\text{L})$	6.39	8.39
$k_3/(\text{s}^2/\mu\text{L})$	80.9	23.1

式（1.21）可用于评估整体方差，以此修正系统的一些操作变量。必须强调的是，进样方差不能被最小化，因为这意味着进样体积的减少，如果流动池体积没有因此减少，反过来又会影响信号高度。

遗憾的是，估算式（1.21）中的误差是不太可能的，因为作者没有报告斜率的回归误差（他们报告了截距误差）。然而，由于报告的回归系数接近1，预计这个方程应该对研究每个变量的范围有效：L（50~400cm），S_v（0.72~1.25μL），V_{cell}（0.325~1.14μL）。

1.5.1 进样

作者研究了进样的贡献及其变化，得出的结论是：进样的方式对分散过程剖面有很大影响，并且这种影响随着进样量的增加而增加[32,35,36,61,63]。

如前所述，最常见的进样技术是将充满样品的环路排空然后将其排到载流中。通常的 FIA 条件能引起流体变形，进而导致扩散增加。Johnson 等[32] 获得了一些替代方法，通过使用填充式反应器和"蛇形"反应器来减少流体的变形以获得进样。

定时进样是一种替代技术，此技术回路中的样品没有完全排空，其允许减少峰宽[63]，因为仅进样了样品的第一部分，消除了"拖尾"。这种进样的缺点之一在于可能无法重现压力变化，进而影响系统的整体重现性。

Reijn 等[61] 分析了定时进样和环路进样从而获得进样方差。他们发现，在每种情况下获得的方差值都与进样比率的平方有关。

1.5.2 检测

检测系统对分散的贡献可以描述为检测系统的几个次要组件单独贡献的结果：连接管道、单元的几何形状、检测单元的响应时间[42] 等。Poppe[60] 分析了检测方差，以体积表示，如式（1.22）所示：

$$\sigma^2_{\text{Vol, detection}} = \sigma^2_{\text{Vol, transp}} + \sigma^2_{\text{Vol, cell}} + \sigma^2_{\text{Vol, resp. time}} \tag{1.22}$$

由于不知道流动池内的流动模式，因此很难预测流动池的几何形状对方差的贡献。Poppe 认为对于 V_{cell} 体积的流动池，体积标准偏差（$\sigma_{\text{vol, cell}}$）可能在池子体积的 0.29~1 倍之间变化。

$$0.29^2 S_v^2 < \sigma^2_{\text{Vol, cell}} < S_v^2 \tag{1.23}$$

这个结论是在考虑两种极端情况之后产生的：①流动池为理想的混合室，其流动遵循指数衰减（在这种情况下，标准偏差可以推导出为 $0.29V_{cell}$）；②流动池内流动是"活塞流"，在这种情况下，标准偏差等于流动池体积。因此，当进样体积与流动池体积相似时，流动池将充当混合室，在评估不同变量对分散的影响时可能会出现一些错误。

该模型最适用于系统管道的环境条件，应当使用分散模型来估算由于传递现象产生的贡献（见下文）。响应时间引起的体积变化等于流速乘以检测器的时间常数[60]。考虑到这些变量，可以推断出体积峰宽会随着检测时流速的增加而增加，因为不包括由于流动池几何形状引起的方差，其他方差取决于 u。

1.5.3　传递：不同模型

为了找到不同系统变量之间的相关性，建立了一些模型。本节将给出这些模型的概述和适用范围，以及对它们的优缺点进行评估。如果读者对该领域感兴趣，我们推荐一些关于该主题的综述[64,65]。

1.5.3.1　描述性模型或"黑匣子"

描述性模型可以很好地表述实验结果，但这些模型通常不能更好地帮助理解产生这种结果的化学和物理机理。从这个意义上说，系统被认为是"黑匣子"，模型试图将结果与输入参数相关联。

串联模型在化学工程中用作大型反应器中分散的确定性模型，尽管 FIA 条件与这些环境变量不同，Růžička 和 Hansen[27] 在处理优化 FIA 系统时使用了这个模型。作者已经充分解释和分析了这种方法，这里不再讨论。

另一方面，一些作者将 FIA 的峰描述为由指数函数（EMG）修改的高斯峰。这首先由 Foley 和 Dorsey[38] 提出，并应用于许多 FIA 系统[66]。虽然这些模型没有描述分散过程，但其对于估计峰值参数很有用，而这些参数对于比较和评估不同系统很有必要。后来，在 Ramsing 等[67] 和 Reijn 等[68] 的研究之后，被称为统计动量的峰值参数变得越来越重要，因为它们可用于评估任何模型。

回归分析已广泛应用于 FIA，并且已经报道了通过利用最小二乘法得到的分散系数 D、峰宽、出现时间等变量在不同 FIA 系统中的关联性[64]。这些方程的有效性仅限于推导出它们的系统，因为组件特征对响应的影响使得其具有特殊性而不能应用于其他系统[20]。

基于神经元网络的人工学习模型最近被用于对 FIA 系统的建模[69]。该方法基于生成处理单元的（神经元）网络，每个神经元接收一定数量的输入信号，并根据先前建立的优先级顺序，使神经元发出输出信号。优先级是通过一组实验来确定的，神经元在这些实验中"学习"如何表现。一旦学习完成，系统会以预测方式使用，预测能力与神经元数量成正比。神经元的数量有一个自然限制，这是由神经元学习"噪声"能力的增加所设定的。这种方法的主要缺点是需要大的处理能力。

1.5.3.2　确定性模型：离散模型和串联模型

确定性模型是通过不同参数之间的数值关系来跟踪系统整体行为的模型。分配给每个参数的数值是由系统的环境条件强加的。大多数系统分析认为分散只发生在反应器中。分散模型考虑了系统在每个区域的行为变化，将扩散和对流贡献视为系统环境条件的函数。它们主要是基于对流-扩散方程或是对方程作出的现象学修改。

对于圆柱管来说，分散模型由不同的微分方程描述，这些微分方程显示物质浓度沿系统的长度随时间的变化：

$$\frac{\partial C}{\partial t} + u(r) \cdot \frac{\partial C}{\partial z} = \frac{1}{r} \cdot \frac{\partial}{\partial r}\left(r \cdot D_r \cdot \frac{\partial C}{\partial r}\right) + \frac{\partial}{\partial z}\left(D_L \cdot \frac{\partial C}{\partial z}\right) + s \tag{1.24}$$

式中 $u(r)$ 是管中的速度分布，D_L 是轴向分散系数（反过来取决于 r），D_r 是径向分散系数（它是 z 的函数），s 表示由于化学反应而出现或消耗物质时的动力学贡献。

该模型仅在 FIA 中使用过两次：均匀分散模型和轴向分散的活塞流模型。在前者中，做出以下假设：①呈抛物线速度分布；②现象学分散系数（轴向 D_L 和径向 D_r）相等并且也等于物质的扩散系数 D_m。在第二个模型中，假设速度分布均匀，因此只有轴向扩散是可以实现的。

（1）均匀分散模型 该模型基于式（1.24），并考虑了管道内的实际速度分布，该分布取决于歧管的几何形状。假设轴向和径向分散系数沿系统是恒定的，并且与分子扩散系数相等（或成比例），式（1.24）可以写为：

$$\frac{\partial C}{\partial t} = \frac{D_r}{r}\frac{\partial}{\partial r}\left(r\frac{\partial C}{\partial r}\right) + D_L\frac{\partial^2 C}{\partial z^2} - u(r) \cdot \frac{\partial C}{\partial z} + s \tag{1.25}$$

如前所述，在 FIA 常用的条件下，管内的流动模式是层流（$Re<2300$），直管的速度分布是抛物线的，这种情况称为哈根泊肃叶流动。在这种特殊情况下，式（1.25）可以写成：

$$\frac{\partial C}{\partial t} = D_m\left(\frac{1}{r}\frac{\partial C}{\partial r} + \frac{\partial^2 C}{\partial r^2} + \frac{\partial^2 C}{\partial z^2}\right) - 2\bar{u}\left(1 - \frac{r^2}{a^2}\right)\frac{\partial C}{\partial z} + s \tag{1.26}$$

式中 $\bar{u}$ 是流体平均速度，a 是管半径。

（2）轴向分散的活塞流模型 假设速度分布均匀，则速度没有径向变化：

$$\frac{\partial C}{\partial t} = \frac{D_r}{r}\frac{\partial}{\partial r}\left(r\frac{\partial C}{\partial r}\right) + D_L\frac{\partial^2 C}{\partial z^2} - u\frac{\partial C}{\partial z} + s \tag{1.27}$$

式中 u 与 r 无关且等于流体平均速度（$\bar{u}$）。在此假设下不产生径向浓度梯度，并且径向扩散的项在逻辑上可以忽略不计。因此称为轴向分散活塞流模型。

$$\frac{\partial C}{\partial t} = D_L\frac{\partial^2 C}{\partial z^2} - \bar{u}\frac{\partial C}{\partial z} + s \tag{1.28}$$

式（1.28）也可以写成：

$$\frac{\partial C}{\partial t} + \frac{\bar{u}}{L} \cdot \frac{\partial C}{\partial z'} = \frac{D_m}{L^2} \cdot \frac{\partial^2 C}{\partial z'^2} \tag{1.29}$$

式中 z' 是距离的简化表达式为，$z'=z/L$。

考虑增量注入、管壁疏水性和无限管，时间 t 时浓度剖面与距原点距离 L 的方差为：

$$\sigma_t^2 = \frac{2 \cdot D_L \cdot L}{\bar{u}^3} \tag{1.30}$$

尽管该模型已用于多个领域，例如化学工程、色谱和 FIA，但它的应用仅适用于流型不产生径向浓度梯度的系统，而 FIA 则不是这种情况，因为 FIA 会产生抛物线流，因此径向梯度不可忽略。

（3）串联模型　串联模型[27,70]假设 FIA 系统内的点到点变化非常小，因此该系统在其属性和因变量方面可以被认为是同质的。在这种情况下，进样器和探测器之间是完全混合的，要么是假设的（Tyson 和 Iris[71]），要么是通过使用某种混合室获得的（Pungor 等[22]）。这个模型与在色谱（ETPH）中所使用的相类似，因为它假设了 N 个理想混合阶段。然而，有必要强调的是，色谱峰宽是由色谱柱填料引起的动态过程所导致的结果，而大多数 FIA 都不应用这些色谱柱。

基于停留时间曲线的方程可以在大多数化学工程书籍[26]中找到，这里不再讨论。模型描述和主要结论请参见其他文献报道[72]。

应该注意的是，当与预测的峰形相比时，实验峰形在曲线的上升和下降部分匹配完好，但在最大值和形状上均不匹配。可以得出结论，该模型虽然简单，但不能深入了解所发生的过程，因此其在没有混合室的建模系统中的使用受到限制。相反，该模型很好地预测了那些使用混合室的系统，或者是否存在单珠串反应器或梯度室[64]，例如在 FIA 滴定中使用的那些系统。

1.5.4　概率模型

随机游走已广泛应用于物理化学研究中，以解释和预测溶质扩散的影响[19]。该模型涉及多个步骤，每个步骤的方向与前一步骤的方向无关。通常，原点是固定的，然后在 x 和 y 方向上给出给定长度的步长：

$$(\Delta x_1, \Delta y_1), (\Delta x_2, \Delta y_2), (\Delta x_3, \Delta y_3), \cdots, (\Delta x_N, \Delta y_N) \tag{1.31}$$

式中 N 是总步数，从初始点开始的距离（R）由式（1.32）给出：

$$R^2 = (\Delta x_1 + \Delta x_2 + \cdots + \Delta x_n)^2 + (\Delta y_1 + \Delta y_2 + \cdots + \Delta y_n)^2$$

$$R^2 = \Delta x_1^2 + \Delta x_2^2 + \cdots + \Delta x_N^2 + 2\Delta x_1 \Delta x_2 + 2\Delta x_1 \Delta x_3 + \cdots \tag{1.32}$$

上面的表达式是通用的，与游走的方向无关，因为前后移动的机会是相同的。平均而言，对于大量步骤，式（1.32）的交叉项可以被取消，从而给出以下表达式：

$$R^2 \cong \Delta x_1^2 + \Delta x_2^2 + \cdots + \Delta x_N^2 + \Delta y_1^2 + \Delta y_2^2 + \cdots + \Delta y_N^2$$

$$R^2 \cong N < r^2 >$$

$$R \cong \sqrt{N} r_{rms} \tag{1.33}$$

式中 r_{rms} 是均方根步长。在同样的假设下，这个结果可以推广到一个三坐标轴。与式（1.33）一致，即使总步行的平均距离为 $N \cdot r_{rms}$，与初始点的距离为 $r_{rms} \cdot N^{0.5}$。

Betteridge 等[73]研究了不同变量对单线 FI 系统给出的信号影响，模拟了离散数量分子的注入，它是该模型应用的先驱。随后的研究将该方法扩展融合到 FI 系统[74]和 SIA[4]。后来，Wentzell 等[75]研究了没有化学反应的不同 FI 系统，其中结合了不同的流动剖面和无限径向扩散的条件。

由于该模型是基于每个分子的作用，因此很容易模拟样品大小、物理分散和化学反应的影响。获得的结果与报道的没有化学反应的系统所做的实验研究相一致。

随机游走模拟能够很好地预测通过纵向监测整个 FI 系统所获得的曲线形状。模拟中采用的方程不在这里介绍。但是，如果读者想要对此问题有更深入的了解，可查阅相关文献[19,73-77]。

依据 Kolev[64] 的研究，随机游走模型的优点如下：①易于观察不同流动类型的影响；②数学和计算简单；③有良好的可视化图形结果。至于缺点，该方法已经显示出定量预测的某些问题，可以通过延长计算时间来改进这些问题。

1.6　设计方程

Reijn 等[78] 提出了设计方程，以最大限度提高分析频率并最大限度减少盘管和单珠串反应器中线性系统的反应物消耗。Tijssen[54] 提出了包含连续反应器系统的设计方程，如前所示。Růžička 等提供了基于串联模型的其他设计方程。这些设计方程在低分散情况下均不适用[79]。由于其他报告的方程仅适用于非常特定的系统，故不在此将其一一罗列。

以下部分旨在为不同操作变量会影响信号这一结论提供证据。为此，制备了吸光度为 0.341 的 $CoSO_4$ 溶液。以双去离子水（DDW）为载体，在钴水配合物的波长最大吸收波长（$\lambda_{max} = 525nm$）处监测吸光度。使用了不同流速的流体以及不同半径、长度和几何形状的管[77,80]。

1.6.1　不同系统变量的影响

1.6.1.1　反应器长度

在所有情况下，对于任何反应器配置，如果其他变量均保持不变，行进距离的增加意味着样品分散的增加（峰往往更短更宽，图 1.7）。

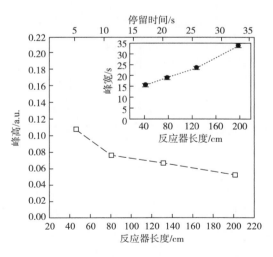

图 1.7　反应器长度对分散的影响

1.6.1.2　几何构型

反应器空间构型的影响取决于其他系统变量。由于传递而产生的分散对总分散的贡献越大，二次流的产生效率就越高，在直式反应器和盘管反应器之间发现的分散差异就越明显。

关于最后一个因素，随着反应器长度和载体线性速率的增加，二次流的产生将更加明显。这种表现方式也出现在其他类型的反应器中，这些反应器想要将二次流的生产最大化，例如流向连续变化的打结反应器，有利于质量径向转移。这种流向转变发生得越频繁，速率分布就越均匀，活塞式流动具有相似性[16,81]。当打结反应器（周期性或随机结）代替盘管使用可以很高效地降低分散。这是由于流动方向的频繁变化，在打结的反应器中，这种变化是周期性的，而具有不规则结的反应器会产生奇怪的流动剖面扰动[16]。

1.6.1.3 流量

不同描述参数（主要是 D）对流量的依赖性尚不明确。Li 和 Ma[82] 通过在系统中引入盘管反应器来研究这种依赖性，但可惜的是，对于这种几何结构的反应器，降低分散性的能力恰恰是关于流量的函数。作者绘制了 D 与 q 的关联图，在中等流量处得到了 D 最大值。这个最大值与管长、管径、进样量均无关。但是，与物质的扩散系数有一定的关系（当扩散系数增加时，D 最大值对应的流量 q 会变小）。

另一方面，在之前的工作中，Stone 和 Tyson[83] 分析了流动系统中对分散性有影响的包括流量在内的不同因素，发现在短管中，分散性会随着流量的增加而单调递减。而当管长增加时，从 D 对 q 的图形中，我们可以发现在低流量处，D 有最大值。D 最大值对应的流量 q 似乎取决于反应器的尺寸大小。这与 Li 和 Ma 在同样系统中得到的结论形成对比。尽管如此，研究 D 与 q 的关系曲线及趋势还是很有意义的。

在经典的文献中，对 D 受 q 影响的不同描述可以归因于 D 最大值出现的点不同。例如，Ruzicka 和 Hansen[16] 采用的实验条件是基于 D 取最大值之前的情况，其支持 D 随着 q 的增加而增加的观点，而 Valcarcel 和 Luque de Castro[62] 采用的实验条件是基于 D 取最大值之后的情况，其支持 D 随着 q 的增加而减小的观点。

简而言之，如果样品在管内的流动是活塞流模型，那么其在管内流动时的径向传质分布在任何时候都是一样的。在极低（非理想的）流量下，在 FIA 中可以获得这些条件参数。随着流量的增加，径向传质分布会导致系数 D 的增加。然而，当流量更大，对流成为主要的分散方式时，系数 D 会再次减小（假设仪器的响应时间为零）。通过这种方式，研究人员观察到的现象才是有效的，而他们得到的不同结论也可以归因于对不同实验条件的误解。

Stone 和 Tyson，Li 和 Ma 都意识到 q 和 L 是影响停留时间的因素。由于不同的对流和扩散过程会导致 q 和 L 值的差异，因此不同系统之间的比较会很困难。然而，如果保持 q 为恒定值，随着 L 的增加，扩散过程的影响也会增加。如果对停留时间与 D 的函数关系作图（图1.8），可见 D 随着 t_R 的增加而增加。此结果很大程度上受流动池的影响，在某些场合中，D 不受一些 q 值[83,84] 的影响，而取决于管长和流动池[83] 的体积。

在 D 与 q 关联图中，最大值应取决于溶质的停留时间和流量。停留时间与 q 成反比例关系，其在数值上通常等于管长和平均流量的比值（$t_R \approx L/q$）。然而，Li 和 Ma 发

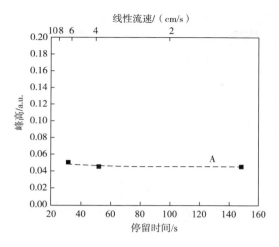

图 1.8 流速对分散的影响

现实际上 t_R 和 q^k 成反比例关系，在低流量时 k 小于 1，在高流量时 k 大于 1。根据 Ruzicka 和 Hansen[16] 给出的 D 的理论公式，D 和 $(t_R \cdot q)^{1/2}$ 成比例关系。因此，如果 k 小于 1，t_R 比预计的会略大，如果考虑到 q^{-1} 的影响，D 会随 q 的增加而增加。如果 k 大于 1 则相反。

对于峰宽的情况，由 q 的负指数函数得到递减双曲线。描述这些双曲线的系数取决于反应器的尺寸配置，盘管尺寸的绝对值小于直管的绝对值。只要流量降低，这种差异就不太明显。

1.6.1.4 管半径

如图 1.9 和已发表的不同著作[45,82,83] 所示，随着管半径的减小，D 和峰宽也减小，线性流速（u）不变。然而，有必要提及某些研究，例如 Li 和 Ma 的研究[82]，是在保持体积流量（q）恒定而不是线性流速（u）恒定的情况下进行的。因此，分散的减少主要是由于较小直径的管的 t_R 较低，在这些情况下径向质量传递的贡献较小。这种贡献可以用 τ 来观察，其中扩散贡献越大则减少的时间值增加。

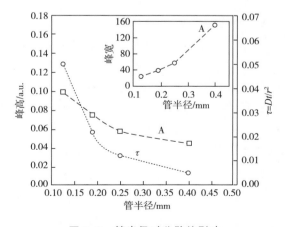

图 1.9 管半径对分散的影响

图 1.9 显示了通过管半径函数获得的峰宽。在比较这些图时，要考虑一个重要的因素，即通过使用不同的管半径保持线性流速（u）恒定。在这些情况下，使用的体积流量（q）会发生变化，流动池内的流量也会发生变化，相比之下此种方法不太妥当。因此，实际峰宽值应该通过流动池内的平均停留时间来校正，而停留时间对于高速率和大半径管来说是可有可无的因素，但其与低速率和小半径管相关。从图 1.9 中可以看出，峰宽随着管半径（a）的增加而增加。当 a 减小时，信号变高，峰变窄，这意味着分析频率的增益相对更大，而不是灵敏度。

1.6.1.5 进样量

Růžička 和 Hansen[16] 已经证明了瞬态信号对进样量 S_v 的依赖性。这种依赖性是控制分散的关键，因为它会显著影响信号、停留时间、大体积进样，还会影响峰宽。

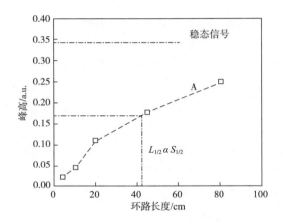

图 1.10 环路长度对分散的影响

当信号高度作为进样体积（或环路长度）的函数被绘制时，得到如图 1.10 所示的曲线。研究[16] 表明，这种依赖性通过式（1.34）表述：

$$\frac{1}{D_{max}} = \frac{C_{max}}{C_0} = 1 - e^{-K \cdot S_v} = 1 - e^{-0.693 \frac{S_v}{S_{1/2}}} \qquad (1.34)$$

参数 $S_{1/2}$（达到稳态信号的一半或 $D = 2$ 所需的样本体积）对于定义系统的性能很有用，因为它取决于系统的不同变量。系数 K 与 $S_{1/2}$ 成反比，图 1.10 所示曲线的斜率很陡。

在系统没有分散的理想情况下，进样量不会影响信号高度，但与其宽度有直接关系。只有当进样体积大于流动池体积时，结论才正确。在这种理想情况下，K 应该趋于无穷大，而 D 正如预期的那样，应该等于 1。

式（1.34）可以变为线性方程，如式（1.35）所示：

$$\ln\left(1 - \frac{1}{D_{max}}\right) = -\frac{0.693}{S_{1/2}} S_v \qquad (1.35)$$

因此，$S_{1/2}$ 可以通过曲线的斜率获得，从而更好地拟合这种依赖关系。

在实际系统中评估此参数时必须小心，尤其是在小管半径的情况下，系统内的任何死体积的影响都是不容忽视的。对于进样体积生成的峰高在统计上与静态条件下的信号无差异的情况，式（1.35）不会很好地拟合，因为它预测信号仅在趋于无穷大的情况下才可达到。

Stone 和 Tyson[83] 的研究表明，在不考虑管半径的情况下，D 在不同系统中有类似的数值且其与进样体积和反应器体积存在某种恒定的关系。相比之下，如果管半径变小，$S_{1/2}$ 会显著降低。

此外，这些作者发现瞬态信号的对称性主要源自在线进样而不是段塞式进样。它们还表明了进样"模式"的影响，该影响随着进样对总体分散的影响增加（例如，回路长度接近反应器长度的系统）而变得更加相关。在这些情况下，传递引起的分散是不相关的。

关于峰宽对进样体积的依赖性，之前已经讨论过，即如果进样环的长度小于反应器长度的 20%，则这种依赖性是最小的。这是因为，在这些情况下，传递对扩散的贡献大于进样贡献。然而，总的趋势是，当进样体积增加时，获得的峰宽也会增加。式（1.34）可以改写为式（1.36）：

$$\frac{1}{D_{\max}} = 1 - e^{-K\frac{S_v}{V_{反应器}}} = 1 - e^{-\left[\frac{0.693}{\left(\frac{l}{L}\right)_{1/2}}\frac{l}{L}\right]} \tag{1.36}$$

式中 $\left(\frac{l}{L}\right)_{1/2}$ 是关于 D 等于 2 的长度比，它应该独立于管半径，以满足 Stone 和 Tyson 的假设。该表达式可用作设计方程：选择环路与反应器长度比以获得最需要的 D 值（基于所需的灵敏度），并选择流速以获得给定的停留时间（基于反应时间）。

1.6.2　流动系统优化

采用 FIA 中常用的仪器，这种优化方式最大限度地利用二次流。这基于 Reijn 等[85] 和 Tijssen[54] 的工作。

在 FIA 中使用蠕动泵对流量的范围和泵的反压提出了限制。系统中关于这些限制的最小停留时间计算如式（1.37）所示：

$$t_p = \frac{8 \cdot L^2 \eta}{\Delta p \cdot a^2} \tag{1.37}$$

t_p 被称为受压力限制的时间。蠕动泵的最大反压（Δp）约为 0.5MPa，而柱塞泵液相色谱的最大反压（Δp）约为 40MPa。在盘管中，二次流的存在导致轴向压力增加，虽然和直管相比，De 小于 25，超压小于 10%。虽然可以认为泵系统的复杂性是增加最大反压的一种方式，但应该注意到，反压增加的 Δp 为 10，而最小半径减小了 1.47 倍[85]，考虑到设备成本的增加，此改进不大。

由于动力系统所能提供的最大流量而产生的另一个限制被称为"流量限制"。在这种情况下，最小停留时间计算如下：

$$t_F = \frac{L \cdot \pi \cdot a^2}{q_{\max}} \tag{1.38}$$

考虑到是蠕动泵，其可以提供的最大流量约为 30cm³/min。

分析通量（f_A）由峰宽决定，在泰勒条件下，可写为：

$$f_A = \frac{60}{6 \cdot \sigma_t} = 10 \sqrt{\frac{24 \cdot D_m}{a^2 \cdot t}} = \frac{49}{a} \sqrt{\frac{D_m}{t}} \, (\text{in/min}) \qquad (1.39)$$

t 是系统中的停留时间。可以看出，分析的频率应该与流量（q）、压降（Δp）和反应器长度（L）等变量无关，尽管这些变量对 a 值和可达到的 t 值有影响。

每个峰的载流消耗（F，以 cm^3 为单位）[54] 可以通过式（1.40）获得：

$$F = q \cdot 6\sigma_t = 6\pi a^2 \bar{u} \sqrt{\frac{a^2 t}{24 \cdot D_m}} = \frac{3\pi}{4} a^4 \sqrt{\frac{\Delta p}{\eta D_m}} \left(\frac{\Delta p}{L} = \frac{8\bar{u}\eta}{a^2} \right) \qquad (1.40)$$

关于系统优化，Tijssen 获得的数据可以在图 1.11 中以切实可行的方式呈现，通过所需的分析频率和停留时间可以获得所需的管径。对于给定的分析频率，所需的停留时间越长，管半径应该越小。

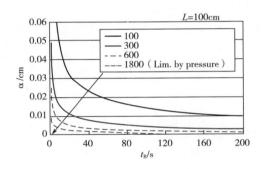

图 1.11　在 FIA 条件下分析频率对 t_R 的函数作图

基于蠕动泵所能提供的压降（约 0.4MPa），在 FIA 中可达到的最大分析频率理论上约为 1800 峰/h。

对于盘管，理论平板高度的降低提高了分析频率，并且每个峰的载流消耗量减少。然而，只有在高流速下才能获得大的变化。由于 F、f_A 和 H 是 σ_t 的直接函数，可以看出，与直管（H/H_0，其中下标"0"用于直管）相比，盘管理论板高度的提高通过以下方程与 F 和 f_A 直接相关：

$$\sqrt{\frac{H}{H_0}} = \frac{S_0}{S} = \frac{f_A}{f_{A_0}} \qquad (1.41)$$

例如，要使分析频率加倍，$(H/H_0)^{1/2}$ 应等于 1/2，这可以通过大于 10^4 的 De^2Sc 获得。实际上，De^2Sc 可以达到接近 10^8 的值，这意味着盘管中的频率大约高出 100 倍。然而，这仅在传递过程中分散作用占主导时才有效。

现在该考虑如何为对停留时间有要求的系统选择最佳的条件。如果分析带有化学反应的系统，停留时间只会改变反应程度。

一旦选择了反应时间，就可以计算 De^2Sc 的最大值以充分发挥二次流的影响。为此，必须在尽可能大的流量和压降下工作，因此只需设置停留时间并考虑最大压降和可获得的流量来确定最大 De^2Sc。显然，考虑到最大压降和最大流量，应该能达到所需的停留时间。因此，可以推导出式（1.42）：

$$t_R = t_p = \frac{8 \cdot L^2 \eta}{\Delta p \cdot a^2} = t_F = \frac{L \cdot \pi \cdot a^2}{q_{max}}$$

$$L_{optimo} = \sqrt[3]{\frac{\Delta p_{max} \cdot q_{max} \cdot t_R^2}{8 \cdot \eta \cdot \pi}}$$

$$a_{optimo} = \sqrt{\frac{q_{max} \cdot t_R}{\pi \cdot L_{optimo}}} \tag{1.42}$$

一旦获得这些值，就可以通过式（1.42）计算 De^2Sc（对于给定的 λ）来评估 H/H_o。图 1.12 显示了使用 Tijssen 提供的数据进行的实验调整，以使计算更容易，并能够预估在盘管使用 Tijssen 建议的蠕动泵而非柱塞泵所能带来的优化改进。

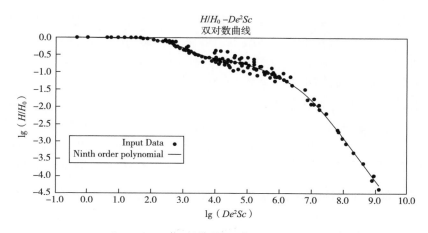

图 1.12　依据 H/H_0 与 De^2Sc 函数关系对 H/H_o 进行的调整

一旦知道 H/H_0，就可以计算 f_A 和 F_0 表 1.3 显示了在 Tijssen 条件和其他建议条件下的计算值。

从这些数据可以得出结论，最好的结果来自那些使用最大流量和压降的系统。使用传统 FIA 仪器计算可达条件下的分析频率，显示其结果有很大提高（大约高出 5 倍），但对于每个峰的反应物消耗的改进，其结果又大大降低。

随着管长度增加或半径减小，产物的 De^2Sc 增加，这时达到了一种折中状态，即反应器长度（L）达到最大，此时管径不太宽（0.1~0.5mm 内径）。这种现象的原因之一是反压和最大流量导致的最小停留时间更多地取决于管半径（平方功率）而不是长度。

表 1.3　　　　　　　　　　　　不同系统的最佳操作条件

p_{max}	$\times 10^5 Pa$	400	400	80	4
q_{max}	cm^3/s	0.5	0.5	0.1	0.5
t_R	s	10	100	10	60
L	cm	4301	19965	1471	3060
A	cm	0.0192	0.0282	0.0147	0.0559
De^2Sc		1.96×10^8	9.08×10^7	1.34×10^7	2.32×10^7

续表

p_{max}	$\times 10^5 Pa$	400	400	80	4
H/H_0		6.36×10^{-4}	1.62×10^{-3}	1.25×10^{-2}	7.32×10^{-3}
$(H/H_0)^{-1/2}$		39.7	24.8	9.4	11.7
f_{A_0}	峰/min	3.12	0.67	4.08	0.44
f_A	峰/min	124	17	37	5.1
F_0	cm^3/峰	9.6	44.6	1.5	68.4
F	cm^3/峰	0.24	1.80	0.16	5.85

通过减小管半径可以在直管中实现相同的分析频率。例如，如果盘管反应器的分析频率增加五倍，半径减小至原来 20% 的直管将具有相同的分析频率。继而可以大幅降低载体消耗；这是因为 F 与 a^4 线性相关。在前面的示例中，如果使用直式反应器，则所需的每个峰的体积将减少至原来的 1/625。

此优化仅考虑了传递对扩散的影响。然而，它清楚地表明了如何在系统优化中考虑到所有变量以及这些变量对不同参数的影响从而最终影响了分析结果。

式（1.36）显示了一种合适的方法来选择需要特定分析性能的系统变量。值得一提的是，该等式不是真正的优化公式，因为它在关于流速和停留时间的函数中对 $\left(\dfrac{l}{L}\right)_{1/2}$ 取最小值。如果该值减小，D 对 S_v 曲线的绝对斜率增加，D 和峰宽最小。

1.7 结论

在本章中，我们对能够描述流动系统中分散过程的不同因素进行了批判性的分析。该分析主要偏向于流动进样系统，因为这些系统已经从实践的角度进行了广泛的研究。特别强调了分散描述参数以及寻找能反映分析物对最佳工作条件影响的全局描述参数，这些描述参数使分析人员能够预测最佳工作条件，最大限度地提高分析频率和最佳灵敏度。在此基础上，通过对迄今为止报道的不同模型的分析，证明了流动系统的不同组分对总体分散有影响。同时，我们发现不同的方法不会对检测和进样造成总体分散的影响。因此，需要强调的是系统的不同部分会影响最终结果，这迫使人们开发可以忽略检测器影响的装置。此外，还展示了两种根据所需分散度选择和优化流动系统的方法。

很明显，该技术的分析优势在于控制混合的扩散过程，保持样品注入的完整性。这需要了解传递现象和影响它们的因素。这样，在预测系统行为时，推导能够将总体分散与 FIA 的典型变量相关联的方程应该是非常有趣的。然而，文献中报道的不同理论模型和实验未能以连续的方式监测物质再分布和分散。

致谢

感谢 Osvaldo Troccoli 博士对本章的贡献。

参考文献

［1］Skeggs, L. J. (1957) An automatic method for colorimetric analysis. *American Journal of Clinical Pathology*, 28, 311-322.

［2］Ruzicka, J. and Hansen, E. H. (1975) Flow Injection Analysis. Part I. A new concept of fast continuous flow analysis. *Analytica Chimica Acta*, 78, 145-157.

［3］Ruzicka, J., Marshall, G. D. and Christian, G. D. (1990) Variable Flow Rates and Sinusoidal Flow Pump Flow Injection Analysis. *Analytical Chemistry*, 62, 1861-1866.

［4］Ruzicka, J. and Marshall, G. D. (1990) Sequential injection: a new concept for chemical sensors, process analysis and laboratory assays. *Analytica Chimica Acta*, 237, 329-343.

［5］Gubeli, T., Christian, G. D. and Ruzicka, J. (1991) Fundamentals of sinusoidal flow sequential injection spectrophotometry. *Analytical Chemistry*, 63, 1861-1866.

［6］Gubeli, T., Christian, G. D. and Ruzicka, J. (1991) Principles of stopped-flow sequential injection analysis and its application to the kinetic determination of traces of a proteolytic enzyme. *Analytical Chemistry*, 63, 1680-1685.

［7］Baron, A., Guzman, M., Ruzicka, J. and Christian, G. D. (1992) Novel singlestandard calibration and dilution method performed by the sequential injection technique. *Analyst*, 117, 1839-1844.

［8］Masini, J. C., Baxter, P. J., Detwiler, K. R. and Christian, G. D. (1995) Onlinespectrophotometric determination of phosphate in bioprocesses by sequential injection. *Analyst*, 120, 1583-1587.

［9］van Staden, J. F. and Taljaard, R. E. (1997) Online dilution with sequential injection analysis: a system for monitoring sulfate in industrial effluents. *Fresenius' Journal of Analytical Chemistry*, 357, 577-581.

［10］Giné, M. F., Bergamin Filho, H. and Zagatto, E. A. G. (1980) Simultaneous determination of nitrate and nitrite by flow injection analysis. *Analytica Chimica Acta*, 114, 191-197.

［11］Krug, F. J., Bergamin Filho, H. and Zagatto, E. A. G. (1986) Commutation in flow injection analysis. *Analytica Chimica Acta*, 179, 103-118.

［12］Reis, B. F., Giné, M. F., Zagatto, E. A. G., Lima, J. L. F. C. and Lapa, R. A. S. (1994) Multicommutation in flow analysis. 1. Binary sampling: concepts, instrumentation and spectrophotometric determination of iron in plant digests. *Analytica Chimica Acta*, 293, 129-138.

［13］Reis, B. F., Morales-Rubio, A. and de la Guardia, M. (1999) Environmentally friendly analytical chemistry through automation: comparative study of strategies for carbaryl determination with p-aminophenol. *Analytica Chimica Acta*, 392, 265-272.

［14］Zagatto, E. A. G., Reis, B. F., Oliveira, C. C., Sartini, R. P. and Arruda, M. A. Z. (1999) Evolution of the commutation concept associated with the development of flow analysis. *Analytica Chimica Acta*, 400, 249-256.

［15］Christian, G. D. and Ruzicka, J. (1992) Exploiting stopped-flow injection methods for quantitative chemical analysis. *Analytica Chimica Acta*, 261, 11-21.

［16］Ruzicka, J. and Hansen, E. H. (1988) *Flow Injection Analysis*, Wiley, New York.

［17］Honorato, R. S., Araujo, M. C. U., Lima, R. A. C., Zagatto, E. A. G., Lapa, R. A. S. and Costa Lima, J. L. F. (1999) A flow-batch titrator exploiting a one-dimensional optimisation algorithm for end point search. *Analytica Chimica Acta*, 396. 91−97.

［18］Probstein, R. F. (1994) *Physicochemical Hydrodynamics: An Introduction*, John Wiley & Sons, New York.

［19］Atkins, P. W. (1978) *Cap 26, 27 and Appendix Vol*, Addison-Wesley Iberoamericana, New York.

［20］Brooks, S. H., Leff, D. V., Torres, M. H. and Dorsey, J. G. (1988) Dispersion coefficient and moment analysis of flow injection analysis peaks. *Analytical Chemistry*, 60, 2737−2744.

［21］Betteridge, D. and Ruzicka, J. (1976) Determination of glycerol in water by flow injection analysis-a novel way of measuring viscosity. *Talanta*, 23, 409−410.

［22］Pungor, E., Feher, Z., Nagy, G., Toth, K., Horvai, G. and Gratzl, M. (1979) Injection techniques in dynamic flow-through analysis with electrothermal analysis sensors. *Analytica Chimica Acta*, 109, 1.

［23］Streeter, V. L. and Wylie, E. G. (1981) *Mecánica de Fluídos*, McGraw-Hill, Bogot.

［24］Taylor, G. (1953) Dispersion of soluble matter in solvent flowing through a tube. *Proceedings of the Royal Society of London*, Series A, 219, 186−203.

［25］Taylor, G. (1954) Conditions under which dispersion of a solute in a stream of solvent can be used to measure molecular difusion. *Proceedings of the Royal Society of London*, Series A, 225, 473−477.

［26］Levenspiel, O. (1962) *Chemical Reaction Engineering*, Wiley, New York.

［27］Ruzicka, J. and Hansen, E. H. (1978) Flow injection analysis. Part X. Theory, Techniques and Trends. *Analytica Chimica Acta*, 99, 37−76.

［28］Painton, C. C. and Mottola, H. A. (1984) Kinetics in continuous flow sample processing. *Analytica Chimica Acta*, 158, 67.

［29］Painton, C. C. and Mottola, H. A. (1983) Dispersion in continuous-flow sample processing. *Analytica Chimica Acta*, 154, 1−16.

［30］Ananthakrishnan, V., Gill, W. N. and Barduhn, A. J. (1965) Laminar dispersion in capillaries. 1. Mathematical analysis. *American Institute of Chemical Engineers Journal*, 11, 1063.

［31］Li, Y. S. and Gao, X. F. (1996) Two new parameters: Axial dispersion degree and radial dispersion intensity of sample zone injected in flow injection analysis systems. *Laboratory Robotics and Automation*, 8, 351.

［32］Johnson, B. F., Malick, R. E. and Dorsey, J. G. (1992) Reduction of injection variance in flow injection analyisis. *Talanta*, 39, 35−44.

［33］Brooks, S. H. and Rullo, G. (1990) Minimal dispersion flow injection analysis systems for automated sample introduction. *Analytical Chemistry*, 62, 2059−2062.

［34］Spence, D. M. and Crouch, S. R. (1997) Factors affecting zone variance in a capillary flow injection system. *Analytical Chemistry*, 69, 165−169.

［35］Levenspiel, O., Lai, B. W. and Chatlynne, C. Y. (1970) Tracer curves and residence time distribution. *Chemical Engineering Science*, 25, 1611−1613.

［36］Levenspiel, O. and Turner, J. C. R. (1970) The interpretation of residence-time experiments. *Chemical Engineering Science*, 25, 1605−1609.

［37］Snyder, L. R. (1980) Continuous-flow analysis: present and future. *Analytica Chimica Acta*,

114, 3–18.

[38] Foley, J. P. and Dorsey, J. G. (1983) Equations for calculation of chromatographic figures of merit for ideal and skewed peaks. *Analytical Chemistry*, 55, 730–737.

[39] Betteridge, D., Cheng, W. C., Dagless, E. L., David, P., Goad, T. B., Deans, D. R., Newton, D. A. and Pierce, T. B. (1983) An automated viscometer based on highprecision flow injection analysis. 2. Measurement of viscosity and diffusioncoefficients. *Analyst*, 108, 17.

[40] Stone, D. C. and Tyson, J. F. (1986) Flow cell and diffusion-coefficient effects in flow injection analysis. *Analytica Chimica Acta*, 179, 427.

[41] van Staden, J. F. (1990) Effect of coated open-tubular inorganic-based solid-state ion-selective electrodes on dispersion in flow injection. *Analyst*, 115. 581–585.

[42] van Staden, J. F. (1992) Response-time phenomena of coated open-tubular solid-state silver-halide selective electrodes and their influence on sample dispersion in flow injection analysis. *Analytica Chimica Acta*, 261, 381.

[43] Vanderslice, J. T., Rosenfeld, A. G. and Beecher, G. R. (1986) Laminar-flow bolus shapes in flow injection analysis. *Analytica Chimica Acta*, 179, 119–129.

[44] Ruzicka, J., Hansen, E. H. and Zagatto, E. A. (1977) Flow injection analysis. 7. Use of ion-selective electrodes for rapid analysis of soil extracts and blood serum. Determination of potassium, sodium and nitrate. *Analytica Chimica Acta*, 88, 1–16.

[45] Korenaga, T. (1992) Aspects of sample dispersion for optimizing flow injection analysis systems. *Analytica Chimica Acta*, 261, 539.

[46] Narusawa, Y. and Miyamae, Y. (1994) Zone circulating flow injection analysis: theory. *Analytica Chimica Acta*, 289, 355–364.

[47] Narusawa, Y. and Miyamae, Y. (1994) Radial dispersion by computer-aided simulation with data from zone circulating flow injection analysis. *Analytica Chimica Acta*, 296, 129–140.

[48] Narusawa, Y. and Miyamae, Y. (1995) Evidence of axial diffusion accompanied by axial dispersion with zone circrdating flow injection analysis data. *Analytica Chimica Acta*, 309, 227–239.

[49] Narusawa, Y. and Miyamae, Y. (1998) Decisive problems of zone-circulating flow injection analysis and its solution. *Talanta*, 45, 519.

[50] Vanderslice, J. T., Stewart, K. K., Rosenfeld, A. G. and Higgs, D. H. (1981) Laminar dispersion in flow injection analysis. *Talanta*, 28, 11–18.

[51] Vanderslice, J. T., Beecher, G. R. and Rosenfeld, A. G. (1984) Dispersion and diffusion coefficients in flow injection analysis. *Analytica Chimica Acta*, 56, 292–293.

[52] Gomez-Nieto, M. A., Luque de Castro, M. D., Martin, A. and Valcárcel, M. (1985) Prediction of the behavior of a single flow injection manifold. *Talanta*, 32, 319–324.

[53] Kempster, P. L., van Vliet, H. R. and Staden, J. F. (1989) Prediction of FIA peak width for a flow injection manifold with spectrophotometric or ICP detection. *Talanta*, 36, 969.

[54] Tijssen, R. (1980) Axial dispersion and flow phenomena in helically coiled tubular reactors for flow analysis and chromatography. *Analytica Chimica Acta*, 114, 71–89.

[55] Reijn, J. M., van der Linden, W. E. and Poppe, H. (1981) Transport phenomena in flow injection analysis without chemical reaction. *Analytica Chimica Acta*, 126, 1.

[56] Andrade, F. J., Iñón, F. A., Tudino, M. B. and Troccoli, O. E. (1999) Integrated conductimetric detection: mass distribution in a dynamic sample zone inside a flow injection manifold.

Analytica Chimica Acta, 379, 99-106.

　[57] Iñón, F. A., Andrade, F. J. and Tudino, M. B. (2003) Mass distribution in a dynamic sample zone inside a flow injection manifold: modelling integrated conductimetric profiles. *Analytica Chimica Acta*, 477. 59-71.

　[58] Golay, M. J. E. and Atwood, J. G. (1979) Early phases of the dispersion of a sample injected in poiseuille flow. *Journal of Chromatography*, 186, 353-370.

　[59] Atwood, J. G. and Golay, M. J. E. (1981) Dispersion of peaks by short straight open tubes in liquid-chromatography systems. *Journal of Chromatography*, 218, 97-122.

　[60] Poppe, H. (1980) Characterization and design of liquid phase flow-through detector system. *Analytica Chimica Acta*, 114, 59-70.

　[61] Reijn, J. M., van der Linden, W. E. and Poppe, H. (1980) Some theroretical aspects of flow injection analysis. *Analytica Chimica Acta*, 114, 105-118.

　[62] Valcárcel, M. and Luque de Castro, M. D. (1987) *Flow injection analysis: Principles and Applications*, Ellis Horwood, Chichester.

　[63] Coq, B., Cretier, G., Rocca, J. L. and Porthault, M. (1981) Open or packed sampling loops in liquid-chromatography. *Journal of Chromatographic Science*, 19, 12-112.

　[64] Kolev, S. D. (1995) Mathematical modelling of flow inject systems. *Analytica Chimica Acta*, 308, 36-66.

　[65] DeLon Hull, R., Malic, R. E. and Dorsey, J. G. (1992) Dispersion phenomena in flow injection systems. *Analytica Chimica Acta*, 267, 1-24.

　[66] Brooks, S. H. and Dorsey, J. G. (1990) Moment analysis for evaluation of flow injection manifolds. *Analytica Chimica Acta*, 229, 35.

　[67] Ramsing, A. U., Ruzicka, J. and Hansen, E. H. (1981) The principles and theory of high-speed titrations by flow injection analysis. *Analytica Chimica Acta*, 129, 1.

　[68] Reijn, J. M., Poppe, H. and van der Linden, W. E. (1984) Kinetics in a single bead string reactor for flow injection analysis. *Analytical Chemistry*, 56, 943-948.

　[69] Hartnett, M., Diamond, D. and Barker, P. G. (1993) Neural network-based recognition of flow injection patterns. *Analyst*, 118, 347-354.

　[70] Hungerford, J. M. and Christian, G. D. (1987) Chemical kinetics with reagent dispersion in single-line flow injection systems. *Analytica Chimica Acta*, 200, 1.

　[71] Tyson, J. F. and Idris, A. B. (1981) Flow injection sample introduction for atomic absorption spectrometry: Applications of a simplified model for dispersion. *Analyst*, 106, 1125.

　[72] Burguera, J. L. (1989) *Flow Injection Atomic Spectroscopy*, Marcel Dekker, New York.

　[73] Betteridge, D., Marczewski, C. Z. and Wade, A. P. (1984) A random walk simulation of flow injection analysis. *Analytica Chimica Acta*, 165, 227-236.

　[74] Crowe, C. D., Levin, H. W., Betteridge, D. and Wade, A. P. (1987) A random-walk simulation of flow injection sytems with merging zones. *Analytica Chimica Acta*, 194, 49.

　[75] Wentzell, P. D., Bowdridge, M. R., Taylor, E. L. and Macdonald, C. (1993) Random-walk simulation of flow injection analysis—evaluation of dispersion profiles. *Analytica Chimica Acta*, 278, 293-306.

　[76] Levine, I. N. (1988) *Chapter 16*, McGraw-Hill, Madrid.

　[77] Iñón, F. A. (2001) in Un nuevo enfoque en el estudio del proceso de dispersión en FIA: el

método conductimétro integral (ICM) y modelado matemático de las curvas ICM Vol. Ph. D. Universidad de Buenos Aires, Buenos Aires, p. 464.

[78] Reijn, J. M. , Poppe, H. and van der Linden, W. E. (1983) A possible approach to the optimization of flow injection analysis. *Analytica Chimica Acta*, 145, 59.

[79] Betteridge, D. (1978) Flow injection analysis. *Analytical Chemistry*, 50, 832A-846.

[80] Andrade, F. J. (2001) in Estudio de dispersión en sistemas de análisis por inyeccion en flujos (FIA) y su aplicación al análisis de vestigios Vol. Ph. D. Universidad de Buenos Aires, Buenos Aires, p. 381.

[81] Leclerc, D. F. , Bloxham, P. A. and Toren, E. C. J. (1986) Axial dispersion in coiled tubular reactors. *Analytica Chimica Acta*, 184, 173.

[82] Li, Y. H. and Ma, H. C. (1995) Two trends of sample dispersion variation with carrier flow rate in a single flow injection manifold. *Talanta*, 42, 2033.

[83] Stone, D. C. and Tyson, J. F. (1987) Models for dispersion in flow injection analysis. 1. basic requirements and study of factors affecting dispersion. *Analyst*, 112, 515-521.

[84] Fang, Z. (1995) *Flow Injection Atomic Absorption Spectrometry*, John Wiley & Son Ltd, New York.

[85] Reijn, J. M. , van der Linden, W. E. and Poppe, H. (1980) Dispersion phenomena in reactors for flow analysis. *Analytica Chimica Acta*, 114, 91-104.

2 流动分析进样技术

Victor Cerdà 和 José Manuel Estela

2.1 引言

流动分析中的进样是将精确体积的样品可重复性地注入载流中。根据体积测量的方式，进样可以是基于体积或基于时间。

对于最简单的样品，基于体积的进样包括用样品填充定量环并丢弃多余的样品，环体积决定了进样的样品体积。基于定量环的进样对于小样品量尤其有效。然而，随着进样量的增加，由于在载流中插入定量环而导致分析路径增加，从而使检测通量明显下降。

基于时间的进样技术使用换向设备在要处理的流道之间切换。因此，当开关处于一个位置时，样品被运送到检测器并丢弃载体。在设定的注入所选择样品时间过去后，开关启动，从而驱动载体溶液通过分析通道，以载入样品并冲洗系统。

与基于体积的进样相比，基于时间的进样对注入大体积的样品特别有吸引力，因为它使用样品量更少从而导致样品在分析通道中的分散更小。然而，对于小样品体积，基于时间的进样效率会受到流速波动的限制，并且当使用短进样时间或高流速时，注入体积的重复性受到影响。一些流动分析技术更适合采用基于时间的进样方式，而其他采用基于体积的进样更有效，还有一些则两者都适合用，这取决于它们的内在特性和现有的技术发展。一种给定的进样技术也可以通过不同的方式应用于同一流动技术，从而开发新的变量，优化样品的分析处理。灵敏度、选择性、准确度、精密度、检测量、样品和试剂消耗、废物产生、耐用性、监测能力、自动化、小型化和执行特定分析的能力或多重确定的给定流量技术很大程度上取决于所使用的进样模式。以下各节描述了在主要流动分析技术中实施的一些常见的进样技术。

2.2 连续流动分析（CFA）

在连续流动分析中，样品通过进样管连续注入体系，并持续监测时间变化。CFA技术可以在开放和封闭装置中实施（图 2.1）。

在开放式 CFA 装置中，样品通过检测系统后丢弃。包含适当试剂的多个通道会合并，再与样品混合以提高检测效率[1]。通常，一次仅监测一个样品的时间变化。使用单个样品避免了循环冲洗，并使这些装置特别适用于监测水或工业废水，这些样品通常丰富且价格低廉，并且需要连续控制。

封闭式 CFA 配置也用于一次监测单个样品，但是，样品在通过检测器后不会被丢弃，而是返回到监测系统（即再循环）。这样，就不必使用额外的试剂通道，以免污染或干扰被监测的系统。然而，通常会使用两相，并在通过适当的相分离器后监测其中一相[2]。

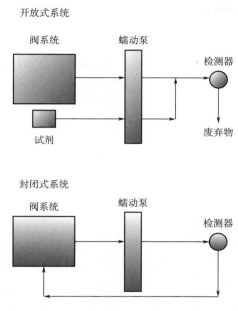

图 2.1 完全连续流动分析中的典型配置图

2.3 分段流动分析（SFA）

分段流动分析是由 Skeggsin 于 1957 年开发的一种自动连续技术[3]。SFA（Segmented flow Analysis）系统通常包括一个蠕动泵，用于连续吸取样品和试剂，不同数量的管构成一个用于循环液体的歧管和一个检测器（图 2.2）。吸入的样品通过注入气泡进行分割，气泡在到达检测器之前应该被去除。气泡的注入最初旨在防止样品带过和样品的分散，并且还有助于建立湍流状态以促进样品和试剂在气泡之间的均匀混合。然而，从一开始就发现气泡并不能完全避免样品带过，这需要在中间注入洗涤溶液。通过吸头将样品、空气和中间洗涤液注入流动系统，使每个样品夹在两个气泡之间；然后样品和气泡又被中间洗涤液分开，洗涤液用于冲洗掉先前样品在管壁上的残留物。一旦去除气泡，每个流段就被其相邻的洗涤液分开。平衡型测量会产生矩形信号，允许有足够的时间来获得稳定的信号水平。

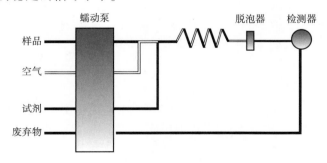

图 2.2 典型分段流动分析

矩形的高度与分析物浓度成正比，前提是要一直保持试剂过量。这种多分段系统与所谓的单分段（MSFA）系统[4] 形成对比，后者是一种相当特殊且不典型的系统。从化学的角度来看，单段进样允许在非稳态条件下进行测定，由于仅存在两个气泡，因此在单段系统能够确保在时间上很高的可重复性。

2.4　流动注射分析（FIA）

2.4.1　基于注射器的进样

"流动注射分析"一词是由该技术的开发者 Ruzicka 和 Hansen 在 1975 年创造的[5]。虽然最初它在概念和实践上都类似于分段流动分析，但它提供了相当不同的结果。FIA 是基于 3 个不同原则的组合，即样品注入、注入样品区的受控分散和重现性。因此，当样品在试剂内分散的同时（即在样品区的浓度梯度通过分散效应形成时）就会发生化学反应。FIA 系统的组件基本上与 SFA 中的组件相同，包含一个用于推动样品和试剂的蠕动泵、一个将液体驱动到检测器的阵列管以及一个用于注入或插入样品的装置（图 2.3）。与连续吸入样品的 SFA 不同，FIA 是将恒定体积的样品注入液体流（载体）中，然后依次与特定分析方法所需的试剂混合。反应时间取决于管长和蠕动泵的转速。

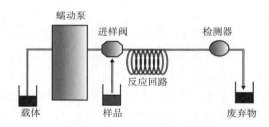

图 2.3　基本的 FIA 系统

如果由于动力学原因，需要较长的反应时间，因此插入非常长的盘管以延长停留时间。与 SFA 不同，FIA 在层流而非湍流状态下运行。此外，FIA 不需要气泡来分离样品，因此流动是未分段的，并且在进行测量时不需要达到物理或化学平衡。在早期的 FIA 工作中，实际上是使用配备有皮下注射针头的注射器将样品注射到载流中，因此，"注射"一词继续广泛用于 FIA，尽管从进样形式来看，"插入"一词更准确。

2.4.2　旋转阀注射

旋转阀，也称为"六通阀"或"旋转六角阀"，是使用最广泛的装置之一，与蠕动泵结合，将样品引入 FIA 系统。旋转进样阀由六个内部连接的端口成对组成，三个作为入口，三个作为出口。端口外部连接到装有样品和载体的歧管。阀门可以在两个位置之间切换，通常指定为"填充"和"注射"（图 2.4 顶部）。

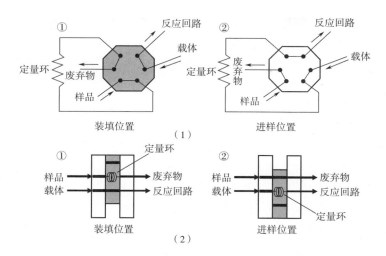

图 2.4   （1）填充位置的转阀①和进样位置的旋转阀②；
（2）装填位置的比例进样阀①和进样位置的比例进样阀②

在填充位置，样品以连续方式循环通过蠕动泵的通道，该通道连接到旋转阀的入口，并通过一段已知长度的短管（定量环，其用于连接阀门的入口和出口），然后通过另一条连接到阀门出口的管子抽真空。同时，蠕动泵的另一个通道连接到阀门入口，通过安装到出口（反应盘管）的另一个管道连续循环载体，并通向检测器流动池和废液。

在进样位置，阀口内部连接方式不同。因此，载体流过定量环输送样品流经反应器最后到达检测器。同时，容纳样品的通道直接连接到出口，其中的样品无需通过定量环就被送至废弃物处。

该装置提供了将适当体积的样品注入 FIA 系统中的一种简单、快速、高重现性的方法。它有助于自动进样。然而，改变进样体积需要使用多个不同体积的定量环，需要时应在它们之间切换。此外，在下一次进样之前，必须特别注意应有效冲洗系统，以清除前一次样品的所有残留物，并避免混入气泡。

2.4.3   比例进样

比例进样是由 Krug[6] 等开发的。虽然与旋转阀相似，但它的应用较少，仅与 FIA[7] 中所谓的"区域捕集"模式和单段流分析有关[4,8]。比例注射器（图 2.4 底部）由三个钻孔的聚乙烯或有机玻璃块组成，其中两个固定，另一个可以分别放置在两个不同的位置进行填充和注射。在填充位置，动力系统（通常是蠕动泵）的一个通道将样品连续循环通过定量环并有一管道通向废液；同时，另一个通道用于将载体连续循环通过另一个环并且有一管道通向检测器流动池随后进入废液。在进样位置，定量环放置在承载环的位置，样品插入系统以转移至检测器；同时，一个移动模块中的导管放置在定量环处以驱动样品流向废液区。比例阀模块之间的接触面容易发生泄漏。

2.4.4   合并进样

这种将样品和试剂引入流动系统的方式经济适用，因此对于昂贵或污染性的试剂以及任何类型的需要节约使用的或会产生大量废弃物的物质来说都特别有吸引力。合并进样系统通常由两个进样阀组成，分别用于装载试剂和样品，这样，两者同时注入两个载流通道用于后续合并。这有利于混合和反应的进行，并节省了样品和试剂[9,10]。

2.4.5 样品处理后的进样

这种进样模式是在将样品插入流动系统之前以某种方式对其进行处理，这使得 FIA 多参数测定系统得以开发，该系统以顺序方式运行，无需更改即可执行计划的分析。它还用于提高选择性、稀释浓缩样品中的分析物以及将样品分析领域扩展到气体样品。

2.4.5.1 多参数测定

该方法已用于测定废水中的硝酸盐、亚硝酸盐和总氮[11]。实验装置包含两个位于不同部分的蠕动泵（图2.5）。上半部分用于选择插入样品的方式，下半部分用于测量。通过启动开关阀 VS1 插入样品，然后将其通过 C_{18} 树脂柱以去除潜在干扰的有色有机物。进样阀（VI）充满样品。当样品被注入且 VS2 处于 H_2O 位置时，样品首先与水混合，然后与 Shinn 试剂（R3）混合，亚硝酸根离子与 Shinn 试剂形成染料，可通过分光光度法定量测定亚硝酸盐。如果重复该过程，即使用 VS2 来抽吸肼试剂（R2）而不是水，则硝酸盐会被肼还原为亚硝酸盐，通过使用恒温浴来加速反应。

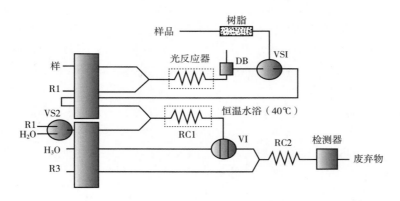

图 2.5 测定废水中的硝酸盐、亚硝酸盐和总氮的进样和反应装置

DB—脱泡器 VS1，VS2—切换阀 VI—进样阀 R1—过硫酸盐试剂 R2—肼试剂 R3—Shinn 试剂 RC1，RC2—反应盘管

样品中原本存在的亚硝酸根以及硝酸根还原产生的亚硝酸根与 Shinn 试剂反应形成染料，其浓度与样品中硝酸盐和亚硝酸盐的总含量成正比。最后，如果通过将 VS1 切换到另一个位置来吸入样品，那么它会与过硫酸盐试剂（R2）混合，并且其中所含的亚硝酸根在灯的作用下被光氧化为硝酸根离子。消泡器用于去除过硫酸根离子分解时形成的气泡，矿化样品用于填充进样阀的回路。样品的总氮含量可以通过在其肼抽吸位置用 VS2 注入处理过的样品来确定。

2.4.5.2 透析

透析是使用半透膜分离两种溶液之间化学物质的过程。一个物质是否可以穿过膜取决于它的分子大小和膜的孔径。最初，这种进样系统通常用于分段流动分析的临床应用；然而，现在透析装置在许多 FIA 应用中被用作流动池或探针，后者通过浸入待分析的介质提供直接采样。在这些 FIA 系统中，样品通过连接到透析器的通道循环，透析器可以放置在歧管的不同部分，具体取决于特定目的。透析器包括两个模块，每个模块上都有一个半管状通道。一个模块中的通道与另一个模块中的通道是镜像的，因此当两个模块连接时，两者形成一个单一的管状通道。膜可以是各种类型（中性的，离子交换的），其夹在两个模块之间以阻止某些化合物从一个腔体（供体通道）进入到另一个（受体通道）腔体，并且两个模块紧密地拧压在一起。一旦分析物通过膜并被受体通道中的溶液收集（其可以是静止的或运动的）就会被携带通过歧管进行分析处理。透析器通常用于将分析物与样品中存在的潜在干扰物隔离从而提高分析物的选择性；此外，透析过程的低效率可用于稀释高浓度样品中的分析物。

图 2.6 说明了使用该引入系统为 FIA 系统中进样阀的定量环供料，通过使用 Griess 试剂形成染料并用肼将硝酸盐还原为亚硝酸盐的方法来分析硝酸盐和亚硝酸盐。

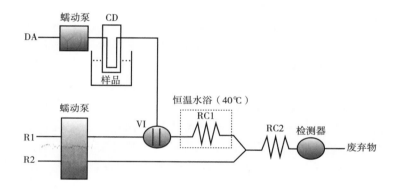

图 2.6　使用透析探针通过 Griess 试剂分光光度法测定硝酸盐和亚硝酸盐的 FIA 装置图

R1—肼试剂　R2—格里斯试剂　RC1，RC2—反应盘管　DA—受体溶液　CD—供体溶液（样品）　VI—进样阀

Koropchak 和 Allen[12] 使用一种特殊设计的透析器通过离子交换膜来进行透析。通过用包含受体流的全氟磺酸 811 阳离子交换管式膜替换进样阀中的定量环，他们成功地预浓缩了样品，以便在 FIA 系统中通过原子吸收分光光度法（AAS）进行检测。

2.4.5.3　气体扩散

样品可以通过使挥发性物质扩散穿过渗透膜而被引入流动系统。采用类似于上一节中描述的分离单元有助于测定气体和溶液中的分析物。

气态样品中的分析物通过膜并被受体溶液吸收。Frenzel 等[13] 已经使用改进的气体分离装置对大气二氧化氮进行原位分光光度法测定。该传感器使用微孔聚丙烯膜，可在暂时停止的液体吸收器中收集和捕获分析物，并使用光纤原位分光光度法检测 NO_2 与含有磺胺和 $N-$（1-萘基）-乙二胺的混合试剂反应的产物。

一种改进的分离装置旨在分离的同时促进检测，这种分离装置也已用于通过漫反射光谱法并使用卡尔格德 2500 疏水膜和集成光纤检测器测定气相和液相中的氨[14]。类似地，由多孔疏水性聚四氟乙烯制成的色谱膜已用于 SO_2 的分光光度测定，同样的还有用于监测工艺气流中 HCN 痕量的位于进样阀定量环中的管状硅胶膜[15]。

对于液体样品，释放或即时转化为挥发性物质（例如：CO_2、NH_3、SO_2、硫化物、O_3、HCN、NO、碘化物、溴化物、氯、丙酮、乙醇、可形成氢化物的元素）的分析物通过膜并被受体溶液收集，继而可以与适当的试剂反应以促进检测。大多数情况下，检测器是分光光度计[16,17]，但其他检测器，如电导[18]、电位[19,20]、安培[21,22]、化学荧光[23,24] 或冷蒸气原子吸收分光光度法（CV–AAS）[25] 也可以使用。每种方法检测器的最佳选择取决于分析物的性质以及所需的灵敏度和选择性水平。

2.4.5.4 渗透汽化

渗透汽化将分析物蒸发或从样品基质（无论是固体还是液体）得到挥发性反应产物，再通过气体扩散穿过膜到达静止或流动的受体溶液[26-28]。渗透蒸发与流动进样相结合，已被用于直接测量样品中的挥发性和半挥发性分析物，这些分析物可能会损坏 FI 气体扩散系统中使用的透气膜[29]。供体溶液（样品）和膜之间的气隙的使用，避免了后者在 FI 渗透蒸发系统中受到污染或劣化。最早的渗透蒸发装置由 Prinzing 等开发[30]，其由聚苯乙烯制成，随后被一种铝制并配有温度控制器的产品所取代[31]。一些较新的装置由甲基丙烯酸酯制成[32]。图 2.7 显示了由供体溶液室组成的渗透蒸发单元，如果样品是液体，则样品以连续的或注射的方式进入载体，如果是固体，则直接对其称重；图中上面的腔室用于连续循环或阻隔分析物的受体溶液；膜支撑体和厚度可变的垫片用于调整腔室的体积。组件的主体通常固定在两块铝、钢或其他合适的固定材料之间，这些材料通过螺钉、夹子或其他一些紧固装置安装固定。稍加修改后，这些单元已被应用于各种场合，例如监测演变系统[33]、促进腐蚀性样品或试剂的处理[34,35]、集成检测以监测分离过程的动力学[36]，提供固体样品的分析[37-39]，允许使用微波来提高性能或促进不同挥发性物质的顺序测定[40]，也可以作为顶空取样的替代方法[41,42]。

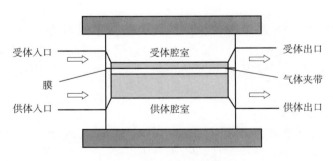

受体入口　　　受体腔室　　　受体出口
膜　　　　　　　　　　　　气体夹带
供体入口　　　供体腔室　　　供体出口

图 2.7　常规渗透蒸发单元

2.4.6　流体动力注射

流体动力注射由 Ruzicka 和 Hansen 在 1983 年开发[43]，已用于各种目的，其中最有趣的可能是将样品引入毛细管电泳（CE）系统[44]。简而言之，当关闭界面通道的流出导致暂时超压时，将一小部分样品以流体动力学方式注入毛细管中。这将在后面的章节中讨论。

2.5 顺序进样分析（SIA）

Ruzicka 和 Marshallin 于 1990 年开发了 SIA 技术作为替代 FIA 的方法[45]。时间表明，SIA 的应用范围相当不同，并且它克服了 FIA 的两个最大缺点，即需要使用不同的歧管来实施每种分析方法，以及需要使用维护成本高昂的蠕动泵。事实上，SIA 是一种简单、强大、耐久、灵活、易于自动化的工具，特别适用于处理液体。它的优点已经在几篇综述中讨论过，其中 Barnett 等[46] 的论述颇有意思。通过结合紫外-可见分光光度法、电化学、光谱和发光检测，SIA 已广泛应用于生物过程监测、免疫测定以及环境、食品和饮料、药物、工业和化学计量分析等领域。

2.5.1 初始阶段

华盛顿大学的分析化学处理中心（ACPC）最早进行了开发 SIA 技术的实验，实验使用了安装在圆形凸轮上的一次性注射器，其装有光纤的主体可以作为泵和检测单元运行。每个冲程都将新的试剂和样品引入注射器中，这些试剂和样品通过产生的湍流充分混合并通过吸光度测量进行监测。最初将检测器放置在注射器内的做法很快就被放弃了，因为从小口径（0.8mm）管中装载试剂比使用注射器更有效。使用正弦流泵代替原来的泵，检测单元放置在泵和切换阀（SV）之间，切换阀连有足够长的管道，以防止试剂到达泵。通过将试剂依次吸入检测单元，获得了第一个信号，该信号由第二个更宽、更短的信号补充，当流动方向反转时，样品送往废弃处。

2.5.2 常规进样

对于最早期阶段获得的结果，研究人员需要将检测单元移动到切换阀的另一侧以获得单峰。尽管最初的研究集中在液体驱动器上，但开关阀很快就显示出其真正的创新。事实上，与原始的进样方式不同，将阀门的中心端口与它的一些侧端口相连就能够注入样品并将其与试剂混合。因此，样品和试剂以特定顺序堆叠在一根两端分别连接液体驱动器和 SV 的中心端口的管道（贮存盘管，HC）内，并通过扩散和回流的作用混合以提供可检测的产物。图 2.8 所示为一个典型的 SIA 系统。阀门的侧端口分别与含有特定分析方法所需试剂的管道、样品的管道和检测器相连。侧端口还可以与废弃物处或一些设备相连，例如微波炉、光氧化单元或混合室。这种进样系统显然是基于时间的，虽然它最初使用的是活塞泵，但其目前也使用了蠕动泵[47]。

2.5.3 可控体积进样

这种将样本引入 SI 系统的方式由 Cladera 等[48] 首先实现。它使用了计算机控制的滴定管，其配备有步进电机，可以推动注射器活塞进行双向液体驱动。滴定管通常用

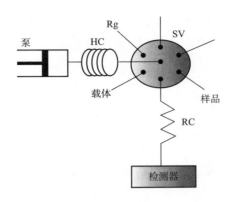

图 2.8　典型的 SIA 歧管

包括活塞泵、六端口切换阀（SV）、贮存盘管（HC）、反应盘管（RC）、试剂通道（Rg）、样品通道、载体通道、两个自由通道和检测器

于自动滴定。通过给定的步数推动注射器活塞，适量体积的液体通过切换阀的端口之一被注入贮存盘管（注入的体积是步数和注射器容量的函数）。使用步进电机同时极大拓宽了进样的速度范围，从 20s 内注射完样品（对于 25mL 注射器，速度为 75mL/min）到可控可编程的极低的进样速度。目前，滴定管注射器最多可以设置 40000 步（即对于 10mL 的注射器，每一步进样 $10000/40000 = 0.25\mu L$，对于 0.5mL 注射器，每一步进样 $500/40000 = 0.0125\mu L$）。这种进样方法为替代典型的 SIA 液体驱动器进样（例如难以操作或呈现非线性流动模式的活塞泵以及蠕动泵）提供了一种更优的方案。相比之下，蠕动泵在实验室中更常见，其采样周期明显短于活塞泵，因为它们不需要定期补充；然而，其管道的脆弱性阻碍了腐蚀性流体的使用，并导致流速的波动，需要经常对其重新校准以确保处理体积的准确性。

2.5.4　累积进样

这种进样模式允许通过使用大体积样品结合最佳实验条件来预浓缩反应产物，在该实验条件下，极少量体积的样品即可获得最大程度的反应。该方法最初是由 Miró 等[49] 构想的，采用即时固相萃取和预浓缩，用分光光度法测定天然水中的亚硝酸盐。该方法涉及即时形成偶氮染料，然后在由单官能 C_{18} 材料组成的固定相上进行萃取，固定相固定于系统的玻璃柱中（图 2.9）。用迭代法将大量样品（1mL）依次用磺胺和 N（-萘基）乙二胺二盐酸盐分段。生成的偶氮染料保留在 C_{18} 微型柱中。分段-保留过程重复多达 10 次（即在微型柱上累积多达 10 次样品进样）。累积保留后，偶氮染料用少量 80% 甲醇洗脱，用于二极管阵列分光光度计检测。这种方法的主要缺点是由于存在预洗脱效应（分析物穿透），预浓缩体积不能超过 10mL。

2.5.5　夹层技术

夹层技术是一种有吸引力的、方便的操作模式，其目的是通过 FIA[50,51] 或 SIA 同时测定两个参数。样品夹在两种试剂之间，每种试剂用于测定不同的参数。通常，样

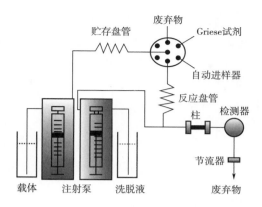

图 2.9　用于累积进样的 SIA 系统

品要足够大以防止每端的试剂相互干扰测定结果。因此,通过单次进样可以同时确定两个参数。

SIA 夹层系统的一个典型例子是同时测定水中的 Fe^{3+} 和亚硝酸盐[52]。反应成分按以下顺序排列:邻菲咯啉(一种铁的显色剂)、样品(大体积)和 Griess 试剂(与亚硝酸根离子形成染料)。贮存盘管中的液体被输送到分光光度检测器。基于 CCD 的检测器可以在最佳波长下测量每个物种,同时在另一个波长下校正纹影效应。由于产物首先到达检测器,因此亚硝酸盐峰非常尖锐。相比之下,使用的大体积的样品导致 Fe^{3+} 峰的扩散增加,其出现延迟与亚硝酸盐的峰重叠。

另一个例子是使用镀铜镉柱对水中的硝酸盐和亚硝酸盐进行 SIA 测定[53](图 2.10)。通过将色谱柱插入装载盘管并将盘管放置在距离切换阀足够远的位置,该系统可用于先吸出 Griess 试剂,然后吸出大量样品,以确保一端穿过还原柱,另一端处于还原柱的外面。最后,Griess 试剂被吸出,装载盘管中的液体全部被输送至检测器。这样,未进入色谱柱的部分样品由于其中的亚硝酸根离子形成染料而产生一个峰,然后,样品中的亚硝酸根离子又会形成一个峰,还有一些峰由进入色谱柱的硝酸根离子还原形成。

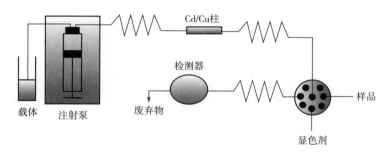

图 2.10　通过夹层技术测定硝酸盐和亚硝酸盐的 SIA 系统

2.5.6　多参数分析

凭借其操作基础,SIA 是最适合多参数分析的流动技术之一。事实上,配备有足够数量侧端口的切换阀可用于抽吸样品和抽吸尽可能多的试剂以按顺序确定几个参数。图 2.11 显示了用于监测废水[54] 的 SIA 系统，该系统可顺序确定多达 12 个不同的参数，以表征净水器的进出流量。首先，通过上开关阀的端口吸入样品，然后样品被输送到与下阀端口相连的二极管阵列检测器；通过多元分析方法，无需化学试剂即可测定 BOD、去污剂、硝酸盐和 TPS 等 7 个主要参数的值。随后，通过利用由切换阀输送的适当试剂来实施先前优化的方法，以确定其他主要参数，例如铵含量（使用气体扩散池）、亚硝酸盐（使用改良的 Griess 试剂）、总氮（通过用过硫酸盐进行光氧化），正磷酸盐（通过钼蓝反应）和总磷（通过与过硫酸盐光氧化形成钼蓝）。

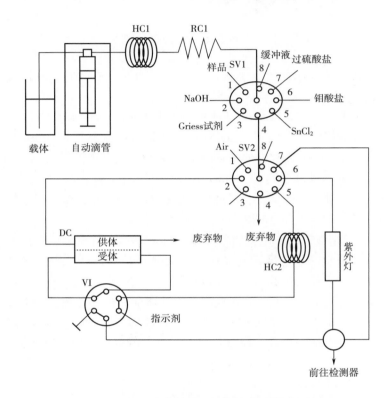

图 2.11　SIA 多参数系统监控城市污水处理厂

　　该系统可以在 20min 的循环中确定处理厂进出水的以下参数：（1）BOD、COD、TOC、洗涤剂和总悬浮颗粒物；（2）铵离子、硝酸盐、亚硝酸盐、总氮、正磷酸盐和总磷。前一组参数可以通过对废水的光谱进行去卷积直接确定，而后者则可以通过使用适当的试剂来确定。VI，进样阀；DC，透析池；SV1 和 SV2，切换阀；HC1 和 HC2，贮存盘管；RC1，反应盘管。

2.5.7　气体扩散

　　SIA 中的气体扩散是通过使用 FIA 节中的类似部件来实现的。然而，在 FIA 中，供体和受体溶液同时被推送到膜的两侧，因此由一侧溶液施加的压力被另一侧抵消。相比之下，SIA 中的气体扩散通常是通过使用单个推进通道来完成的，因此当供体溶液被推进到膜的另一侧时，受体流体必须保持静止。

这时在供体溶液一侧会产生超压，由于膜的柔韧性，除非采取有效措施，否则会导致携带受体溶液的通道排空。或者，可以将宽出口管安装到供体通道中以降低其产生的超压，并将窄出口管用于受体通道以防止其排空。

图 2.11 中突出的部分显示了一种不同的解决方案，包含使用旋转阀和一种指示剂的比色检测。该过程从引入酸式指示剂（溴百里酚蓝）开始；这其中包含了切换进样阀，如图 2.11 所示，将切换阀的中心端口连接到其 5 号侧端口。然后启动进样阀，以便通过从滴定管中输送含有指示剂的载体，并用指示剂填充受体通道。一旦受体流体被调节，启动切换阀，以便引入 NaOH 和样品，它们通过供体通道循环，这时其中铵离子已经转化为氨并转移到受体流体中。由于 SIA 系统由计算机控制，其可以进行额外的操作，从而提高灵敏度。即在样品通过供体通道后，流体流动可以反向将其从流动池推回去；以这种方式，样品三次通过扩散膜而不是只通过一次，这增加了通过扩散膜的氨的量，然而，超过两次流动逆转并不会进一步提高灵敏度。

2.5.8　透析

图 2.12 说明了一种将 SIA 与透析相结合的简单、实用、有趣的应用。样品即时透析以去除聚合物，以避免它们干扰随后的紫外分光光度测量。该系统由自动滴定管、阀模块（包括进样阀和切换阀）以及分光光度计组成。该歧管使用两个贮存盘管、两个废弃物出口和一个透析器，该透析器包括两个 PTFE 模块，这些 PTFE 模块包含对称的缠绕通道并有一个处于适当位置的中间膜。该系统的最佳运行取决于选择阀端口、进样阀填充和进样位置的适当选择以及自动滴定管活塞的移动。透析器的受体通道构成了进样阀的填充环。在此阀处于填充位置时，填充环中装有通道中的受体溶液，该通道连接到一个进样阀端口，样品的吸入则是通过连接到贮存盘管 2 的 SV 端口实现的。然后，进样阀切换到其进样位置，为了推动先前从相应的选择阀端口吸入至盘管 1 的样品通过透析池的供体通道；以这种方式，分析物被转移穿过透析膜。一旦样品被传送，选择阀被切换到连接盘管 2 的端口，以将受体溶液驱动到检测器。

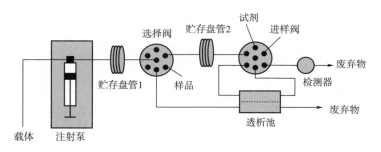

图 2.12　应用于透析分离的 SIA 系统

2.5.9　基于混合室的进样

这种由 Guzman 等[55] 开发的进样模式用于 SIA 自动化分析复杂的分析程序。凝血因子十三（FXII）是一种在血液凝固的最后阶段起主要作用的重要的酶，对其进行的荧光测定需要将 6 个不同区域的样品试剂注射到贮存盘管中，然后在分析序列的特定阶段在一个腔室中将它们混合（图 2.13）。在没有混合室的情况下，在贮存盘管中堆叠如此多的反应组分且仍要确保样品的适当混合，这一做法非常困难且不切实际。将混合室与其中一个端口相连是最直接的解决方案。洗涤液、样品和适当的试剂溶液以特定的顺序依次注入贮存盘管，然后在每次分析时间内转移到混合室。为了促进反应，混合室中的各物质必须轻微混合。在荧光产物开始形成后，在预设的时间从腔室中取出一些等分试样并驱动其通过检测器以获得关于产物形成速率的定量和动力学信息。

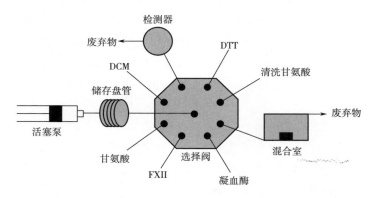

图 2.13 用于确定因子 13 的基于混合室进样的单泵单阀 SI 配置图

2.5.10 微珠进样

该技术涉及将微珠注射到 SIA 歧管中，该歧管带有固定在其表面上的适当相互作用物，以便在流动池（通常是喷射式环流流动池）内构建一个用于样品注入和检测的微柱。由于每次分析后都可以更新微柱，因此使用微珠作为担体不会影响结果的完整性[56,57]。阀上实验室（LOV）系统[58] 的出现促进了 SIA 的小型化和微珠进样应用的发展。LOV 是可以在歧管内（阀门模式）[59,60] 或歧管外（非阀门模式）[61-63] 进行检测的 SIA 系统。微珠进样分析是后面章节的主题。

2.5.11 流体动力进样

通过将阀上实验室与毛细管电泳设备相结合（LOV-CE），这种进样模式已在 SIA-LOV 系统[64] 中得以实现，构成前面描述的 FIA-CE 接口的腔室被一个多用途单元取代。进样所需的超压是通过进样阀堵塞流体出口而获得的。Buckhard 等[65] 提出了一种 SIA-CE 系统来分析硝基苯酚异构体。

2.6 多通道流动进样分析（MCFIA）

Reis 等[66] 设计的 MCFIA 技术依赖于三通电磁阀的快速切换。一篇有趣的综述对这种技术的概念基础、应用和趋势进行了分析评价[67]。最早的 MCFIA 系统使用单通道推进装置，通过单独的阀门吸入要使用的液体。因为抽吸装置往往会在系统中带入气泡或脱气液体，所以最好使用液体推动装置，例如蠕动泵或活塞泵。电磁阀的一大缺点是电磁阀长时间保持开启状态会导致电磁线圈放热，带来不利影响。其产生的升温会使阀门的聚四氟乙烯内膜变形并无法使用。通过使用有效的电子保护系统，可以避免这种过热现象。MCFIA 技术具有 FIA 的一些优点，包括增加处理量（高于 SIA 的处理量）和减少试剂的消耗（未使用的样品和试剂可以返回重新利用）。另一方面，MCFIA 与 FIA 一样有一个主要的缺点，即泵管不耐试剂，尤其是溶剂的腐蚀。

2.6.1　基于时间的进样

这是将一定体积的样品和试剂引入 MCFIA 系统的最常见方式，其依赖于该技术的主要操作特征：多通道切换。通过使用适当的阀门在预设的流速下引入样品[68]。图 2.14 描绘了由 3 个切换阀（V_1-V_3）组成的 MCFIA 歧管。每个阀门都可以在两个位置之间切换，将其连接到分析处理路径（实线）和流体回收或丢弃路径（虚线）。

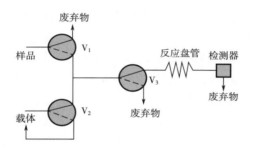

图 2.14　基于时间进样的 MCFIA 装置图

V_1，V_2，V_3—三通阀

通过同时将 V_1 和 V_2 切换到虚线所示的位置，样品被引入分析路径，载体溶液被回收。预设一个时间间隔以确定注入样品量，在进样完成后，V_1 和 V_2 切换回其初始位置，样品被载流推动至检测器。

2.6.2　串联流体

根据 Rocha 等[67] 的研究，串联流体已经以多种方式用于基于时间的进样，其被赋予诸如"串联进样""二元进样""多重插入原则""串联流动"等名称。通过快速依次切换换向阀门（通常为歧管中的计算机控制的阀门，如图 2.15 所示）。这种独特的流体可以看作是一组相邻的溶液段，它们在通过分析通道时进行了快速混合。

在样品和试剂的总体积恒定的情况下，可以通过减少等分体积和增加流体段数来促进混合。这种方法被首次用来开发单通道歧管，该歧管用于分光光度法测定天然水体中几个参数[69]。随后，它被用于连续 ICP-OES 或 ICP-MS 之前的样品稀释[70]，并且还用于改善分光光度分析中样品与试剂的混合[71]，以尽量减少折射率差异的影响[72]。

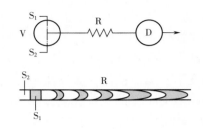

图 2.15　串联流的建立

S_1，S_2—混溶溶液　V—三通阀　R—反应盘管　D—探测器

2.7　多重注射器流动进样分析（MSFIA）

FIA 的这种变体是在 1999 年开发的[73]。MSFIA 系统（图 2.16）由一个传统的自动滴定管组成，经过调整，电机可以同时移动 4 个注射器的活塞，从而避免需要并行操作单独的滴定管。这是通过使用由滴定管步进电机移动的金属棒来实现的，该棒容纳 4 个注射器，每个注射器头包含一个快速切换的电磁阀。电机同时移动 4 个注射器的活塞，相当于在 FIA 中使用多通道蠕动泵，但避免了其管道脆弱的缺点。通道之间的流量比可以通过使用横截面尺寸与 FIA 系统中管道直径类似的合适的注射器进行调节，MSFIA 系统结合了上述流动技术的一些优点。因此，将样品和试剂同时加入可提高混合效率、提高检测量、增加耐久性、减少样品和试剂消耗。

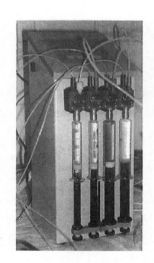
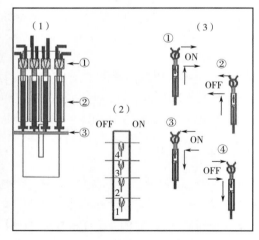

图 2.16　多重注射器滴定管和（1）①三通电磁阀，②注射器，③活塞驱动杆；（2）输送系统和多注射器滴定器；（3）流动方向（ON 与歧管连接；OFF 与容器或废液连接）

2.7.1　旋转阀进样

在 MSFIA 中注射所需的体积样品需要使用一个模块，该模块包括常规的 FIA 旋转

进样阀，该阀通过其定量环调整进样体积。获得分析物峰的过程（图 2.17）包括两个步骤：首先，注射器活塞下降以吸入样品和试剂。用于输送样品的注射器 1 的电磁阀（最左边的一个）打开（左），其他电磁阀关闭（右）。当进样阀处于填充位置时，注射器 1 将样品吸入固定体积的定量环中。同时，其他注射器吸入载体和试剂。一旦两者加载完毕，第二步就开始反转活塞的方向。首先，打开进样阀将多余的样品排空，然后打开注射器 2 的阀门，流动的载体会带动定量环中的样品到达歧管中。注射器 3 和 4 的阀门保持关闭状态，以便将试剂 R1 和 R2 回流至它们各自的容器中。在样品与 R1 混合之前，立即打开注射器 3 的阀门以使两种液体混合。在样品通过混合点后关闭此阀门，并利 R2 重复该过程。

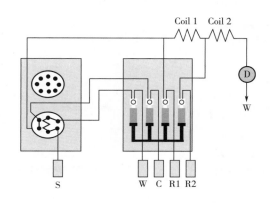

图 2.17　通过旋转阀将样品注入 MSFIA 系统的歧管

S—样品　C—载体　R1，R2—试剂　D—探测器　W—废弃物　CoiL—混合匣

2.7.2　基于时间的进样

这种进样模式是通过使用携带有多个注射器的多通道转换模块实现的，阀门可以是安装在注射器头部，也可以是通过模块独立控制。图 2.18 显示了一种包含切换阀（SV）的简单的 MSFIA 歧管和在基于时间的进样中应用该歧管的相关步骤。

首先，切换阀（HC）的端口之一吸入样品。然后，多余的样品被输送到与 SV 另一个端口相连的废液通道。进样时，SV 连接到检测器端口，以便通过 HC 输送载体；通过注射器的阀门（C）打开和（W）关闭，两者在预设时间内切换，之后阀门恢复初始连接[74]。另一种基于时间进样的有趣方式是使用 MSFIA 歧管，它使用独立的转向阀按一定顺序注入样品和试剂。样品通过独立的转向阀装载到贮存歧管中。然后，一个四通道十字型连接器通过打开和关闭，安装在装有载体和试剂的注射器头部的阀门以及独立阀门，按以下顺序进行基于时间的进样：样品/样品+试剂/通过反应盘管的载体。另外两种基于时间的进样通过活塞的单次冲程不间断地执行，并由载体推动到检测器。该 MSFIA 系统不仅提供基于时间的注射，而且提供很高的检测量[75]。

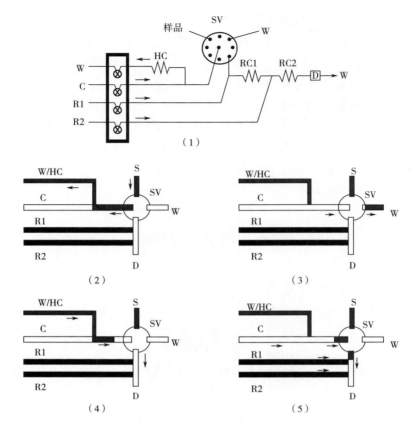

图 2.18　基于时间进样的 MSFIA 设置图

(1) 歧管；(2) ~ (5) 进样步骤

C—载体　W/HC—废料/贮存盘管　RC1 和 RC2—反应盘管　SV—切换阀

S—样品　R1 和 R2—试剂　D—探测器　W—废弃物

2.7.3　可控体积进样

如前所述，多重注射器滴定管是对用于 SIA 的常规滴定管的改进，在步进电机的控制下，注射器的单程活塞可以输送精确体积的样品和试剂，类似于第 2.5.3 节中描述的技术。

2.7.4　双阀同步注射

多重注射器滴定管目前包括 4 个出口连接跳闸，每个跳闸提供 12V 电压，高达 300mA 的电流，以便通过滴定管本身控制单通、双通和三通电磁阀。该跳闸还可用于控制相同电压下运行的其他设备（例如：继电器、泵）。在不超过最大额定电流的情况下，每个出口可用于连接多个设备进行同步操作（例如，进样所需要的一对单通电磁阀）。两个由同一滴定管控制的独立于注射器的快速切换阀的结合去除了阀门模块。修改后的系统能够精确进样已知体积的液体，如图 2.19 所示，通过切换电磁阀

2 流动分析进样技术

V_5 和 V_6（参见图中的虚线）来填充注射器；这样，注射器 2 吸入预设体积的样品，注射器 1、3 和 4 分别吸入载体和试剂。测量是通过反向流动进行的，该反向流动通过关闭阀门 V_5 和 V_6 来实现（图中的实线）。作为响应，注射器 1 在其阀门打开的情况下，将定量环中的样品推送到歧管中。同时，滴定管 2 的阀门关闭，将吸入的多余样品送至废液处。由于阀门 V_5 和 V_6 在注射过程中同步运行，因此它们可以用一个单通电磁阀驱动的双阀门代替。这使得滴定管可以通过双阀进行进样，并空出另一个阀用于其他目的。

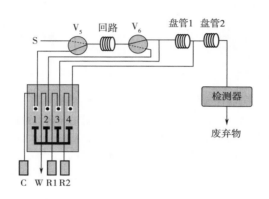

图 2.19　包括两个附加换向阀的典型流动歧管
独立的电磁阀 V_5 和 V_6 作为进样阀工作
S—样品　C—载体　R1，R2—试剂

2.7.5　同步注入

在 MSFIA 系统中，样品和试剂仅在需要时进样；否则，它们将返回至相应的容器中，从而大大节省了两者的用量。这对于数量稀少、昂贵或危险的样品和试剂尤其重要。图 2.20 的歧管用于化学发光法测定葡萄糖，首先葡萄糖在氧化酶填充床反应器中进行即时转化，所生成的产物与碱性介质中的鲁米诺（3-氨基邻苯二甲酰肼）进行柱后反应，该碱性介质中含有溶解的金属（Co^{2+}）或有机催化剂（辣根过氧化物酶，HRP）[76]。在传统的 FIA 中，催化剂和试剂都连续地循环通过歧管；导致了大量的消耗和每次分析的高成本，这只能通过使用合并区域模式或固定催化剂来解决。然而，在 MSFIA 中，只有当样品穿过预设的歧管区域（图 2.20 中的 T1 或 T2 点）时，样品才会被注入（通过适当的三通、四通或五通连接器并与试剂同步注入）；否则，通过切换注射器头部的相应阀门，样品和试剂会返回至它们各自的容器中。

2.7.6　双模块进样

使用独立的滴定管，如图 2.21 所示，可显著提高检测量。在注射过程的第一步中，多重注射器下降以填充定量环和试剂注射器；同时，左侧的滴定管将载体推向检测器。第二步，右侧滴定管上升注入样品，适当间隔后同样注入试剂；同时，左边的

53

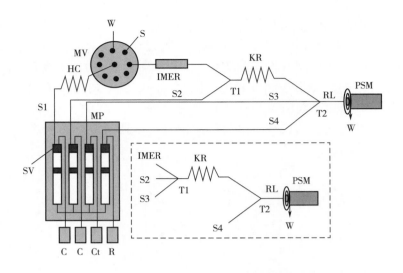

图 2.20　使用 Co^{2+}或 HRP 均相催化剂基于化学发光测定葡萄糖的多注射器流动进样歧管

底部描述了适应 HRP 催化的鲁米诺氧化所需的改动

Ct—催化剂　R—化学发光试剂　MP—多重注射泵　S1~S4—注射器通道　SV—电磁阀　MV—多位阀　HC—贮存盘管　KR—编结反应器　RL—反应线　S—样品　IMER—固定化酶反应器　PSM—光电传感器模块　T1 和 T2—T 型接头　W—废弃物

滴定管装满载体。载体不会被多重注射器推送到检测器；相反，在与第二试剂合并之后，第一步重新开始，左侧滴定管输送的载体将样品推向检测器，同时多重注射器将样品重新填充进定量环。两个滴定管的这种交替使用使检测量加倍（每小时多达 200 次进样，这几乎是任何其他流动技术无法比拟的）。

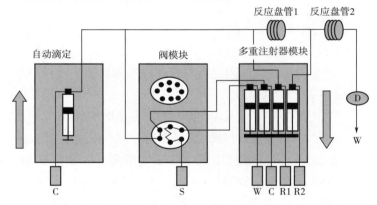

图 2.21　用于双模块进样的 MSFIA 辅助系统

S—样品　C—载体　R1，R2—试剂　D—检测器　W—废弃物

2.7.7　微珠进样

这种进样模式也已在 MSFIA 中实现。因此，Quintanaet 等[77] 将 MSFIA-LOV 系统

（在其关闭阀的模式下）与液相色谱联用，用于测定酸性药物的混合物，包括非甾体抗炎药和脂质调节剂。整个样品处理周期包括四个步骤，即：系统预处理和色谱柱装填、样品装载、分析物洗脱和输送到 MSFI-LC 接口以及取出微珠。通过用载体溶液冲洗微柱，未保留的基质物质从吸附材料中脱除。为了防止有机洗脱液分散到载体溶液中，在吸入洗脱液之前将一个空气段引入贮存盘管中。含有分析物的流段与载体溶液一起输送到下游并收集在旋转阀的进样回路中，该阀被切换至进样位置并启动 LC 方案。最后，通过用洗脱液润湿，可以轻松地将微珠填充柱从 LOV 微导管中取出，然后将其与载体溶液一起送至废液中。通过这种方式，系统可以为新的分析周期做好准备，使用新鲜的微珠，避免连续运行之间的任何遗留风险。

2.8 多泵流动系统（MPFS）

多泵流动系统于 2002 年开发[78]，使用微型活塞式电磁泵，其中每次冲程以通过冲程频率调整的流速推动预设体积的液体。泵既作为液体推进器又作为阀门会带来高度的灵活性、稳健性和成本效益。事实上，MPFS 使用的样品和试剂很少，而且分析物峰比其他流动技术的峰高，这归因于泵活塞冲程导致的湍流，其促进了样品和试剂的混合。MPFS 的简单性和经济性有助于开发便携式现场测量设备。

2.8.1 基于脉冲的注射

图 2.22 显示了一个极其简单的 MPFS 歧管，其中每种溶液（试剂、样品和载体）分别通过三个微型电磁泵（P1-P3）以多种方式引入。微型泵 P2 用于输送样品溶液，P1 用于输送试剂溶液——也用作载体溶液。最初，试剂-载体溶液通过使 P1 以固定脉冲频率运行来建立基线，该频率定义了给定冲程的流速。样品以定义样品体积的预设脉冲进样。脉冲频率还决定了进样的流速。脉冲流是 MPFS 的一个有趣特性，它将流体视为由很小的流段串联所成，每个流段对应一个脉冲的体积。通过启动 P1 将样品区的样品送往检测器。图中的第三个电磁泵 P3 可用于引入惰性载体溶液，以节省试剂并将反应流段转移到检测器。

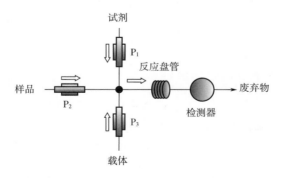

图 2.22　MPFS 歧管包括三个电磁微泵（P_1–P_3）和合并点（●）

2.8.2 合并注入

在图 2.22 的歧管中，当相应的泵打开时，载体、样品和试剂溶液被输送到分析通道。通过重复地快速切换 P_2 和 P_1 可以添加多个样品试剂流段。通过两个泵同时运行，样品可以与试剂混合，类似于合并区域模式和在主通道内建立一个脉冲流[79]。泵 P_3 可用于将反应流段送往检测器。

2.9 组合注射法

上述流动技术可以以各种方式组合，以发挥各自的优点并补足相应的缺点。下面简要描述此类组合的选定示例。

2.9.1 双顺序进样分析

MSFIA 中通常使用的多注射器滴定管可以与由两个 SIA 切换阀组成的模块结合使用，以构建双 SIA 系统，如图 2.23 所示，通过以适当的方式对组合系统进行编程，可以同时高效地确定多个目标参数。图中的系统旨在监测几个重要的参数（即电导率、pH、铁、铵离子和肼），以控制一个封闭系统中的腐蚀程度，该系统用于在城市固体废物焚烧厂进行热电联产[80]。

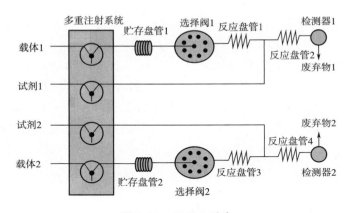

图 2.23 双 SIA 系统

2.9.2 顺序进样–多注射器流动进样系统

SIA 已与 MSFIA 相结合并应用于选择性电极对几种物质的电位测定[80]。以电位与分析物浓度的对数作图构建校准曲线需要使用离子强度与目标分析物相兼容的缓冲溶液（ISA、TISAB）。因此，某些缓冲液与特定的分析物兼容，但不能与其他分析物一起使用。

图 2.24 的 SIA 系统使用单注射器滴定管和阀门模块有利于对样品的初步操作，之后离子强度调节剂由一个多注射器滴定管输送，该多注射器滴定管通过每个注射器将

不同的缓冲溶液推至与之兼容的选择性电极中。位于多注射器滴定管背面的数字输出信号控制着三通电磁阀，该阀用于处理 SIA 系统 4 个通道内的定量进样。选择电极产生的电位由多路复用器获得。

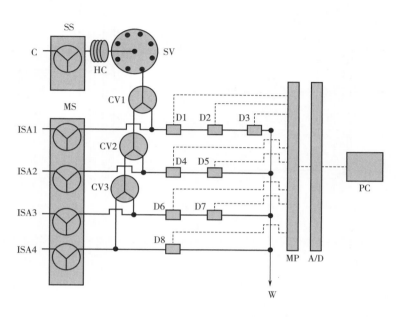

图 2.24　通过选择性电极同时测定几种物质电位的 SIA-MSFIA 系统

SS—单注射器滴定管　MS—多重注射器滴定管　HC—贮存盘管　SV—切换阀　CV1～CV3—换向阀　D1～D8—电位检测器　A/D—模数转换器　MP—多路复用器　C—载体　W—废弃物　ISA（1～4）—离子强度调节剂　PC—个人电脑　（--）电线—（---）流线

2.9.3　多重注射器流动进样-多重泵流动系统

上述许多应用证明了多重通道转换流动技术在检测器分析之前制备样品的高度灵活性。然而，测量并不总是以这种方式进行。其中一个例子是测定环境样品中的放射性同位素。由于此类同位素通常以非常低的浓度存在，因此它们的测定需要很长的计数时间（数小时甚至数天）。在这种情况下，使用合适的流动技术对样品进行预处理可以促进合适的检测器对同位素进行离线计数。例如，图 2.25 显示了基于镭在 MnO_2 上的吸附而测定水中镭的 MSFIA-MPFS 系统[81]。该程序包括制备适当形式的吸附剂。为此，将一块棉花放入 $KMnO_4$ 通过的柱中。棉花中的纤维素将高锰酸盐还原为二氧化锰，二氧化锰留在柱表面。在微电磁泵的帮助下，棉花用水清洗，几毫升样品通过柱子，任何存在的镭都被 MnO_2 截留。接下来，用多注射器注入足够量的羟胺以将二氧化锰重新溶解为可溶性锰（Mn^{2+}），镭被释放并收集在采样器中。然后加入钡和硫酸钠盐以生成镭与硫酸钡的共沉淀。最后，使用低背景正比计数器，通过 alpha 光谱法对样品进行过滤和测量。

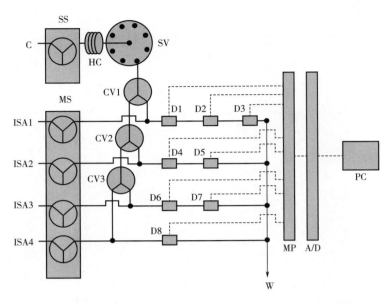

图 2.25　用于样品制备的离线系统，与 MSFIA-MPFS 装置相结合，用于测定水中的镭

2.10　结论

　　将所需体积的样品和试剂引入流动系统的两种基本方法（基于时间和基于体积的模式）可以在大多数不同的流体中轻松实现。在每个分析系统中都必须仔细评估进样程序，因为方法的成功和其分析性能，可能极大依赖于进样模式的选择。目前，在更现代的流动技术中，样品和试剂的引入以及数据处理的控制，可以通过微处理器或计算机实现完全自动化。事实上，如果不使用这些微处理器或计算机，就无法实施某些流动技术。这些要求既有利处也有弊端。一方面，分析方法在自动化、灵活性、精确速度和选择性方面取得了进步。另一方面，由于需要更好的电子和信息学知识和技能，它们的发展缓慢。流动分析开发人员面临的一项挑战是寻求与电子和信息学专家的适当合作，并在使用友好软件的基础上共同开发功能强大且灵活的仪器。

参考文献

[1] Gotto, M. (1983) Monitoring of environmental water using continuous flow. *Trends in Analytical Chemistry*, 2, 92-94.

[2] Watari, H., Cunningham, L. and Freiser, H. (1982) Automated system for solvent extraction kinetic studies. *Analytical Chemistry*, 54, 2390-2392.

[3] Skeggs, L. (1957) An automatic method for colorimetric analysis. *American Journal of Clinical Pathology*, 28, 311-322.

[4] Pasquín, C. and Oliveira, W. A. (1985) Monosegmented system for continuous flow analysis. Spectrophotometric determination of chromium (VI), ammonia and phosphorus. *Analytical Chemistry*, 57,

2575-2579.

［5］Ruzicka, J. and Hansen, E. H. (1975) Flow injection analyses: Part I. A new concept of fast continuous flow analysis. *Analytica Chimica Acta*, 78, 145-157.

［6］Bergamin, H. F., Zagatto, E. A. G., Krug, F. J. and Reis, B. F. (1978) Merging zones in flow injection analysis: Part 1. Double proportional injector and reagent consumption. *Analytica Chimica Acta*, 101, 17-23.

［7］Krug, F. J., Reis, B. F., Gine, M. F., Zagatto, E. A. G., Ferreira, J. R. and Jacinto, A. O. (1983) Zone trapping in flow injection analysis: Spectrophotometric determination of low levels of ammonium ion in natural waters. *Analytica Chimica Acta*, 151, 39-48.

［8］Teixeira Diniz, M. C., Fatibello Filho, O., Vidal de Aquino, E. and Rohwedder, J. J. R. (2004) Determination of phosphate in natural water employing a monosegmented flow system with simultaneous multiple injection. *Taianta*, 62, 469-475.

［9］Zagatto, E. A. G., Krug, F. J., Bergamin, H. F., Jorgensen, S. A. and Reis, B. F. (1979) Merging zones in flow injection analysis: Part 2. Determination of calcium, magnesium and potassium in plant material by continuous flow injection atomic absorption and flame emission spectrometry. *Analytica Chimica Acta*, 104, 279-284.

［10］Ruzicka, J. and Hansen, E. H. (1979) Stopped flow and merging zones-a new approach to enzymatic assay by flow injection analysis. *Analytica Chimica Acta*, 106, 207-224.

［11］Cerdà, A., Oms, M. T., Forteza, R. and Cerdà, V. (1996) Speciation of nitrogen in wastewater by flow injection. *Analyst*, 121, 13-17.

［12］Koropchak, J. A. and Allen, L. (1989) Flow-injection Donnan dialysis preconcentration of cations for flame atomic absorption spectrophotometry. *Analytical Chemistry*, 61, 1410-1414.

［13］Schepers, D., Schulze, G. and Frenzel, W. (1995) Spectrophotometric flowthrough gas sensor for tire determination of atmospheric nitrogen dioxide. *Analytica Chimica Acta*, 308, 109-114.

［14］Baxter, P. J., Ruzicka, J., Christian, G. D. and Olson, D. O. (1994) An apparatus for the determination of volatile analytes by stopped-flow injection analysis using an integrated fiber optic detector. *Taianta*, 41, 347-354.

［15］Olson, D. C., Bysouth, S. R., Dasgupta, P. K. and Kuban, V. (1994) A new flow injection analyzer for monitoring trace HCN in process gas streams. *Process Control and Quality*, 5, 259-265.

［16］Frenzel, W. (1990) Gas-diffusion separation and flow injection potentiometry. A fruitful alliance of analytical methods. *Fresenius'Journal of Analytical Chemistry*, 336, 21-28.

［17］Motomizu, S. and Yoden, T. (1992) Porous membrane permeation of halogens and its application to the determination of halide ions and residual chlorine by flow injection analysis. *Analytica Chimica Acta*, 261, 46-69.

［18］Hauser, P. C. and Zhang, Z. P. (1996) Flowinjection determination of lead by hydride generation and conductometric detection. *Fresenius'Journal of Analytical Chemistry*, 355, 141-143.

［19］Frenzel, W., Liu, O. Y. and Oleksy-Frenzel, J. (1990) Enhancement of sensors selectivity by gas-diffusion separation: Part 1. Flowinjection potentiometric determination of cyanide with a metallic silver-wire electrode. *Analytica Chimica Acta*, 233, 77-84.

［20］Ohura, H., Imato, T., Asano, Y., Yamasaki, S. and Ishibashi, N. (1990) Potentiometric determination of ethanol in alcoholic beverages using a flow injection analysis system equipped with a gas diffusion unit with a microporous poly (tetrafluoroethylene) membrane. *Analytical Sciences*, 6, 541-545.

［21］ Bartrolí, J. , Escalada, M. , Jonquera, C. J. and Alonso, J. (1991) Determination of total and free sulfur dioxide in wine by flow injection analysis and gas-diffusion using *p*-aminoazobenzene as tire colorimetric reagent. *Analytical Chemistry*, 63, 2532–2535.

［22］ Milosavljevic, E. B. , Solujic, L. and Hendrix, J. L. (1995) Rapid distillationless " free cyanide" determination by a flow injection ligand exchange method. *Environmental Science and Technology*, 29, 426–430.

［23］ Aoki, T. and Wakabayashi, M. (1995) Simultaneous flow injection determination of nitrate and nitrite in water by gas-phase chemiluminescence. *Analytica Chimica Acta*, 308, 308–312.

［24］ Gord, J. R. , Gordon, G. and Pacey, G. E. (1988) Selective chlorine determination by gas-diffusion flow injection analysis with chemiluminescent detection. *Analytical Chemistry*, 60, 2–4.

［25］ Fang, Z. , Zhu, Z. , Zhang, S. , Xu, S. , Guo, L. and Sun, L. (1988) On-line separation and preconcentration in flow injection analysis. *Analytica Chimica Acta*, 214, 41–55.

［26］ Mattos, I. L. and Luque de Castro, M. D. (1994) Study of mass-tr ansfer efficiency in pervaporation processes. *Analytica Chimica Acta*, 298, 159–165.

［27］ Papaefstathiou, I. , Tena, M. T. and Luque de Castro, M. D. (1995) On-line pervaporation separation process for the potentiometric determination of fluoride in "dirty" samples. *Analytica Chimica Acta*, 308, 246–252.

［28］ Papaefstathiou, I. and Luque de Castro, M. D. (1995) Integrated pervaporation/ detection: continuous and discontinuous approaches for treatment/determination of fluoride in liquid and solid samples. *Analytical Chemistry*, 67, 3916–3921.

［29］ Wang, L,, Cardwell, T. J. , Cattrall, R. W. , Luque de Castro, M. D. and Kolev, S. D. (2000) Pervaporation-flow injection determination of ammonia in the presence of surfactants. *Analytica Chimica Acta*, 416, 177–184.

［30］ Prinzing, U. , Ogbomo, I. , Lehn, C. and Schmidt, H. L. (1990) Fermentation control with biosensors in flow injection systems: problems and progress. *Sensors and Actuators*, B1, 542–545.

［31］ Ogbomo, I. , Steffi, A. , Schuhmann, W. , Prinzing, U. and Schmidt, H. L. (1993) On-line determination of ethanol in bioprocesses based on sample extraction by continuous pervaporation. *Journal of Biotechnology*, 31, 317–325.

［32］ Luque de Castro, M. D. and Papaefstathiou, I. (1998) Analytical pervaporation: a new separation technique. *Trends in Analytical Chemistry*, 17, 41–49.

［33］ Papaefstathiou, I. , Bilitewski, U. and tuque de Castro, M. D. (1996) Pervaporation: an interface between fermentors and monitoring. *Analytica Chimica Acta*, 330, 265–272.

［34］ Papaefstathiou, I. and Luque de Castro, M. D. (1997) Simultaneous determination of chemical oxygen demand/inorganic carbon by flow injection-pervaporation. *International Journal of Environmental Analytical Chemistry*, 66, 107–117.

［35］ Papaefstathiou, I. , Luque de Castro, M. D. and Valcárcel, M. (1996) Flow-injection/pervaporation coupling for the determination of sulphide in Kraft liquors. *Fresenius Journal of Analytical Chemistry*, 354, 442–446.

［36］ Papaefstathiou, 1. and Luque de Castro, M. D. (1997) Nitrogen speciation analysis in solid samples by integrated pervaporation and detection. *Analytica Chimica Acta*, 354, 135–142.

［37］ Papaefstathiou, I. , Bilitewski, U. and Luque de Castro, M. D. (1997) Determination of acetaldehyde in liquid, solid and semi-solid food after pervaporation-derivatizacion. *Fresenius'Journal of Analytical*

Chemistry, 357, 1168−1173.

［38］Belitz, H. D. and Grosch, W. (1987) *Food Chemistry*, Springer, Berlin.

［39］Bryce, D. W., Izquierdo, A. and Luque de Castro, M. D. (1996) continuous microwave assisted pervaporation/atomic fluorescence detection: an approach for speciation in solid samples. *Analytica Chimica Acta*, 324, 69−75.

［40］Burguesa, M. and Burguesa, J. L. (1998) Microwave-assisted sample decomposition in flow analysis. *Analytica Chimica Acta*, 366, 63−80.

［41］Bryce, D. W., Izquierdo, A. and Luque de Castro, M. D. (1997) Pervaporation as an alternative to headspace. *Analytical Chemistry*, 69, 844−847.

［42］Papaefstathiou, I. and Luque de Castro, M. D. (1997) Hyphenated pervaporationsolid-phase preconcentration-gas chromatography for the determination of volatile organic compounds in solid samples. *Journal of Chromatography A*, 779, 352−359.

［43］Ruzicka, J. and Hansen, H. (1983) Recent developments in flow injection analysis: gradient techniques and hydrodynamic injection. *Analytica Chimica Acta*, 145, 1−15.

［44］Kuban, P., Pirmohammadi, R. and Karlberg, B. (1999) Flow injection analysis-capillary electrophoresis system with hydrodynamic injection. *Analytica Chimica Acta*, 378, 55−62.

［45］Ruzicka, J. and Marshall, G. D. (1990) Sequential injection: a new concept for chemical sensors, process analysis and laboratory assays. *Analytica Chimica Acta*, 237, 329−343.

［46］Lenehan, C. E., Barnett, N. W. and Lewis, S. W. (2002) Sequential injection analysis. *Analyst*, 127, 997−1020.

［47］Ivaska, A. and Ruzicka, J. (1993) From flow injection to sequential injection: comparison of methodologies and selection of liquid drives. *Analyst*, 118, 885−889.

［48］Cladera, A., Tomás, C., Gómez, E., Estela, J. M. and Cerdà, V. (1995) A new instrumental implementation of sequential injection analysis. *Analytica Chimica Acta*, 302, 297−308.

［49］Miró, M., Cladera, A., Estela, J. M. and Cerdà, V. (2000) Sequential injection spectrophotometric analysis of nitrite in natural waters using an on-line solidphase extraction and preconcentration method. *Analyst*, 125, 943−948.

［50］Alonso, J., Bartroli, J., del Valle, M., Escalada, M. and Barber, R. (1987) Sandwich techniques in flow injection analysis: Part 1. Continuous recalibration techniques for process control. *Analytica Chimica Acta*, 199, 191−196.

［51］Araújo, A. N., Lima, J. L. F. C., Rangel, A. O. S. S., Alonso, J., Bartroli, J. and Barber, R. (1989) Simultaneous determination of total iron and chromium (VI) in wastewater using a flow injection system based on the sandwich technique. *Analyst*, 114, 1465−1468.

［52］Estela, J. M., Cladera, A., Muñoz, A. and Cerdà, V. (1996) Simutaneous determination of ionic species by sequential injection analysis using a sandwich technique with large sample volumes. *International Journal of Environmental Analytical Chemistry*, 64, 205−215.

［53］Cerdà, A., Oms, M. T., Forteza, R. and Cerdà, V. (1998) Sequential injection sandwich technique for the simultaneous determination of nitrate and nitrite. *Analytica Chimica Acta*, 371, 63−71.

［54］Thomas, O. Theraulaz, F., Cerdà, V., Constant, D. and Quevauviller, Ph. (1997) Wastewater quality monitoring. *Trends in Analytical Chemistry*, 16, 419−424.

［55］Guzman, M., Pollema, C., Ruzicka, J. and Christian, G. D. (1993) Sequential injection technique for automation of complex analytical procedures: fluorometric assay of factor thirteen. *Taianta*, 40, 81−87.

［56］ Ruzicka, J. and Ivaska, A. (1997) Bioligand interaction assay by flow injection absorptiometry. *Analytical Chemistry*, 69, 5024-5030.

［57］ Lahdesmaki, I. and Ruzicka, J. (2000) Novel flow injection methods for drugreceptor interaction studies, based on probing cell metabolism. *Analyst*, 125, 1889-1895.

［58］ Ruzicka, J. (2000) Lab-on-valve: universal microflow analyzer based on sequential and bead injection. *Analyst*, 125, 1053-1060.

［59］ Wu, C. H., Scampavia, L., Ruzicka, J. and Zamost, B. (2001) Micro sequential injection: fermentation monitoring of ammonia, glycerol, glucose, and free iron using the novel lab-on-valve system. *Analyst*, 126, 291-297.

［60］ Wu, C. H. and Ruzicka, J. (2001) Micro sequential injection: environmental monitoring of nitrogen and phosphate in water using a "Lab-on-valve" system furnished with a microcolumn. *Analyst*, 126, 1947-1952.

［61］ Wang, J. and Hansen, E. H. (2000) Coupling on-line preconcentration by ionexchange with ETAAS: a novel flow injection approach based on the use of a renewable microcolumn as demonstrated for the determination of nickel in environmental and biological samples. *Analytica Chimica Acta*, 424, 223-232.

［62］ Wang, J. and Hansen, E. H. (2001) Interfacing sequential injection on-line preconcentration using a renewable micro-column incorporated in a "lab-on-valve" system with direct injection nebulization inductively coupled plasma mass spectrometry. *Journal of Analytical Atomic Spectrometry*, 16, 1349-1355.

［63］ Wang, J. and Hansen, E. H. (2001) Coupling sequential injection on-line preconcentration by means of a renewable microcolumn with ion-exchange beads with detection by electrothermal atomic absorption spectrometry: Comparing the performance of eluting the loaded beads with transporting them directly into the graphite tube, as demonstrated for the determination of nickel in environmental and biological samples. *Analytica Chimica Acta*, 435, 331-342.

［64］ Wu, C. H., Scampavia, L. and Ruzicka, J. (2002) Microsequential injection: anion separation using "Lab-on-Valve" coupled with capillary electrophoresis. *Analyst*, 127, 898-905.

［65］ Hostkotte, B., Elshols, O. and Cerdà, V. (2007) Development of a capillary electrophoresis system coupled to sequential injection analysis and characterization by the analysis of nitrophenols. *International Journal of Environmental Analytical Chemistry*, 87, 797-811.

［66］ Reis, B. F., Giné, M. F., Zagatto, E. A. G., Lima, J. L. F. C. and Lapa, R. A. (1994) Multicommutation in flow analysis. Part 1. Binary sampling: concepts, instrumentation and spectrophotometric determination of iron in plant digests. *Analytica Chimica Acta*, 293, 129-138.

［67］ Rocha, F. R. P., Reis, B. F., Zagatto, E. A. G., Lima, J. L. F. C. and Lapa, R. A. (2002) Multicommutation in flow analysis: concepts, applications and trends. *Analytica Chimica Acta*, 468, 119-131.

［68］ Zagatto, E. A. G., Reis, B. F., Oliveira, C. C., Sartini, R. P. and Arruda, M. A. Z. (1999) Evolution of the commutation concept associated with the development of flow analysis. *Analytica Chimica Acta*, 400, 249-256.

［69］ Malcome-Lawes, DJ. and Pasquin, C. (1988) A novel approach to non-segmented flow analysis. Part 2. A prototype high-performance analyzer. *Journal of Automatic Chemistry*, 10, 25-30.

［70］ Israel, Y, Lasztity, A. and Barnes, R. M. (1989) On-line dilution, steady-state concentrations for inductively coupled plasma atomic emission and mass spectrometry achieved by tandem injection and merging-stream flow injection. *Analyst*, 114, 1259-1265.

［71］Kronka, E. A. M., Borges, P. R., Latanze, R., Paim, A. P. S. and Reis, B. F. (2001) Multicommutated flow system for glycerol determination in alcoholic fermentation juice using enzymatic reaction and spectrophotometry. *Journal of Flow Injection Analysis*, 18, 132−138.

［72］Comitre, A. L. D. and Reis, B. F. (2000) Automatic multicommutated flow system for ethanol determination in alcoholic beverages by spectrophotometry. *Laboratory Robotics and Automation*, 12, 31−36.

［73］Cerdà, V., Estela, J. M., Forteza, R., Cladera, A., Becerra, E., Altamira, P. and Sitjar, P. (1999) Flow techniques in water análisis. *Talanta*, 50, 695−705.

［74］Albertús, F., Cladera, A., Becerra, E. and Cerdà, V. (2001) A robust multi-syringe system for process flow analysis. Part 3. Time based injection applied to the spectrophotometric determination of nickel (II) and iron speciation. *Analyst*, 126, 903−910.

［75］De Armas, G., Miró, M., Cladera, A., Estela, J. M. and Cerdà, V. (2002) Time-based multisyringe flow injection system for the spectrofluorimetric determination of aluminium. *Analytica Chimica Acta*, 455, 149−157.

［76］Manera, M., Miró, M., Estela, J. M. and Cerdà, V. (2004) A multisyringe flow injection system with immobilized glucose oxidase based on homogeneous chemiluminescence detection. *Analytica Chimica Acta*, 508, 23−30.

［77］Quintana, J. B., Miró, M., Estela, J. M. and Cerdà, V. (2006) Automated on-line renewable solid-phase extraction-liquid chromatography exploiting multisyringe flow Injection-bead injection lab-on-valve analysis. *Analytical Chemistry*, 78, 2832−2840.

［78］Lapa, R. A. S., Lima, J. L. F. C., Reis, B. F., Santos, J. L. M. and Zagatto, E. A. G. (2002) Multi-pumping in flow analysis: concepts, instrumentation, potentialities. *Analytica Chimica Acta*, 466, 125−132.

［79］Carneiro, J. M. T., Zagatto, E. A. G., Santos, J. L. M. and Lima, J. L. F. C. (2002) Spectrophotometric determination of phytic acid in plant extracts using a multipumping flow system. *Analytica Chimica Acta*, 474, 161−166.

［80］Cerdà, V. (2006) Introductión a los Métodos de Analisis en Flujo, SCIWARE, S. L. Editions, Palma de Mallorca.

［81］Fajardo, Y, Gómez, E., Garcías, F., Cerdà, V. and Casas, M. (2007) Development of an MSFIA-MPFS pre-treatment method for radium determination in water samples. *Talanta*, 71, 1172−1179.

3　可移动固体悬浮液在流动分析中的应用

Marek Trojanowicz

3.1　引言

在流动条件下进行分析测量（即在溶液流过检测器期间进行检测）的主要优点是可以检测瞬态信号、利用动力学效应和促进大量样品的处理。这些效应使流动测量比采用各种检测方法的传统非流动测量更具优势。在某些情况下，人们可以获得更高的灵敏度和测定选择性，通过一些检测方法可以获得更高的检测限，并且（正如分析测定的机械化和自动化一样）可以获得更好的精度和更大的采样率。

微米尺寸的固体颗粒通常应用于许多分析方法，首先，与其他形式的类似材料相比，其表面积与质量之比很大。固体微粒最常见的应用是液/气相色谱、薄层色谱和毛细管电色谱。导电颗粒用于电色谱，其中固定相的极化可以改变保留的选择性。微粒的第二大应用领域是从气相和液相中进行固相萃取，它们非常广泛地应用于样品分析测量前的样品净化和分析物预浓缩[1]。对于从液体中吸附的情况，可以将颗粒床填充到流通柱中，或者将少量颗粒添加到大量溶液中。微粒在非流动条件下的另一个应用领域是诊断测试和分析[2]。这包括了例如酶联免疫吸附试验和测定，凝集试验和测定以及色谱测试条试验。在免疫学方法中，包被的磁性颗粒经常应用于农药（包括有机卤农药[3] 或三嗪[4]）或带有固定化抗体的细菌磁性颗粒（BMP）的免疫测定，其中与 BMP 进行偶联的抗体量要比与相同尺寸的人造磁性颗粒偶联的量高[5]。

其中一个例子是免疫球蛋白 G 的化学发光酶测定[6] 或模拟食物过敏原溶菌酶[7]。固体颗粒被用作标签来识别细胞或细胞表面抗原或显微镜载玻片，近年来，也用于通过流式细胞术大量筛选发现药物（这实际上意味着固体颗粒在流动条件下的应用）[8]。另一种夹层免疫测定方法是为同时检测多种病原体而开发的基于微珠的悬浮液阵列方法[9]。

流动分析测量中的固体颗粒主要用于填充流通反应器，提供与溶液的大表面接触，促进流通反应器中与固体材料更好地进行非均相吸附、化学交换或反应过程。当它们用作反应床时，它们必须在使用后定期更换，而当用于吸附或净化时，它们可以在洗脱过程中再生。用于相同目的，微珠也可以固定于开放式柱的壁上，为流体流动提供低的阻力。

微米和亚微米固体颗粒也可以作为悬浮液来输送，30 多年来，这已成功应用于各种变量的流动分析。使用可移动吸附床的主要目的是可以使反应在固体材料的表面上进行，而固体材料可以在测量系统的不同部分之间传输。这可用于进行许多非均相反应和操作以及用于改进各种检测方法。使用可再生床能够消除与填充床反应器相关的许多问题（填充变得越来越紧密、活性位点失效或表面失活）。在连续流动条件下，可以使用固定在磁性颗粒上的抗体进行免疫测定[10]。微珠已在流式细胞术中使用了很长时间，其主要是作为优化表面结合的廉价手段。微珠用于流式细胞仪的校准，其与微孔板相比的优势已经得到证明，例如，在人类免疫缺陷病毒（HIV）的间接定量中，通过使用衍生微珠来捕获单个核酸目标[11]，通过流式细胞术，含有八种荧光的微珠提高了人类白细胞抗体特异性和类别的鉴别能力[12]。

在 20 世纪 90 年代中期，由于 Ruzicka 和西雅图华盛顿大学的同事在各种流动进样系统中应用了可移动悬浮液技术，该技术在各种流动分析中得到了极大的推广。他们的第一项研究涉及两种可再生表面，一种是由颗粒床形成且可通过光谱进行探测[13]，另一种可用于通过荧光检测进行的免疫测定[14]。微珠进样分析（BIA）一词被广泛用于描述此类系统，尽管它可能会造成混淆，因为在许多其他测量系统和方法（例如，生物免疫测定、间歇式进样分析、生物配体相互作用测定或生物电阻抗分析）的分析文献中可以找到相同的缩写词。在流动进样系统中使用可移动颗粒已成为一些综述的研究主题[15,16]，并且在网上可免费访问相关教程文件[17]。

3.2　流动分析悬浮液中使用的固体微粒

悬浮液中使用的固体颗粒的大小及其化学性质取决于所使用的流动系统类型、检测方法和特定的分析应用。通常，在使用颗粒悬浮液进行流动测量时，使用尺寸均匀的规则球形刚性颗粒可以获得良好的精度。小尺寸颗粒因为可以形成集中和稳定的悬浮液也具有优势。颗粒在测量系统中的传输以及它们在系统中的临时固定会影响它们的最佳尺寸。最常用的颗粒直径为 $10\sim200\mu m$。在流式细胞术等特殊情况下，颗粒的直径为零点几到几微米，但这种类型不会在这里详细讨论，因为它是一种用于生物化学、生物学和医学领域的特殊类型的方法和仪器，有大量相关的专业性文献[18]。值得一提的是，早期开发的通过收缩的微通道中的层流流动来连续分离液体中不同尺寸悬浮颗粒的流动测量系统[19]。这种系统可用于各种颗粒、细胞、凝胶和纳米级颗粒的尺寸分离。

悬浮液中使用的颗粒的化学性质取决于流动系统中的特定化学应用。可以使用各种市售的微珠，这些是为凝胶过滤、细胞培养或固相萃取而开发的。使用易碎的弹性微珠时必须特别小心，以免碎裂。离子交换剂颗粒已用于无机分析物的测定、微量元素的预浓缩和生物分子的选择性捕获。阳离子交换树脂 SP 磺丙基交联葡萄糖 C-25 用于电热原子吸收光谱（ETAAS）测定生物和环境样品中的镍[20]，以及使用电感耦合等离子体质谱（ICP）测定镍和铋[21]。为了测定放射性核素 ^{90}Sr、^{99}Tc 和 ^{241}Am，人们采用了专门开发的选择性离子交换树脂[22]。在基于表面增强拉曼光谱（SERS）的流动分析中，将吸附有银溶胶的阴离子交换树脂用作活性表面，烟酸作为模型分析物[23]。在顺序进样分析（SIA）中，使用具有相同检测功能的流动系统来测定 9-氨基吖啶、阳离子交换微珠，并在微珠表面形成活性层[24]。痕量金属离子的预浓缩可以通过它们的螯合物在非极性吸附剂上的吸附来进行。商业的微珠材料 N-乙烯基吡咯烷酮-二乙烯基苯（Waters Oasis HLB）用于测定 SIA 系统（带 ETAAS 检测）中镍与二甲基乙醛肟的配合物[25]。相同的吸附剂已成功应用于与高效液体色谱法（HPLC）联用的流动萃取系统测定酸性药物残留[26]。

作为流动系统中的悬浮物，孔径可控的玻璃微珠和丙烯酸微珠用于开发可再生的电化学传感器系统，该系统用于流动进样的测量[27]。SIA 中的球形玻璃微珠、聚苯乙烯、丙烯酰胺和琼脂可用于核酸的分离和纯化[28]。琼脂糖凝胶 4B 和各种功能化琼脂糖以及抗生物素蛋白琼脂糖 G 被用来进行生物配体的流动进样分析（FIA）[29]。琼脂糖微珠用于质谱（MS）检测含生物素的偶联物的亲和捕获释放[30]。许多生物化学应用也报道使用了蛋白质 A 和蛋白质 G 与琼脂糖凝胶 4B 的偶联物[31-33]。胶原修饰的 Cytodex-3 微载体用于氧磷光探针（铂-卟啉复合物）的非共价连接，以检测贴壁细胞培养物的耗氧量[34]。对许多不同的微珠及其制备、性质和应用的描述可以在当前的化学文献［35］中找到。

自 20 世纪 70 年代以来，磁性微粒一直用于流动分析仪[10]。FIA 通过抑制乙酰胆碱酯酶（AChE）测定有机磷农药甲胺磷时，该酶以共价键的形式固定在氨基封端的磁性颗粒上[36]。在另一个例子中，将辣根过氧化物酶（HRP）标记的抗体固定在涂有琼脂糖凝胶的磁性微珠上[37]，以进行对卵黄蛋白原（评估内分泌干扰物引起的环境风险的生物标志物）的免疫化学 SIA 测定。测量系统的示意图如图 3.1 所示。检测基于 HRP 与过氧化氢和对碘苯酚在鲁米诺溶液中的化学发光反应。用甲苯基活化以固定蛋白质的直径相对较小（2.8μm）的磁性颗粒被用于设计在 FIA 系统中运行的磁免疫传感器[38]。在 FIA 测量中使用的可再生电流传感器采用了玻璃碳球形粉末和石墨粉末[27]。

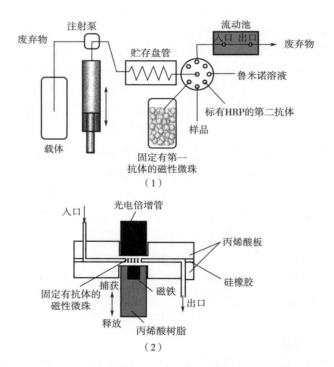

图 3.1　采用磁性微珠（1）和用于化学发光检测的流动池（2）的顺序进样系统示意图，用于卵黄蛋白原的流动免疫分析，卵黄蛋白是一种内分泌干扰化学物质污染程度的生物标志物[37]

3.3　处理流动系统中颗粒的悬浮液

如上所述，在大多数应用中，悬浮液所使用的微珠的直径范围为 10~200μm。在大多数情况下，$2 \sim 10 \mu L$ 的悬浮液体积包含 $2000 \sim 10000$ 个微珠。对于使用磁性微珠的 SIA 测定，需要比 $150 \mu L$ 更大的悬浮液体积，其浓度为 $25 \mu g / mL$[37]。

在含有微珠悬浮液的流动系统中进行测定分析需要首先形成稳定的悬浮液，然后将其转移到测量系统中，并将其临时固定以检测信号。悬浮液的稳定可以通过向溶液中加入表面活性剂[39]来实现，或通过机械搅拌，例如通过空气吹扫悬浮液[24]，用磁力搅拌器混合[27]，或将悬浮液保持在旋转烧瓶中[13,27]来实现。

悬浮液在流动系统中的流动最常见的是通过注射器或蠕动泵由压力驱动产生的。其他方法包括电渗[40]、电场或重力作用。

对于此类系统的功能而言，将颗粒暂时固定在流动池或可再生色谱柱中尤为重要。相关应用设计的综述已发表[41]，其设计显示在图 3.2 中。从易于构建的角度来看，最简单的设计似乎是那些带有磁铁的设计，用于阻止流动中的磁性颗粒通过检测器，见参考文献 ［10，36-38］。在微磁系统中，使用微细加工的电路而不是永磁体或电磁体来产生局部磁场[39]。在软光刻制作的系统中，载流微电路产生强磁场，通过改变电流流动的动态配置可以简单地形成路径。

在喷射环池 ［图 3.2（1）］ 中，一个可移动的毛细管端靠在面板上，这样在溶液急剧向外流动时，微珠就会被保留下来[13]。颗粒床形成了一个可再生的表面，其可使用显微镜通过反射、荧光或化学发光来探测。测量过后，通过重新追踪毛细管或反转流体流动来去除微珠。该设计用于 SIA 荧光检测测定培养细胞的耗氧量[33]。两种版本的带有径向和轴向探测光路的喷射环池被开发出来，并用于生物配体相互作用分析的 FIA 测量[29,42]。同样地，也可以采用泄漏活塞设计，其中平行或垂直插入实心棒 ［图 3.2（2）］。然而，这两种类型的设计都难以应用于直径小于 $20 \mu m$ 的颗粒。

在另一种具有筛板限制的设计中 ［图 3.2（3）①］，可以使用更小的颗粒。在这种情况下，悬浮液的流动是由外部微阀控制的。这是一个没有移动部件的简单解决方案，已应用于核酸提取和纯化[28]。在一个略有不同的版本中，这个概念是通过使用带有筛板限制的双位置阀来实现的 ［图 3.2（3）②和③］，其用于 SIA 中进行放射性检测[22]。在另一种设计 ［图 3.2（4）］ 中，通过将斜面或倒角的杆插入流动池来停止微珠的流动，旋转 180° 杆打开侧臂通道并释放填充床。

在流动系统中保留可移动微珠的不同解决方案如图 3.3 所示，其中颗粒由配备有阻止微珠流动的喷嘴的塞子固定[43]，而液体可以流过塞子并在塞子周围流动。一个流动方向将微珠保留在塞子上方，而反向流动导致颗粒洗脱。

这些用于操纵和固定微珠的设计改进被用于 SIA 测量中更先进的旋转阀，这些旋转阀另外配备了基于微型光纤的流动比色皿，其设计者称之为阀上实验室（LOV）[31-33]。

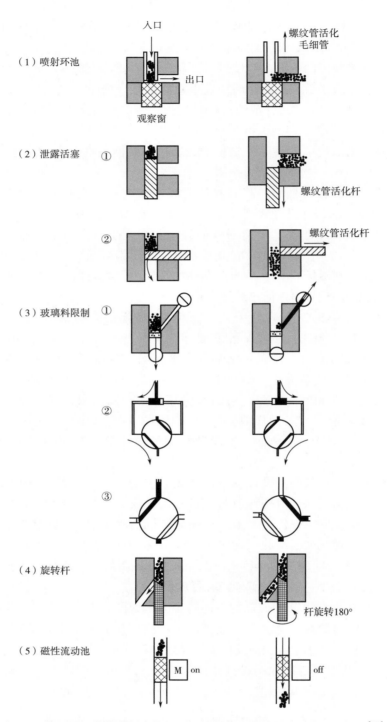

图 3.2　使用悬浮微粒进行流动测量的可再生色谱柱的不同设计示意图[41]

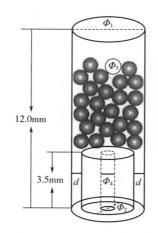

Φ_1: 1660 μm
Φ_2: 1600 μm
Φ_3: 40~125 μm
Φ_4: 17.8 μm
d: 30 μm

图 3.3　使用带喷嘴和外径 Φ_2 的管插入件在流动系统中保留微珠的概念示意图，

Φ_2 略小于流动系统的管内径 Φ_1 [43]

3.4　流动系统中使用的悬浮粒子检测方法

流动系统中对悬浮液颗粒的操控为常规检测方法的改进提供了许多可能性，并且在一些例子中，在没有可移动微珠（反射光谱，SERS）的情况下无法使用流动测量中开发的新检测方法。特别有趣的是粒子直接检测方法以及固体粒子可再生检测器的发展。

在所有版本和几代流动分析仪器中，最常用的检测手段是紫外/可见光范围内的分子吸收光谱。在含有颗粒悬浮液的系统中，最简单的模式是测量床中洗脱液的吸光度。这被用于检测酶催化反应的产物，基于磁性颗粒对 AChE 的抑制作用来测定有机磷农药[36]。这种情况下的抑制是不可逆的，因此每次测量后都需要更换移动床。类似地，在采用更换了床层的 SIA-LOV 联用系统中也进行洗脱液的吸光度测量。在一个可再生床例子中，使用蛋白 A 琼脂糖珠进行低压亲和层析的紫外检测[33]。该系统是为从牛血清白蛋白中分离免疫球蛋白 G 而开发的。在另一个例子中，当 FIA-LOV 配置与带紫外检测的高效液相色谱联用时，更换的疏水床层用于预浓缩 HPLC 测定的分析物[26]。

吸收分光光度检测一个特别的改进是固相吸光光度法。它于 1976 年被发明[44]，很快就得到了大量应用[45]。它的主要优点是在一个步骤中将吸收性检测和吸收性化合物在固体吸附剂上的预浓缩结合起来。此外，此类测量有助于消除复杂天然样品中的基质效应。通过在分光光度计中使用适当几何形状的粒子床和光学系统可以提高此类测量的灵敏度[46]。在 20 世纪 80 年代末，固相吸光光度计越来越多地应用到含吸附剂填充的比色皿的流动测量中，例如[47] FIA 系统[48-50] 和多组分测定采用了多变量分析[51,52]。在 20 世纪 90 年代末，此类测量应用于含有悬浮液颗粒的流动系统。通过设计用于保留和释放微珠并使光束通过的流动池（图 3.4），这类测量方法被开发出来，用于例如生物配体相互作用分析[29,42] 和监测蛋白质在固体颗粒上的固定化[53]。在后一种情况下，定期从进行蛋白质固定化的微反应器中取出微珠并将其进样测量。在

Ruzicka 小组的多年研究中，开发了用于保留微珠的不同设计的光度比色皿。如图 3.4 所示的径向探测喷射环被轴向探测池[29] 取代，因此提高了测量的可重复性和检测限。对光学流动池的进一步改进被报道应用于基于光纤的检测器，其内置于 SIA 中的多位置旋转切换阀（LOV）。图 3.5 显示了这样一个简单的吸收检测器连同整个测量系统的示意图，该系统用于已开发的研究生物配体相互作用的标记稀释方法[32]。在这样的流动池中，容纳光纤的通道的直径略大于光纤的直径，以促进溶液的流动，同时保留来自悬浮液的微珠。安装在池中的第三根光纤可以测量荧光。这种 SIA 系统中的流动池用于研究与电喷雾电离质谱串联连接时的亲和捕获释放[30]。另一种在旋转阀反射光谱测量中加入光纤流动池的改进也是可以实现的[31]。

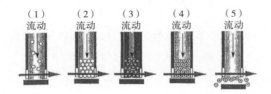

图 3.4　在含有微珠悬浮液的 FIA 系统中进行吸光光度测量的喷射环池中的步骤序列图解[42]
（1）引入微珠；（2）捕获微珠；（3）用分析物溶液灌注微珠；（4）用载体溶液灌注珠子；（5）排出微珠
箭头表示用于吸光光度检测的光束

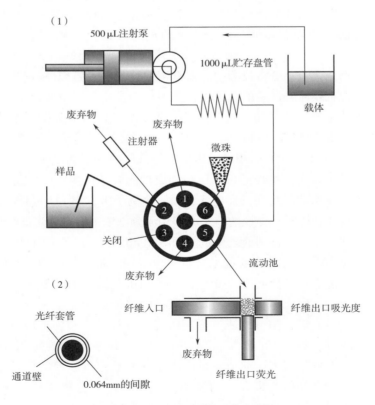

图 3.5　SIA-LOV 测量系统示意图
（1）用于吸收和荧光检测的流动池；（2）用于研究生物配体相互作用的标记稀释方法[32]

在带有微珠悬浮液的流动系统的设计中，光致发光检测得到了很大的关注。在仪器检测难度上，光致发光检测并不比分光光度法困难，且它们通常能够提供更好的检测限。Ruzicka 等报道了几种荧光测定。包括使用喷射环池，其中微珠室固定在倒置落射荧光显微镜的载物台上［图 3.2（1）］[13,34,54]。显微镜连接到发光器以提供激发光束。通过利用固定在微珠上的铂-卟啉复合物的磷光熄灭，该系统可用于之前描述的氧检测[33]。使用附着有细胞的微珠，对选定的受体拮抗剂进行平衡和动力学测量，从而可以对所检查的拮抗剂的平衡和药理动力学数值进行量化[54]。显然，可移动微珠用作可再生荧光检测器。在图 3.1 所示的流动系统中采用磁性微珠进行化学发光检测。通过上下移动磁体来保留和释放磁性微珠。从显微镜观察得出的结论是，不管在捕获磁性微珠后用于泵送溶液的流速如何，磁性微珠在流动系统中都受到了严格控制[37]。

已经有一些关于 SIA 系统中使用磁珠悬浮液来预浓缩痕量分析物的报告，其中使用 ETAAS 检测不需要对商业检测器的结构进行任何修改，而只需要选择洗脱液到石墨炉的运输方式。此类测定报告了天然水中痕量 Cr^{6+}[55] 和盐水基质中的 Ni^{2+}[25]。在 SIA-LOV 系统中测定 Cr^{6+} 的情况表明，通过使用可再生吸附剂，可以实现比填充到柱中的吸附剂更高的浓缩效率，但比使用缠绕的聚四氟乙烯反应器的效率更低。此外还报告了将带有预浓缩分析物的微珠直接洗脱到含 AAS 检测器的石墨炉中[43]。总之，从这种方法中，作者表明需要降低灰化（热解温度），并缩短该步骤的持续时间。将微珠从微柱运输到炉子是通过空气分段和少量载体溶液进行的。

在 SIA-LOV 系统中，含氢氧化镧的预浓缩沉淀物保留在固定化的 C_{18} 微珠上，Cr^{2+} 通过氢化物原子荧光光谱法测定[56]。在这种情况下，只有在观察到压力升高和收集效率下降时，吸附剂床才会更换。

表面增强拉曼光谱（SERS）[23,24] 是一种为含微珠悬浮液的流动 SIA 测定而开发的特定光谱检测。这种散射方法需要稳定的固体表面，可以通过适当的电极化或使用贵金属（例如金或银胶体）作为基材来稳定表面。这种测定可以通过使用微珠悬浮液来进行，并且在流动条件下，在微珠的表面形成附着在微珠基质上的 SERS 活性胶体。使用各种化学过程，可以对阴离子交换和阳离子交换微珠进行这种修饰。在阴离子交换树脂的情况下，硝酸银水溶液被硼氢化钠还原，形成的银溶胶吸附在微珠上[23]。对于阳离子交换树脂，其珠粒在流动池中灌注硝酸银和羟胺溶液[24]。用于此类检测的流动池示例如图 3.6 所示。微珠被一块钛箔所保留，该钛箔插在流道中激光束击中位置的后方。测量后，将微珠泵入反应室，将其与硝酸反应，再用水冲洗，然后用于下一次测定。

在最近的分析文献中，还可以找到关于使用微珠悬浮液来设计流动系统的电化学检测器的文章。SIA 系统[27] 中描述了 3 种用于电流测定的不同概念。喷射环电流检测器的一般过程如图 3.7 所示。为此目的，使用了丝网印刷铂层围绕中心铂圆盘电极的平面同心铂电极。以悬浮液形式泵入的微珠形成填充床柱。外环铂电极作为伪参比电极，弹簧电极加压的不锈钢管作为辅助电极。在不锈钢管的一端安装了特氟纶管以避免工作电极和反电极之间的短路。不锈钢管通过计算机控制的螺线管驱动。使用不同颗粒的悬浮液检查了这种电流检测器流动池的三种配置。首先，使用直径为 $80\sim200\mu m$

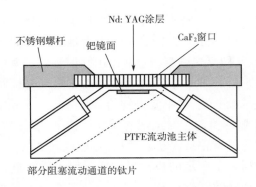

图 3.6 使用微珠悬浮液运行的 SIA 系统中用于 SERS 检测的流动池示意图[23]

的导电玻璃碳微珠，形成了可再生的工作电极。这种填充床电极在早期的电化学分析中得到了广泛的研究[57]，并且还用作液相电色谱中的导电固定相[58]，用过极化微珠来修改保留的选择性。与没有微珠的裸电极相比，这可以将电流响应的灵敏度提高 12 倍。通过使用表面有固定酶的非导电颗粒，可以获得电流生物传感检测器，其可用于含有可再生酶层的流动测量。在最集成的系统中，酶可以直接固定在导电微粒上，并用作流通式生物传感器的可再生表面。在这种情况下，测量信号小于使用非导电微珠的情况，这可归因于导电微珠上的酶活性较低[27]。

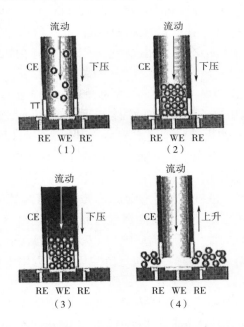

图 3.7 安培喷射环检测器在悬浮微珠的流动测量中的操作示意图[27]
（1）微珠的引入；（2）微珠在传感器表面的积累；（3）用样品溶液灌注微珠和监测电流；（4）微珠的放电
CE—电极对 TT—特氟纶管 RE—参比电极 WE—工作电极

在电极的传感表面积累和交换微珠的概念也被用于磁性粒子的电位检测[38]。这种流通式检测器的示意图及其化学功能如图 3.8 所示。该检测器底部的传感元件是一个对 pH 变化敏感的平面离子敏感场效应晶体管（ISFET）。在 ISFET 下方有一个磁铁，用于在传感表面保留修饰过的磁性微珠。在磁珠的表面固定了兔免疫球蛋白 G（RIgG）。在竞争性免疫分析中，注入了含有山羊抗兔 IgG（GaRIgG）脲酶偶联物和分析物 RIgG 的溶液。然后将注射的底物尿素水解，并用 ISFET 监测 pH 变化，这提供了由于溶液中的 RIgG 和注入样品中的 RIgG 相互竞争而保留在颗粒上的偶联物的量的信息。在测量电势之后，微粒被释放。磁性免疫颗粒的应用使得免疫传感表面不需要进行化学再生。

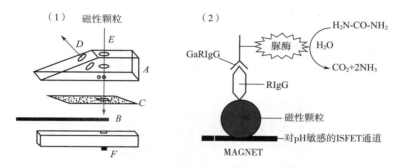

图 3.8　带有电位磁免疫传感器的流动池示意图（1）以及带有固定化兔免疫球蛋白 G（RIgG）的磁性微珠的检测概念说明（2）[38]

A—甲基丙烯酸酯嵌段　*B*—pH 传感器 ISFET　*C*—硅胶垫片　*D*—流动池出口　*E*—流动池入口　*F*—磁铁

在使用悬浮微珠的 SIA 系统中，ICP-MS[21] 和辐射度[22] 检测已被使用。在这两种情况下，使用悬浮液都不需要也不会导致探测器设计发生任何变化。在使用 ICP-MS 的情况下，早期文献中提到了直接注射高效雾化器[59]，并使用 LOV 旋转阀进行了 SIA 测量。在辐射测量的情况下，早期 FIA 测量中采用了流动液体闪烁检测器和 0.5mL 流动池[60]。

3.5　流动系统中的可再生柱

由于需要频繁切换溶液、小体积操作和改变流动方向，大多数现代的流动测量系统设计有顺序进样配置。为此使用了多位置旋转进样和切换阀（简单或更复杂的 LOV，配备微型流通检测器或吸附剂腔室），以及蠕动泵和进样泵系统。为 ETAAS 测定 Cr[6+] 而开发的这种带有 LOV、蠕动泵和两个注射器泵的 SIA-LOV 系统的示意图如图 3.9[55] 所示。图 3.10 显示了带有微珠腔室的市售 LOV 阀的图片，其复制于一篇关于带有可再生吸附剂床的 SIA-LOV 系统的综述文章[61]。图 3.9 系统中的两个注射器泵允许贮存盘管内装载液体以及改变溶液的 pH。这种系统的运行需要计算机控制。单次测定程序由 7 个步骤组成，包含多次切换 LOV（15 次）以及初始化进样阀的双向操作。将洗脱液区液体运输到石墨炉需要用气泡分割溶液。作者声称，尽管过程复杂，但对一个样品进行这种机械化测定的整个过程仅需 4min。

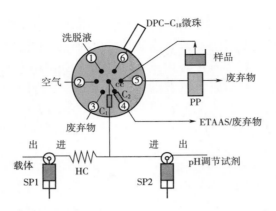

图 3.9　使用微珠悬浮液测定 Cr^{6+} 和 ETAAS 检测的 SIA-LOV 系统示意图[55]

SP—注射泵　PP—蠕动泵　HC—贮存盘管　DPC—固定在 C_{18} 微珠上的 1,5-二苯基卡巴肼

图 3.10　旋转开关阀的图片，包含用于保留微珠的腔体（LOV）[17]

　　如上所述，颗粒悬浮液的应用通常可以改善检测条件，并且几乎总是用于通过固相萃取对分析物进行预浓缩。每次更换吸附剂床或在新的吸附剂部分上进行吸附有几个重要的优点。保留和移除颗粒床的早期工作表明，荧光检测[13] 的测量结果显示信号值上升得非常迅速并没有任何拖尾地返回基线–拖尾是液相中典型的对流–扩散过程。在包含更换床层和悬浮液的运输的测量中，假设微珠应该是完美的球形，尺寸分布均匀并且是可用水润湿的[62]。然而，并不是所有的微珠都能达到这种亲水性条件。在很早之前报道的通过固相萃取预浓缩进行 FIA 测定痕量金属时，证明了应用疏水性吸附剂与固定化络合配体的优势[63]。选择适当的配体有利于提高选择性的吸附，其可用于在分析物的给定氧步骤进行形态分析。该概念在含有颗粒悬浮液的 SIA 系统中应用的一个例子是在固定有 1，5-二苯基卡巴肼的非极性吸附剂上预浓缩的 Cr^{6+} 的测定。整个预浓缩过程，通常的速度控制过程是形成螯合物的反应，而不是螯合物的吸附反应。对用配体修饰的微珠的高选择性保留也有利于消除基质效应。

　　对于使用 ETAAS 检测在可再生床上的预浓缩痕量分析物，可以直接将带有分析物的微珠悬浮液引入石墨炉，而不用使用来自床层的洗脱液。用于此目的的微珠通常由有机材料组成，其可以在熔炉中热解[43]。然而，结果表明该程序也有一些缺点[20]。一些热解产物会积聚在石墨管中，导致测定精度变差。积聚最小化所需的高温缩短了石墨管的寿命。对某些重金属离子的耐受性也可能比从床层洗脱液中测量的方式更差。在使用 ETAAS 检测测定 Ni^{2+} 时，结果证明了与微珠进样的测量方法相比，洗脱液测量对 Zn 和 Pb 的耐受限值提高了 50 倍，Cu 和 Mn 的耐受限值提高了 10 倍[20]。

在含有可再生吸附剂床和带有 ICP-MS 检测的 SIA 测量系统中观察到类似的净化效果，导致光谱和非光谱干扰的减少[21]。这种情况下的特定干扰可以是同质的干扰。在测定 ^{60}Ni 时这种干扰可能源自于 $^{44}Ca^{10}O$ 和 $^{36}Ar^{24}Mg$ 离子的形成。虽然只有一小部分 Ca 和 Mg 保留在所用的阳离子树脂上，但在机械化系统中必须采用分馏洗脱——先用 1∶80 稀释的硝酸对 Ca 和 Mg 进行洗脱，然后用 6.25% 硝酸对 Ni 和 Bi 进行洗脱，在这种情况下，可以预期在每次测量中应用可再生床将提高信号幅度的长期可重复性。

带有可再生吸附剂床的 SIA 系统应用于生物化学过程时必须考虑几个不同的因素。通常，当床层的降解可能在多次测定中发生时，当形成的复合物难以洗脱时，或者当床层的更换将改善特定测定程序的某一方面功能时，床层的更换是有利的。在生物配体相互作用的研究中，经常使用表面等离子体共振（SPR）方法，这需要在每次测定时激活传感表面。为了进行比较，使用带有可再生柱的 SIA 系统进行类似的测定，发现其可以使用大量预活化的微珠处理大批量的测量，这是一个明显的功能改善[42]。

与使用微粒的其他仪器相比，在核酸分离中已经证明，带有可再生亲和微柱的 SIA 测量消除了常规操作员的干预、一次性用品和耗材的需要[28]。这可能有利于设计出用于监测食品和环境中的病原微生物的简易方便的仪器。该方法已成功应用于开发一种特定的生物配体相互作用的方法，即标记稀释[32]。这种方法与经典的同位素稀释法相类似。分析的样品中加入标记的目标分子，例如发色团。然后通过与固定在固体微珠上的选择性生物配体相互作用来纯化加标样品，并冲走干扰成分。假设被标记的目标分析物和未被标记的类似物与固定的生物配体进行相同的反应，基于这种假设可以确定未标记的目标化合物（例如蛋白质）的量。在此类测定中更新颗粒床，可以替代其他形式的免疫测定法，用于测定不同结合亲和力的蛋白质，也有助于获得令人满意的测定重复性。亲和色谱文献中报道的带有可再生柱的 SIA 系统说明了在低压色谱分离中用于固定相更新的简单技术提升的可能性[33]。相同的概念可以应用于其他分析系统，用于在最终检测之前净化复杂基质的样品。

3.6 微流体与颗粒悬浮液的处理

对于现代生活各个领域和基于各种目的所用到的许多其他设备，如果有任何实际需要，它们的小型化是不可避免的。它的规模和时机在不同程度上取决于需求以及不同科学技术领域的进展。就化学分析仪器而言，小型化最重要的需求是将专业实验室中使用的大型仪器由训练有素的人员转变为终端用户直接使用的设备。这些需求是现代分析仪器小型化、机械化和自动化等趋势的主要来源。这里必须承认，无论是在一般自动化理论方面还是在 IUPAC[64] 的命名建议方面，最后一个应用于分析仪器的术语仍然普遍被误用，但也许其可以作为对未来分析仪器美好期望的证据而被容忍。

回顾半个世纪的实验室流动分析历史，从 Skeegs 临床实验室[65] 的开创性工作开始，毫无疑问，小型化趋势并没有忽略流动分析仪器。如今，用于流动分析的真正小型化设备的最先进例子是微流控芯片（见第 6 章），它们是主要呈薄板形状的系统，具有微米直径的毛细管网络。自 20 世纪 90 年代初就开始对其构建和研究，现在它们可以从市面上获取，用于商业毛细管电泳仪器，并且越来越多地应用于小型化的典型流动分析。早在 1987 年，人们就讨论了流动系统小型化的理论局限性[66]。过去 20 年观察到的微流体设计和制造方面的巨大进步清楚地表明了生产此类设备的必要性和技术可能性[67,68]。它们是为便携式诊断设备、DNA 分析、微生物检测或生化战检测等应用而开发的。

由于本章的主题是流动分析中悬浮固体颗粒的应用，因此这里仅讨论微流体发展的这一方面。近年来，该领域发表的论文数量和技术成果增长迅速[69]。从技术上讲，这种装置的设计和制造不同于上述分析流动系统，因为这些系统的尺寸通常按比例缩小至少一个数量级。

例如，可以在文献[70,71] 中找到一种使用磁性粒子和安培检测进行免疫化学测定的微流体系统以及所有测定步骤的示意图，如图 3.11 所示，它是一个用于流动测量的集成系统，包含有产生溶液流动的微阀、流动传感器、生物过滤器以实现生物采样和生物过滤以及用于检测酶催化标记反应产物的一系列叉指微电极。用于生物过滤、反应和检测的流体室的总体积是 750nL。

在微流体中应用微粒悬浮液首先讨论和发展的问题涉及在这种系统中传输和保留粒子的不同概念和解决方案。微流体的毛细管通道壁上很少含有固定的生物分子。微粒悬浮液比微流体使用起来更为方便，因为它们是具有大表面积的理想试剂输送系统。它们的优点还在于其表面比微流体中的毛细管壁更容易修饰和表征[72]。与常用尺寸的流动系统类似，悬浮液的输送和颗粒的临时固定是要解决的重要问题。在这些系统中，一个典型的难点是在蚀刻通道中处理微粒。微粒的移动和固定是通过设计适当的微流体结构或使用磁性微粒来实现的。

将由压力驱动的悬浮液引入的磁性微粒固定的最简单方法是应用磁场。在为免疫化学测定开发的系统中，如图 3.11 所示，使用带有电磁元件的嵌入式蛇形电感器来最大化发挥磁珠上的磁力[70,71]。二维磁性粒子的操纵可以通过驱动简单的线圈矩阵来实现[73]。一种带有外部磁铁的微流体已被用于 DNA 杂交的动态研究[74]。通过使用自组装结构的铁磁珠开发了一种特殊的操纵磁珠进行微流体混合和分析的方法，这些磁性微珠在局部交变磁场的作用下保留在微流控芯片内[75]。交变场引起磁性粒子的旋转运动，这导致流体通过微珠结构时灌注增强。这种强烈的颗粒-液体相互作用可以通过调整磁场频率和振幅来控制。这一概念可用于设计基于微珠检测的微流体。

微流体设计的关注点集中在非磁性颗粒悬浮液的传输以及在实验测定时如何固定颗粒。在最简单的情况下，微珠通过注射泵引入微通道，并保留在堰中。例如，将生物素标记的单链 DNA 探针与链霉亲和素包被的微珠探针相结合以杂化 DNA[76]。通过应用超声换能器也可以捕获非磁性颗粒[77]。超声波驻波通过微流体通道产生，通过该通道，粒子被吸引到声场中的最小压力处并被捕获。对微粒传输的操纵也可以通过微

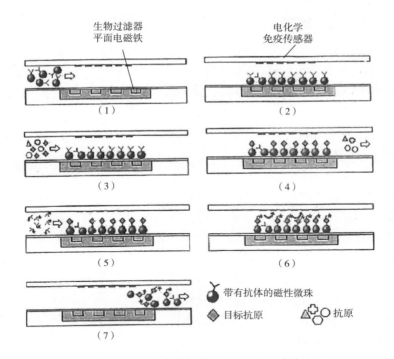

图 3.11　免疫测定程序概念示意图[70]

（1）磁珠的注入；（2）磁珠的分离和保留；（3）流动的样品；（4）目标抗原的固定；
（5）流动标记抗体；（6）电流检测；（7）洗出磁珠

流体的适当结构来实现。这种结构应该满足两个目的——保留颗粒的同时传输样品和试剂。这样的设计已经被开发出来了，用于在引入电喷雾电离质谱之前进行的片上固相提取[78] 或片上蛋白质消化[79]。还可以在文献中找到通过微接触印刷来改变内部通道表面的化学性质，从而将毛细管壁表面图案化的描述[80]。这种修饰可以使改性微珠进行自组装过程，例如，用生物素标记的牛血清白蛋白印刷可以使包被链霉亲和素的微珠固定。温度敏感型聚合物和生物素可以将亚微米乳胶微珠固定[81]。将温度敏感型聚合物和生物素功能化的粒子放置在微通道中，当温度升高时，微珠聚集并黏附在壁上。反应结束温度降至室温后，可以将微珠从通道中洗脱出来进行进一步分析。基于产生能够吸引极化粒子的电笼，也可以通过将微观电极集成到微流体装置中以介电泳方式进行粒子的捕获和预浓缩[82]。

在带有微珠处理的微流体中，人们还提出了一种特殊类型的具有荧光检测的连续生物传感器的设计[83]。在这样的设计中，人们可以根据精心设计的微流体网络中的"粒子交叉"机理来检测生物标志物。通过结合了抗原的抗体激活的流式微珠在该装置的连续处理步骤下可以和分析物相结合。

以上来自文献的几个例子表明，在微流体分析仪器小型化的竞争中，许多不同的概念被研究并且得以实现。颗粒悬浮液在此类系统中的应用已得到广泛验证，因此完善了此类设备的功能并简化了各种分析程序（洗涤、试剂操作、表面处理等）。通常包括的固相萃取预浓缩步骤有助于提高检测限。我们可以期待微流体中粒子受控运动得到进一步改进，这可能会使这些系统具有更好的功能特性。也许在未来，我们可以设想通过分子识别机制对微珠进行单独寻址，如悬浮阵列，这可以极大提高分析测定的效果。人们也不能忘记微流体技术检测新方法方面的进展，这进一步增强了它们作为分析仪器的吸引力。其预期的应用包括临床诊断、生理和生化研究以及大量药物筛选。

3.7 流动系统中的纳米粒子

从 20 世纪 90 年代初开始，在许多科学技术分支中存在的巨大研究和技术挑战是纳米技术的密集发展。在人工创造的条件下自组装成纳米尺寸物体的现象通常可以带来新形式的元素或化学化合物，其表现出不寻常的机械、光学或电学特性。这种纳米材料的吸引力随着科学和技术各个领域众多应用的出现而不断增长。

分析化学，包括流动分析，也利用了纳米技术。纳米结构广泛应用于分析的一个例子是各种支持物上的自组织单层，其在电化学分析中（也在流动测量中）用来修饰电极以及用于压电探测器和表面等离子体共振的流动方法。另一个例子是人工双层脂质膜（BLM），它在传感器技术领域有许多应用。

在广泛研究的纳米结构中，有人工合成的纳米纤维、纳米管或纳米颗粒。除了许多科学技术领域，它们在生物技术和生物诊断方面也有许多应用[84-86]。在分析应用中，碳纳米管的使用频率很高，例如，用于气体检测器、电化学分析中电极的修饰或在固相萃取中用作吸附材料[87]。碳纳米管的这些成功应用归功于它们的大表面积、电催化性能、由于疏水作用而产生的强吸附以及精确调控物理性能的能力。此外，许多已开发的表面化学改性方法由于对各种生物分子具有结合亲和力因而具有广泛的应用前景。

上文已经讨论了在流动分析和微流体学中使用微粒悬浮液的优点和各种方法。然而，这是开放性的问题，是否有必要出于一些目的进一步将粒子缩小到纳米尺寸，这种行为是否一定是有利的。化学文献已经提供了许多纳米粒子有意思的应用数据，这些数据可能对纳米粒子悬浮液的流动分析有用。

对于分析应用，可以制备磁性纳米粒子。用于检测病毒的磁性纳米粒子由带有葡聚糖涂层的超顺磁性氧化铁核心组成，病毒表面特异性抗体通过蛋白 G 偶联附着在该涂层上[88]。与相应病毒孵化后，溶液中发生自组装，导致测量的水 T_2 弛豫时间发生变化。这时在 $100\mu L$ 溶液中可以检测出 50 个病毒粒子。生物磁性纳米颗粒是通过一定的作用力获得的，其合成了胞内的磁铁矿（Fe_3O_4）颗粒，这些颗粒排列成链并被脂质膜包裹[89]。它们的尺寸很小（$50\sim100nm$），并且由于覆盖了稳定的脂质膜因而分散得很好。它们可用于酶和抗体的固定。它们可用于 IgG 的夹层化学发光免疫分析[90]。另一个有关磁性纳米粒子应用的例子是，通过在功能化水溶性多壁碳纳米管的内腔内沉积铁纳米颗粒而制备磁性纳米粒[91]。它们被证明是几种芳香化合物的良好吸附剂，这些芳香化合物可以通过甲醇从吸附剂中洗脱出来。在磁场中分离颗粒的可能性使它们成为分析应用领域有吸引力的吸附剂。

已有报道将金纳米壳应用于免疫球蛋白的免疫测定[92]。报道中所用到的是外有涂层的球形纳米粒子，其核心是介电二氧化硅（直径96nm），核周围环绕着薄金属（金或银）壳，这种核壳粒子具有可调的表面等离子体共振响应。它们在免疫测定中的应用类似于上述提到的乳胶颗粒，其基于在分析物（产生近红外消光光谱）的存在下抗体/纳米壳偶联物发生聚集。在盐水、血清和全血中成功检测到免疫球蛋白。

以分析为目的开发的另一种类型的纳米粒子是基于聚（甲基丙烯酸癸酯）的荧光粒子PEBBLE（通过生物定位嵌入封装的探针），其直径范围为150nm～1μm[93,94]。甲基丙烯酸癸酯在现有药物传输技术的基础上发生聚合之后，球形粒子通过高选择性离子载体和发色团的修饰从而产生对钾敏感的荧光探针[93]。通过燃烧压力法，该探针被输送到需要检查的细胞中，进而成功地应用于测量细胞内钾的活性。亚秒级响应时间和完全可逆性也可以很好地应用于流动测量，根据所使用的离子发色团的种类，选择适用于各种分析物的PEBBLE纳米探针悬浮液。同样，纳米颗粒也适用于测量生物样品中的溶解氧[94]。在这种情况下，将八乙基卟啉铂酮（氧敏感染料）和八乙基卟啉（氧不敏感染料）结合到聚合物颗粒中，使传感器具有一定的比率。开发的探头应用于测量人血浆中的氧。它表现出非常好的稳定性和可逆性、非常短的响应时间和不受蛋白质干扰的特性。

说到这儿，我们应该提到与整个分析流动测量设备进一步小型化相关的纳米结构的另一个方面。这是纳米流体设计中的一个概念和第一个实验成果。尝试构建这样的系统必须考虑这样一个事实，即与微米级和毫米级别的直径通道相比，亚微米直径通道内液体分子的运动与物理和化学相互作用的重要性变化有关。在纳米尺度上相互作用的力不仅涉及壁材料与试剂、分析物或溶剂分子的相互作用，还涉及这些分子之间的相互作用力[95]。它们可能影响溶液中的离子平衡或动力学现象。静电力由形成的厚度高达10nm的双电层决定，其可以在两个方向上起作用。这些力也可能诱导纳米通道中分子传输的某些选择性。到目前为止，作为纳米流体，凝胶色谱中使用的纳米多孔材料和具有纳米通道网络的膜已经被研究。已有一些报道将基于此类膜的设计用于各种分析物的荧光检测分析[96,97]。此外，另一种与场晶体管集成制备GaN纳米管的纳米流体设计方法也有相关报道[98]。

3.8 结论

固体颗粒悬浮液的操作可能在一定程度上使分析流动仪器复杂化，但从本章所讨论的结果来看，这种分析测定具有明显的优势。最重要的是易于实现固体吸附剂活性表面或几种不同检测器传感表面的更新。另一个吸引人的优势是，在某些情况下，可以在分析过程的一个步骤中将检测和痕量分析物的预浓缩或通过去除复杂和干扰基质进行的样品净化过程结合起来。

这种设备在常规化学分析中的实际应用程度主要取决于分析仪器的设计者，同时取决于化学分析人员使用各种新材料以及利用不同的化学和生物化学相互作用的能力。

在未来，通过现代微加工和纳米技术可以进一步实现这些系统的机械化和小型化。小型化分析仪器集成了所有必要的辅助仪器和设备，在个人临床诊断以及个人监测设备、环境或任何其他化学危险警示方面具有巨大的潜力。人们已经为设计此类设备而做出了努力。

参考文献

［1］ Thurman, E. M. and Mills, M. S. (1998) *Solid-Phase Extraction: Principles and Practice*, Wiley-Interscience, New York.

［2］ Bangs, L. B. (2001) Recent uses of microspheres in diagnostic tests and assays, Chapter 2, in *Novel Approaches in Biosensors and Rapid Diagnostic Assays* (eds Z. Liron, A. Bromberg and M. Fischer), Plenum, New York.

［3］ Lawruk, T. S., Lachman, C. E., Jourdan, S. W., Fleeker, J. R., Herzog, D. P. and Rubio, F. M. (1993) Determination of metolachlor in water and soil by a rapid magnetic particle-based ELISA. *Journal of Agricultural and Food Chemistry*, 41, 1426–1431.

［4］ Rubio, F. M., Itak, J. A., Scutellero, A. M., Selisker, M. Y. and Herzog, D. P. (1991) Performance characteristics of a novel-magnetic-particle-based enzyme-linked immunosorbent assay for the quantitative analysis of atrazine and related triazines in water samples. *Food and Agricultural Immunology*, 3, 113–118.

［5］ Nakamura, N., Hashimoto, K. K. and Matsunaga, T. (1991) Immunoassay method for the determination of immunoglobulin G using bacterial magnetic particles. *Analytical Chemistry*, 63, 268–272.

［6］ Matsunaga, T., Kawasaki, M., Yu, X., Tsujimura, N. and Nakamura, N. (1996) Chemiluminescence enzyme immunoassay using bacterial magnetic particles. *Analytical Chemistry*, 68, 3551–3554.

［7］ Sato, R., Takeyama, H., Tanaka, T. and Matsunaga, T. (2001) Development of high-performance and rapid immunoassay for model food allergen lysozyme using antibody-conjugated bacterial magnetic particles and a fully automated system. *Applied Biochemistry and Biotechnology*, 91–93, 109–116.

［8］ Nolan, J. P., Lauer, S., Prossnitz, E. R. and Sklar, L. A. (1999) Flow cytometry a versatile test for all phases of drug discovery. *Drug Discovery Today*, 4, 171–180.

［9］ McBride, M. T., Gammon, S., Pitesky, M., O'Brien, T. W., Smith, T., Aldrich, J., Langlois, R. G., Colston, B. and Venkatewaran, K. S. (2003) Multiplexed liquid arrays for simultaneous detection of simulants of biological warfare agents. *Analytical Chemistry*, 75, 1924–1930.

［10］ Cohen, E. and Stern, M. (1977) *Advances in Automated Analysis*, 1976 Technicon International Congress Mediad Press, Tarrytown, New York, p. 232.

［11］ Van Cleve, M., Ostrerova, N., Tietgen, K., Cao, W., Chang, C., Collins, M. L., Kolberg, J., Urdea, M. and Lohman, K. (1998) Direct quantification of HIV by flow cytometry using branched DNA signal amplification. *Molecular and Cellular Probes*, 12, 243–247.

［12］ Pei, R., Lee, J., Chen, T., Rojo, S. and Terasaki, P. I. (1999) Flow cytometric detection of HLA antibodies using a spectrum of microbeads. *Human Immunology*, 60, 1293–1302.

［13］ Ruzicka, J., Pollema, C. H. and Scudder, K. M. (1993) Jet ring cell: a tool for flow injection spectroscopy and microscopy on a renewable solid support. *Analytical Chemistry*, 65, 3566–3570.

［14］ Ruzicka, J. (1995) Flow-injection renewable surface techniques. *Analytica Chimica Acta*, 308, 14–19.

［15］Sole，S.，Mekoci，A. and Alegret，A. (2001) New materials for electrochemical sensing. III. Beads. *Trends in Analytical Chemistry*，20，102-110.

［16］Hartwell，S. K.，Christian，G. D. and Grudpan，K. (2004) Bead injection with a simple flow injection system: an economical alternative for trace analysis. *Trends in Analytical Chemistry*，23，619-623.

［17］Ruzicka，J. (2006) Flow Injection Analysis, 3rd edn.，Tutorial available from FIAlab Instruments, Inc. fialab@ flowinjection. com.

［18］Shapiro，H. M. (2003) *Practical Flow Cytometry*，4th edn.，Wiley-Liss，New York.

［19］Yamada，M.，Nakasima，M. and Seki，M. (2004) Pinched flow fractionation: continuous size separation of particles utilizing a laminar flow profile in a pinched microchannel. *Analytical Chemistry*，76，5465-5471.

［20］Wang，J. and Hansen，E. H. (2001) Coupling sequental injection on-line preconcentration by means of a renewable microcolumn with ion-exchange beads with detectionby by electrothermal atomic absorption spectrometry. *Analylica Chimica Acta*，435，331-342.

［21］Wang，J. and Hansen，E. H. (2001) Interfacing sequential injection on-line preconcentration using a renewable micro-column incorporated in a "lab-on-valve" system with direct injection nebulization inductively coupled plasma mass spectrometry. *Journal of Analytical Atomic Spectrometry*，16，1349-1355.

［22］Egorov，O.，O'Hara，M. J. and Grate，J. W. (1999) Sequential injection renewable separation column instrument for automated sorbent extraction separations of radionuclides. *Analytical Chemistry*，71，345-352.

［23］Lendl，B.，Ehmoser，H.，Frank，J. and Schindler，R. (2000) Flow analysis-based surface-enhanced Raman spectroscopy employing exchangeable microbeads as SERS-active surfaces. *Applied Spectroscopy*，54，1012-1018.

［24］Canada，M. J. A.，Medina，A. R.，Frank，J. and Lendl，B. (2002) Bead injection for surface enhanced Raman spectroscopy: automated on-line monitoring of substrate generation and application in quantitative analysis. *Analyst*，127，1365-1369.

［25］Long，X. -B.，Miro，M.，Jensen，R. and Hansen，E. H. (2006) Highly selective micro-sequential injection lab-on-valve method for the determination of ultra-trace concentrations of nickel in saline matrices using detection by electrothermal atomic absorption spectrometry. *Analytical and Bioanalytical Chemistry*，386，739-748.

［26］Quintana，J. B.，Miro，M.，Estela，J. M. and Cerda，V. (2006) Automated on-line renewable sclid-phase extraction-liquid chromatography exploiting multisyringe flow injection-bead injection lab-on-valve analysis. *Analytical Chemistry*，78，2832-2840.

［27］Mayer，M. and Ruzicka，J. (1996) Flow injection based renewable electrochemical sensor system. *Analytical Chemistry*，68，3808-3814.

［28］Chandler，D. P.，Schuck，B. L.，Brockman，F. J. and Brucken-Lea，C. J. (1999) Automated nucleic acid isolation and purification from soil extracts using renewable affinity microcolumns in a sequential injection system. *Talanta*，49，969-983.

［29］Ruzicka，J. (1998) Bioligand interaction assay by flow injection absorptiometry using a renewable biosensor system enhanced by spectral resolution. *Analyst*，123，1617-1623.

［30］Ogata，Y.，Scampavia，L.，Ruzicka，J.，Scott，C. R.，Gelb，M. H. and Turecek，F. (2002) Automated affinity capture-release of biotin-containing conjugates using a lab-on-valve apparatus coupled to UV/Visible and electrospray ionization mass spectrometry. *Analytical Chemistry*，74，4702-4708.

[31] Ruzicka, J. (2000) Lab-on-valve: universal microflow analyzer based on sequential and bead injection. *Analyst*, 125, 1053-1060.

[32] Carroll, A. D., Scampavia, L. and Ruzicka, J. (2002) Label dilution method: a novel tool for bioligand interaction studies using bead injection in the lab-on-valve format. *Analyst*, 127, 1228-1232.

[33] Erxleben, H. and Ruzicka, J. (2005) Sequential affinity chromatography miniaturized within a "lab-on-valve" system. *Analyst*, 130, 469-471.

[34] Lähdesmäki, I., Scampavia, L. D., Beeson, C. and Ruzicka, J. (1999) Detection of oxygen consumption of cultured adherent cells by bead injection spectroscopy. *Analytical Chemistry*, 71, 5248-5252.

[35] Kawaguchi, H. (2000) Functional polymer microspheres. *Progress in Polymer Science*, 25, 1171-1210.

[36] Lui, J., Gunther, A. and Bilitewski, U. (1997) Detection of methamidophos in vegetables using a photometric flow injection system. *Environmental Monitoring and Assessment*, 44, 375-382.

[37] Soh, N., Nishiyama, H., Asano, Y., Imato, T., Masadome, T. and Kurokawa, Y. (2004) Chemiluminescence sequential injection immunoassay for vitellogenin using magnetic microbeads. *Talanta*, 64, 1160-1168.

[38] Santandreu, M., Sole, S., Fabregas, E. and Alegret, S. (1998) Development of electrochemical immunosensing systems with renewable surfaces. *Biosensors & Bioelectronics*, 13, 7-17.

[39] Deng, T., Whitesides, G. M., Radhakrishnan, M., Zabow, G. and Prentiss, M. (2001) Manipulation of magnetic microbeads in suspension using micromagnetic systems fabricated with soft lithography. *Applied Physics Letters*, 78, 1775-1777.

[40] Manz, A., Effenhauser, C. S., Burgraf, N., Harrison, D. J., Seiler, K. and Fluri, K. (1994) Electroosmotic pumping and electrophoretic separations for miniaturized chemical analysis system. *Journal of Micromechanics and Microengineering*, 4, 257-265.

[41] Chandler, D. P., Brockman, F. J., Holman, D. A., Grate, J. W. and Bruckner-Lea, C. J. (2000) Renewable microcolumns for solidphase nucleic acid separations and analysis from environmental samples. *Trends in Analytical Chemistry*, 19, 314-321.

[42] Ruzicka, J. and Ivaska, A. (1997) Bioligand interaction assay by flow injection absorptiometry. *Analytical Chemistry*, 69, 5024-5030.

[43] Wang, J. and Hansen, E. H. (2000) Coupling on-line preconcentration by ion-exchange with ETAAS. A novel flow injection approach based on the use of a renewable microcolumn as demonstrated for the determination of nickel in environmental and biological samples. *Analytica Chimica Acta*, 424, 223-232.

[44] Yoshimura, K., Waki, H. and Ohashi, S. (1976) Ion-exchange colorimetry-I. Microdetermination of chromium, iron, copper and cobalt in water. *Talanta*, 23, 449-454.

[45] Yoshimura, K. and Waki, H. (1985) Ion-exchanger phase absorptiometry for trace analysis. *Talanta*, 32, 345-352.

[46] Yoshimura, K. and Waki, H. (1987) Enhancement of sensitivity of ionexchanger absorptiometry by using a thick ion-exchanger layer. *Talanta*, 34, 239-242.

[47] Yoshimura, K. (1987) Implementation of ion-exchanged absorptiometric detection in flow analysis systems. *Analytical Chemistry*, 59, 2922-2924.

[48] Lazaro, F., Luque de Castro, M. D. and Valcarcel, M. (1988) Integrated reaction/spectrophotometric detection in unsegmented flow analysis. *Analytica Chimica Acta*, 214, 217-227.

[49] Matsuoka, S., Yoshimura, K. and Tateda, A. (1995) Application of ion-exchanger phase

visible light absorption to flow analysis. Determination of vanadium in natural water and rock. *Analytica Chimica Acta*, 317, 207–213.

[50] Teixeira, L. S. G. and Rocha, F. R. P. (2007) A green analytical procedure for sensitive and selective determination of iron n water samples by flow injection solid-phase spectrophotometry. *Talanta*, 71, 1507–1511.

[51] Fernandez-Band, B., Linares, P., Luque de Castro, M. D. and Valcarcel, M. (1991) Flow-through sensor for the direct determination of pesticide mixtures without chromatographic separation. *Analytical Chemistry*, 63, 1672–1675.

[52] Tennichi, Y, Matsuoka, S. and Yoshimura, K. (2000) Simultaneous determination of trace metals by solid phase absorptiometry: application to flow analysis of some rare earths. *Fresenius' Journal of Analytical Chemistry*, 368, 443–448.

[53] Ruzicka, J., Carroll, A. D. and Lähdesmäki, I. (2006) Immobilization of proteins on agarose beads, monitored in real time by bead injection spectroscopy. *Analyst*, 131, 799–808.

[54] Hodder, P. S., Beeson, C. and Ruzicka, J. (2000) Equilibrium and kinetic measurements of muscarinic receptor antagonism on living cells using bead injection spectroscopy. *Analytical Chemistry*, 72, 3109–3115.

[55] Long, X., Miro, M. and Hansen, E. H. (2005) Universal approach for selective trace metal determination via sequential injection-bead injection-lab-on-valve using renewable hydrophobic bead surface as reagent carriers. *Analytical Chemistry*, 77, 6032–6040.

[56] Wang, Y, Chen, M. L. and Wang, J. H. (2006) Sequential/bead injection lab-on-valve incorporating a renewable microcolumn for co-precipitate preconcentration of cadmium coupled to hydride generation atomic fluorescence spectrometry. *Journal of Analytical Atomic Spectrometry*, 21, 535–538.

[57] Sioda, R. E. and Keating, K. B. (1982) Flow electrolysis with extended-surface electrodes. Chapter, in *Electroanalytical Chemistry*, *A Series of Advances*, Vol. 12, Marcell Dekker, New York.

[58] Harnish, J. A. and Porter, M. D. (2001) Electrochemically modulated liquid chromatography: electrochemical strategy for manipulating chromatographic retention. *Analyst*, 126, 1841–1849.

[59] McLean, J. A., Zhang, H. and Monaster, A. (1998) A direct injection high-efficiency nebulizer for inductively coupled plasma mass spectrometry. *Analytical Chemistry*, 70, 1012–1020.

[60] Grate, J., Strebin, R. S., Janata, J., Egorov, O. and Ruzicka, J. (1996) Automated analysis of radionulides in nuclear waste: Rapid determination of ^{90}Sr by sequential injection analysis. *Analytical Chemistry*, 68, 333–340.

[61] Wang, J. and Hansen, E. H. (2003) Sequential injection lab-on-valve: the third generation of flow injection analysis. *Trends in Analytical Chemistry*, 22, 223–231.

[62] Wang, J. H., Hansen, E. H. and Miro, M. (2003) Sequential injection-bead injection-lab-on-valve schemes for on-line solidphase extraction and preconcentration of ultra-trace levels of heavy metals with determination by electrothermal atomic absorption and inductively coupled plasma mass spectrometry. *Analytica Chimica Acta*, 499, 139–147.

[63] Olbrych-Śleszynska, E., Brajter, K., Matuszewski, W., Trojanowicz, M. and Frenzel, W. (1992) Modification of nonionic adsorbent with Eriochrome Blue-Black R for selective nickel (Ⅱ) preconcentration in conventional and flow injection atomic-absorption spectrometry. *Talanta*, 39, 779–787.

[64] Kingston, H. M. and Kingston, M. L. (1994) Nomenclature in laboratory robotics and automation.

Pure and Applied Chemistry, 66, 609-630.

［65］ Skegges, L. T., Jr. (1957) An automated method for colorimetric analysis. *American Journal of Clinical Pathology*, 28, 311-316.

［66］ Van der Linden, W. E. (1987) Miniaturisation in flow injection analysis. Practical limitations from theoretical point of view. *Trends in Analytical Chemistry*, 6, 37-40.

［67］ Tabeling, P. (2006) *Introduction to Microfluidics*, Oxford University Press, USA.

［68］ Minteer, S. D. (2006) *Microjluidic Techniques: Reviews and Protocols*, Humana Press, Totowa, NJ.

［69］ Verpoorte, E. (2003) Beads and chips: new recipes for analysis. *Lab on a Chip*, 3, 60N-68N.

［70］ Choi, J. W., Oh, K. W., Han, A., Okulan, N., Wijayawardhana, C. A., Lannes, C., Bhansali, S., Schlueter, K. T., Heineman, W. R., Halsall, H. B., Navin, J. H., Helmicki, A. J., Henderson, H. T. and Ahn, C. H (2001). Development and characterization of microfluidic devices and systems for magnetic bead-based biochemical detection. *Biomedical Microdevices*, 3, 191-200.

［71］ Choi, J. W., Oh, K. W., Thomas, J. U., Heineman, W. R., Halsall, H. B., Navin, J. H., Helmicki, A. J., Henderson, H. T. and Ahn, C. H. (2002) An integrated microfluidic biochemical detection system for protein analysis with magnetic beadbased sampling capabilities. *Lab on a Chip*, 2, 27-30.

［72］ Walsh, M. K., Wang, X. and Weimer, B. C. (2001) Optimizing the immobilization of single stranded DNA onto glass beads. *Journal of Biochemical and Biophysical Methods*, 47, 221-231.

［73］ Lehmann, U., Vandevyver, C., Parashar, V. K. and Gijs, M. A. M. (2006) Dropletbased DNA purification in a magnetic lab-on-chip. *Angewandte Chemie-Intemational Edition*, 45, 3062-3067.

［74］ Fan, Z. H., Mangru, S., Granzow, R., Heaney, P., Ho, W., Dong, Q. and Kumar, R. (1999) Dynamic DNA hybridization on a chip using paramagnetic beads. *Analytical Chemistry*, 71, 4851-4859.

［75］ Rida, A. and Gijs, M. A. M. (2004) Manipulation of self-assembled structures of magnetic beads for microfluidic mixing and assaying. *Analytical Chemistry*, 76, 6239-6246.

［76］ Kim, J., Heo, J. and Crooks, R. M. (2006) Hybridization of DNA to bead-immobilized probes confined within a microfluidic channel. *Langmuir*, 22, 10130-10134.

［77］ Lilliehorn, T., Simu, U., Nilsson, M., Almqvist, M., Stepinski, T., Laurell, T., Nilsson, J. and Jahansson, S. (2005) Trapping of microparticles in the near field of an ultrasonic transducer. *Ultrasonics*, 43, 293-303.

［78］ Oleschuk, R. D., Shultz-Lockyear, L. L., Ning, Y. and Harrison, D. J. (2000) Trapping of bead-based reagents within microfluidic systems: on-chip solidphase extraction and electrochromatography. *Analytical Chemistry*, 72, 585-590.

［79］ Wang, C., Oleschuk, R., Ouchen, F., Li, J., Thibault, P. and Harrison, D. J. (2000) Integration of immobilized trypsin bead beds for protein digestion within a microfluidic chip incorporating capillary electrophoresis separation and an electrospray mass spectrometry interface. *Rapid Communications in Mass Spectrometry: RCM*, 14, 1377-1383.

［80］ Andersson, H., Jonsson, C., Moberg, C. and Stemme, G. (2002) Self-assembled and self-sorted array of chemically active baeds for analytical and biochemical screening. *Talanta*, 56, 301-308.

［81］ Malmstadt, N., Yager, P., Hoffman, A. S. and Stayton, P. S. (2003) A smart microfluific affinity chromatography matrix composed of poly (N-isopropylacrylamide) -coated beads. *Analytical Chemistry*,

75, 2943-2949.

[82] Muller, T., Gradl, G., Howitz, S., Shirley, S., Schnelle, T. and Fuhr, G. (1999) A 3-D microelectrode system for handling and caging single cells and particles. *Biosensors & Bioelectronics*, 14, 247-256.

[83] Yang, S., Undar, A. and Zahn, J. D. (2007) Continuous cytometric bead processing within a microfluidic device for bead based sensing platform. *Lab on a Chip*, 7, 588-595.

[84] Baron, R., Willner, B. and Willner, I. (2007) Biomolecule-nanoparticle hybrids as functional units for nanobiotechnology. *Chemical Communications*, 323-332.

[85] Rosi, N. L. and Mirkin, C. A. (2005) Nanostructures in biodiagnostics. *Chemical Reviews*, 105, 1547-1562.

[86] Niemeyer, C. M. (2001) Nanoparticles, proteins, and nucleic acids: Biotechnology meets materials science. *Angewandte Chemie-International Edition*, 40, 4129-4158.

[87] Trojanowicz, M. (2006) Analytical applications of carbon nanotubes. *Trends in Analytical Chemistry*, 25, 480-489.

[88] Perez, J. M., Simeone, F. J., Saeki, Y, Josephson, L. and Weissleder, R. (2003) Viral-induced self-assembly of magnetic nanoparticles allows the detection of vital particles in biological media. *Journal of the American Chemical Society*, 125, 10192-10193.

[89] Matsunaga, T. and Takeyama, H. (1998) Biomagnetic nanoparticle formation and application. *Supramolecular Science*, 5, 391-392.

[90] Matsunaga, T., Kawasaki, M., Yu, X., Tsujimura, N. and Nakamura, N. (1996) Chemilu-minescence enzyme immunoassay using bacterial magnetic particles. *Analytical Chemistry*, 68, 3551-3554.

[91] Jin, J., Li, R., Wang, H., Chen, FL, Liang, K. and Ma, J. (2007) Magnetic Fe nanoparticle functionalized water-soluble multi-walled carbon nanotubes towards the preparation of sorbent for aromatic compounds removal. *Chemical Communications*, 386-388.

[92] Hirsch, L. R., Jackson, J. B., Lee, A., Halas, N. J. and West, J. L. (2003) A whole blood immunoassay using gold nanoshells. *Analytical Chemistry*, 75, 2377-2381.

[93] Brasuel, M., Kopelman, R., Miller, T. J., Tjalkens, T. and Philbert, M. A. (2001) Fluorescent nanosensors for intracellular chemical analysis: decyl methylacrylate liquid polymer matrix and ion-exchangebased potassium PEBBLE sensors with real-time application to viable rat C6 glioma cells. *Analytical Chemistry*, 73, 2221-2228.

[94] Cao, Y, Koo, Y. E. L. and Kopelman, R. (2004) Poly (decyl methacrylate) -based fluorescent PEBBLE swarm nanosensors for measuring dissolved oxygen in biosamples. *Analyst*, 129, 745-750.

[95] Plecis, A., Schoch, R. B. and Renaud, P. (2005) Ionic transport phenomena in nanofluidics: experimental and theoretical study of the exclusion-enrichment effect on a chip. *Nano Letters*, 5, 1147-1155.

[96] Kuo, T. C., Kim, H. K., Cannon, D. M., Shannon, M. A., Sweeler, J. V. and Bohn, P. W. (2004) Nanocapillary arrays effect mixing and reaction in multilayer fluidic structures. *Angewandte Chemie-International Edition*, 43, 1862-1865.

[97] Chang, I. H., Tulock, J. J., Liu, J., Kim, W. S., Cannon, D. M., Lu, Y, Bohn, P. W., Sweedler, J. V. and Cropek, D. M. (2005) Miniaturized lead sensor based on leadspecific DNAzyme in a nanocapillary interconnected microfluidic device. *Environmental Science & Technology*, 39, 3756-3761.

[98] Goldberger, J., Fan, R. and Yang, P. (2006) Inorganic nanotubes: a novel platform for nanofluidics. *Accounts of Chemical Research*, 39, 239-248.

4 间歇进样分析

Christopher M. A.

4.1 引言

间歇进样分析（BIA），顾名思义，是介于流动注射分析（FIA）和间歇（即非连续）分析之间的一种分析方法[1]。与其他流动分析系统一样，它的总体目标是快速并尽可能在线地提供分析数据[2,3]。其特定目标是使所进行的实验更为简便，去除机械运动部件，并去除恒定流动的载流。因此，该技术也被称为"无管流动进样分析"[4]。样品被直接注入浸没于适当溶液的检测器中。除了一两个特例以外，该技术的缺点是化学反应不能在进入检测器之前进行。

间歇池的出现和倒置检测器上的进样可以追溯到1976年的一篇论文。该论文试图开发一种简单的方法来分析小、微升体积的溶液，其通过伏安法，将样品注入专门开发的间歇微池中，每小时可处理60个样品[5]。微体积分析的重要性在20世纪80年代开始显现，并在20世纪90年代得到显著发展[6,7]。1991年，由Wang和Taha首次提出的间歇分析的概念[1]也涉及了微体积分析，但其容纳池的体积尽可能做大而不影响检测结果。此后许多关于BIA的论文被发表，几乎所有论文都使用电化学伏安法或电位检测器。该论文对2004年之前电化学检测器的应用进行了回顾与分析[8]。

本章将先描述BIA技术的理论和原则，然后描述间歇池设计和检测策略，之后将通过实例讨论应用。此外本章还将简单比较BIA与FIA，并指出未来的前景。

4.2 间歇进样分析理论

BIA涉及将微升体积的等分分析物直接注射到固定检测器（通常是圆盘）的中心上方。在进样过程中，当样品塞流过检测器时，除了样品分散度为零的情况之外，这等同于将被分析物样品引入连续载体溶液。这意味着连续流动系统中等效理论通过适当修改可以应用到响应的理论分析中。

该理论已针对电化学检测器进行了研究。由水下冲击射流引起的强对流所产生的流体动力学对应于壁面射流电极和壁管电极[9]。如果冲击射流的直径明显小于检测器的直径，则将其指定为壁面式射流电极，如果射流的大小与电极相同或大于电极以保证均匀可达性，则将其指定为壁管式电极。这两种流体动力学电极的特殊优点是，当样品塞通过电极时不会消耗试剂，并且避免了不需要的中间体或产物的积聚。通过使用现代仪器，在许多实验中除了可以获得分析数据之外，还可以同时获得动力学和机械学信息。值得注意的是，一份关于电化学BIA的报告中使用了旋转圆盘电极而不是固定电极来进一步增强对流[10]，但这种额外的好处不足以保证其持续发展，尤其是当系统涉及机械移动部件时。

壁面射流电极由于具有高流速依赖性和低死体积，特别适用于电解分析的检测器[11]。而对于BIA中典型的冲击射流直径为0.3~0.5mm，电极直径为3.0~5.0mm，这些数据满足壁面射流流体动力学参数。

现在将简要分析壁面射流电极的理论。来自注射液的细流垂直撞击圆盘电极的中心，然后在其表面呈放射状扩散，如图 4.1 计算的流线示意图所示。该图清楚地表明，电极嵌入的壁面非均匀可达，并且只有来自冲击射流的新鲜溶液才能到达电极表面，再循环的溶液到达不了表面。这一行为对于壁面射流圆盘和环盘电极[12,13] 的应用至关重要，并且必须设计合适的流动池以确保这种流体动力学模型的形成。正如引言中提到的，只要电化学流动池足够大，检测就不会受到流动池尺寸的影响，检测器处的重要响应参数为进样射流的体积和体积流速。

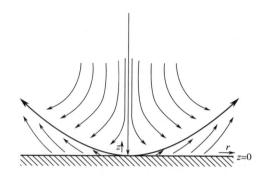

图 4.1　壁面射流电极处的流线示意图，显示了冲击射流和由此产生的径向对流。
来自流动池内再循环的溶液无法到达电极表面

［资料来源：参考文献［12］，经 Elsevier 许可。］

在壁面射流电极上可以获得的最大响应是极限扩散电流，I_L。

$$I_L = 1.38nFD^{2/3}v^{-5/12}a^{-1/2}V_f^{3/4}R^{3/4}C_\infty \tag{4.1}$$

式中 n 是转移的电子数，F 是法拉第常数，D 是浓度为 C_∞ 的电活性物质的扩散系数，a 是以体积流速 V_f 撞击半径为 R 的圆盘电极的射流直径，v 是溶液的运动黏度。非均匀性［扩散层厚度随径向距离的（5/4）次方而下降］以及高流速的依赖性在研究简单和复杂电极反应动力学中非常有用。通过伏安曲线推导出了简单不可逆反应的动力学表达式[14,15]。采用了一定的计算过程[16] 来推导这些参数；同时已经证明了利用高度非均匀性而不是均匀性电极可以更好地区分电极反应机理[17]。相关文献还研究了电位阶跃计时电流法[18,19] 和线性扫描伏安法[20]，同时检验了近似理论响应的局限性。

在 BIA 实验进样过程中，当流体经过一段时间达到稳态后，此时流体动力学模型是壁面射流，同时产生了与时间无关的电流。因此，在进样过程中，一旦达到稳态，就可以直接利用壁面射流理论推导出电流响应的大小[21]。原则上，还可以获得动力学和机械学信息，并根据参考文献中描述的标准分析响应[14-20]。下面将讨论如何设计流动池以确保可以实现壁面射流流体动力学以及确保可以采用各种检测策略。

4.3　实验方面——流动池的设计和检测策略

壁面射流连续流动系统的流动池很容易被修改为间歇进样模式，如图 4.2 所示。电化学检测通过微量移液枪直接注射液体样品代替了连续流动进样。图中给出了典型的流动池尺寸。为了遵循壁面射流流体动力学，与检测器相对的壁面应该离检测器足够远，并且微量移液枪的枪头离检测器几毫米，这两个标准都是为了避免流动池内的溶液再循环对流体动力学产生干扰。通常，电解液的体积约为 $35\sim40cm^3$，在流动池设计的早期，该尺寸有利于间歇进样系统的便携性[21-23]。体积 $\leqslant100\mu L$（通常对应于微量移液枪的最大可注射体积）的样品直接通过微量移液枪注射，枪头内径约为 0.5mm，其位于与壁面射流系统完全相同的装置中的宏电极中心上方。因此，这等效于零分散的流动进样系统。与进样的体积相比，大体积的电解液可以进行多次进样，通常需要 $50\mu L$ 的体积用于分析，因此无需去除溶液或补充电解质。如上一节所述并如图 4.1 所示，来自先前进样的包含分析物的电解液没有记忆效应。

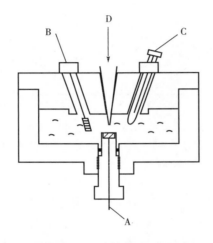

图 4.2　一个典型的带螺旋盖的电化学间歇进样分析池，由有机玻璃制成；
直径约为 12cm，高 5cm，容积约为 $40cm^3$
A—圆盘电极接触板　B—辅助电极　C—参比电极　D—从微量移液枪枪头进样

典型的安培曲线如图 4.3 所示，它显示了所需的初始时间以达到稳态，到达稳态的时间为 t_1，在这之后流体动力学模型变为壁面射流模型，同时产生了与时间无关的电流，该状态一直保持到时间 t_2 进样结束时。如果电极反应的速度比传质速度慢，则需要更长的时间以达到最大平衡电流。可编程的电子微量移液枪[24] 能够使用多个进样流速和编程一系列连续进样的可能性，如等体积或不同体积，甚至微量移液枪最大体积的进样。使用这种电子控制的进样程序，体积控制的精度和重现性非常好。

之前已经描述了未将手动微量移液枪的枪头精确地置于检测器上方的流动池设计。虽然这些方法总是会给出响应，但不能指望准确度和精确度会像射流从已知距离准确集中地注入一样好，此外，如果进样速率变化很小，其结果也会很好（这是因为响应极度依赖于体积流速 $-V_f^{3/4}$）。

壁面射流流体动力学和式（4.1）的适用性已经通过实验得到验证[21,25]。对这种主要壁面射流流动特性（即在进样期间再循环溶液无法到达电极表面）的实验验证是极

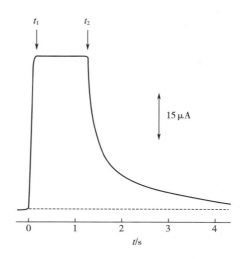

图 4.3　在铂电极（直径 3.3mm）－饱和甘汞电极作为电极对，固定电位为 +0.6V 时，0.4mol/L K_2SO_4 电解液中 1mmol/L $K_4Fe(CN)_6$ 氧化的电流瞬态。从电子微量移液枪中注射 100 μL，射流直径 0.47mm，进样流速 75.3 μL/s。进样开始于 $t=0$；在 $t=t_1$ 时达到最大电流，在 $t=t_2$ 时完成进样。

其重要的。这意味着对注入样品的响应不依赖于注入前电极附近的溶液成分，也就是说，没有来自先前进样或浸泡检测器的电解液的记忆效应，如图 4.1 所示。

此外非常重要的一点是，没有添加电解液的样品的电阻对总流动池电阻影响不大，因为其只是靠近工作电极的一层薄薄的溶液。该结论也得到了验证[25]，这意味着不需要进行样品稀释，这样不仅能使操作简化，还能避免由于添加电解液而导致样品溶液形态的任何变化。这在诊断测试和天然样品的全面分析中尤为重要，这些通常具有复杂的基质。

通过这种实验安排，各种类型的检测器（电化学的和非电化学的）均可用于生成类似于图 4.3 中所示的分布图。进样过程中的恒定响应信号受到监测，其直接显示了分析样品中物质含量。

也可以改变检测器的材料和设计。在参考文献［26］中，设计了一种 BIA 流动池装置，其使用了通过射频溅射在聚氯乙烯薄膜上产生的薄膜金属圆形电极。此外添加了电接触片并且将电极浸入进样微量移液枪枪头下方的溶液中。其还发现使用过氧化氢测量与使用常规 BIA 流动池所获得的结果很吻合。如果需要，廉价的电极结构还可用作一次性电极。

BIA 首先应用于电流检测[1] 和电位检测[27]。对于电化学检测，原则上，所有可用于壁面射流电极的伏安技术都可以与 BIA 一起使用，从而更容易获得相关信息，同时无需样品制备或使用复杂的歧管或对样品进行稀释。

除了在固定电位下进行电流测量，例如施加一个极限电流下对应的电位（图 4.3）[18]，其他可以进行的实验，如图 4.4 所示，可以概括为[25]：

（1）在缓慢线性电位扫描期间通过连续进样构建逐点伪稳态伏安曲线［图 4.4（1）］，然后进行 Tafel 分析或曲线拟合；

（2）在进样期间或之后采用循环伏安法以确定电极反应的动力学参数或进行浓度测定［图4.4（2）］；

（3）进样期间通过方波伏安扫描提供动力学和分析信息［图4.4（3）］。

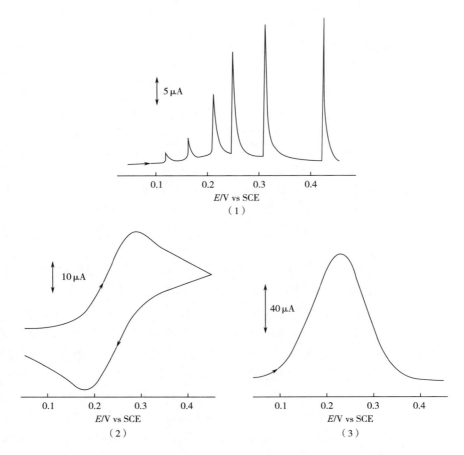

图 4.4　BIA 伏安法，说明了 1mmol/L $K_4Fe(CN)_6$ 在 0.4mol/L K_2SO_4 电解液中在铂电极（直径 3.3mm）处的氧化；进样流速 24.5μL/s。 其他流动池参数如图 4.3 所示。（1）在扫描速率为 10mV/s 的电位扫描期间进样 16μL；（2）在进样 100μL 时减去背景的循环伏安图；扫描速率 2.0V/s；（3）在进样 100μL 期间减去背景的方波（SW）伏安图：SW 增量 2mV；频率 100Hz；幅度 50mV。

　　这些简单类型测量电流的实验的检测限为 $2×10^{-5}$mol/L 或使用方波伏安法的伪伏安实验可以进行的检测限低至 $5×10^{-6}$mol/L。伏安曲线的拟合可用于估计相关速率常数。在参考文献［21，25］对这些方法的使用进行初步论证之后，它们的利用频率不如一些分析应用高。然而，它们在只有少量分析物存在的情况下特别有用。

　　提高伏安测量灵敏度和降低检测限的一种常用方法是使用预浓缩技术。这些技术在一段时间内积聚目标分析物，因此，在电化学环境中，其本质上是库仑分析技术。在电化学 BIA 中，这等效于测量电流瞬态曲线下的面积。这种方法的一个优点是它可以利用进样完成后直到完整的电流瞬变衰减到零期间的电极反应产生的电流响应。

图 4.5（1）中显示了一种电子微量移液枪 3 种不同流速中最高和最低流速下的计时和计量电流瞬变的示例。正如在活塞流反应器中通常发生的那样，在最低流速下电解积聚的效率最高，其中非常重要的一部分电荷在进样的最后阶段出现。其原因是在检测器上方进样期间线性流速较低：当进样完成后，大部分含有电活性物质的注入溶液不会被径向推离电极，而是扩散回检测器表面。同样，由于电解对总电荷的贡献发生在进样完成之后，因此进样体积大于 50μL 没有显著的额外好处。实验表明，通过四次注射 25μL 而不是一次注射 100μL 的样品可以使总信号增强 2.5 倍[28]。这种库仑法已成功应用于溶出伏安法，如下文所述，并且可以在图 4.5（2）中看到。

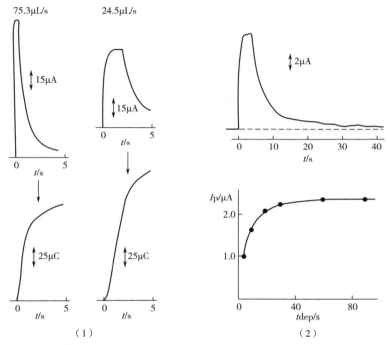

图 4.5　（1）在铂电极—饱和甘汞电极作为电极对，固定电势为 +0.8V 时，在 0.2mol/L，pH 为 3.5 的醋酸盐缓冲液中注入 50μL 浓度为 1.0mmol/L 抗坏血酸的 BIA 计时电流瞬态和相应的电荷曲线其他参数如图 4.3。（2）在玻碳基板上的汞薄膜电极处 0.1mol/L KNO_3+2mmol/L HNO_3（d=3mm）溶液中 50nmol/L Cd^{2+} 的 BIA-SWASV。 以 24.5μL/s 的浓度进样 100μL；在电势为 −1.0V vs. SCE 时进行预浓缩。 计时电流瞬态和溶出峰电流对沉积时间的依赖性。

[资料来源：参考文献［28］，经 Elsevier 许可。]

4.4　间歇进样分析的应用

各种类型的检测器可用于 BIA，包括量热式、光学式以及上述电化学伏安式和电位式检测器。在参考文献［8］中给出了截至 2003 年的申请摘要：在 33 个列表应用中，29 个是电化学的（12 个安培法，11 个涉及溶出伏安法，6 个电位法），2 个是量热法，2 个是光学的。值得注意的是，自 2003 年以来，文献中介绍的所有应用都是电化学性质的。一些介绍 BIA 技术和程序的新发展时的较早的应用将在下面提及；否则，重点将放在自 2003 年以来发表的近期论文上。

对电化学检测的重视可以部分解释为使用热基和光学传感器的技术难点以及进样系统或固定系统中其他检测策略的出现以及电化学 BIA 固有的简易性特点。

4.4.1 痕量金属离子的溶出伏安法及其在环境监测中的应用

如第 4.3 节所述，溶出伏安法（stripping voltammetry，SV）技术的基础是在电极表面上积累目标物质，该过程在进样期间和之后的特定额外时间段内进行，以最大限度地提高灵敏度并尽可能地降低检出限。参数的优化表明，对于玻璃碳电极基板上的痕量金属离子与薄汞膜共沉积的阳极溶出伏安法（Anodic stripping voltammetry，ASV）通常需要约为 30s，如图 4.5（2）所示[28]。测定步骤中的方波溶出被证明是有效的，并且可以促使整个实验在短时间内完成。

近些年一个不同寻常的 BIA-ASV 示例使用了悬挂式滴汞电极，样品通过液滴直接注入并在测定步骤中采用差示脉冲伏安法进行测量，以便能够在法医检测中快速确定枪弹残留物中的铅[29]。

在对未经预处理或消解的天然样品进行分析时，即使样品与电极的接触时间短至 4s，电极表面仍存在一些污染物。因此，通过使用先前开发的超声辅助阳极溶出伏安法[31]，研究将聚合物薄膜用作保护材料[30]。将少量溶于醇的全氟磺酸阳离子交换聚合物滴在玻碳电极基材上，然后滴加二甲基甲酰胺以帮助聚合物固化；溶剂蒸发后，组件在大约 70℃ 下加热 1min 左右，然后通过注入含有汞离子的溶液，在全氟磺酸薄膜的作用下，于 BIA 流动池中原位电沉积汞。具体过程如下：这些汞离子会形成汞液滴，汞液滴彼此之间的距离近到足以形成汞膜，同时所形成的汞膜黏附到电极基材上，因此不会在溶液中浮起来。该策略有三个主要优点：（1）每周只需准备一次电极组件和汞薄膜（无需将汞离子添加到样品溶液中），这意味着减少了汞离子污染的可能性；（2）进样过程产生的对流作用不会将汞从玻璃碳电极基材中去除；（3）组件足够强大到可以在干燥状态下进行传输并测量。

随后的研究试图通过使用不同的阳离子交换聚合物或掺入更高密度的磺酸盐基团来改善聚合物薄膜的性能[32,33]。在前一种情况下，加入少量聚（乙烯基磺酸）可以在一定程度上加以改善[32]，但不足以保证其适用于常规应用。相比之下，经过适当优化的聚（酯磺酸）涂层能够很好地区分非离子表面活性剂，但在其他干扰物存在的情况下与全氟磺酸的性能相类似[33]。典型的检测限约为 5nmol/L。使用碳盘微电极阵列代替玻璃碳电极被证明可以提高性能并使检测限降低很多，同时使单位电极面积的电流灵敏度增加 7 倍或更多[34]。这些微电极阵列特别适用于需要发挥微电极优势的极端情况。

BIA-ASV 已成功应用于分析各种环境样品中的痕量金属离子[32,35,36] 以及生态毒理学研究的营养液中的重金属离子[37]。后者非常清楚地表明，通过简单的方法来估算未络合或弱络合金属离子在此类溶液中浓度（对生物体有害的浓度）是有益的。

在最近的一项研究中，碳基材上的铋膜电极通过涂覆纤维蛋白原［一种具有类似于聚电解质（如全氟磺酸）特性的蛋白质］可消除表面活性剂的干扰。基于这种方法，通过阳极溶出伏安法可以对环境样品中的铅和镉进行痕量分析[38]。

吸附溶出伏安法与 BIA 相结合用于检测镍和钴离子（镍肟配体作为吸附絮凝剂），检测限分别为 5nmol/L 和 2nmol/L[39]，检测甲铬酸盐（铜铁配体作为吸附絮凝剂），检测限为 32nmol/L[40]。

最近更多的研究集中于发展溶出伏安法技术，以期在电化学检测之前对分析物样品进行预处理。这种方法要求预处理在微量移液枪枪头内进行，也就是说，枪头必须包含某种可以与分析物成分发生物理或化学作用的物质。在参考文献［4］中，该策略用于去除天然样品中不需要的污染物的影响。枪头内填充有固体吸附床，螯合树脂 Chelex-100；其在最初进样品期间吸附金属离子。带有污染物的液体在排出时会将金属离子留在吸附剂上。洗脱液的吸入会释放金属离子，然后金属离子以通常的方式注入 BIA 流动池中的检测器电极上。据估计，这实现了增加 10 倍的预浓缩。这个结果让我们看到未来在这个方向上进一步发展的可能性。

4.4.2　其他 BIA 环境监测应用

最近描述了 BIA 的几种环境监测应用，它们不涉及溶出伏安法。通过将转化酶催化下的蔗糖水解生成葡萄糖和果糖的反应抑制到微摩尔水平，以及通过测量位于碱性溶液中的铜改性玻璃碳电极所产生的葡萄糖加果糖电催化氧化信号[41] 来检测 Hg^{2+} 离子。

亚硝酸盐是水污染的重要标识，通过 BIA 将样品中的亚硝酸盐与 2，3-二氨基萘（DAN）反应，并记录下未反应 DAN 的氧化量可以间接推导出亚硝酸盐的含量，这种方法可以每小时分析多达 120 个样品[42]。

在钼酸盐存在的情况下，使用固定电位电流 BIA 系统将样品注入酸性电解液中[43]，通过研究还原响应，测定可能出现污染海水中的磷酸盐。

最近的一篇论文展示了首次将电化学 BIA 应用于农药测定，该论文中测定的是百草枯[44]。农药电化学测定的难点之一是它们在电极表面上具有强吸附性，因此 BIA 中将小体积样品与新型电极材料或电极涂层相结合，从而减少农药或其电化学反应产物的吸附，这在未来是很有意义的。

4.4.3　食品、药品分析和临床分析

食品成分的测量是最近两项研究的主题。葡萄糖的 BIA 程序是利用葡萄糖在电聚合四钌镍卟啉修饰的电极上进行电催化氧化而设计的，其具有亚微摩尔级检测限[45]。作为探测盐含量的一种手段，肉制品中的氯离子在超声提取后通过氯离子选择性电极和 BIA 进行监测[46]。

最近，Angneset 等通过电化学 BIA 中固定电位下的电流检测对药物化合物进行了广泛的分析。这些包括四钌卟啉修饰玻璃碳电极上的对乙酰氨基酚的检测[47] 和碱性溶液中铜电极上的乙酰水杨酸的检测[48]。相同类型的卟啉修饰电极用于测定药物制剂中的焦亚硫酸钠，通常该电极是为了防止活性成分氧化[49] 以及测量化妆品和药物样品中的过氧化氢[50]。沙丁胺醇（一种拟交感神经药物）[51] 和异烟肼（一种抗结核药

物)[52] 在碱性溶液中的玻璃碳电极上进行测定。

一种用于测量抗寄生虫药物氯硝柳胺的具有亚微摩尔检测限[53] 的 BIA 程序被开发出来，其用于现场测定河流和废水。

通过与注射样品相互作用的氧化还原聚合物对玻璃碳电极表面的改性也可用于临床应用。在参考资料[54] 中，聚亚甲基蓝是通过在含有单体的溶液中的玻璃碳电极表面上的电位循环形成的。改进的电极通过氧化选择性地确定血液中血红蛋白的还原形式，而不受血液其他成分（例如细胞色素 c）的干扰。通过在固定电位下的电流分析，可以在采集血样并添加抗凝剂后立即完成，与当前程序相比，可显著节省时间。图 4.6 显示了所测的瞬态值，并将测量还原血红蛋白的电化学 BIA 方法与测量血红蛋白总量的氰化法（一般测量过程约 2h）进行了比较。从图中我们可以看出，潜在患病的患者所测的数据偏离了两种方法所对应关系的线，表明他们的氧化型和还原型血红蛋白的比例不同。尚未在临床环境中对 BIA 程序（例如本程序）的潜力进行全面评估。

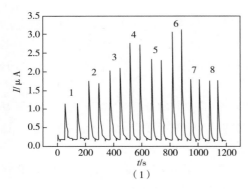
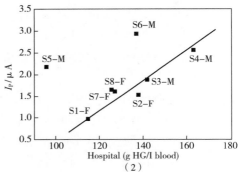

（1）　　　　　　　　　　　　　（2）

图 4.6　血液中的血红蛋白在聚（亚甲蓝）膜改性玻碳电极上氧化的 BIA（E＝0.55V vs. SCE，缓冲液为 pH 8.2 的磷酸盐缓冲液）；患者 1~8 的血液（M，男，F，女；患者 1~4 健康，患者 5~8 有潜在疾病）（1）连续向 BIA 流动池中注入 50μL 样品（在 pH 8.2 磷酸盐缓冲液中按 1∶5 稀释）的计时瞬态电流；（2）电化学法与标准氰化法的比较

　　[资料来源：参考文献 [54]，经 Elsevier 许可。]

4.4.4　毛细管间歇进样分析

在毛细管间歇进样分析中，将体积为 150nL，或小至 20nL 的样品引入毛细管中，毛细管通常内径为 100μm，然后通过微升注射泵从浸没于电解液中的电化学检测器的上方直接注入样品[55]。对电流法、方波伏安法和电位法检测进行了评估；结果表明，经过优化，该技术得到的分析参数与毛细管 FIA 相类似，可用于测量浓度低至 10^{-5}mol/L 或更低的样品[55,56]。

该方法的最新发展包括将毛细管间歇进样分析与毛细管电泳相结合，使用长度为 7cm，内径为 25μm 的毛细管[57]，如图 4.7 所示，其检测限达到了微摩尔级，对神经递质[57] 和肽[58] 的检测应用也得到了验证。

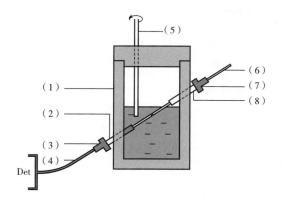

图 4.7　毛细管间歇进样−毛细管电泳−电化学检测（CBICE−ED）池结构示意图

（1）进样池；（2）用于分离毛细管的不锈钢导管；（3）聚四氟乙烯适配器；（4）分离毛细管；（5）PTFE 圆筒（$d=2mm$）；（6）进样毛细管；（7）PTFE 适配器；（8）用于进样毛细管的玻璃导管

[资料来源：参考文献［57］，经 Elsevier 许可。]

4.4.5　非电化学方法和检测策略

人们已经为间歇进样分析设计了热学/量热和光学传感器。最初的间歇进样热分析涉及使用热敏电阻来测量在检测器表面检测到的化学反应热[59]。随后评估了量热传感器在检测生物材料热变化中的应用，并可应用于连续监测条件[60]；这种方法也适用于测量甘蔗汁液中蔗糖，其中转化酶直接固定在热敏电阻上[61]——尽管该实验获得了良好的结果，但自那时起，这种热学 BIA 测试方法就再也没有被采用过。

分光光度法 BIA 可描述为在常规分光光度计的腔体中放置专门设计的流动池，池中充满透明液体。检测器是光束，因此进样直接在透射光束上方进行，并随时间记录所选波长的吸光度[62]，如图 4.8（1）所示；校准曲线被成功记录下来。一种适应最近光学发展的更为复杂的方法是将光纤用作光源和检测器，其中一些光纤提供激发辐射，其他光纤用于测量任何荧光[63]，如图 4.8（2）所示。样品注入即可获得荧光响应；然而，

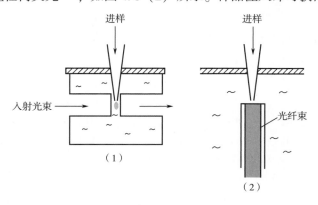

图 4.8　带光学检测的 BIA

（1）适用于 BIA 光学检测的分光光度计腔室，其中短光程长度约为 3mm，在大体积流动池中采用了圆盘状光学窗口，同时对流动池中的溶液进行搅拌；（2）使用光纤束进行荧光检测：一半光纤用作光源，一半用作光源收集；对溶液进行搅拌

由于溶液的传播距离小以及激发态分子与其他基质成分的相互作用，检测器检测到的响应可能会受到影响。如同热学 BIA，这些光学技术显然没有得到进一步的发展。

4.5 BIA 与流动进样技术的比较

关于 BIA 的几个要点可以与 FIA 技术进行比较和讨论。两者都可以使用小体积、微升的样品，有时 BIA 产生的信号可能比 FIA 产生的信号大，正如在 BIA 技术的早期发展中所证明的那样。

BIA 的优点可以概括为不需要带有相关机械运动部件的载流，这使得测量更容易进行，并且在没有预处理的情况下可以轻松进行实验。样品塞基本上为零分散，因此样品到达检测器之前的死体积几乎为零，并且样品没有稀释，因此灵敏度可以更高。缺点是缺乏电化学检测器以外的简便的检测器——尽管这种情况在未来可能会改变，以及无法在到达检测器之前进行衍生化反应或进行其他"在线"转换。尽管如此，它无疑代表了一种适用于特定情境下的强大工具。

如在 FIA 中，由于样品与检测器的接触时间最多只有几秒钟，因此电极表面被样品基质中的成分所污染的问题也比壁面射流系统要小。在这种情况下，唯一明显的不足是实验必须在进样时间段内进行，这时系统内存在强制对流。

4.6 展望

间歇进样分析是替代其他进样分析技术的一种有趣且重要的方案，并且其具有许多吸引人的特征，例如不需要泵和其他机械运动部件。如果样品分析物可以直接进行测量而无需通过检测器上方进样进行预处理，那么它几乎是快速而准确测定的理想实验技术，并且其不会消耗超过 $100\mu L$ 的样品溶液。无论是在实验室还是在现场，尤其是对于当今应用于多种类型分析实验的小型便携式电子仪器来说，BIA 是一种强大且易于执行的分析技术，

考虑到实验操作的简便性，并且它适用于资格较低的人员以及适用于专业实验员不在场或复杂的实验室仪器不可用的情况，该技术未来发展的潜力很大。

参考文献

[1] Wang, J. and Taha, Z. (1991) Batch injection analysis. *Analytical Chemistry*, 63, 1053–1056.

[2] Brett, C. M. A. (1999) Electroanalytical techniques for the future-the challenges of miniaturization and of real-time measurements. *Electroanalysis*, 11, 1013–1016.

[3] Brett, C. M. A. (2001) Electrochemical sensors for environmental monitoring: strategy and examples. *Pure and Applied Chemistry*, 73, 1969–1977.

[4] Trojanowicz, M., Koźmiński, P., Dias, H. and Brett, C. M. A. (2005) Batch injection stripping voltammetry (tube-less flow injection analysis) of trace metals with online sample pretreatment. *Taianta*, 68, 394–400.

［5］Karolczak, M., Dreiling, R., Adams, R. N., Felice, L. J. and Kissinger, P. T. (1976) Electrochemical techniques for study of phenolic natural-products and drugs in microliter volumes. *Analytical Letters*, 9, 783–793.

［6］Tur'yan, Ya. I. (1997) Microcells for voltammetry and stripping voltammetry. *Talanta*, 44, 1–13.

［7］Brett, C. M. A. (1999) Electrode Reactions in Microvolumes, in *Comprehensive Chemical Kinetics*, Vol. 37 (eds R. G. Compton and G. Hancock), Elsevier, Amsterdam, Chapter 16.

［8］Quintino, M. S. M. and Angnes, L. (2004) Batch injection analysis: an almost unexplored powerful tool. *Electroanalysis*, 16, 513–523.

［9］Brett, C. M. A. and Oliveira Brett, A. M. (1993) *Electrochemistry. Principles, Methods and Applications*, Oxford University Press, Oxford. Chapter 8.

［10］Chen, L., Wang, J. and Angnes, L. (1991) Batch injection-analysis with the rotatingdisk electrode. *Electroanalysis*, 3, 773–776.

［11］Brett, C. M. A. and Oliveira Brett, A. M. (1998) *Electroanalysis*, Oxford University Press, Oxford.

［12］Albery, W. J. and Brett, C. M. A. (1983) The wall-jet ring-disc electrode. Part I. Theory. *Journal of Electroanalytical Chemistry*, 148, 201–210.

［13］Albery, W. J. and Brett, C. M. A. (1983) The wall-jet ring-disc electrode. Part II. Collection efficiency, titration curves and anodic stripping voltammetry. *Journal of Electroanalytical Chemistry*, 148, 211–220.

［14］Albery, W. J. (1985) The current distribution on a wall-jet electrode. *Journal of Electroanalytical Chemistry*, 191, 1–13.

［15］Aoki, K., Tokuda, K. and Matsuda, H. (1986) Theory of stationary current voltage curves of redox-electrode reactions in hydrodynamic voltammetry. 11. Wall jet electrodes. *Journal of Electroanalytical Chemistry*, 206, 37–46.

［16］Compton, R. G., Greaves, C. R. and Waller, A. M. (1990) A general computational method for mass-transport problems involving wall jet electrodes and its application to simple electron-transfer, ECE and Displ reactions. *Journal of Applied Electrochemistry*, 20, 575–585.

［17］Compton, R. G., Fisher, A. C. and Tyley, G. P. (1991) Nonuniform accessibility and the use of hydrodynamic electrodes for mechanistic studies-a comparison of wall-jet and rotating-disk electrodes. *Journal of Applied Electrochemistry*, 21, 295–300.

［18］Fisher, A. C., Compton, R. G., Brett, C. M. A. and Oliveira Brett, A. M. C. F. (1991) The wall-jet electrode: potential step chronoamperometry. *Journal of Electroanalytical Chemistry*, 318, 53–59.

［19］Brett, C. M. A., Oliveira Brett, A. M., Fisher, A. C. and Compton, R. G. (1992) Potential step chronoamperometry at the wall-jet electrode: experimental. *Journal of Electroanalytical Chemistry*, 334, 57–64.

［20］Compton, R. G., Fisher, A. C., Latham, M. H., Brett, C. M. A. and Oliveira Brett, A. M. (1992) Wall-jet electrode linear sweep voltammetry. *Journal of Physical Chemistry*, 96, 8363–8367.

［21］Brett, C. M. A., Oliveira Brett, A. M. and Mitoseriu, L. C. (1995) Amperometric batch injection analysis: theoretical aspects of current transients and comparison with wall-jet electrodes in continuous flow. *Electroanalysis*, 7, 225.

［22］Amine, A., Kauffmann, J.-M. and Palleschi, G. (1993) Investigation of the batch injection-analysis technique with amperometric biocatalytic electrodes using a modified small-volume cell. *Analytica*

Chimica Acta, 273, 213-218.

［23］Wang, J. and Chen, L. (1994) Small-volume batch-injection analyser. *The Analyst*, 119, 1345-1348.

［24］Wang, J., Chen, L., Angnes, L. and Tian, B. (1992) Computerized pipettes with programmable dispension for batch injection-analysis. *Analytica Chimica Acta*, 267, 171-177.

［25］Brett, C. M. A., Oliveira Brett, A. M. and Mitoseriu, L. C. (1994) Amperometric and voltammetric detection in batch injection analysis. *Analytical Chemistry*, 66, 3145-3150.

［26］Oliveira Brett, A. M., Matysik, F. -M. and Vieira, M. T. (1997) Thin-film gold electrodes produced by magnetron sputtering. Voltammetric characteristics and application in batch injection analysis with amperometric detection. *Electroanalysis*, 9, 209-212.

［27］Wang, J. and Taha, Z. (1991) Batch injection analysis with potentiometric detection. *Analytica Chimica Acta*, 252, 215-221.

［28］Brett, C. M. A., Oliveira Brett, A. M. and Tugulea, L. (1996) Anodic stripping voltammetry of trace metals by batch injection analysis. *Analytica Chimica Acta*, 322, 151-157.

［29］De Donato, A. and Gutz, I. G. R. (2005) Fast mapping of gunshot residues by batch injection analysis with anodic stripping voltammetry of lead at the hanging mercury drop electrode. *Electroanalysis*, 17, 105-112.

［30］Brett, C. M. A., Oliveira Brett, A. M., Matysik, F. -M., Matysik, S. and Kumbhat, S. (1996) Nafion-coated mercury thin-film electrodes for batch injection analysis with anodic stripping voltammetry. *Taianta*, 43, 2015-2022.

［31］Matysik, F. -M., Matysik, S., Oliveira Brett, A. M. and Brett, C. M. A. (1997) Ultrasound-enhanced anodic stripping voltammetry using perfluorosulfonated ionomer-coated mercury thin-film electrodes. *Analytical Chemistry*, 69, 1651-1656.

［32］Brett, C. M. A., Fungaro, D. A., Morgado, J. M. and Gil, M. H. (1999) Novel polymer-modified electrodes for batch injection sensors and application to environmental analysis. *Journal of Electroanalytical Chemistry*, 468, 26-33.

［33］Brett, C. M. A. and Fungaro, D. A. (2000) Poly (ester sulfonic acid) coated mercury thin film electrodes: characterization and application in batch injection analysis stripping voltammetry of heavy metal ions. *Taianta*, 50, 1223-1231.

［34］Fungaro, D. A. and Brett, C. M. A. (1999) Microelectrode arrays: application in batch injection analysis. *Analytica Chimica Acta*, 385, 257-264.

［35］Brett, C. M. A. and Fungaro, D. A. (2000) Modified electrode voltammetric sensors for trace metals in environmental samples. *Journal of the Brazilian Chemical Society*, 11, 298-303.

［36］Fungaro, D. A. and Brett, C. M. A. (2000) Eletrodos modificados com polimeros perfluorados e sulfonados: aplicações em análises ambientais. *Quimica Nova*, 23, 805-811.

［37］Brett, C. M. A. and Morgado, J. M. (2000) Development of batch injection analysis for electrochemical measurements of trace metal ions in ecotoxicological test media. *Journal of Applied Toxicology*, 20, 477-481.

［38］Adraoui, I., El Rhazi, M. and Amine, A. (2007) Fibrinogen-coated bismuth film electrodes for voltammetric analysis of lead and cadmium using the batch injection analysis. *Analytical Letters*, 40, 349-368.

［39］Brett, C. M. A., Oliveira Brett, A. M. and Tugulea, L. (1996) Batch injection analysis with adsorptive stripping voltammetry for the determination of traces of nickel and cobalt. *Electroanalysis*, 8, 639-642.

[40] Brett, C. M. A., Filipe, O. M. S. and Neves, C. S. (2003) Determination of chromium (Ⅵ) by batch injection analysis and adsorptive stripping voltammetry. *Analytical Letters*, 36, 955–969.

[41] Mohammadi, H., El Rhazi, M., Amine, A., Oliveira Brett, A. M. and Brett, C. M. A. (2002) Determination of mercury (Ⅱ) by invertase enzyme inhibition coupled with batch injection analysis. *The Analyst*, 127, 1088–1093.

[42] Idrissi, L., Amine, A., El Rhazi, M. and El Moursli Cherkaoui, F. (2005) Electrochemical detection of nitrite based on reaction with 2, 3-diaminonaphthalene. *Analytical Letters*, 38, 1943–1955.

[43] Quintana, J. C., Idrissi, L,, Palleschi, G., Albertano, P., Amine, A., El Rhazi, M. and Moscone, D. (2004) Investigation of amperometric detection of phosphate. Application in seawater and cyanobacterial biofilm samples. *Talanta*, 63, 567–574.

[44] Simões, F. R., Vaz, C. M. P. and Brett, C. M. A. (2007) Electroanalytical detection of the pesticide paraquat by batch injection analysis. *Analytical Letters*, 40, 1800–1810.

[45] Quintino, M. S. M., Winnischofer, H., Nakamura, M. Araki, K., Toma, H. E. and Angnes, L. (2005) Amperometric sensor for glucose based on electrochemically polymerized tetraruthenated nickel-porphyrin. *Analytica Chimica Acta*, 539, 215–222.

[46] Sucman, E. and Bednar, J. (2003) Determination of chlorides in meat products with ion-selective electr ode using the batch injection technique. *Electroanalysis*, 15, 866–871.

[47] Quintino, M. S. M., Araki, K., Toma, H. E. and Angnes, L. (2002) Batch injection analysis utilizing modified electrodes with tetraruthenated porphyrin films for acetaminophen quantification. *Electroanalysis*, 14, 1629–1634.

[48] Quintino, M. S. M., Corbo, D., Bertotti, M. and Angnes, L. (2002) Amperometric determination of acetylsalicylic acid in drugs by batch injection analysis at a copper electrode in alkaline solutions. *Talanta*, 58, 943–949.

[49] Quintino, M. S. M., Araki, K., Toma, H. E. and Angnes, L. (2006) Amperometric quantification of sodium metabisulfite in pharmaceutical formulations utilizing tetraruthenated porphyrin film modified electrodes and batch injection analysis. *Talanta*, 68, 1281–1286.

[50] Quintino, M. S. M., Winnischofer, H., Araki, K., Toma, H. E. and Angnes, L. (2005) Cobalt oxide/tetraruthenated cobalt-porphyrin composite for hydrogen peroxide amperometric sensors. *The Analyst*, 130, 221–226.

[51] Quintino, M. S. M. and Angnes, L. (2004) Bia-amperometric quantification of salbutamol in pharmaceutical products. *Talanta*, 62, 231–236.

[52] Quintino, M. S. M. and Angnes, L. (2006) Fast BIA-amperometric determination of isoniazid in tablets. *Journal of Pharmaceutical and Biomedical Analysis*, 42, 400–404.

[53] Abreu, F. C., Goulart, M. O. F. and Oliveira Brett, A. M. (2002) Detection of the damage caused to DNA by niclosamide using an electrochemical DNA-biosensor. *Biosensors & Bioelectronics*, 17, 913–919.

[54] Brett, C. M. A., Inzelt, G. and Kertesz, V. (1999) Polyfmethylene blue) modified electrode sensor for haemoglobin. *Analytica Chimica Acta*, 385, 119–123.

[55] Backofen, U., Hoffmann, W. and Matysik, F. -M. (1998) Capillary batch injection analysis: a novel approach for analyzing nanoliter samples. *Analytica Chimica Acta*, 362, 213–220.

[56] Backofen, U., Matysik, F. -M., Hoffmann, W. and Ache, H. -J. (1998) Capillary batch injection analysis and capillary flow injection analysis with electrochemical detection: a comparative study of

both methods. *Fresenius Journal of Analytical Chemistry*, 362, 189–193.

[57] Matysik, F. M. (2006) Capillary batch injection-a new approach for sample introduction into short-length capillary electrophoresis with electrochemical detection. *Electrochemistry Communications*, 8, 1011–1015.

[58] Psurek, A., Matysik, F.-M. and Scriba, G. K. E. (2006) Determination of enkephalin peptides by nonaqueous capillary electrophoresis with electrochemical detection. *Electrophoresis*, 27, 1199–1208.

[59] Wang, J. and Taha, Z. (1991) Batch injection analysis with thermistor sensing devices. *Analytical Letters*, 24, 1389–1400.

[60] Bataillard, P. (1993) Calorimetric sensing in bioanalytical chemistry-principles, applications and trends. *TRAC-Trends in Analytical Chemistry*, 12, 387–394.

[61] Thavarungkul, P., Suppapitnarm, P., Kanatharana, P. and Mattiasson, B. (1999) Batch injection analysis for the determination of sucrose in sugar cane juice using immobilized invertase and thermometric detection. *Biosensors & Bioelectronics*, 14, 19–25.

[62] Wang, J. and Angnes, L. (1993) Batch injection spectroscopy. *Analytical Letters*, 26, 2329–2339.

[63] Wang, J., Rayson, G. D. and Taha, Z. (1992) Batch injection-analysis using fiberoptic fluorometric detection. *Applied Spectroscopy*, 46, 107–110.

5 电渗驱动流动分析

Petr Kubán、Shaorong Liu 和 Purnendu K. Dasgupta

5.1 引言

流动分析方法（SFA、FIA、SIA 等）在分析化学中得到了很好的发展，因此广泛应用于常规分析和研究。它们不仅用作独立的分析技术，而且用作操控液体的强大工具。对整个液体处理系统小型化以减少化学品的消耗和废弃物的产生，同时保持甚至提高系统处理性能，这两者有时是相互矛盾的。低纳升体积进样阀和兼容的检测池或管上检测器是市面上能买到的，并且在流动分析实践中变得越来越普遍。然而，这些仪器的尺寸并不比对应的传统仪器小。以前用于流动分析系统的大口径 PTFE 管正被毛细管、熔氧化硅和各种聚合物（内径在几十到几百微米之间）所取代；或者，流动分析系统由玻璃或聚合物芯片上的微通道组成。泵送系统也发生了相当大的变化。尤其是新要求包括在长时间内保持稳定的低流速。在微流系统中泵送液体很少采用无脉冲的方式。当混合噪声不是限制因素时，流动脉冲的最小化就成为实现最佳检测灵敏度的关键。电渗泵是为数不多的可以实现微型装置中稳定、无脉冲、低且可调节流量的方法之一，这些装置特别适用于流动分析。在这里，我们将仅讨论不含气体或不混溶溶剂的连续流动系统。除了极少数例子以外[1]，气体或有机溶剂与 EOF 泵送不兼容。因此，我们将主要关注成功应用电渗泵的流动进样方法，例如 FIA 和 SIA。

近两个世纪电渗现象已为人所知[2]，但直到 20 世纪 90 年代早期才应用于 FIA/SIA[3]。这发生在毛细管电泳作为一项主要技术出现之后，对此 Jorgensson 和 Lukacs 于 1981 年发表了开创性的论文[4]。EOF 泵送系统从两位作者[3] 的原始出版物经过多年发展，现在已有大量的工作致力于 EOF 泵的开发，包括那些用于高压环境的泵，泵的表征，以及在较低限度上，EOF 泵在流动分析系统中对液体的推进作用。在目前的工作中，描述了电渗驱动流动分析的原理和应用。

5.2 泵系统

在很长一段时间内创建恒定的、可重复的流动是不容易实现的。由于 FIA 和 SIA 都依赖于流动系统中对分散和/或反应的精确控制，因此泵输送的不规则性会对分析的再现性产生不利影响。在小型化分析系统中，寻找新的、强大的、稳定的泵送机制尤为重要。可用的泵送机制通常可以细分为两组，一是压力驱动；二是电动驱动，后者是本章介绍的重点。

5.2.1 压力泵送系统

泵送系统的选择通常取决于流动系统的规模和所需的流速范围。当在传统 FIA/SIA 规模和相对较高的流速（mL/min）下运行时，最常使用的是蠕动泵或注射泵。当在高流速下运行时，滚轴高速度旋转，这时蠕动泵特别有用，其可以将泵脉动和流动不规则性最小化。然而，减小整个系统的尺寸以及随之而来流速的降低意味着对泵送系统的流动特性提出了更严格的要求。泵需要在每分钟几纳升到每分钟几微升范围内可靠地提供可重现的流速。在这样的系统中，蠕动泵没有什么价值。可以使用注射器微型泵、压电泵或其他类型的微型泵（参见参考文献［5-7］）。对于背压非常低的系统，通过重力或气压或真空来推动流体也是适用的，并且通常是优选的。随着流体直径减小，对泵系统的要求，特别是压力要求增加。考虑到通过圆柱管的流体可以用哈根-泊肃叶方程表示：

$$\Delta p = \frac{8Q_{(\Delta p)}\eta L}{\pi r^4} \tag{5.1}$$

式中 $Q_{(\Delta p)}$ 是流速（ml/s），r 是管半径（cm），Δp 是压差（g·cm/s²），η 是黏度［g/（cm·s）］，L 是管长度（cm）。一般而言，流动系统中的停留时间 t 是一个重要因素，有时候我们需要最短反应时间，其中 t 的倒数通常与吞吐率直接相关。从几何角度考虑，t 由式（5.2）给出：

$$t = \frac{\pi r^2 L}{Q_{(\Delta p)}} = \frac{8\eta L^2}{\Delta p r^2} \tag{5.2}$$

5.2.2 电渗驱动泵系统

5.2.2.1 理论分析

要了解电渗驱动流动的性质，有必要概述电渗流动的基本原理。EOF 发生的第一个先决条件是与流体接触的表面带电；通常是毛细管或微通道的表面。一些高分子材料（如二甲基硅氧烷、特氟龙、聚乙烯等），尤其是熔融石英和玻璃，在很宽的 pH 范围内表现出显著的表面电荷，因此适用于产生 EOF。最常用的是在玻璃基板上制造的熔融石英毛细管（FSC）或微通道。FSC 可能是电渗领域研究最多的，因此我们将 FSC 作为模型来说明 EOF 的基本原理。

FSC 的表面由许多硅羟基（—Si—OH）组成，它们表现为弱酸性，pKa 值约为 7.7[8]。在 pH 高于 2 的情况下，由于硅羟基的电离，毛细管表面带有可察觉的负电荷。溶液中带相反电荷的阳离子（抗衡离子）被强静电力吸引到带负电荷的表面，由此形成双电层（EDL）。EDL 非常薄（通常只有几纳米厚），具体取决于溶液成分。虽然毛细管表面（所谓的内亥姆霍兹层）上的反离子实际上是不动的，但更靠近毛细管中心的其他反离子在扩散层中是可移动的。内亥姆霍兹层（所谓的外亥姆霍兹层）旁边的反离子层相对于本体溶液的电位定义为表面的 ζ（zeta）电位（V）。扩散层中的反离子浓度和毛细管中的电动行为取决于 ζ 电位。当对 FSC 施加电场时，扩散层中的反离子被拖向带负电的电极（阴极），并且由于溶剂分子的黏性耦合将这些反离子在本体溶液中溶剂化，因此毛细管中的本体溶液产生了流向阴极的净流动，这称为电渗流。电渗流速 v_{eof}［m²/（V·s）］由众所周知的斯莫鲁霍夫斯基方程表示：

$$v_{eof} = -\frac{\varepsilon_0 \varepsilon_r \zeta}{\eta} E \tag{5.3}$$

式中，ε_0 和 ε_r 是真空和液体中的相对介电常数，η 是黏度。EOF 产生了大量流动，将液体中的所有带正电、不带电和带负电的物质（假设它们的迁移速度小于 v_{eof}）携带到阴极。由于 EOF 产生于靠近毛细管表面的扩散层，因此 EOF 显示出类似于塞子的流动剖面（图 5.1（1））。相比之下，在压力驱动的流动中，流动剖面是抛物线形的（图 5.1（2））；边界层处的流速为零，并且在管子的中心处的流速是平均速度的两倍。活塞流的影响之一是相对于压力驱动流大大减少了进样的轴向扩散，这既有积极的影响，也有消极的影响。

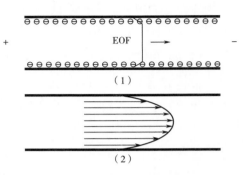

图 5.1　电渗驱动（1）和压力驱动（2）的流体剖面图

可能有人会争辩说，活塞流或无脉冲流不完全适用于流动进样系统，其中有时利用单股流体的轴向分散来实现样品和试剂的混合。然而，这不适用于多个独立流股的混合或当 EOF 仅用作泵以最终在系统中诱导产生压力驱动流股时。在任何情况下，EOF 都可以用来提供无脉冲和高压流动。

5.2.2.2　EOF 诱导泵系统的理论分析

在 EOF 驱动系统中，总流速是由正向电渗流和背压引起的反向压力驱动流综合影响而成的，背压用"负载"表示，毛细管或毛细通道网络构成了流动系统的其余部分。Lazar 和 Karger[9] 对由两个不同直径的串联毛细管组成的简单系统的流动特性进行了建模。这样的系统（图 5.2）有助于理解 EOF 驱动泵的一般性原理。在该模型系统中，两个不同直径的毛细管串联连接，窄毛细管的尺寸为 d_1、L_1，宽毛细管尺寸为 d_2、L_2。如果仅对毛细管施加电位，例如，连接电源的两个电极，如连接图中的 A 点和 C 点（有关电气隔离和实际的操作步骤将稍后阐述），则 EOF 会引发流体流动，该流股的流量为 Q_{eof}。EOF 将在 C 处产生压降 Δp，驱动毛细管（2）中的溶液向前（Q_f）和毛细管（1）中的溶液向后（Q_b）运动。由于 EOF 是唯一的输入流，如果液体流动（两管中的液体不必相同）区域假定为不可压缩的，则 $Q_{eof}=Q_f+Q_b$。换句话说，EOF 被分成在宽通道中的顺流和在窄通道中的逆流。泵的效率 β 可以通过正向流量 Q_f（用于移动流体系统中的溶液）与总输入流量 Q_{eof} 的比率来评估：

$$\beta = \frac{Q_f}{Q_{eof}} = \frac{\dfrac{L_1}{L_2}}{\dfrac{L_1}{L_2}+\left(\dfrac{d_1}{d_2}\right)^4} \tag{5.4}$$

泵效率取决于通道尺寸，但不取决于产生的背压或系统中 EOF 的大小。这具有一些重要的实际意义，如图 5.3 所示，其中 β 表示为毛细管之间直径之比和长度之比的函数。在极端情况下，当两个毛细管（或通道）具有相同的直径（$d_1/d_2=1$）时，即使长度之比变化很小，β 也会发生显著变化。因此，流速对微流体系统中的背压非常敏

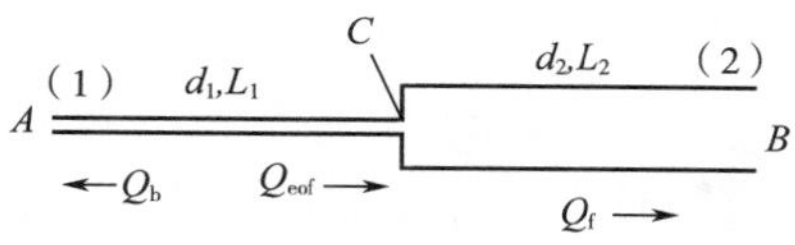

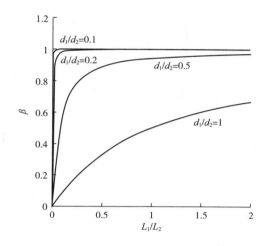

图 5.2　由两个串联的毛细管 ［（1）和（2）］组成的模型系统中的流量分布

d—毛细管内径　L—毛细管长度　Q_{eof} 电渗流诱导毛细管 （1），

Q_b、Q_f—毛细管 （1） 和 （2） 中的反向和正向流体动力流动

感。另一方面，当第一个通道足够小，其直径为第二个通道的 1/10 （$d_1/d_2 = 0.1$） 时，流动实际上与长度之比无关 （即，与来自微流体系统的背压无关）。在构建和设计基于 EOF 的泵时，必须牢记这一点。

图 5.3　由式 （5.4)计算得出的不同 d_1/d_2 比率下的泵效率 （β），

适用于图 5.2 中描绘的单通道微型泵

通常，图 5.3 中描绘的单通道泵是无效的，因为窄通道直径和可实现的流速之间存在折中。很窄的通道或毛细管将提供足够的压力，但流速会非常低。因此，通常使用并联泵通道以提高流速。如图 5.4 所示，一个由 N 个平行窄毛细管组成的系统与一大直径管相连。在这样的系统中，多个并联连接的窄通道 （在计算中近似为直径为 d 的毛细管） 将提供所需的流速，同时保持 EOF 诱导泵的泵压能力。并联通道 EOF 泵的效率可以表示为：

$$\beta = \frac{Q_f}{Q_{eof}} = \frac{\dfrac{L_1}{L_2}}{\dfrac{L_1}{L_2} + N\left(\dfrac{d_1}{d_2}\right)^4} \tag{5.5}$$

N 越大，总的 EOF 就越大，但是效率 β 会越小。这在图 5.5 中 $d_1/d_2 = 0.1$ 的情况下有所显示。因此，能够提供所需的流速的 EOF 泵可以通过并联多个窄通道 （毛细管） 来构建，但是，也需要考虑通道的数量以及泵的其他特性，例如所需流速下的通道直径的比例和系统背压。

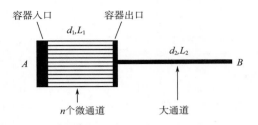

图 5.4　模型系统中的流动分布，该模型系统由多个串联的平行通道组成且与大直径的通道相连

d—毛细管内径　L—毛细管长度　n—通道数

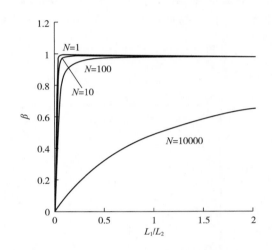

图 5.5　根据式（5.5），在 $d_1/d_2=0.1$ 的条件下计算图 5.4 中描述的

串联通道微型泵的泵效率（β）

通道数 $N=1$、 10、 100 和 10000

　　在这种情况下，填充微珠的柱或整体柱可以视为具有大量平行微通道的系统。通过将填充材料（例如微米级二氧化硅颗粒）紧密填充到毛细管柱中，可以创建一个相互交织的通道网络。这些通道或微孔可近似认为是平行微通道。有效通道（孔）直径取决于填充密度和粒径，但通常可以近似为平均粒径[10] 的 1/5。微通道的长度可以通过所谓的多孔介质的曲折度来近似估算。如果这种填充毛细管的 EOF 泵连接到微流进样系统，则可以创建高效、高压、高流速的泵。下一节将讨论使用 EOF 的不同的泵和泵送系统。

5.3　EOF 泵送系统

5.3.1　无电气隔离的 EOF 泵

　　在微流进样系统中利用 EOF 进行泵送的最简单方法是在系统导管的开始和结束处放置一组电极。系统的任何部分都没有与所施加的电源和电流隔离开。这种方法通常用于毛细管电泳（CE）或 CE 类系统，其中使用了无分支的毛细管或包含有限分支的通道。此类系统中的进样可以通过简单的流体动力学或各种电动进样方法完成，如 CE[11] 中的做法或使用电隔离旋转阀。在某些情况下，可能需要对某些组件（例如进样阀和检测系统）进行电气隔离以实现系统的正常运行。

这些系统有一些局限性，因为整个系统都存在电压。例如，泵溶液的导电性不能太强，溶液的 pH 不能太高或太低，因为 EOF 的产生取决于这些参数。高或低的 pH 和高溶液电导率会导致毛细管中产生过量的焦耳热，这可能会导致形成气泡和引发 EOF 泵中断工作。EOF 的波动是此类系统的另一个缺陷。由于整个流体网络都用于产生 EOF 并且各种溶液从中通过，通道表面由于吸附、解吸和化学变化不能保持不变，这将导致 EOF 发生变化。

此外，由于电泳迁移总发生在分析过程中，样品基质成分（其他离子、溶剂、水等）可能会与分析物进行电泳分离，从而产生系统峰。例如，毛细管电泳固有的系统峰来自样品基质和载体电解液的折射率差异，或仅来自使用 UV-VIS 检测时的吸光度变化。系统峰可以是正的也可以是负的，它们的存在显著降低了样品吞吐量，因为下一个样品的进样一般只能充分延迟，以避免与前一个样品的系统峰重叠。

尽管有这些限制和缺陷，这种 EOF 泵系统已成功应用于 FIA/SIA。1992 年首次展示了在流动进样分析系统中使用 EOF 泵送液体[3]。该系统由单个 75μm 内径的 FSC 组成，类似于试剂夹层进样的单通道 FIA 系统[12]。含有分析离子（Fe^{2+}）的样品塞夹在两个比色试剂（1，10-菲咯啉）塞之间。大量样品通过流体动力学注入（通过提升毛细管末端）到熔融石英毛细管中，注入的样品通过 EOF 传输到检测器。在通过毛细管的过程中，有色反应产物形成并在 508nm 处检测。由于样品和试剂的每次注入都会引起层流，毛细管中的样品得到进一步分散，因此最后装载的样品分散程度较低，峰的高度增加。在这个实验中，四丁基高氯酸铵被用作背景电解质。与大的 Fe（o-phen）$_3^{2+}$ 阳离子相比，四丁基铵阳离子的迁移率较小，因此有助于产生对称峰而没有过多拖尾。Haswell 等[13-15] 在玻璃基材上制造的通道中使用了 EOF 驱动的微流进样分析系统。该系统包含一个具有各种几何形状的微流体通道结构，宽 320μm，深 30μm，用于通过 EOF 传输样品、试剂和载体电解质。电极分别插入放置在通道两端的容器，通过 EOF 或 EOF 与电迁移组合系统吸入溶液。由于化学品通常在 pH 较低的溶液中使用（酸性或中性试剂），因此需要仔细优化条件以为系统中所有试剂和样品提供足够的流速。通过基于 LED 的吸光度检测器耦合一个带有一对光纤的微通道进行反应产物的检测。然而，由于溶液组成需要与 EOF 泵相兼容，因此存在一些限制，且 EOF 泵通常会产生明显的噪声。理论上可以使用传统的 CE 技术以更优雅的方式实现分析物分离和预浓缩。这些类型的系统可能缺陷多于优势，并且非隔离 EOF 驱动系统[12-16] 的真正效用仍有待证明。

Ramsey 和 Ramsey[17] 展示了一种有趣的方法。其可以在载玻片上制成的微流体系统中实现 EOF 诱导的压力泵送。该系统并不完全属于先前讨论的任何泵送机制。在玻璃芯片上形成了一个 T 形通道，如图 5.6 所示，在分离（sep）和接地（g）通道之间连接电极。在图 5.6（1）所示的系统中，玻璃表面没有做任何处理。在这些条件下，无电场通道（ff）中不会产生 EOF。但是，如果侧臂（g）中的电渗流减少，则会在无电场通道（ff）中产生超压。解决该问题的一个方法是通过聚合物涂层（例如线性聚丙烯酰胺）改性表面来降低侧臂的电位。这种情况如图 5.6（2）所示，Ramsey 和 Ramsey 证明了在无电场通道中确实存在压力流：他们利用这种压力流为电喷雾质谱联用接口提供流体。在随后的论文中，Culbertson 等[18] 表明这种电渗诱导的水力泵可以用于差分离子传输，即取决于接地通道中 EOF 的减少量。泵分别沿两个出口通道传输离子。在某些条件下，泵能够沿无电场通道将阴离子相对于阳离子进行有差异地传输。这种传输方式可以有很多重要的应用，例如，需要连续分离阳离子与阴离子的生物化学分析，将蛋白质不断地从 DNA 中分离出来或各种细胞分选方案。

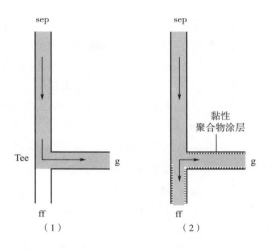

图 5.6　流体流经 T 形交叉点的示意图其中接地通道（g）中的电渗速度与
分离（sep）通道中的电渗速度相同（1）或更低（2）

[资料来源：经参考文献［20］许可转载。版权由（2000）美国化学学会所有。]

McKnight 等[19] 使用了一种混合微芯片装置，其由具有通道结构的聚合物基板（PDMS）相连接的玻片构成。在玻璃盖玻片上形成了一对紧靠的交叉电极。在电极之间可以产生 EOF 并在电极对外侧通道以不带电的方式泵送液体。在电渗泵工作期间，聚合物基材通过气体渗透使气体快速通过微通道从而有效消除任何电解形成的气泡。这种泵可以耐受非常高的场强度（高达 4.5kV/cm）。

5.3.2　电隔离 EOF 泵

将 EOF 泵与系统其余部分进行电气隔离可以实现无电场流体输送。在此类系统中，EOF 泵通过由导电材料（例如聚合物膜或多孔玻璃料）制成的界面与系统的其余部分进行电气隔离。理想的界面应具有最小的电阻，同时对液体的大体积流动表现出非常高的阻力。如果泵系统与流动系统的其余部分相隔离，则电场对进样和载流不会造成影响。系统的非泵部分中的液体通过 EOF 产生的流体力学进行流动传输。EOF 泵中的流体和分析用的载体或试剂流体不必相同。这使得在载体介质的选择方面具有更大的灵活性，如有机或羟基有机溶剂、浓缩的电解质等，这些均可用于系统的分析部分。

此外也可以使用与 EOF 泵本身不同直径与材料的导管。

绝大多数报道的 EOF 驱动的流动系统确实使用了这个原理，因为它具有一些优点。与系统其余部分电气隔离的 EOF 泵可被视为"独立的 EOF 泵"，这个术语现在不常用。事实上，大多数涉及 EOF 泵的文章主要关注此类泵的开发和表征，而不是它们的实际应用，这种 EOF 泵的实际应用仍有待进一步探索和利用，并可能有助于未来流动系统微型化的发展。

5.3.2.1 开放式电气隔离 EOF 泵

在开放式 EOF 泵中，一个或多个窄孔毛细管或芯片上的微通道与分离系统的其余部分（例如：毛细管/通道网络、进样阀、检测器）液压连接。EOF 泵送通道流动系统的其余部分电气隔离。此类泵的基本要求是 EOF 通道至少具有两个流股，其中一个负责电接触，另一个用于提供与系统其余部分的液压连接。最常用的几何形状是芯片上的 T 形接口或 T 形微流体通道。如前面部分所述，通常单通道 EOF 泵不实用，因为不能提供足够的压力且最大流速达不到要求。通过多重毛细管/微通道可以解决这个问题。如图 5.7 所示，Liu 和 Dasgupta[20,21] 使用了四个平行的 FSC 为大口径流动进样通道提供足够大的流速。每个毛细管的末端 [75μm 内径的 FSC，（C1）] 插入装有泵电解质溶液和高压电极的容器 A 中。而毛细管的另一端则汇聚至同一全氟磺酸膜接头 M，并浸入第二个带有接地电极的电解液容器中。从每个接头 M 端口出来即是第二段毛细管，第二段毛细管构成了系统内的非泵部分。然后这四个第二段毛细管在接头 T 处汇聚成单一的出口。当泵工作液在容器 A 中时，它会以一定的压力泵送贮存盘管中的分析流体。贮存盘管的容量必须足够大以完成一个或多个完整的分析周期。通常在操作过程中，阀门 V1 中的端口是水平连接的。当循环结束时，切换 V1，分别从 S1 和 S2 补充贮存盘管和 C1 中的样品。Liu 和 Dasgupta[20] 构造了两个独立的泵系统，使用 2mmol/L 的 $Na_2B_4O_7$ 作为泵工作液。在一项实验中，这种泵工作液本身被用作载体溶液（不太需要贮存盘管），同时进样阀位于该流体中以引入氯化物。该流体与第二个 EOF 泵驱动的系统合并，该系统泵送通过置换保持在 HC 中的 $Hg(SCN)_2-Fe(NO_3)_3$ 溶液。

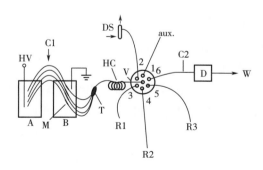

图 5.7 基于 EOF 泵的 SIA 系统的示意图

HV—高压电源 A，B—泵电解液容器 M—膜接头 C1—泵送毛细管 T—4×1 接头 HC—贮存盘管 V1—四通阀 V2—6×1 选择阀 R1，R2，R3—试剂，通常浸入电解液载体中以防止虹吸的辅助溶液端口

对于聪明的读者来说，显而易见的是，仅通过改变高压极性，EOF 泵的流动方向将是可逆的。它可以执行与传统注射泵相同的抽吸或分配功能，但不会有任何机械惯性。因此，它非常适合需要抽吸和分配功能的 SIA 装置。实际上，图 5.7 中显示的是 SIA 装置，其使用多端口选择阀 V2 吸入样品和一种或多种试剂，将它们混合在同一管道中（如果需要，通过反复反转流动方向），然后将混合的液体通过检测器 D[21]。然后，使用非常相似的 SIA 装置，通过多孔膜管吸入接收器流体，在该多孔膜管周围对测试气体（氨）进行采样[22]。收集到的氨气通过同一个泵依次与其他试剂混合形成吲哚酚蓝，然后进行比色测定。更进一步地，这些作者[23] 使用 SIA 配置的 EOF 驱动泵在毛细管一端形成一小滴（6~18μL）稀硫酸，并用它从流经的测试气流中对氨进行取样。然后通过一次抽取 1μL 液滴溶液并对其进行基于 SIA 的氨比色分析来检测液滴中氨的径向分布。这些作者能够从 18μL 的液滴中进行 17 次连续分析。

有趣的是，独立的 EOF 泵可用于增加或抑制其他系统中的流动，例如 CE（其中 EOF 是固有的[24,25]），这有时会产生有益的结果。

5.3.2.2 基于微通道的电气隔离 EOF 泵

开放式泵的方法非常简单，并且很容易转移到微流控芯片平台上，在微流控芯片平台上，可以并联连接多个小截面积的平行通道。然而，芯片上泵通道的电气隔离更具挑战性。

Takamura 等[26] 是最早在微芯片上开发多通道 EOF 泵的人之一。他们使用基于丙烯酰胺，N，N-亚甲基双（丙烯酰胺）和 2，2'-二甲氧基-2-苯基苯乙酮共聚物的导电光聚合凝胶进行电气接地。该设备主要应用于医疗保健，为了安全起见，施加低电压是必不可少的。通常使用 10~40V 的电压来生成 EOF。该泵由串联连接的 6 或 15 个泵级组成。每个泵级由 10 个窄通道（5μm×20μm）与 50μm 宽，20μm 高的通道相连。该泵能够在大约 6.89kPa 的中压（使用的低电压下）下运行，并且可以用于具有低背压的系统。在随后的出版物[27] 中，他们修改了泵的设计，将背压提高到了 34.47kPa，并获得高达 0.5μL/min 的流速。相关文献已经描述了他们的低压串联泵的理论[28]。Lazar 和 Karger[9] 构建了一个包含 100 个平行通道 EOF 泵，可在流速 10~430nL/min 和高达 551.6kPa 的压力下运行。电气隔离是通过多孔玻璃圆盘实现的，其放置在与含 100 个通道的网络相连的缓冲液容器中。由于多孔玻璃圆盘的电阻很大，圆盘上的电压降很大，下游流体不能完全达到接地电位。

Liu 等[29] 描述了一种真正接地的基于微通道的 EOF 泵，他们使用全氟磺酸膜进行有效的电气接地。全氟磺酸表现出低欧姆电阻，当以足够低的速度产生电解气体时，它显然能够充当渗透池。

5.3.2.3 基于填充柱的电气隔离 EOF 泵

通过在毛细管柱中紧密填充小颗粒（例如，通常在毛细管色谱柱中使用的微米级二氧化硅颗粒）可以非常有效地形成多个平行通道。颗粒之间的间隙形成交织通道网络。因此，如果微流控芯片上的熔融石英毛细管或通道填充有无孔、未改性的二氧化硅颗粒，则该柱表现为毛细管网络，孔隙的有效直径取决于填充密度和粒径（通常可以近似为平均粒径的 1/5[10]）。微通道的长度最好用多孔介质的曲折度来表示。这样的毛细管柱可以产生相对较大的流量，并且能够承受较大的背压。Paul 等[10] 首先展示了这样一种 EOF 泵，它由短长度的 FSC 组成，其中填充有 C_{18} 官能化的或未经修饰的硅微珠，这些硅微珠的直径为 $1.5 \sim 5 \mu m$。该泵能够提供几纳升每分钟到几微升每分钟范围内的流速，具体大小取决于背压，该泵还可以在背压超过 55.16MPa 的情况下运行，这对于 EOF 驱动的泵来说是前所未有的。多孔硼硅玻璃用于隔离施加在 FSC EOF 泵上的电压，泵的实际应用得到了证明[30]。

Razunguzwa 和 Timperman[31] 提出了一种有趣的替代基于二氧化硅和 pH 的 EOF 泵。通常，基于二氧化硅的 EOF 泵获得的流量取决于泵工作液的 pH，因为硅醇基团的电离程度取决于 pH，因此 EOF 流速随 pH 而增加，直至硅醇基团完全电离。这些作者使用聚合物离子交换剂代替二氧化硅，他们的设计还产生了显著的特性，即该系统本质上是自接地的。在他们的设计中，如图 5.8 所示，在玻璃芯片上蚀刻了一个 T 形通道，并将 $5 \mu m$ 直径的聚合物阴离子交换剂和阳离子交换剂微珠分别装入 $500 \mu m$ 宽的通道中。每个电极都连接在装有离子交换器微珠的 T 形通道的末端，特氟隆膜用于防止微珠逃逸并与泵入口流体接触。这两种交换剂都是弱酸（碱）型。因此，在高 pH 下，只有阳离子交换器一侧被电离并充当泵，而在低 pH 下，只有阴离子交换器一侧被电离并充当泵。为了防止在任一极端 pH 下通过非泵管段回流，填充管段被收窄至 $50 \mu m$ 宽度（这也有效地防止了微珠逃逸）。压降有效地穿过填充床，因此 T 形管段的较长一段（宽 $100 \mu m$）是无电场的，并且其流动液压阻力比其他任一填充段低得多。因此液体通过 T 型管段的较长段被泵出。通过两种不同类型交换器的结合，与基于二氧化硅的泵相比，该泵可以在更广泛的 pH（$2 \sim 12$）范围内以可接受的流速运行。如果作者使用强酸（碱）型离子交换剂，在整个 pH 范围内的性能可能会更加引人关注。

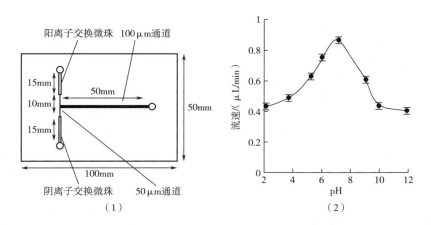

图 5.8 (1)填充床微芯片 EOF 泵的改进版本示意图。泵通道收缩了 $50 \mu m$，通过增加对进入非泵送部分流体流动的阻力，减少了在极端 pH 条件下非泵送部分的回流。(2)在 3kV 电压下，pH 和流速之间的关系 (1)中所示的设计通过添加装填有 $0.5 \mu m$ 微珠的 1.5mm 管段得到改进，以进一步防止微珠泄漏到非泵送通道中。

[资料来源：经许可转载自参考文献 [33]。版权由（2004）美国化学学会所有。]

Zeng 等[32] 通过将 3.5μm 无孔二氧化硅颗粒填充到 500~700μm 孔径的毛细管中，制成了填充床 EOF 泵。保留的玻璃料由硅酸钠溶液在 350℃ 下加热制成。作者研究了压力与流速的特性。他们实现了 3.49MPa 的最大泵压，并获得了 4~18μL/min 的流速。随后的一项研究[33] 旨在增加可达到的最大流速。泵本身是大口径的：1cm 直径的丙烯酸室装有 1~3μm 直径的无孔二氧化硅颗粒。保留玻璃料是通过光聚合构建的。水被用作泵的工作液以最大限度减小焦耳热，并且泵能够以高达 1mL/min 的高流速运行。然而，可达到的压力远低于填充毛细管 EOF 泵中的压力。因此，这些泵适用于传统的低压 FIA/SIA 系统。然而，没有实际应用的流动系统对此作出验证。

与开放式 EOF 泵一样，填充的泵通道或毛细管可以通过并联连接以提供更高的压力和增加流速。Chen 等[34,35] 并联连接了 3 个 FSCs（内径 530μm，长 25cm），每个 FSC 都装有 2μm 的多孔二氧化硅微珠，并使用该系统进行 EOF 泵送。他们在后来版本的泵中加入了一个气体释放室释放电解产生的气泡。其可以在从几纳升每分钟到几微升每分钟的流速下操作，最大操作压力为 5MPa。结果还表明，这种 EOF 泵还可以很好地应用于泵送有机溶液和水溶液的混合物。

5.3.2.4 基于多孔介质和整体材料的电气隔离 EOF 泵

微孔材料，例如多孔玻璃料或整体柱材料不仅可用于电气隔离，还可提供平行的通道网络，如微珠填充柱。如果泵需要产生较大的背压，泵的填充材料也必须能够承受这种压力，因此对填料的脆性和抗拉强度提出要求。Gan 等[36] 基于自制的 13mm 烧结硼硅玻璃圆盘［直径较大（3.5cm）］构建了 EOF 泵。孔径为 2~5μm。它类似于前面所讨论的 Zeng 等的大口径填充泵[33]。达到的流速在几微升每分钟到毫升每分钟范围内，具有中压能力 151.69kPa。作者将该泵应用于传统的 FIA 中。一个泵分别用于在两通道 FIA 系统中以高体积流速（0.5~3.5mL/min）推动缓冲液和试剂溶液，通过使用二苯基卡巴肼比色化学来测定 Cr^{6+}。Yao 等[37] 使用商业上可用的多孔硼硅酸盐玻璃盘，其孔径分布相对较窄，约为 1~2μm。他们在泵中还加入了一种气体催化剂，用于将产生的电解气体（H_2, O_2）重新合成水。这显著提高了长期泵送的稳定性并减轻了由于气泡和随后的电渗中断导致的泵故障。

通过各种聚合过程制备的微孔整体柱是多孔玻璃材料的一种有趣替代品。文献中描述了大量的化学物质和过程使聚合材料具有可变和可控的孔径。最近 Chen 等[38] 已经将基于二氧化硅的整体材料应用于 EOF 泵的床层，该二氧化硅整体材料通过溶胶-凝胶法在熔融二氧化硅毛细管内制备而成。该泵用于流动进样。它可以在高达 400kPa 的压力下运行，也可以用于输送有机液体或羟基有机溶剂。

5.4 在FIA, SIA 和微全分析系统 (μ-TAS)中使用的 EOF 进样方法

EOF 驱动的流动分析系统中的样品进样一般可分为三种类型：阀进样、流体动力/压力进样和电动进样。

在阀进样中，旋转或滑阀包含体积固定的定量环。低纳升体积进样器可在市场上买到，样品容量范围为 10~200nL。当 EOF 泵送系统与系统的其余部分电气隔离时，通

过小体积内部回路注射器进行注射是最直接的选择。否则必须使用非导电阀。

流体动力学进样依赖于将毛细管一端浸入装样品的小瓶中，在特定时间间隔内将其提升到特定高度。这种类型的进样方法中的样品体积不是固定的，也就是说，样品体积可以通过改变施加的高度、压力、真空和进样步骤的持续时间来改变。通过重力诱导流动将样品引入熔融石英毛细管中。由于这种流动本质上是层流，每次连续进样都会引起额外的区域加宽。这种进样模式仅适用于基于毛细管的系统，因为进样过程可以通过涂有柔性聚酰亚胺涂层的熔融石英毛细管得以实现。流体动力进样（毛细管电泳的典型进样方式），在例如第一篇关于该主题的出版物中被使用[3]。在基于芯片的系统中，可以施加压力或真空，并通过任一方法引入小样品塞。

在电动（EK）进样中，通过 EOF 和（对于带电分析物）电迁移相结合将样品引入毛细管或微通道。这种进样可用于任何系统。最简单的 EK 进样方法是在给定的时间内在毛细管或通道部分施加高压。注射量可以通过选择施加的电压和时间来控制。第二种 EK 引入类型基于明确的体积。这种类型的采样经常应用于微流体结构中，并且在微流体电泳分离的背景下进行了大量研究。在此模式下，样品体积由进样通道网络几何形状（通常为交叉或双 T）确定。然后通过 EOF 将样品引入流动系统。根据所使用的几何形状和电场，这种模式可进一步分类为浮动或挤压。在浮动模式下，电场施加于样品和废弃物容器之间；然而，这种进样模式可能会受到样品扩散传输到其他系统连接部分的影响。在挤压注射模式中，多个电压同时施加到系统的其他部分，这有助于防止扩散并因此限定样品塞的准确体积。在高效电泳分离中，这种模式是首选，因为没有进样带的扩散加宽。

因为 EOF 驱动的流体输送系统本质上是双向的，所以可以抽取精确数量的样品，然后将其输送到其他地方。最近，Byun 等[39] 描述了一种 EOF 驱动的纳米移液枪。这个设备即使在低浓度水平下也能获得良好的精度，并且应该可以将其配置为纳米注射器。

在 μ-TAS 系统中利用 EOF 实现样品进样的许多不同方式在某种程度上超出了本章的范围，读者可以参考 Haswell[40] 和 Roddy 等[41] 的综述评论。

5.5　EOF 驱动的泵送在流动分析中的应用

尽管关于 EOF 介导的泵送和泵设计的出版物数量相对较多，但在流动分析系统中的实际应用数量却相当有限。大多数研究都集中在新泵设计的表征上，而不是它们在实际分析化学问题的应用上。

早期，Liu 和 Dasgupta[3] 展示了基于 Fe^{2+} 与 1，10-菲咯啉形成的有色螯合物，从而对 Fe^{2+} 进行流动进样分析；这在没有电气隔离的单个毛细管系统中得到了证明。在 5~200mg/L 之间校准呈线性。与传统的 FIA 相比，这种方法以批量处理模式运行以获得更大的处理量；也就是说，在使用 EOF 将样品驱送动到检测器之前，通过流体动力学引入多个样品，并由试剂隔开。这导致样品的分散取决于其在一系列进样液体中所处的位置。因此对于浓度相同的进样，峰高会沿位置的不同而产生变化；然而，峰面积是可重现的。Haswell 等[13-15] 已经描述了基于纯 EOF 驱动的试剂和样品移动的微流分析系统。研究了钼蓝反应测定磷酸盐的方法。相同的通道配置后来用于 Griess 反应测定亚硝酸盐。Greenway 等已经描述了一种类似的 EOF 驱动的流动进样系统，用于化学发光（CL）检测三（2，2′-联吡啶基）钌$^{2+}$[42] 和基于钴对鲁米诺氧化 CL 反应的催化作用来测定钴[43]。

基于四个平行 FSC 的电气隔离 EOF 泵用于顺序进样分析亚硝酸盐-氮和氨-氮[21]。EOF 泵通过全氟磺酸膜进行电气隔离。系统示意图如图 5.7 所示。EOF 泵电解质（2mmol/L 四硼酸钠）用作 SIA 系统中的载体电解质。样品和试剂依次吸入贮存盘管，然后将其混合并推送至检测器。对于氨的测定，吸入样品后最多再吸入三种试剂。需要仔细优化试剂进样顺序和区域长度；在 SIA 系统优化中，对间歇方法的适应不是一个简单的过程。在另一项研究中，这些作者使用带有气体采样接口的基于 EOF 泵的 SIA 系统并演示了测定十亿分之一（ppb）浓度水平的氨。可以连接多个基于 EOF 的泵以形成多通道 FIA 系统。Liu 和 Dasgupta[20] 利用这样的双通道系统基于和硫氰酸汞，硝酸铁溶液的比色反应来测定氯化物。泵送电解液是 2mmol/L 四硼酸钠，其通过置换泵送贮存盘管（HC）中的显色试剂。在显色试剂被泵电解液污染并必须更换之前，系统可以运行 165min。通过增加贮存盘管的体积，可以延长运行时间。或者，可以在泵工作液和试剂之间放置一个不混溶的液体塞，以延长需要补充的时间间隔。在本文中，作者还展示了溴甲酚绿在流动进样分析之前的电堆积预浓缩。

Pu 和 Liu[44] 使用微型 EOF 泵在芯片上展示了毛细管尺寸的 SIA。在硼浮玻璃薄片上制造了蛇形反应通道。他们使用具有 32 个平行通道的 EOF 泵。泵连接到选择阀，用于选择样品，试剂等。使用了荧光检测（λ_{ex}470nm，λ_{em}520nm）。该系统后来被用于测定抑制酶促反应的分析物。研究了 β-半乳糖苷酶对底物荧光素二（β-D-吡喃葡萄糖苷）的水解作用以及 DTPA 的抑制作用。微 SIA 方法将酶，抑制剂和底物 3 个独立区域进行混合。随后将混合堆积区吸入微流体通道进行检测。图 5.9 显示了作为 DTPA 浓度函数的荧光强度变化曲线。

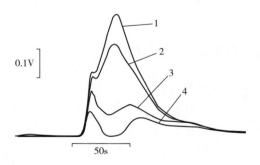

图 5.9　酶抑制峰形的研究酶（β-Gal）10s 吸入时间，不同浓度（0~3mmol/L）抑制剂（DTPA）10s，底物（FDG）10s 获得的信号；（β-Gal：0.1mg/mL）（含 83 μmol/L MgCl$_2$）；FDG：91.3 μmol/L；反应缓冲液 10mmol/L TRIS，pH 7.3；工作电压 4900V。曲线 1：［DTPA］=0mmol/L。曲线 2：［DTPA］=0.2mmol/L，曲线 3：［DTPA］=1.5mmol/L，曲线 4：［DTPA］=3.0mmol/L。

［资料来源：转载自参考文献［45］经 Elsevier 许可。］

Gan 等[36] 使用 EOF 泵送的 SIA 系统通过二苯卡巴肼反应测定废水样品中的 Cr（VI）。他们研究了载体电解液组成对 EOF 速度的影响，发现 0.35mmol/L NH₄OH 是非常合适的——在施加电压（Vapp）为 500V 的情况下，流速可达 3mL/min。流速从 Vapp = 100 基本呈线性增加到 500V。在 SIA 系统中使用了两个泵，该系统连接到一个 8 通选择阀。进样区顺序为：载体–试剂–样品–试剂–载体。该区域序列被推进通过反应盘管并在 540nm 处检测。Zhao 等[45] 报道了使用自制的 EOF 泵（未提供详细信息）通过 Griess-Saltzman 反应对饮用水中的亚硝酸盐进行 SIA 分析。

样品和试剂区被吸入导管，然后混合堆积区通过施加到 EOF 泵的电压的极性反转以 1.5mL/min 的速度传送到检测器。响应从 10μg/L 线性增长至 800μg/L；LOD 为 1μg/L。饮用水中的亚硝酸盐含量通常低于此水平。

尽管自 EOF 泵送流动分析系统首次发布以来已经过去了 15 年，但 EOF 泵在实际流动分析系统中的应用仍然有限。随着微型化的不断发张，将来可能会有更多的应用。

5.6 展望

许多研究人员已经证明，电渗可以有效地推动传统和微流分析系统中的流体。EOF 泵的各种设计及其从每分钟几纳升到每分钟几毫升的流速范围内对液体进行无脉冲泵送的能力也已得到证明。通过此类泵可以实现流速和压力之间的权衡。这可能不是问题，因为除非使用填充床反应器或过滤系统，通常高流速 FIA/SIA 系统具有相对较低的流动阻力。EOF 泵恰好适用于需要无脉冲和稳定流动的微流体系统。EOF 泵送系统中的流动稳定性在某些应用中是一个问题，因为不同成分的溶液会通过毛细管。有时由于从样品/样品基质中吸收高分子质量分析物导致泵表面发生变化，因此流动会发生变化。如果将泵工作液与分析系统中的必要流体分离，则可以避免该问题。如果设计得当，EOF 泵可用于产生非常高的背压，因此可用作色谱泵。

致谢

这项工作得到了捷克共和国格兰特资助机构的支持
no. GA CR 203/07/0983 to PK, by NIH Grant RO1 GM078592-01 to SL and NSF Grant CHE-0518652 to PKD.

参考文献

［1］Zheng, H. J. and Dasgupta, P. K. (1994) Concentration and Optical measurement of Aqueous Analytes in an Organic Solvent Segmented Capillary under High Electric Field. *Analytical Chemistry*, 66, 3997-4004.

［2］Reuss, F. F. (1809) Sur un nouvel effect de lèlectricite galvanique. *Memoires de la Societe Imperials des naturalistes de Moskou*, 2, 327-337.

［3］ Liu, S. and Dasgupta, P. K. (1992) Flow-injection analysis in the capillary format using electroosmotic pumping. *Analytica Chimica Acta*, 268, 1-6.

［4］ Jorgensson, J. W. and Lukacs, K. D. (1981) Zone electrophoresis in open-tubular glass capillaries. *Analytical Chemistry*, 53, 1298-1302.

［5］ Ivaska, A. and Ruzicka, J. (1993) From flow injection to sequential injection: comparison of methodologies and selection of liquid drives. *Analyst*, 118, 885-889.

［6］ Nguyen, N. T. , Huang, X. Y. and Chuan, T. K. (2002) MEMS-micropumps: a review. *Journal of Fluids Engineering-Transactions of the ASME*, 124, 384-392.

［7］ Laser, D. J. and Santiago, J. G. (2004) A review of micropumps. *Journal of Micromechanics and Microengineering*, 4, R35-R64.

［8］ Hair, M. L. and Herd, W. (1970) Acidity of surface hydroxyl groups. *The Journal of Physical Chemistry*, 74, 91-95.

［9］ Lazar, I. M. and Karger, B. L. (2002) Multiple open-channel electroosmotic pumping system for microfluidic sample handling. *Analytical Chemistry*, 74, 6259-6268.

［10］ Paul, P. H. , Arnold, D. W. and Rakestraw, D. J. (1998) Electrokinetic generation of high pressures using porous microstructures, in *Micro Total Analysis Systems* 1998 (eds D. J. Harrison and A. van den Berg), Kluwer, Boston MA, pp. 49-52.

［11］ Foret, F. , Křivánková, L. and Boček, P. (1993) *Capillary Zone Electrophoresis*, Wiley-VCH, Weinheim, pp. 140-146.

［12］ Dasgupta, P. K. and Hwang, H. (1985) Application of a nested loop system for the flow injection analysis of trace aqueous peroxides. *Analytical Chemistry*, 57, 1009-1012.

［13］ Daykin, R. N. C. and Haswell, S. J. (1995) Development of a micro flow injection manifold for the determination of orthophosphate. *Analytica Chimica Acta*, 313, 155-159.

［14］ Doku, G. N. and Haswell, S. J. (1999) Further studies into the development of a micro-FIA (μFIA) system based on electroosmotic flow for the determination of phosphate as orthophosphate. *Analytica Chimica Acta*, 382, 1-13.

［15］ Greenway, G. M. , Haswell, S. J. and Petsul, S. J. (1999) Characterisation of a micro-total analytical system for the determination of nitrite with spectrophotometric detection. *Analytica Chimica Acta*, 387, 1-10.

［16］ Liu, S. and Dasgupta, P. K. (1993) Electroosmotically pumped capillary flow-injection analysis. *Analytica Chimica Acta*, 283, 739-745.

［17］ Ramsey, R. S. and Ramsey, J. M. (1997) Generating electrospray from microchip devices using electroosmotic pumping. *Analytical Chemistry*, 69, 1174-1179.

［18］ Culbertson, C. T. , Ramsey, R. S. and Ramsey, J. M. (2000) Electroosmotically induced hydraulic pumping on microchips: Differential ion transport. *Analytical Chemistry*, 72, 2285-2291.

［19］ McKnight, T. E. , Culbertson, C. T. , Jacobson, S. C. and Ramsey, J. M. (2001) Electroosmotically induced hydraulic pumping with integrated electrodes on microfluidic devices. *Analytical Chemistry*, 73, 4045-4049.

［20］ Dasgupta, P. K. and Liu, S. (1994) Electroosmosis: A reliable fluid propulsion system for flow injection analysis. *Analytical Chemistry*, 66, 1792-1798.

［21］ Liu, S. and Dasgupta, P. K. (1994) Sequential injection analysis in capillary format with electroosmotic pump. *Talanta*, 41, 1903-1910.

[22] Liu, S. and Dasgupta, P. K. (1995) Electroosmotically pumped capillary format sequential injection analysis with a membrane sampling interface for gaseous analytes. *Analytica Chimica Acta*, 308, 281–285.

[23] Liu, S. and Dasgupta, P. K. (1995) Liquid Droplet. A renewable gas sampling interface. *Analytical Chemistry*, 67, 2042–2049.

[24] Dasgupta, P. K. and Liu, S. (1994) Auxiliary electroosmotic pumping in capillary electrophoresis. *Analytical Chemistry*, 66, 3060–3065.

[25] Dasgupta, P. K. and Kar, S. (1999) Improving resolution in capillary zone electrophoresis through bulk flow control. *Microchemical Journal*, 62, 128–137.

[26] Takamura, Y, Onoda, H. , Inokuchi, H. Adachi, A. , Oki, A. and Horiike, Y. (2001) Low-voltage electroosmosis pump and its application to on-chip linear stepping pneumatic pressure source, in *Micro Total Analysis Systems* 2001 (eds J. M. Ramsey and A. van den Berg), Kluwer, Boston MA, pp. 230–232.

[27] Takamura, Y, Onoda, H,, Inokuchi, H. , Oki, A. and Horiike, Y. (2003) Low-voltage electroosmosis pump for stand-alone microfluidics devices. *Electrophoresis*, 24, 185–192.

[28] Brask, A. , Goranovic, G. and Bruus, H. (2003) Theoretical analysis of the low-voltage cascade electro-osmotic pump. *Sensors and Actuators B-Chemical*, 92, 127–132.

[29] Liu, S. , Pu, Q. and Lu, J. J. (2003) Electric field-decoupled electroosmotic pump for microfluidic devices. *Journal of Chromatography. A*, 1013, 57–64.

[30] Paul, P. H. , Arnold, D. W. , Neyer, D. W. and Smith, K. B. (2000) Electrokinetic pump application in micro-total analysis system mechanical actuation to HPLC, in *Micro Total Analysis Systems'*2000 (eds A. W. van den Berg, P. Olthuis and P. Bergveld), Kluwer, Boston MA, pp. 583–590.

[31] Razunguzwa, T. T. and Timperman, A. T. (2004) Fabrication and characterization of a fritless microfabricated electroosmotic pump with reduced pH dependence. *Analytical Chemistry*, 76, 1336–1341.

[32] Zeng, S. , Chen, C. -H. , Mikkelsen, J. C. , Jr and Santiago, J. G. (2001) Fabrication and characterization of electroosmotic micropumps. *Sensors and Actuators B-Chemical*, 79, 107–114.

[33] Zeng, S. , Chen, C. -H. , Santiago, J. G. , Chen, J. -R. , Zare, R. N. , Tripp, J. A. , Svec, F. and Frechet, J. M. J. (2002) Electroosmotic flow pumps with polymer frits. *Sensors and Actuators B-Chemical*, 82, 209–212.

[34] Chen, L. , Ma, J. and Guan, Y. (2003) An electroosmotic pump for packed capillary liquid chromatography. *Microchemical Journal*, 75, 15–21.

[35] Chen, L. , Ma, J. and Guan, Y. (2004) Study of an electroosmotic pump for liquid delivery and its application in capillary column liquid chromatography. *Journal of Chromatography. A*, 1028, 219–226.

[36] Gan, W. -E. , Yang, L. , He, Y. -Z. , Zeng, R. H. , Cervera, M. L. and de la Guardia, M. (2000) Mechanism of porous core electroosmotic pump flow injection system and its application to determination of chromium (VI) in waste-water. *Taianta*, 51, 667–675.

[37] Yao, S. , Hertzog, D. E. , Zeng, S. , Mikkelsen, J. C. , Jr and Santiago, J. G. (2003) Porous glass electroosmotic pumps: design and experiments. *Journal of Colloid and Interface Science*, 68, 143–153.

[38] Chen, Z. , Wang, P. and Chang, H. -C. (2005) An electro-osmotic micro-pump based on monolithic silica for micro-flow analyses and electro-sprays. *Analytical and Bioanalytical Chemistry*, 382, 817–824.

［39］ Byun, C. K., Wang, X., Pu, Q. and Liu, S. (2007) Electroosmosis-based nanopipettor. *Analytical Chemistry*, 79, 3862–3866.

［40］ Haswell, S. J. (1997) Development and operating characteristics of micro flow injection analysis systems based on electroosmotic flow. A review. *Analyst*, 122, 1R–10.

［41］ Roddy, E. S., Xu, H. and Ewing, A. G. (2004) Sample introduction techniques for microfabricated separation devices. *Electrophoresis*, 25, 229–242.

［42］ Greenway, G. M., Nelstrop, L. J. and Port, S. N. (2000) Tris (2, 2-bipyridyl) ruthenium (Ⅱ) chemiluminescence in a microflow injection system for codeine determination. *Analytica Chimica Acta*, 405, 43–50.

［43］ Nelstrop, L. J., Greenwood, P. A. and Greenway, G. M. (2001) An investigation of electroosmotic flow and pressure pumped luminol chemiluminescence detection for cobalt analysis in a miniaturised total analytical system. *Laboratory on a Chip*, 1, 138–142.

［44］ Pu, Q. and Liu, S. (2004) Microfabricated electroosmotic pump for capillary-based sequential injection analysis. *Analytica Chimica Acta*, 511, 105–112.

［45］ Zhao, Y. -Q., He, Y. -Z., Gan, W. -E. and Yang, L. (2002) Determination of nitrite by sequential injection analysis of electrokinetic flow analysis system. *Talanta*, 56, 619–625.

6 微流体装置中的流动分析

Menoli Tokeshi 和 Tukehiko Kitamor

6.1 引言

Manzee 等[1] 引入了微全分析系统（μTAS）的概念，在 1990 年引发了人们对基于流动的小型化分析系统（也称为芯片上实验室或微流体装置）开发的兴趣，其中化学分析的所有阶段，如样品预制备、化学反应、分离、纯化、检测和分析以集成和自动化的方式进行[2-5]，使用微流体设备进行基于流动的分析已经引起了化学、生物和医学领域的关注。集成分析所需的所有组件的微流体装置是微量分析的理想工具，这种装置的发展是必要的。

另一方面，一个类似的称为阀上实验室（LOV）的概念在 2000 年被 Ruzicka 提出来，其中样品、试剂进样口、混合盘管、反应柱和流通检测器都集成在一个选择阀[6]上。可以说，该技术是常规流动注射分析的先进方法。虽然 LOV 也是一个小型化的基于流动的分析系统，但它不在本章的讨论范围内。

本章概述了使用微流体设备进行流动分析的发展，重点是在于连续流动化学处理的应用和微流体装置中的流动进样分析。

6.2 微流体装置中的连续流动化学处理

6.2.1 重金属分析系统的集成

利用连续流动化学处理（CFCP）结合微单元操作在芯片上进行化学过程的集成是构建真正的 μTAS[7-13] 的一种策略，其中微单元操作包括连续流动条件下的萃取、相分离等（图 6.1）。

Co^{2+} 湿法分析的集成是 CFCP[7] 的一个很好的例子。这种湿法分析的微芯片（图 6.2）由两个不同的区域组成：反应和萃取区以及分解和去除区（即洗涤区）。在前一个区域，含有 Co^{2+}，2-亚硝基-1-萘酚（NN）溶液和间二甲苯的样品溶液通过注射泵以恒定流速从 3 个入口进入。这 3 种液体在交叉点处相遇，从而在微通道中形成了两相具有有机/水界面的平行流股。随着反应混合物沿微通道流动，同时进行着 Co^{2+} 和 NN 的螯合反应以及对 Co 螯合物的萃取。

由于 NN 与共存的金属离子，如 Cu^{2+}，Fe^{2+} 和 Pb^{2+} 发生反应，这些共存的金属螯合物也被萃取到间二甲苯中。因此，萃取后需要进行洗涤过程以分解和去除共存的金属螯合物：共存的金属螯合物与盐酸接触时分解，金属离子进入 HCl 溶液（逆向萃取）。分解的螯合剂 NN 溶于氢氧化钠溶液。与其他共存的金属螯合物相比，Co 螯合物在 HCl 和 NaOH 溶液中是比较稳定的，因此溶液中仍然残存有 Co 螯合物。在洗涤区，含有 Co 螯合物的间二甲苯相和来自反应和萃取区的共存金属螯合物以恒定流速插入另外两个入口之间。然后，在微通道中形成三相流，HCl、间二甲苯、NaOH。共存金属螯合物的分解和去除以与上述类似的方式沿着微通道进行。最后，通过热透镜显微镜在下游检测间二甲苯中的目标螯合物[8]。在 1min 内成功测定了混合物样品中的钴[1]。与

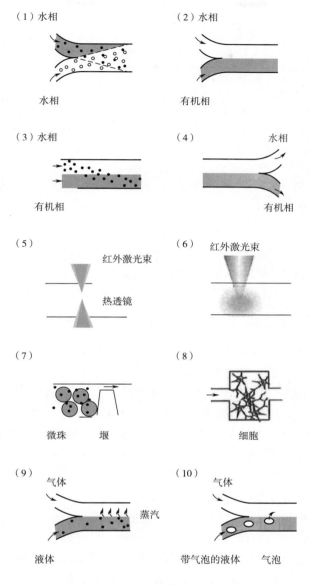

（1）水相
水相

（2）水相
有机相

（3）水相
有机相

（4）水相
有机相

（5）红外激光束
热透镜

（6）红外激光束

（7）微珠　堰

（8）细胞

（9）气体
蒸汽
液体

（10）气体
带气泡的液体　气泡

图 6.1　系列微单元操作

（1）两种可混溶液通过分子扩散和反应进行混合；（2）两种不混溶溶液的汇合，形成稳定的多相层流；（3）溶剂萃取，相转移反应；（4）相分离；（5）高灵敏度检测（使用热透镜显微镜）；（6）激光加热；（7）固相萃取，微珠表面的浓缩和反应；（8）细胞培养；（9）蒸发溶剂和浓缩；（10）去除气泡

［资料来源：QSAR Comb. Sci., 24, 742, 2005 中的图 4。］

传统方法相比，该方法具有简单，省去耗时操作的优点。传统方法中，酸碱溶液不能同时使用，交替洗涤程序必须重复多次。在微通道中使用三相流可以获得相同的效果。在随后的论文中，Kikutani 等[12] 扩展了 CFCP 的概念，将 Co^{2+} 和 Fe^{2+} 的四个并行分析集成到一个芯片上的三维微通道网络中。

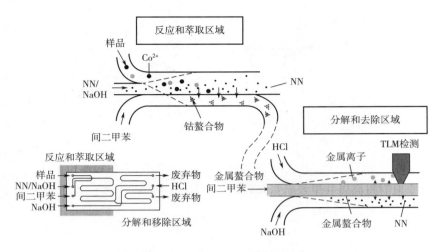

图 6.2　结合微单元操作测定 Co^{2+} 的示意图

[资料来源：Anal，chem，74，1565，2002 中的图 5。]

6.2.2　多离子传感系统的集成

液体微空间作为液/液界面提供了短的扩散距离和大的特定界面面积，由此产生了新的有吸引力的分析特性，例如极快的离子传感和超小的试剂溶液体积。与标准离子选择性光极的缓慢响应时间相比（其中响应时间基本上由黏性聚合物膜中离子物质的缓慢扩散控制），芯片上离子传感系统的响应时间明显更快，这是因为扩散距离短，并且有机溶液黏度低。离子对萃取法是一种用于离子选择性光极的成熟方法，它通过使用单一亲脂性 pH 指示剂染料和高选择性中性离子载体对各种离子进行高选择性光学离子测定。离子对萃取反应和芯片技术的开发拥有传统离子传感器无法实现的吸引人的优势。芯片上离子传感系统的优点是：

①可以通过在微空间中快速传输分子显著减少反应时间（响应时间）。

②由于所需的试剂溶液体积非常小（约 100nL），因此每次测量都可以使用新鲜的有机相。随后，不会发生由于离子传感组分流失而引起响应衰减的现象，这是离子选择性光极的典型问题。这一优点直接反映在连续测量期间出色的响应再现性和有效减少一次测量中昂贵试剂的消耗量上。

③离子测定本质上可以通过检测有机相中单一亲脂性阴离子染料的质子化/去质子化过程来进行。因此，另一种分析物离子的测量不需要特殊的变色螯合剂，只需用不同的选择性离子载体替换中性离子载体。从光学仪器的角度来看，这个优点是相当重要的；意味着无需改变激发源以匹配不同螯合剂的激发波长。

④开发用于离子选择性电极的各种高选择性离子载体是可商购的，无需任何化学修饰即可使用。

图 6.3 说明了实验装置和离子对萃取过程[13]。含有中性离子载体、亲脂性 pH 指示剂染料的有机溶液和含有样品离子（K^+ 或 Na^+）的水溶液分别引入微通道以形成有机/水界面。然后在连续流动条件下，在有机相的下游用热透镜显微镜进行离子测定。

芯片上离子传感系统的响应时间和最小所需试剂溶液体积分别约为 8s 和 125nL。

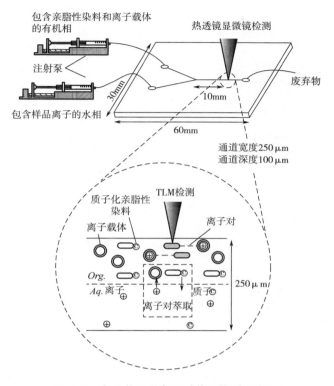

图 6.3 实验装置和离子对萃取模型示意图

[资料来源：Anal，Chem.，73，1382，2001. 中的图 2。]

此外，通过扩展芯片上离子传感的概念，成功实现了使用单芯片的顺序多离子传感系统[14]。图 6.4 显示了使用单个芯片的多离子传感的基本概念。含有相同亲脂性 pH 指示剂染料但不同离子载体的不同有机相通过注射泵依次引入微通道，以避免污染。含有不同离子的样品水溶液从另一个入口引入，与间歇泵输送的有机相形成平行的两相流股。选择性离子对的萃取反应在流动过程中进行，即不同的离子可以选择性地萃取到不同的有机相中，这取决于各个有机相中所含的中性离子载体的选择性。在流动的下游，离子对萃取反应趋于平衡；因此，下游有机相颜色变化的顺序和选择性多离子传感检测可以在含有多个离子的单一水性样品溶液中进行。

Hisamoto 等[14] 使用缬氨霉素和 2,6,13,16,19-五氧杂环-［18.4.4.47，12.01.20.07，12］二十三烷（DD16C5）（当用于传统离子传感器时这两种物质表现出高选择性）分别作为钾和钠的高选择性离子载体。该系统分析了三种类型的样品水溶液：含有 1×10^{-2}mol/L K^+，1×10^{-2}mol/L Na^+ 或两种离子的缓冲溶液。当使用含有单一类型离子的水相时，在每种情况下都会发生选择性萃取；即含有缬氨霉素的有机相部分仅萃取 K^+，含有 DD16C5 的有机相部分仅萃取 Na^+。当检测含有两种离子的水相时，两种离子都被独立地萃取到不同的有机相中，这取决于各自有机相中离子载体的

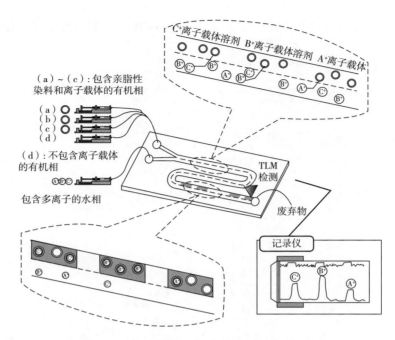

（a）~（c）：包含亲脂性染料和离子载体的有机相
（a）
（b）
（c）
（d）

（d）：不包含离子载体的有机相

包含多离子的水相

C⁺离子载体溶剂　B⁺离子载体溶剂　A⁺离子载体

TLM 检测

废弃物

记录仪

图 6.4　使用简单微芯片的顺序离子传感系统的概念

［资料来源：in Anal. Chem., 73, 5551, 2001. 中的图 1。］

性质。在系统中无需通过两个有机相的交叉分散进行稀释即可获得最小体积约 500nL 的平衡响应所需的单一有机相，这表明在一次测量所需的昂贵试剂量可以减少到几纳克。

6.2.3　生物测定系统的集成

Goto 等[15] 展示了生物测定系统的集成，该集成涉及生物测定所需的所有过程，即通过使用 CFCP 在芯片上进行细胞培养，细胞化学刺激，化学和酶促反应以及检测（图 6.5）。通过温度控制装置，系统可以为芯片上的各个区域保持不同的温度。该系统成功监测了脂多糖刺激的巨噬细胞样细胞释放的一氧化氮（NO）。使用硝酸还原酶和 Griess 试剂进行 NO 的测定。从细胞释放到培养基中的 NO 被溶解氧氧化，形成 NO_2^- 和 NO_3^-。然后，通过硝酸盐还原酶将 NO_3^- 还原为 NO_2^-，进而测定微通道中的 NO。接下来，所有的 NO_2^- 都与 Griess 试剂反应，然后产生的有色产物通过热透镜显微镜检测（图 6.6）。总检测时间从 24h 缩短到 4h，NO 的检测限从 1×10^{-6} mol/L 提高到 7×10^{-8} mol/L。此外，该系统可以监控释放的时间进程，这是传统间歇方法难以测量的。

Schilling 等[16] 证明了在连续流动条件下可以将芯片上的细菌细胞裂解，蛋白质提取和检测整合到一起。它们的芯片有三个入口，两个出口和两个直的（裂解和检测）微通道（图 6.7）。微通道的宽度和深度分别为 1000μm 和 100μm。细胞悬浮液（大肠杆菌）和化学裂解剂通过单独的入口进入裂解微通道。这两种流体在微通道中并排流动，除了横向扩散外没有径向混合。由于细胞很大，它们不会产生任何明显距离的扩散，因此保留在微通道的左半部分。与细胞相反，裂解剂可以从微通道的右半部快速

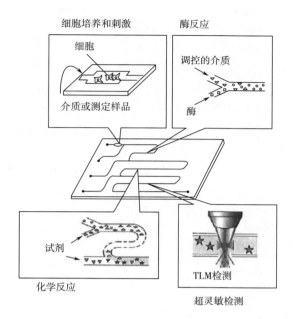

图6.5 基于微芯片的生物测定系统的概念

[资料来源：Anal. Chem. ，77，2125，2005. 中的图1。]

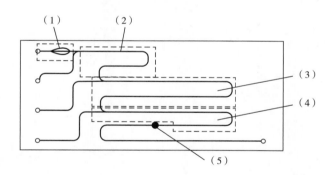

（1）Cells $\xrightarrow{\text{LPS}}$ NO $\xrightarrow{O_2}$ $NO_2^- + NO_3^-$

（2）NO_3^- $\xrightarrow{\text{硝酸盐还原酶}}$ NO_2^-

（3）NO_2^- + H_2NO_2S—⟨⟩—NH_2 $\xrightarrow{H^+}$ H_2NO_2S—⟨⟩—$N≡N^+$

（4）H_2NO_2S—⟨⟩—$N≡N^+$ ⟶ H_2NO_2S—⟨⟩—$N=N$—⟨⟩—NH

（5）采用热透镜显微镜检测

图6.6 在微芯片中进行的测定巨噬细胞刺激剂的化学过程

[资料来源：Anal. Chem. ，77，2125，2005. 中的图5。]

横向扩散到微通道的左半部。裂解剂可渗透细胞膜并使细胞内成分（β-半乳糖苷酶）离开细胞。然后这些细胞内的成分可以在所有方向上自由扩散，一些扩散到裂解微通道的右半部分。由于它们的相对大小和扩散系数，细胞内的小分子比大分子更容易进入微通道的右半部分。在受控出口处，合适的流速可以使所有剩余的细胞碎片和非常大的分子（如 DNA）从裂解液微通道中流出。扩散到裂解微通道右半部分的所有分子物质都在拐弯处进入检测微通道，它们占据了微通道的左边部分。大分子优选地位于检测微通道的中心线附近，而小分子扩散向远离中心线的位置。进入检测微通道右半部分的是含有检测分子的流体。由于检测微通道中的两条流相互扩散，检测物质可以使 β-D-吡喃半乳糖苷与 β-半乳糖苷酶反应产生试卤灵（荧光分子）。可以改变两条直线微通道的流速和长度以控制芯片中的平均停留时间，从而可以调整系统中的细胞成分。

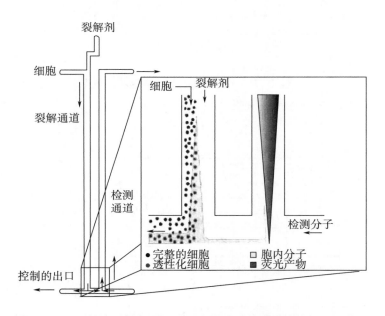

图 6.7　用于细胞裂解和分馏/检测细胞内成分的微流体装置示意图

在所有入口和一个出口处控制泵速。裂解剂扩散到细胞悬浮液中裂解细胞。然后细胞内成分扩散离开细胞，一些被带到检测通道的拐角处，可以通过从荧光底物产生的荧光物质来检测它们的存在。

［资料来源：Anal. Chem.，74，1798，2002. 中的图 1。］

6.2.4　化学反应的在线监测

如果实现了连续流动条件下微通道中化学反应的在线监测，就可以对反应条件（反应时间、浓度、pH 等）进行优化以及获取反应中间体和反应动力学的相关信息。最近，通过利用独特的微芯片和传统的 NMR 仪器开发了一种在线监测化学反应的系统[17]。虽然已经有很多关于微型 NMR 芯片上集成微线圈的研究报道，但制造这些微型 NMR 并不容易，其性能也不尽如人意。新系统能够使用无需任何修饰的标准 5mm

直径样品管和传统的 NMR 仪器。图 6.8 显示了微芯片的照片和过程示意图。微通道的宽度和深度分别为 300μm 和 100μm，用于反应的微通道长度为 60mm，用于检测的微通道长度为 240mm。NMR 测量时，将微芯片插入标准样品管中，并将其安装于 NMR 仪器中的样品架和转子组中。将氘化溶剂作为核磁共振锁引入微芯片和标准样品管之间的间隙中（图 6.9）。无需旋转微芯片和转子组即可进行实验测量。该系统成功应用于在线监测威悌反应的反应产物以及直接检测格氏反应的中间体。

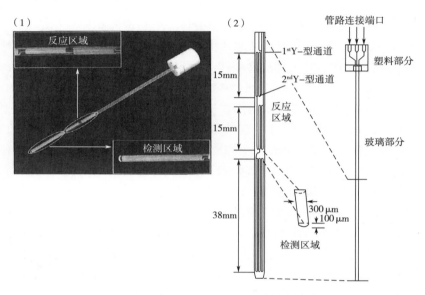

图 6.8　NMR 微芯片的照片（1）和过程示意图（2）

［资料来源：Anal. Sci., 23，395-400，2007. 中的图 1。］

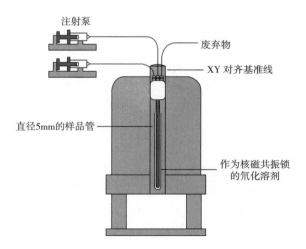

图 6.9　实验装置的图示

［资料来源：Anal. Sci., 23，395-400，2007. 中的图 2。］

6.3 微流体装置中的流动进样分析

6.3.1 流动进样分析系统：芯片上 PDMS 阀

一般而言，流动进样分析（FIA）系统由泵、进样阀、混合柱和检测器组成[18]。对基于微芯片的 FIA 系统的研究和开发进展不大，这是因为很难集成 FIA 分析所需的所有组件。一些研究已经将微通道和混合方法与传统的进样阀和泵相结合[19,20]。这些方法虽然都比较新颖，但其失去了微芯片的一些优势，如集成度和较低的样品消耗。Veenstra 等[21] 已实现在芯片上集成微型蠕动泵并用于测定铵浓度。许多研究人员已经将微型阀集成到芯片上[22,23]。大多数这些微型阀是设计精密的芯片和复杂的制造工艺所不可或缺的。Unger 等[24] 开发了由多层聚（二甲基硅氧烷）（PDMS）制成的气动阀门。这些 PDMS 阀基于两组连接在一起的微通道（流体和控制），一组处于顶部位置，另一组处于垂直位置，两者由微通道中的聚合物薄膜隔开，这些膜控制着流体的流动。控制通道中的压力增加会导致 PDMS 膜变形并使流体通道关闭。简单的阀门和由芯片上的一系列阀门组成的蠕动泵已经被证明使用了这种技术，并且已有相关应用报道。最近，Leach 等[25] 使用上述 PDMS 技术在芯片上集成了蠕动泵，进样阀和混合柱，图 6.10 显示了多层 PDMS 微流体 FIA 系统和系统中进样回路的示意图。低体积进样回路是该 FIA 系统的关键组件，其操作方式类似于 FIA 中常用的标准六通二通阀。进样回路由两个输入端和两个输出端组成，输入和输出端通过多个流体通道相连。两组阀门用于控制进样系统的状态，一组阀门始终保持关闭状态。在装载位置（图 6.10（2）①和②），一组阀门关闭，迫使样品流过进样环，而载体绕过环路并进入混合柱。注入样品时，阀门的状态则相反（图 6.10（2）③和④），引导载体通过充满分析物的进样环再进入混合柱，因为样品和载体都不断地泵入系统，当先前的进样继续通过混合区域时，进样环被不断地填充。多次重复使用的 1.25nL 体积（对应 13.3amol 的荧光素）浓度为 10.6nmol/L 荧光素的重现性很好。峰高和面积相对标准偏差分别计算为 1.9% 和 2.2%。使用该 FIA 系统证明了快速进行化学分析（即碱性磷酸酶水解荧光素二磷酸酯）的可能性。

6.3.2 流动进样分析系统：基于芯片的滑阀

FIA 中经常使用有机溶剂。虽然上述 PDMS 阀门具有良好的性能，但 PDMS 对有机溶剂的耐化学品性存在问题。Kuwata 和同事[26-28] 最近开发了一种新型玻璃芯片，该芯片与死体积为零的滑动分配单元集成在一起。图 6.11 显示了微芯片的照片和示意图。微芯片由五部分组成。A，C，E 部分是固定的，B，D 部分可以通过外部驱动器进行单独的平行滑动。B 部分作为体积测量通道，每个通道容量为 10nL。由于滑动部件的所有接触面都涂有聚四氟乙烯（PTFE），因此部件之间的间隙不会有泄漏。因此，该系统几乎可以应用于包括有机溶剂、酸、碱和气体在内的所有流体。分液原理如图 6.12 所示，首先将样品溶液引入上方的通道 [图 6.12（1）]。其次，D 部分向

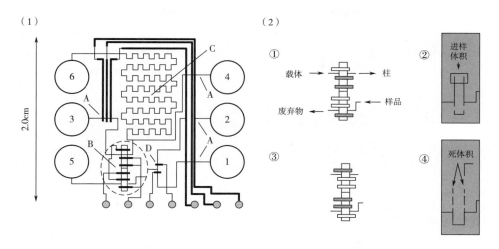

图 6.10　（1）多层 PDMS 微流体 FIA 系统示意图。流体通道显示为灰色，控制通道（泵和阀门）显示为黑色。流体组件包括（A）蠕动泵，（B）进样阀，（C）混合/反应柱和（D）样品选择器。六个流体容器包含①，②两种样品溶液，③载体，④反应物，⑤样品废弃物和⑥混合柱废弃物（2）微流体进样回路的操作，装载①和进样③位置。流体通道显示为灰色，微型阀显示为黑色。实心黑条表示阀门关闭；虚线轮廓表示阀门打开。用 1mmol/L 荧光素染料在装载②和进样④位置对阀门系统进行成像。②中的虚线白色矩形代表进样体积，　1.25nL

[资料来源：Anal. Chem. 75，967，2003. 中的图 1 和图 2。]

下滑动以停止所有流动 [图 6.12（2）]。再者，B 部分逐步向下滑动以切断体积为 10nL 的样品溶液 [图 6.12（3），（4）]。最后，将 D 部分向上滑动，将 B 部分微通道中储存的所有样品溶液注入位于阀门单元的右侧 [图 6.12（5）] 的分析通道。通过改变通道体积（例如宽度、深度、长度）可以轻松减少测量通道的体积。实际上，1nL 的进样量并不难达到（W：100μm，D：10μm，L：1mm），因为没有受到压降的严重影响。该系统在重复进样 10nL 染料溶液时表现出良好的重现性。峰高和峰面积相对标准偏差计算分别为 0.94% 和 0.98%。使用这样的系统，成功证明了 NO_2^{-}[19] 和 Cr^{4+}[20] 的测定分析。

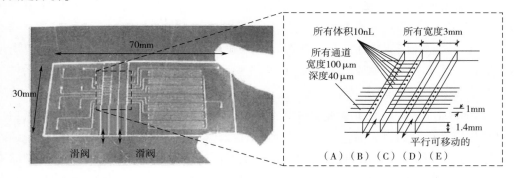

图 6.11　微流体滑阀装置示意图

[资料来源：Proc. Micro Tqtal Analysis Systems 2005，Transducer Research Foundation，San Diego，Vol. 1，602，2005 中的图 1。]

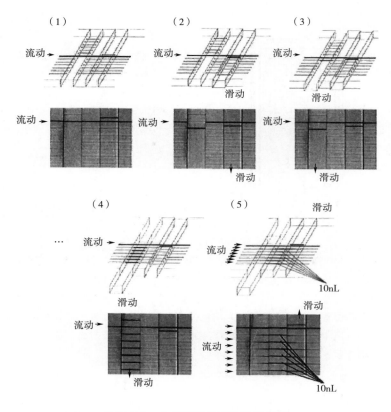

图 6.12 分配过程的照片和示意图

（1）样品引入；（2）流动停止；（3）样品引入第二个通道；（4）样品引入最终通道；（5）样品注入分析通道

［资料来源：Proc. Micro Total Analysit Systems 2005，Transducer ResearchFoundation，San Diego，Vol. 1，602，2005. 中的图 2。］

6.3.3 流动进样分析系统：免疫分析

免疫分析是利用抗体特异性分析的灵敏方法，它们是 20 世纪对医学和基础生命科学研究最有成效的技术贡献之一，为我们提供了一种复杂的可用于研究和确定微量抗体（如蛋白质）浓度的生化技术。自从 1959 年 Yalow 和 Berson[29] 首次阐述了免疫测定的原理以来，免疫测定在制药、法医、兽医和食品科学以及医学诊断方面的应用呈指数增长。基于 FIA 的免疫测定是在 20 世纪 80 年代早期开发的[12]并且其也经受过了审查[30]。最近，几个研究小组开发了用于 FIA 免疫测定的微流体装置。如图 6.13 所示，Yakovleva 等[31] 证明了基于蛋白质 A 和 G 亲和力的微流体免疫分析，其中蛋白质 A 和 G 固定在硅微通道表面上。使用该系统对橙汁样品中的莠去津（最广泛使用的除草剂之一）进行了分析，其检测限为 0.006μg/L。总分析时间为 10min，包括样品进样，三个底物的进样和再生。Kakuta 等[32] 还报道了对基于微芯片的半自动异质免疫分析系统的开发工作。图 6.14 显示了该系统的示意图，该系统由一个泵，两个进样器，一个检测器和一个微芯片组成。将预先包被捕获抗体的 34μm 球形微珠填充到微通道中。通过使用该系统，被称为心力衰竭生物标志物的脑钠肽（BNP），在 0.1~100pg/mL 的浓度下被成功测定。分析在 15min 内进行，包括样品进样，底物的进样和再生。Ohashi 等[33] 开发了一种用于过敏症（IgE）临床诊断的基于微芯片的全自动 ELISA（酶联免疫吸附测定）系统。原型系统和分析方案流程的照片分别显示在图 6.15 和图 6.16 中。4 个样品的总分析时间为 20min。样品（患者血清）注射量为 5μL。对分析方案进行了临床试验，即用常规方法治疗了 82 名过敏患者，结果显示出良好的相关性（R=0.891）。该系统可以通过改变微通道中微珠上的抗原或抗体来进行各种免疫测定。

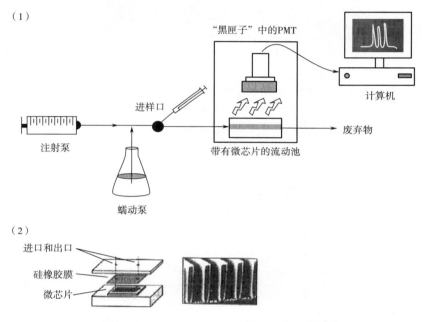

图 6.13　（1）微流体免疫传感器歧管的图示：注射泵和蠕动泵分别用于泵送载体缓冲液和再生溶液，流速分别为 40 μL/min 和 50 μL/min。经过预混合的含有酶示踪剂、阿特拉津标准品和抗体的样品，通过六通进样阀进样，位于流动池上方的 PMT 用于检测化学发光信号，其中包含微流体免疫传感器（2）有机玻璃微芯片流动池的详细视图和微芯片通道网络的放大图像

[资料来源：Biosens. Bioelectron.，19，21，2003. 中的图 2。]

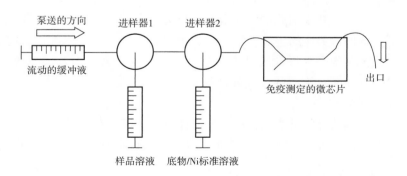

图 6.14　顺序进样方法的流体系统示意图

[资料来源：Meas. Sci. Technol.，17，3189，2006. 中的图 2。]

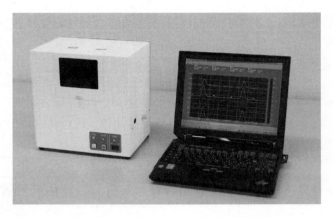

图 6.15　全自动微流体 ELISA 原型系统的照片

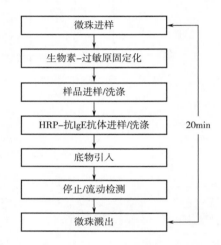

图 6.16　微流体 ELISA 系统的测定流程图标

6.4　展望

使用微流体装置的流动分析在过去几年中得到迅速发展，尽管这些装置仍处于发展阶段。然而，最近在基于细胞的测定和免疫测定、DNA 诊断和大规模整合的生物测定方面取得了大量值得关注的进展。随着有关集成分析功能的技术和知识的迅速积累，这些设备很快就会在各个分析领域投入使用。在不久的将来，作者认为微流体装置将成为用于现场分析和即时检测的高性能便携式仪器，以及用于极端环境（深海、太空等）的全自动无人分析仪。

此外，随着制造技术的进步，使用纳米流体设备的流动分析最近成为主要热点[34]。当然，虽然纳米流体装置中的液体比较难处理，但该技术具有科学研究意义，并且会给我们带来很大的好处。

参考文献

［1］Manz, A., Graber, N. and Widmer, H. M. (1990) Miniaturized total chemical analysis systems. A novel concept for chemical sensing. *Sensors and Actuators B-Chemical*, 1, 244–248.

［2］Reyes, D. R., Iossifidis, D., Auroux, P. -A. and Manz, A. (2002) Micro total analysis systems. 1. Introduction, theory, and technology. *Analytical Chemistry*, 74, 2623–2636.

［3］Auroux, P. -A., Iossifidis, D., Reyes, D. R. and Manz, A. (2002) Micro total analysis systems. 2. Analytical standard operations and applications. *Analytical Chemistry*, 74, 2637–2652.

［4］Vilkner, T, Janasek, D. and Manz, A. (2004) Micro total analysis systems. Recent developments. *Analytical Chemistry*, 76, 3373–3386.

［5］Dittrich, P. S., Tachikawa, K. and Manz, A. (2006) Micro total analysis systems. Latest advancements and trends. *Analytical Chemistry*, 78, 3887–3907.

［6］Ruzicka, J. (2000) *Analyst*, 125, 1053–1060.

［7］Tokeshi, M., Minagawa, T, Uchiyama, K., Hibara, A., Sato, K., Hisamoto, H. and Kitamori, T. (2002) Continuous-flow chemical processing on a microchip by combining microunit operations and a multiphase flow network. *Analytical Chemistry*, 74, 1565–1571.

［8］Kitamori, T., Tokeshi, M., Hibara, A. and Sato, K. (2004) Thermal lens microscopy and microchip chemistry. *Analytical Chemistry*, 76, 52A–60A.

［9］Kikutani, Y., Ueno, M., Hisamoto, H., Tokeshi, M. and Kitamori, T. (2005) Continuous-flow chemical processing in three-dimensional microchannel network for on-chip integration of multiple reaction in a combinatorial mode. *QSAR & Combinatorial Science*, 24, 742–757.

［10］Sato, K., Hibara, A., Tokeshi, M., Hisamoto, H. and Kitamori, T. (2003) Integration of chemical and biochemical analysis systems into a glass microchip. *Analytical Sciences*, 19, 15–22.

［11］Tokeshi, M., Kikutani, Y., Hibara, A., Sato, K., Hisamoto, H. and Kitamori, T. (2003) Chemical process on microchips for analysis, synthesis and bioassay. *Electrophoresis*, 23, 3583–3594.

［12］Kikutani, Y., Hisamoto, H., Tokeshi, M. and Kitamori, T. (2004) Micro wet analysis system using multi-phase laminar flows in three-dimensional microchannel network. *Laboratory on a Chip*, 4, 328–332.

［13］Hisamoto, H., Horiuchi, T., Tokeshi, M., Hibara, A. and Kitamori, T. (2001) On-chip integration of neutral ionophore-based ion pair extraction reaction. *Analytical Chemistry*, 73, 1382–1386.

［14］Hisamoto, H., Horiuchi, T., Uchiyama, K., Tokeshi, M., Hibara, A. and Kitamori, T. (2001) On-chip integration of sequential ion-sensing system based on intermittent reagent pumping and formation of two-layer flow. *Analytical Chemistry*, 73, 5551–5556.

［15］Goto, M., Sato, K., Murakami, A., Tokeshi, M. and Kitamori, T. (2005) Development of a microchip-based bioassay system using cultured cells. *Analytical Chemistry*, 77, 2125–2131.

［16］Schilling, E. A., Kamholz, A. E. and Yager, P. (2002) *Analytical Chemistry*, 74, 1798–1804.

［17］Takahashi, Y., Nakakoshi, M., Sakurai, S., Akiyama, Y., Suematsu, H., Utsumi, H. and Kitamori, T. (2007) Development of an NMR interface microchip (MICCS) for direct detection of reaction products and intermediates of micro-syntheses using a MICCS-NMR. *Analytical Sciences*, 23,

395-400.

[18] Trojanowicz, M. (2000) *Flow Injection Analysis*, World Scientific, Singapore.

[19] Yokovleva, J., Davidsson, R., Lobanova, A., Bengtsson, M., Eremin, S., Laurell, T. and Emnéus, J. (2002) Microfluidic enzyme immunoassay using silicon microchip with immobilized antibodies and chemiluminescence detection. *Analytical Chemistry*, 74, 2994-3004.

[20] Kerby, M. and Chien, R.-L. (2001) A fluorogenic assay using pressure-driven flow on a microchip. *Electrophoresis*, 22, 3916-3923.

[21] Tiggelaar, R. M., Veenstra, T. T., Sanders, R. G. P., Berenschot, E., Gardeniers, H., Elwenspoek, M., Prak, A., Mateman, R., Wissink, J. M. and van den Berg, A. (2003) Analysis systems for the detection of ammonia based on micromachined components modular hybrid versus monolithic integrated approach. *Sensors and Actuators B-Chemical*, 92, 25-36.

[22] Madou, M. J. (2002) *Fundamentals of Microfabrication: the Science of Miniaturization*, 2nd edn, CRC Press, Boca Raton.

[23] Nguyen, N.-T. and Wereley, S. T. (2006) *Fundamentals and Applications of Microfluidics*, 2nd edn, Artech House, Boston, Chapter 6.

[24] Unger, M. A., Chou, H. P., Thorsen, T., Scherer, A. and Quake, S. R. (2000) Monolithic microfabricated valves and pumps by multilayer soft lithography. *Science*, 288, 113-116.

[25] Leach, A. M., Wheeler, A. R. and Zare, R. N. (2003) Flow injection analysis in a microfluidic format. *Analytical Chemistry*, 75, 967-972.

[26] Kuwata, M., Kawakami, T., Morishima, K., Murakami, Y., Sudo, H., Yoshida, Y. and Kitamori, T. (2004) Sliding Micro Valve Injection Device for Quantitative Nano Liter Volume, *Proceedings of Micro Total Analysis System* 2004, Vol. 2 Kluwer Academic Publishers, Dordrecht, pp. 342-344.

[27] Kuwata, M., Sakamoto, K., Murakami, Y., Morishima, K., Sudo, H., Kitaoka, M. and Kitamori, T. (2005) Sliding Quantitative Nanoliter Dispensing Device for Multiple Analysis, *Proceedings of Micro Total Analysis Systems* 2005, Transducer Research Foundation, San Diego, Vol. 1, pp. 602-604.

[28] Kuwata, K. and Kitamori, T. (2006) Sliding Micro Valve Device for Nano Liter Handling in Microchip, *Proceedings of Micro Total Analysis Systems* 2006, CHEMINAS, Tokyo, Vol. 2, pp. 1130-1132.

[29] Yalow, R. S. and Berson, S. A. (1959) Assay of plasma insulin in human subjects by immunological methods. *Nature*, 184, 1648-1649.

[30] Fintschenko, Y. and Wilson, G. S. (1998) Flow injection immunoassay: a review. *Mikrochimica Acta*, 129, 7-18.

[31] Yakovleva, J., Davidsson, R., Bengtsson, M., Laurell, T. and Emneus, J. (2003) Microfluidic enzyme immunosensors with immobilised protein A and G using chemiluminescence detection. *Biosensors & Bioelectronics*, 19, 21-34.

[32] Kakuta, M., Takahashi, H., Kazuno, S., Murayama, K., Ueno, T. and Tokeshi, M. (2006) Development of tire microchipbased repeatable immunoassay system for clinical diagnosis. *Measurement Science & Technology*, 17, 3189-3194.

[33] Ohashi, T., Matsuoka, Y., Mawatari, K., Kitaoka, M., Enomoto, T. and Kitamori, T. (2006) Automated Micro-ELISA System for Allergy Checker: a Prototype and Clinical Test, *Proceedings of Micro Total Analysis Systems* 2006, CHEMINAS, Tokyo, Vol. 1, pp. 858-860.

[34] Tamaki, E., Hibara, A., Kim, H.-B., Tokeshi, M. and Kitamori, T. (2006) Pressure-driven flow control system for nanofluidic chemical process. *Journal of Chromatography. A*, 1137, 256-262.

7　流动分析中的多路换向概念

Mário A. Feres，Elias A. G. Zagatto，João L. M. Santos 和
José L. F. C. Lima

7.1 引言

流动系统是处理溶液的绝佳工具[1]，特别适用于湿态化学分析。系统的多功能性可以通过采用专门设计的阀门、进样器、换向器、泵或其他有源装置，或者换句话说，通过换向来提高。

每个流动系统都具有至少一个时间窗口，一些给定实验的开发需要在特定的时间间隔下进行[2]。由于精确把控了时间，一些物理化学过程的部分和可重复开发变得可行，并且可以更好地利用反应动力学。流动分析的其他典型特征包括样品和试剂的消耗量低、可利用梯度变化、对样品污染的容忍度高等[3]。这些特点，以及不断扩大的应用范围，推动了大众全面地接受流分析技术[2,4,5]。

通过利用换向功能，每个通道的时间窗口数量可能会显著增加，从而拓展了流动分析技术的潜力。值得一提的是，早期分段式流动分析仪的采样臂选择将样品或载体溶液吸入分析路径，该采样臂可认为是一种换向器。样品和载体流体之间相互切换，这种切换被视为流动分析中换向器的基石[6]。

在分段式流动分析发展过程中，换向概念几乎没有扩展。事实上，不同样品的化学处理总是不变的，有源装置通常不存在于歧管中，分段式流动通常没有用于确定换向时间的外部计时*（例如样品进样中断程序中的停止周期）和相应的反馈机制。

随着非分段式流动分析的出现，换向器经历了显著的发展，由于分析通道（包括流动的样品）表现为不可压缩的液柱，通过换向可以轻松高效地完成不同的过程，如流体变向、流体分流、流体反转、进样中断、区域采样，以及添加或删除歧管组件。因此，人们提出了几种相关性于流体合并区域、区域采样、停止流动等过程的分析方法[3]，从而显著扩大了流动分析的应用范围。1986 年发表的一篇综述全面分析了流动分析中关于换向的应用[1]。

简单的换向器操作（通常是滑杆或旋转阀）涉及两个重置位置，每个位置对应于不同的管汇状态[6]。图 7.1 清楚显示了这些状态，其采用简单的换向器注入样品；装载和进样操作对应于不同的装置状态。

单个换向器可以执行两个或多个换向操作；因此可以利用与运动元件相连的多个换向部分[7]。这种潜能可用于整体换向。图 7.2 显示了基于单个换向器的区域采样方法。虽然涉及两个换向段，但管汇状态仍然只有两个。即使涉及整体换向，由单个换向器组成的流动系统还是缺乏通用性。

通过使用管汇系统中的多个离散操作设备，可以获得多个管汇状态[6]，从而增强系统的多功能性并改善分析过程的性能指标。区域采样是解释这种做法的一个很好的例子。通过整体机械换向（图 7.2），每次只需重新对一个样品的等分试样进行采样，而每次进样的等分试样的数量可以通过离散操作的换向器来选择[8]。

---

　　* 外部计时是指通过外部组件（通常是计算机）为给定物理化学过程选择预设置的时间间隔。

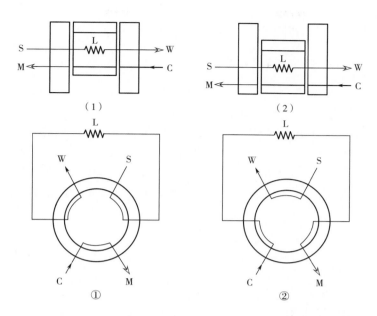

图 7.1 使用滑杆换向器（1）或六通旋转阀（2）进样。①和②指装载和插入位置。

S—样品；L—定量环；C—载体/洗涤流体；M—流向歧管；W—流向废弃物；实心箭头—泵送流体的位置；空白箭头—流体流向。S 被吸入以填充 L，精确控制进样的体积。丢弃多余的样品。通过切换换向器（或阀门）将选定的样品引入 C。

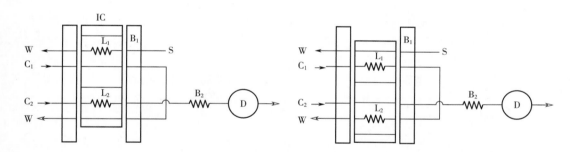

图 7.2 利用区域采样和滑杆换向器的系统流程图

将 S 插入 C_1，在 B_1 内分散并流经 L_2。在预先选择的时间间隔之后，换向器被切换，L_2 内的分散样品的选定部分被插入到 C_2 中以进行进一步处理和监测。S—样品；C_1、C_2—载体/洗涤液；B_1、B_2—反应器；L_1、L_2—定量环；D—探测器；IC—进样器–换向器；上下部分—流动系统的不同状态；实心箭头—泵送流体的方向；空白箭头—流动方向。

在 20 世纪 90 年代，由于仪器自动化程度的提高，对增强系统多功能性的需要和分析应用的多样性，多路换向技术经历了显著的扩展。关于多路换向的具有里程碑意义的文章[9] 对于巩固该概念至关重要。

多路换向技术与流动分析模式（分段流、流动进样、顺序进样）和流动模型（未分段、分段、脉冲、串联）都兼容。它适用于外部计时[10] 和浓度主导型的反馈机制[11]。特定分析程序所包含的过程可以通过修改时间进程来实现，这些时间进程与计算机控制的离散设备相关。通过以上操作可以实现系统的多功能性[6]。在这里，有趣的一点是使用电磁泵和电磁阀来提高系统性能[12]。

7.2 概念

在更广泛的背景下，交换一词在韦氏英语词典[13] 中被定义为与 4 种情况有关："①从一个状态到另一个状态的传递。"这个定义在流动分析中也成立，因为至少涉及两种流动状态。如图 7.3 所示，可以选择添加一个间歇流[14]。如果不添加这个间歇流，总流速较低并且可以更好地利用相对缓慢的化学反应。获得分析信号后，进样器-换向器互相切换，以将间歇流引入主通道，从而改善系统的洗涤效果并提高进样速率。

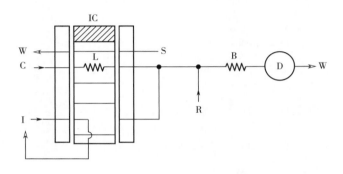

图 7.3　利用间歇流和滑动杆换向系统的流程图

S—样品　L—定量环　C、R、I—载体/洗涤液、试剂、间歇流　IC—进样器-换向器　B—反应器　D—检测器
实心箭头—泵送流体的方向　空心箭头—流体流向　阴影区域—替代 IC 位置

间歇性流体也可用于添加试剂[4]。试剂仅在样品带通过汇合点时引入并随样品一起流动。该策略类似于区域合并[15]，可以使试剂消耗量显著减少。间歇性流体的开发也依赖于泵的操作[16]。

间歇性流体也可类似地执行进样中断操作（图 7.4）。该方法可以在不增加样品分散的情况下有效地延长停留时间。基于化学反应相对较慢的分析程序的灵敏度得以提高。进样中断最初用于获得动力学分析中涉及的连续测量[17]。其可以通过外部定时来实现：泵在预先选择的时间间隔内停止运行，之后再次运行。

"②以一物换另一物的行为和③替代的行为。"这些定义在具有换向器的流动分析中同样成立，但是②和③的含义彼此等效。出于解释说明的目的，可以考虑添加或去除歧管组件，在这种情况下，着重提到了通过单个换向器对硝酸盐和亚硝酸盐的分光光度测定[18]。在每次切换换向器后，样品等分试样被两次注入。一个歧管状态对应于将 Cd/Cu 微柱插入歧管中，用于将硝酸盐定量还原为亚硝酸盐，而另一种状态对应于插入传输线路。分析信号反映了硝酸盐加亚硝酸盐的浓度，或亚硝酸盐的浓度。

"④在电流中，通过换向器改变电流方向。"该定义在流体（而非电流）流动分析中同样成立。流动反转是一个很好的例子，因为它本身是用于多峰测量[19]、动力学分析[20] 等相关的有用策略。当进行连续且快速的流动逆转时，样品接近摇动的情况；这

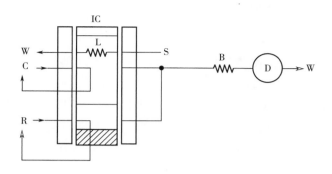

图 7.4　利用进样中断和滑杆进样器–换向器的系统流程图

在进样后经过预设的时间间隔后，C 被重新定向以进行循环，从而在分析路径或检测器内排出样品带。

S—样品　L—定量环　C，R—载体/洗涤液，试剂　IC—进样器–换向器　B—反应器　D—检测器　实心箭头—液体泵送方向　空心箭头—流动方向　阴影区域—替代 IC 位置

对于提高液–液萃取很重要[21]。

　　可以看出上述定义与利用换向，乃至多路换向的流动系统密切相关。相关的流动系统涉及 n 个离散操作的设备（$<n$ 表示整体换向），它们可以建立多达 2^n 的管汇状态[9]。这些状态提供了执行特定分析的固有步骤所需的不同条件，并且可以通过控制软件（外部定时）[22] 或最终根据浓度导向的反馈机制[11] 进行在线改变。

　　多路换向不是流动系统的一种模式。作者认为它是给定流动系统一种属性。当这种多路换向原理更明显时，该流动系统可以称为多路换向流动系统。

　　总的说来，歧管中的很多有源器件在多重换向流动系统中均被认为是不工作的。这不是一个必要条件[6]，因为可以设计一个只有一个阀的多路换向系统[23]。另一方面，带有几个换向器的流动分析系统在这里并没有强调其多路换向功能[24]。

7.3　离散操作设备

　　阀门、泵、计时器和其他经常用于多路换向系统的设备可以以主动或被动方式操作，这取决于是否利用了浓度主导型的反馈机制。

7.3.1　被动操作设备

　　需要这些设备来为样品处理提供适当的条件，它们的操作是在样品引入分析通道之前就被定义好的。因此，不同样品的处理条件是一样的。即便如此，鉴于系统时间窗口[2]，可以有效地执行几个与时间相关的分析步骤。

　　在某些情况下，可以使用外部计时，例如，样品的反应时间。可以选择包含进样中断的程序[17] 来运行：给定物理化学过程所需的预设时间间隔由外部组件设置，通常它定义了进样中断的持续时间。

　　另一种可能性是通过键盘以多样化和特定的方式提供处理样品所需的信息，如在具有随机试剂接入步骤的流动系统中使用了这种方法[25]。

7.3.2　主动操作设备

流动分析仪根据先前的测量值可以在线修改样品处理条件，其潜力因此得到了扩展。一个典型的例子是对单个样品的调整[26]：粗略收集相关信息（酸度、离子强度、潜在干扰物质的存在），并以此为基础，通过添加试剂、调整 pH、样品稀释等操作进行在线的采样调节。类似地，可以在线确认多个进样中断周期[27]或级联稀释[28]所需的信息。也可以利用自动化设备[29]来实现流动系统的自我优化。

7.4　系统设计

多路换向流动系统可以设计为两种不同的模式[30]，这里指的是推进模式或吸入模式，模式的选择取决于流体输送的方式。

在推进模式下（图 7.5），溶液通过导向阀输送至分析通道或循环通道[31]。所有应用于流动分析中的进样技术都可以使用。事实上，通过 S 和 R 同时进样，可以实现两个区域的合并；通过 S/R 顺序进样，可以实施夹层进样[32]；通过大量 C、S 和载体流段的进样，实现了类似于进样环路的进样策略；通过连续的 S/R 进样，建立串联流体；通过 S、R、C 同时进样，可实现提供高度可控的稀释，等等。

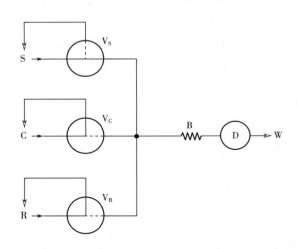

图 7.5　基于推进模式的多路换向流动系统

S、C、R—样品、载体/洗涤液、试剂流体，通过相应的阀门输送至分析通道或循环通道　V_S、V_C、V_R—三通电磁阀　B—反应器　D—检测器　实心箭头—泵送流体的方向　空白箭头—流动方向　痕迹线—阀门重新定向的替代位置

在基于推进模式的流动系统中，流体压力高于大气压，因此这种情况下经常使用正压这一表述。通常，不同的推进通道用以输送不同的溶液。这种流体输送模式与合流和直流系统兼容。

在蠕动泵中，可以通过不同的泵管同时泵送多种溶液。当使用注射器或电磁泵时，给定的设备对应于每个输送的溶液。另一种是利用整体式注射器作为流体推进器，创新是多注射器流动分析[33] 的核心。

　　在吸入模式下（图7.6），使用不同的换向设备以选择每次需要吸入主通道的溶液。流体压力低于大气压，在这种情况下经常使用负压这一表述。因此，流动系统更容易通过连接处最终引入空气或以微气泡形式输送形成的气体物质。流动系统通常设计成直线型，因此只需要一个泵组件[34]，即一个蠕动泵管或一个注射器就足够了。因此，该系统的特征在于更简易和易于控制。

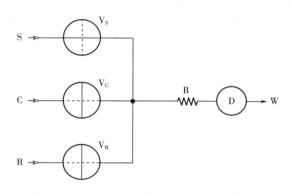

图7.6　基于吸入模式的多路换向流动系统

S、C、R—样品、载体/洗涤液、试剂流，通过相应的阀门被吸入分析通道　V_S、V_C、V_R—双向电磁阀　B—反应器　D—检测器　实心箭头—泵送流体的方向　空心箭头—流动方向　痕迹线—阀门的替代位置

7.5　串联流体

　　多路换向的一个重要特征是建立串联流体。这种独特的流体最初包括几个相邻的不同溶液的溶液段，它们在通过分析通道时[35] 快速混合。由于这些溶液段通常非常小，因此可以有效地将它们完全重叠混匀。

　　使用串联流体，可以将流动系统设计为单线模式，并排除了单线模式固有的缺陷，例如样品体积限制、样品/试剂之间相互作用弱、存在双峰等。

　　对于给定体积的试样带（样品加载体/洗涤液或样品加试剂/洗涤液），可以通过减少溶液小段初始体积并相应增加溶液小段数量来改善混合。即使在短直管中，插入 n 对溶剂塞也可以使 $2n-1$ 个液体界面快速混合[36]。

　　串联流体的构想与分光光度法测定天然水中相关参数有关[37]，不同试剂塞与样品塞以串联的方式依次引入系统。流动系统可以随机选择试剂，串联流体也被用于控制 ICP-OES 或 ICP-MS 测量之前样品的稀释[38]。将几个样品塞与稀释溶液塞以串联的方式引入，将得到的二元串流体引导至仪器雾化器。尽管示踪记录存在波动，但仍可以获得良好的混合条件，从而获得精确的结果。该方法称为串联进样。实现串联流体的另一种方法是将不同的流体合并至快切三通阀。建立一个二元串流体，该采样技术称为二进制采样[9]。也可以借助往复泵来实现串联流体[39]。在这种情况下也使用了其他表达方式，例如多重插入原理[40]和时分复用技术[41]。

也可以在流动进样系统[42]的进样循环内或顺序进样系统[43]的贮存盘管内建立串联流体。样品与试剂的相互作用在进样期间就已经开始；因此，在不影响进样速率的情况下延长了化学反应所需的平均时间。

一种类似的方法通过喷嘴高频地注入样品/试剂流体小段，用于在线电位滴定测量水中的钙[44]。其通过即时湍流改善混合条件和轴向分散。

串联流体也可用于完成真正的滴定，因为载体或洗涤液、滴定剂和滴定剂塞的数量和长度可以很容易进行修改。根据浓度主导型的反馈机制和外推数学算法，通过在线修改流体小段的数量确定了滴定终点。这种方法被命名为二分搜索[45]。

7.6 涉及多路换向的过程

通过利用多路换向可以更有效地完成给定分析程序固有的不同过程，如进一步讨论的那样。

7.6.1 样品引入

通常通过基于时间或基于循环的进样方式将样品引入载流[1]。其他文献［46］对顺序进样系统中的这些技术作出了比较。

关于基于时间的进样，在预设的时间间隔内以恒定流速吸入或泵送样品（取决于是推进式还是吸入式流动分析仪）。因此，引入的等分试样与吸入流速和进样时间成正比。该技术对过程监控来说极具吸引力，因为进样管留在测试介质中，且不会产生延滞效应。然而，对于连续分析，这种进样技术可能存在一些限制，因为进样管从一个样品移动到另一个样品，会导致延滞效应以及最终引入空气。通过添加一个额外的阀门（V_w，图 7.7（1））将剩余的样品引导至废弃物，并绕开分析通道可以规避这个缺陷[9]。或者，可以在分析通道[10]中放置一个重定向阀，如图 7.7（2）所示。在样品被导向废弃物期间，主流体停止流动，这对于需要更长测量时间间隔的检测技术（例如荧光测量）是有益的。

基于循环的进样相关性将外部循环插入到分析通道中。尽管该技术的可行性在使用流体定向阀作为唯一离散操作设备的流动系统中得到了证明[47]，但它很少被人们采用。鉴于循环进样的优势，强烈推荐使用普通进样器（旋转阀或滑杆换向器）进行样品进样并使用其他有源器件增强系统的多功能性。

流体动力学进样[48]是一种类似于循环进样的技术（图 7.8）；然而，样品体积通过一个没有可移动部件的歧管区域确定。大体积或小体积样品（低至 $0.6\mu L$[49]）都可以以良好的精确度插入，可以通过流体导向阀[46]有效地实施该进样方法。

用于完成进样步骤的其他技术，例如气体扩散或透析，也可以通过多次换向来完成。然而，迄今为止，这些应用似乎还没有被开发出来。

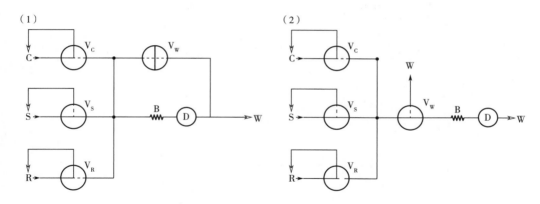

图 7.7　通过检测器旁路（1）或样品直接流向废弃物回收

（2）将基于时间进样流动系统中的延滞效应降到最低。图为推进方式

S、C、R—样品、载体/洗涤液、试剂流体；V_S、V_C、V_R、V_W—三通电磁阀；B—反应器；D—检测器；实心箭头—泵送液体的方向；空心箭头—流体流向。S 被导向 B 而 C 和 R 被循环利用。通过快速切换阀门，建立串联流体。或者，可以同时插入 R 和 S。

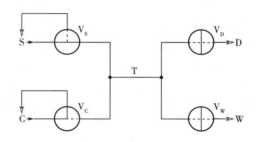

图 7.8　流体动力学进样

S，C—样品、载体/洗涤液；D，W—检测器，废弃物；V_S、V_C、V_D、V_W—电磁阀；T—H 形进样模块的一部分，定义了进样体积；实心箭头—泵送液体的方向；空白箭头—流动方向。S 被吸入以填充 T，并丢弃多余部分。同时，与载体/洗涤液相关的进出口通道保持关闭。当阀门被切换时，选定体积的样品被载体/洗涤液推向检测器。

　　多路换向流动系统还能够进行多次进样，并可以有效地完成不同的进样方法，例如合并区域[50] 和区域采样[51]。还可以对从分散样品中取出的不同等分试样进行连续进样（图 7.9），该方法已被用于扩大分析程序的样品浓度范围[52]，执行包含随机试剂选择[37] 或不同掩蔽剂[53] 的顺序测定，以形成新物质[54]。

7.6.2　样品分散

　　在流动分析中，试样带经历了一个连续的分散过程，控制分散是系统设计的一个关键问题。在这种情况下，进样体积是最相关的参数，因为体积越小分散度越高。当进样体积很小时，与流动样品中浓度最高部分相关的分析信号往往与进样体积呈线性关系[3,4]。通过使用单一标准溶液可以获得分析曲线，并且通过多路换向器可以

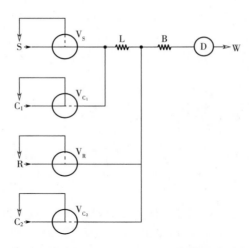

图 7.9　分散溶液不同等分试样的连续进样。图为推进模式

S、R、C_1、C_2—样品、试剂、载体/洗涤液　V_S、V_{C_1}、V_R、V_{C_2}—三通电磁阀　L—捕集线　B—反应器　D—检测器　实心箭头—泵送液体的方向　空白箭头—流动方向

更好地实施该方法[55]。多路换向流动系统的多功能性切换 V_S 和 V_{C_1} 将 S 导向 L，并在 L 中停止流动。然后选择不同的样品等分试样，并通过切割主静止区将其输送至 B。为此，V_{C_1} 与 V_R 同步切换。此后，切换 V_{C_2} 以将试样带的等分试样输送至检测器。因此仅一个样品的等分试样可以被多次进样。使得在同一歧管中可以插入多个体积的样品。因此可以得到不同的分析曲线，这有利于扩大动态浓度范围[56]。应该强调的是，可以考虑不同分析曲线所得到的两个或多个分析结果，以获得更准确的结论[57]。

　　分散也受分析通道长度的影响，通过使用换向设备可以有效地改变通道长度。因此可以获得不同的长度，对应不同的样品处理时间[58]。这一点在很多情况下都十分重要，例如当需要拓宽动态分析范围时。

　　在试样带重新采样也与获得高度的样品分散有关，多路换向流动系统中的区域采样和区域切分是很容易实施的（图 7.2）。

7.6.3　向样品中添加溶液

　　大多数分析程序需要向处理的样品中添加稀释剂、试剂和缓冲液。在直流系统中，轴向样品分散是完成这些添加的主要驱动力，而在汇流系统中，添加支流构成了另一种可能性。多路换向在这方面发挥着重要作用，尤其是在随机选择试剂以进行顺序测定方面[59]。

　　与引入样品类似，其他溶液也可作为活塞流引入。已建立的各溶液区域在分析通道内合并。利用该技术已取得多项成就，例如显著减少试剂消耗、稳定基线等。为此（特别是针对基于时间的进样和利用串联流动进样），设计了多路换向流动系统。图 7.10 举例说明了一个通过会聚载流引入样品/试剂的简单多路换向流动系统。

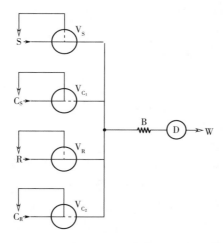

图 7.10 一个利用合并区域的多路换向系统图中为推进模式

S、R、C_1、C_2—样品、试剂、相关载体/洗涤液；V_S、V_{C_1}、V_R、V_{C_2}—三通电磁阀；B—反应器；D—检测器；实心箭头—泵送液体的方向；空心箭头—流动方向。S 和 R 被推动以同时到达 B。在预设的时间间隔之后，所有阀门同时切换，通过 C_1 和 C_2 将合并区域推向检测器和废弃物。通过连续快速切换，建立了带有样品加试剂或 C_1 加 C_2 的串联流体（串联进样）。

标准添加方法可以有效地克服基质的干扰[60]。添加到样品中的不同等分试样含有待测的化学物质。这也适用于流动滴定[61]和需要加标[62]或采样调节[26]的分析程序。在后一种情况下，几个三通换向阀允许每个样品以各自独立的方式进行调节。

7.6.4 样品孵育

对于物理-化学过程相对较慢的分析程序可能需要相对较长的处理时间，以便相关过程进行得更充分。当检测灵敏度受限制时，这种长处理时间变得更加重要。

为了增加分析通道中的平均样品停留时间，可以使样品带在歧管的特定区域停止流动［图 7.7（1）］。一个多路换向流动系统可以设置不同的停止时间，这一创新可以扩大给定分析程序的应用范围。

在不过度分散的情况下获得较长的样品处理时间的另一种方法是利用区域捕获[63]。在预先设定的时间间隔内，试样带从原始通道中转移至平行反应器内。该方法是针对滑杆式进样器-换向器而设计的，通过采用离散操作的换向阀可以更有效地实施该方法[64]。

7.6.5 分析物分离/浓缩

多路换向流动系统在管理流体方面一个显著的成果是易于对分析物进行浓缩、分离。在固相萃取方面，样品、调节剂和洗脱溶液可以有效地导向微型柱，从而可以设计先进的流动系统。液-液萃取也可以有效实施，因为有机相和水相得到了有效管理。必要时，可以轻松地通过停止流动来实现适当的相分离。串联流体的开发是很有必要的，因为塞流之间的多个界面以及与管壁的多种相互作用在萃取过程中起到了一定的作用。电解溶解、气体扩散、透析、沉淀和其他过程的潜力也随着多路换向的出现而得到扩展。本章不会对该主题进行更深入的讨论。

7.7　应用

7.7.1　选择的准则

本节中列出的分析程序是通过考虑以下几个方面来选择的。流动系统应该明确利用多路换向装置，尽管作者在文章中强调这不是必须的。文章最好是用英文写的，以便阅读，并在重要的数据库中建立索引，例如科学信息研究所。除了那些需要加标的特殊情况，这些方法应该表现出卓越的性能；并且应得到适当的验证。每个样品基质的每个分析物不能选择超过两个的分析程序。所有浓度单位均由作者提供。

在本文考虑的不同应用领域中，选择了与环境、农艺、冶金和制药领域更相关的应用。药物分析在另一章中讨论，在此不作赘述。这些应用并不能反映现今所有的分析方法，因为这些分析方法的数量非常多并且有增加的趋势。作者对任何遗漏的部分表示歉意。

7.7.2　选择的应用

增强型多路换向流动系统已被设计用于测定矿石中的金属，该系统通常涉及电解溶解、原子光谱或电感耦合等离子体质谱检测技术。为此，多路换向实现了以下过程，例如，基于单一多元素标准溶液的分析曲线[65]、外部校准和在不同歧管位置顺序添加电解溶液[66]、在线可程序化的同位素稀释[67]和通过阀门扩展动态浓度范围[68]。关于紫外分光光度法，其通过先前的分析来改善流动滴定[69]并使两个流动系统共享一个进样单元[70]，单一试剂和不同的掩蔽剂也被用于合金和矿石分析[53]。

与食品分析相关的分析应用和类似应用经常被提及，其主要是关于食品的质量控制。表7.1突出显示了最相关的应用，包括一些具体示例，例如牛奶、酸奶、葡萄酒、啤酒、甜味剂等。

表7.1　　　　　　　　　用于食品分析的多路换向流动系统

分析物	样本	检测技术	检测限或范围	采样速率/h^{-1}	备注	参考文献
醋酸	醋，软饮料	Pot	0.4~9.0mol/L	a	单段流滴定；在线实现端点搜索算法	[77]
银、金、碲、铀	一些水果	ICP-MS	0.82μg/mL，0.64μg/mL，2.24μg/mL，0.05μg/mL	21（金是18）	在线分析物浓度；也适用于水分析	[78]

续表

分析物	样本	检测技术	检测限或范围	采样速率/h⁻¹	备注	参考文献
铝		UV-Vis	0.1mg/L	变化的	分割区扩大了动态范围	[79]
抗坏血酸	果汁、软饮料	UV-Vis	0.6~6.0mmol/L	5~30	无样品预处理	[80]
嘧菌酯	葡萄、酒	Fluor	0.021mg/kg, 18, 8μg/L	28	固相检测；样品在检测器处停止	[81]
钡、铜、铅、锌	蜂蜜	ICP-MS	0.2%~1.24%, 0.49%~1.23%, 0.61%~2.28%, 0.5%~1.51%	30	同位素稀释	[82]
铋	奶昔	HG-AFS	1.67ng/g	72	废水的中和	[83]
联苯三唑醇	香蕉	Fluor	0.014mg/kg	b	筛选分析	[84]
镉、镍、铅		ICP-OES	1ng/mL, 4ng/mL, 2ng/mL	90	用于分析物浓度的近线离子交换	[34]
氯化物	牛奶、酒	Pot	10~1200mg/L	b	银单段流滴定	[61]
甜蜜素	甜味剂	UV-Vis	30μmol/L	60	作为流体推进器的电磁泵	[85]
二苯胺	苹果、梨	Fluor	0.06mg/kg	b	CV18硅胶微型柱上的分析物浓度	[86]
乙醇	葡萄酒	CL	2.5%~25%（体积分数）	23	实验室制造的鲁米诺光度计	[87]
乙醇	红葡萄酒	UV-vis	0.05mol/L	50	无试剂程序；利用表面张力	[88]
甘油	葡萄酒	UV-Vis	0.006g/L	33	酶固定在氨基丙基玻璃珠上	[89]
汞	牛奶	CV-AFS	0.011ng/g	70	超声辅助样品制备	[90]
汞	鱼	CV-AFS	7mg/kg	b	依靠六通旋转阀的多路换向	[91]
乳酸	酸奶	CL	10~125mg/L	55	酶固定在多孔硅胶珠上	[92]
乳酸盐	甘蔗汁	UV-Vis	5.0~100.0mg/L	36	串联流的利用	[93]
铅	一些	FAAS	3.7μg/L	b	在线分析物浓度	[94]
酒石酸	葡萄酒	UV-Vis	0.50~10.0g/L	28	也适用于红酒	[95]

续表

分析物	样本	检测技术	检测限或范围	采样速率/h⁻¹	备注	参考文献
碲	牛奶	HG-AFS	0.20ng/L	85	环保程序；串联流的利用	[96]
碲	牛奶	HG-AFS	0.57ng/g	24	游离 Te（IV）/总 Te 形态	[97]
噻菌灵	柑橘类水果	Fluor	0.09mg/kg	b	样品在荧光分光光度计处止	[98]
总酸度	果汁、软饮料	Pot	1～100mmol/L	22	单段大范围流量	[99]

注：Pot—电位计；ICP-MS—电感耦合等离子体质谱；UV-Vis—紫外-可见分光光度法；Fluor—荧光法；HG-AFS—氢化物发生原子荧光光谱法；CL—化学发光；CV-AFS—冷蒸气原子荧光光谱法；FAAS—火焰原子吸收光谱法，a—不相关；b—未告知。

表 7.2 总结了与水分析相关的应用。由于所有样品都是水，因此在第二列中指定了分析样品的种类。最近，还提出了使用傅里叶变换红外光谱[71,72]分析汽油和清洁剂，以及使用紫外-可见分光光度法[73]分析润滑油，这些都不需要预先处理样品。

表 7.2　　　　　　　　　　用于水分析的多路换向流动系统

分析物	水	检测技术	检测限或范围	采样速率/h⁻¹	备注	参考文献
银、金、碲、铀	海、河	ICP-MS	0.82pg/mL，0.64pg/mL，2.24pg/mL，0.05pg/mL	21（Au 是 18）	分析物浓度；也适用于食品分析	[78]
铝	饮用	Fluor	0.5μg/L	直到 154	胶束增强发光	[100]
铝	植物营养液，天然	Fluor	0.04mg/L	60	单段流的开发	[101]
涕灭威	矿物	CL	0.069μg/L	17	样品在检测器处停止	[102]
阴离子表面活性剂	过滤后的废水	UV-Vis	0.034mg/L	60	与十六烷基吡啶离子形成的离子对	[103]
阴离子表面活性剂	湖	UV-Vis	10ng/mL	2	近线分析物浓度（65 倍）	[104]
阿祖兰	灌溉，自来水	CL	40μg/L	30	在线光降解；样品停止在检测器处	[105]
阳离子表面活性剂	天然	UV-Vis	0.035mg/L	72	无样品预处理	[106]
阳离子表面活性剂	天然	UV-Vis	8exp（−8）mol/L	b	用于溶剂萃取的串联流；使用油管内壁薄膜	[107]

续表

分析物	水	检测技术	检测限或范围	采样速率/h⁻¹	备注	参考文献
氯化物	河	UV-Vis	0.50~10.0mg/L	25	依赖两种方法的准确性评估；可选的在线加标	[62]
氯	饮用水、漂白剂片	UV-Vis	0.05μg/mL	38	近线气体扩散	[108]
氯磺隆	矿物	CL	0.06mg/L	25	近线光降解	[109]
铬，钴	河流、沿海、港口、废水	CL	0.2μg/L	b	基于循环的进样；样品停止	[110]
铜	海	ET-AAS	5ng/L	b	阀门操作与自动进样器同步	[111]
铜，镉，铅，铋，硒（Ⅳ）	海	ICP-MS	5ng/L，0.2ng/L，0.3ng/L，0.06ng/L，5ng/L	22	在线分析物浓度	[112]
铁	天然	UV-Vis	0.1~35mg/L	b	物质形成；螯合盘上的分析物浓度；专业系统	[54]
铁	自来水，海水	UV-Vis	8.4ng/mL	22	两种不同的浓度范围，近线物质形成或浓缩，无歧管重新配置	[113]
铁（Ⅱ），铁（Ⅲ）	河	UV-Vis	0.4mg/L（全铁）	60	通过同一歧管测定铁中的Ni	[42]
游离氯	废水	UV-Vis	0.05μg/mL	38	在线气体扩散；也适用于工业配方	[108]
富巴唑啉，邻苯基苯酚	河	Fluor	0.18~6.1ng/mL	12	光电极（流动池内的树脂微型柱）	[114]
重金属	河	ICP-MS	a	21	在线分析物浓度；也适用于生物组织的分析	[115]
汞	海	ICP-MS	5ng/L	21	在线分析物浓度	[116]
汞	自然	CV-AFS	1.3ng/L	63	通过换向改变氩气入口	[117]
对苯二酚	地表水	CL	0.1~15.0mg/L	103	与串联流相关的CL应用	[118]

续表

分析物	水	检测技术	检测限或范围	采样速率/h^{-1}	备注	参考文献
甲基对硫磷	自然	UV-Vis	50ppt	b	相对于平板 ELISA 的具有优越性能的流动 ELISA	[119]
钠、钾、钙、镁	肠外和血液透析液	FAAS/FOES	500~3500mg/L，50~150mg/L，30~120mg/L，20~40mg/L	70, 75, 70, 58	高度且可变的在线样品稀释	[120]
NH_4，$P-PO_4$	天然	UV-Vis	1.0μg/L，1.0μg/L	40	同时近线浓缩	[121]
硝酸盐，亚硝酸盐	湖，喷泉	UV-Vis	1.9（exp-7）mol/L	15	用于采样和近线光降解的串联流股	[40]
亚硝酸盐	天然	UV-Vis	25μg/L 或 8μg/L	108 or 44	两种分析方法的对比	[122]
NO_2、NO_3、Cl、$P-PO_4$	天然	UV-Vis	6μg/L，40μg/L，400μg/L，30μg/L	50	可选的近线分析物浓缩或硝化还原；顺序测定	[123]
NO_3、NO_2、NH_4	河	UV-vis	5μg/L，15μg/L，25μg/L	60	以重力作为流体推力	[124]
酚类	自然	CL	5ng/mL	12 or 60	添加树脂微柱	[125]
酚类	自然	UV-Vis	1.0μg/L	90	用于提高选择性的长光程	[126]
酚类	废水、泉水、水龙头、雨水	UV-Vis	13ng/mL	65	更环保的过程	[127]
		CL	4μg/L	11	流通式固相传感器	[128]
$P-PO_4$	矿物，地面，水龙头	CL	8μg/L	20	利用串联流股	[129]
苯丙胺及相关除草剂	自然井	HG-AFS	50ng/L	40	使用钨丝	[130]
硒	自然，饮用水	turb.	0.1~2.0mg/L	50	近线分析物浓缩	[131]
硫化物	自然	UV-Vis	0.15, 0.09mg/L	80	二浓度动态范围	[132]
硫化物	海、地面、废水	UV-Vis	1.3μg/L	b	近线气体扩散	[133]
硫酸盐	饮水	Fluor	50~64000ng/L	12	近线分析物浓度	[134]

注：ICP-MS—电感耦合等离子体质谱；Fluor—荧光法；CL—化学发光；UV-Vis—紫外-可见分光光度法；ET-AAS—电热汽化原子吸收光谱法；CV-AFS—冷蒸气原子荧光光谱法；FAAS—火焰原子吸收光谱法；FOES—火焰发射光谱法；HG-AFS—氢化物发生原子荧光光谱法；turb.—浊度法；a—不相关；b—未知。

鉴于植物（包括青贮饲料）和土壤分析在农工业实验室中的相关性，它们被放在了一起（表7.3）。生物流体的多路换向流动系统如表7.4所示。

表 7.3 用于植物和土壤分析的多路换向流动系统。
浓度数据是指植物消化物或土壤提取物

分析物	样本	检测技术	检测限及范围	采样速率/h⁻¹	备注	参考文献
铝、铁	植物	UV-Vis	1.0~15.0, 2.0~12.0mg/L	60	关键参数的近线调整（PH）	[135]
B	植物	UV-Vis	0.25~6.00mg/L	35	在三个不同路径中同时进行区域捕获	[58]
碳水化合物、还原糖、Cd	饲料	UV-Vis	2~8g/L	32	流股同时加热	[136]
	植物	UV-Vis	0.23mg/L	20	通过近线电解沉积将干扰最小化	[137]
镉、铅、镍	植物	ICP-OES	1，4，2ng/mL	90	三种离子交换微柱同时工作	[34]
铜	植物	UV-Vis	50~400μg/L	30	近线溶剂萃取	[138]
铜	植物	FAAS	1ng/mL	48	多用途流动系统	[139]
铜、锌	植物	UV-Vis	0.05，0.04mg/L	45	计算机辅助分割流动样品	[140]
可交换 K	土壤	Pot	6~390mg/L	50	近线提取	[141]
铁、硼	土壤	UV-Vis	0.50~10.0, 0.20~4.0mg/L	34，15	流体动力注入	[142]
汞	农工业	CV-AAS	0.8ng/L	25	通过滑杆交换器实现多路换向	[143]
乳酸盐	产品青贮材料	UV-Vis	10.0~100.0mg/L	16	南瓜子作为酶的天然来源	[144]
锰	植物	UV-Vis	1.2mg/L	50	开发单段式流动	[145]
NH₄，P-PO₄	植物	UV-Vis	25.0~125.0, 2.5~12.5mg/L	80	随机试剂选择	[146]
硝酸盐，亚硝酸盐	土壤、肥料	UV-Vis	1.9（exp-7）mol/L	15	用于采样和近线光降解的串联流股	[40]
铅	植物	UV-Vis	12μg/L	15	在线溶剂萃取；气态洗涤流	[147]
P-PO₄	植物	UV-Vis	24μg/L	38	单段流；不同的萃取液	[148]
P-PO₄	土壤、沉积物	UV-Vis	0.02mg/L	b	连续萃取	[149]

续表

分析物	样本	检测技术	检测限及范围	采样速率/h⁻¹	备注	参考文献
SO_4	植物	turb.	10~150mg/L SO_4	100	扩大动态范围的可能性	[52]
总酸度	青贮材料	UV–Vis	0.001~0.1mol/L	常规速率	有色溶液的流动滴定	[150]

注：UV-Vis—紫外-可见分光光度法；ICP-OES—电感耦合等离子体发射光谱法；FAAS—火焰原子吸收光谱法；Pot—电位法，CV-AAS—冷蒸气原子吸收光谱法；turb.—浊度法，a—不相关；b—未知。

表7.4　　　　　　　　　　　　生物流体的多路换向流动系统

分析物	样本	检测技术	检测限或范围	采样速率/h⁻¹	备注	参考文献
3-羟基丁酸酯	动物血清、血浆	UV–Vis	2mg/L	600	无事先样品处理	[151]
3-羟基丁酸、葡萄糖、胆固醇	动物全血	UV–Vis	1.5，14，4mg/L	55，40，40	多价流动系统；商业试剂盒中的试剂	[152]
对乙酰氨基酚	血清	volt.	1.7exp（-5）mol/L	24	使用改良的管状电极	[153]
白蛋白，总蛋白	动物血浆	UV–Vis	直到15g/L	45	带有 LED 光度计的便携式系统	[154]
胆固醇	动物血清	CL	3.7mg/L	40	两个酶微型柱	[155]
肌酐	尿	UV–Vis	0.50~2.00g/L	24	区域分割的利用	[156]
铜	尿	UV–Vis	3μg/L	14	溶胶 - 凝胶光极传感器	[157]
铜	尿液、血清	FAAS	0.035mg/L	24	共享光谱仪的两个流动系统	[158]
呋塞米、氨苯蝶啶	尿液、血清	Fluor	15，0.1ng/mL	(报告)	Se-phadex 微型柱中的在线分析物分离	[159]
葡萄糖	血清	UV–Vis	b	22	专用回转阀实现多路换向；酶商业试剂盒	[20]
重金属	尿液、肝脏、肌肉	ICP-MS	a	21	近线分析物浓度；也适用于水分析	[H5]
氟芬那酸	人血清、尿液	Fluor	1.12exp（-9）mol/L	38	也适用于药物制剂	[160]
卡丁酸	人尿	CL	10μg/L	17	在线光降解	[161]

续表

分析物	样本	检测技术	检测限或范围	采样速率/h⁻¹	备注	参考文献
萘普生，水杨酸	尿液、血清	Fluor	0.3, 1.3ng/mL	8	样品在检测单元处停止以进行天然荧光测量	[10]
尿酸	尿	amp.	9.90exp（-4）mol/L	b	大（2500倍）样品稀释	[162]

注：UV-Vis—紫外-可见分光光度法；Volt—伏安法；CL—化学发光；FAAS—火焰原子吸收光谱法；Fluor—荧光法；ICP-MS—电感耦合等离子体质谱；amp.—电流分析法；a—不相关；b—未知。

7.8　结论

近年来，多路换向流动分析应用的数量显著增长[74]。最近发表的调查文献显示，越来越多的文章报道了高度自动化的新型流动系统。

这种现象可能是由于多路换向流动系统固有的多功能性以及易于实施的浓度主导型反馈机制[26]。后一方面在专业流动系统[11]中更为明显，尤其是那些专为滴定而设计的系统[45]。

由于流体经常被添加或从歧管中移除，可能会发生基线的瞬态变化。因此，在监测步骤中应特别注意，因为有些浓度梯度可能会影响检测结果，尤其是与电位计或分光光度计（纹影效应）分析程序相关的检测。

多路换向概念已被公认为与流动分析领域相关，这可以通过检查国际数据库中的引用来验证。这种认识肯定会通过纳入非商业可用的流动分析仪的概念而增加。

7.9　趋势

目前存在几种流动分析模式，例如分段流动、流动进样、顺序进样、多注射器流动进样、间歇进样、单分段流动、间歇流动、多泵流动、微珠进样等等。所有这些都被指定了首字母缩略词，IUPAC强烈反对这一做法[75]。如此之多模式的存在是最近关于流动分析的著名期刊上[76]的主题。鉴于大量的模式和首字母缩略词，并考虑到不同模式的几个共性特征，人们预计大多数模式的名称将消失。

多路换向不是指一种模式，而是指已经存在模式的属性。事实上，文献调查揭示了例如多路换向流动进样系统、多路换向分段流动系统等诸多表达方式。

因此，在不久的将来，人们预计模式数量将显著减少。只有少数将被保留，也许只有两个：分段式和非分段式流动分析。为了对给定流动系统进行适当的表征，将包含多路换向属性以明确系统的多功能性、自动化程度、系统分析潜力和歧管复杂性。

参考文献

[1] Krug, F. J., Bergamin Filho, H. and Zagatto, E. A. G. (1986) Commutation in flow injection analysis. *Analytica Chimica Acta*, 179, 103-118.

[2] Zagatto, E. A. G. and Worsfold, P. J. (2005) Flow Analysis: Overview, in *Encyclopedia of Analytical Science* 2nd edn, 3, (eds P. J. Worsfold, A. Townshend and C. F. Poole), Elsevier, Oxford, pp. 24—31.

[3] Trojanowicz, M. (2000) *Flow Injection Analysis: Instrumentation and Applications*, World Scientific, London.

[4] Ruzicka, J. and Hansen, E. H. (1988) *Flow Injection Analysis*, 2nd edn, Wiley Interscience, New York.

[5] Smith, J. P. and Hinson-Smith, V. (2002) Flow injection analysis: Quietly pushing ahead. *Analytical Chemistry*, 74, 385A-388.

[6] Rocha, F. R. P., Reis, B. F., Zagatto, E. A. G., Lima, J. L. F. C., Lapa, R. A. S. and Santos, J. L. M. (2002) Multicommutation in flow analysis: concepts, applications and trends. *Analytica Chimica Acta*, 468, 119-131.

[7] Reis, B. F., Zagatto, E. A. G., Jacintho, A. O., Krug, F. J. and Bergamin Filho, H. (1980) Merging zones in flow injection analysis. Part 4. Simultaneous spectrophotometric determination of total nitrogen and phosphorus in plant material. *Analytica Chimica Acta*, 119, 305-311.

[8] Rocha, F. R. P., Martelli, P. B., Frizzarin, R. M. and Reis, B. F. (1998) Automatic multicommutation flow system for wide range spectrophotometric calcium determination. *Analytica Chimica Acta*, 366, 45-53.

[9] Reis, B. F., Gine, M. F., Zagatto, E. A. G., Lima, J. L. F. C. and Lapa, R. A. S. (1994) Multicommutation in flow analysis. Part 1. Binary sampling: concepts, instrumentation and spectrophotometric determination of iron in plant digests. *Analytica Chimica Acta*, 293, 129-138.

[10] Garcia-Reyes, J. F., Ortega-Barrales, P. and Molina-Diaz, A. (2007) Multicommuted fluorometric multiparameter sensor for simultaneous determination of naproxen and salicylic acid in biological fluids. *Analytical Sciences*, 23, 423-428.

[11] Grassi, V., Dias, A. C. B. and Zagatto, E. A. G. (2004) Flow systems exploiting in line prior assays. *Taianta*, 64, 1114-1118.

[12] Rocha, F. R. P., Infante, C. M. C. and Melchert, W. R. (2006) A multi-purpose flow system based on multicommutation. *Spectroscopy Letters*, 39, 651-668.

[13] McKechnie, J. L. (ed.) (1983) *Websters' New Twentieth Century Dictionary of the English Language*, 2nd edn, Prentice Hall, New York.

[14] Zagatto, E. A. G., Jacintho, A. O., Mortatti, J. and Bergamin Filho, H. (1980) An improved flow injection determination of nitrite in waters by using intermittent flows. *Analytica Chimica Acta*, 120, 399-403.

[15] Bergamin Filho, H., Zagatto, E. A. G., Krug, F. J. and Reis, B. F. (1978) Merging zones in flow injection analysis. Part 1. Double proportional injector and reagent consumption. *Analytica Chimica Acta*, 101, 17-23.

［16］ Ruzicka, J. and Hansen, E. H. (1980) Flowinjection analysis: principles, applications and trends. *Analytica Chimica Acta*, 114, 19–44.

［17］ Ruzicka, J. and Hansen, E. H. (1979) Stopped flow and merging zones-a new approach to enzymatic assay by flow injection analysis. *Analytica Chimica Acta*, 106, 207–224.

［18］ Gine, M. F., Bergamin Filho, H., Zagatto, E. A. G. and Reis, B. F. (1980) Simultaneous determination of nitrate and nitrite by flow injection analysis. *Analytica Chimica Acta*, 114, 191–197.

［19］ Valcarcel, M., Luque de Castro, M. D., Lazaro, F. and Rios, A. (1989) Multiple peak recordings in flow injection analysis. *Analytica Chimica Acta*, 216, 275–288.

［20］ Toei, J. (1988) Determination of glucose in clinical samples by flow reversal flow injection analysis. *Analyst*, 113, 475–178.

［21］ Schindler, D. R., Ríos, A., Valcarcel, M. and Grasserbauer, M. (1997) Simple and rapid screening of total aromatic hydrocarbons in polluted water samples by the flow reversal liquid-liquid extraction technique. *International Journal of Environmental Analytical Chemistry*, 66, 285–297.

［22］ Lapa, R. A. S., Lima, J. L. F. C., Reis, B. F. and Santos, J. L. M. (1998) Continuous sample recirculation in an opened-loop multicommutated flow system. *Analytica Chimica Acta*, 377, 103–110.

［23］ Almeida, C. M. N. V., Lapa, R. A. S., Lima, J. L. F. C., Zagatto, E. A. G. and Araujo, M. C. U. (2000) An automatic titrator based on a multicommutated unsegmented flow system. Its application to acid-base titration. *Analytica Chimica Acta*, 407, 213–223.

［24］ Stewart, K. K., Brown, J. F. and Golden, B. M. (1980) A microprocessor control system for automated multiple flow injection analysis. *Analytica Chimica Acta*, 114, 119–127.

［25］ Bennaoui, N., Periou, C., Harault, C. and Lemoel, G. (1993) Evaluation of the Technicon DAX 48, a multiparametric biochemical analyzer. *Annales de Biologie Clinique*, 51, 713–720.

［26］ Carneiro, J. M. T., Dias, A. C. B., Zagatto, E. A. G. and Honorato, R. S. (2002) Spectrophotometric catalytic determination of Fe (Ⅲ) in estuarine waters using a flow-batch system. *Analytica Chimica Acta*, 455, 327–333.

［27］ Lapa, R. A. S., Lima, J. L. F. C. and Santos, J. L. M. (2000) Dual-stopped-flow spectrophotometric determination of amiloride hydrochloride in a multicommutated flow system. *Analytica Chimica Acta*, 407, 225–231.

［28］ Whitman, D. A. and Christian, G. D. (1989) Cascade system for rapid on-line dilutions in flow injection analysis. *Talanta*, 36, 205–211.

［29］ Rius, A., Callao, M. P. and Rius, F. X. (1995) Self-configuration of sequential injection analytical systems. *Analytica Chimica Acta*, 316, 27–37.

［30］ Lavorante, A. F., Feres, M. A. and Reis, B. F. (2006) Multi-commutation in flow analysis: A versatile tool for the development of the automatic analytical procedure focused on the reduction of reagent consumption. *Spectroscopy Letters*, 39, 631–650.

［31］ Martelli, P. B., Reis, B. F., Kronka, E. A. M., Bergamin Filho, H. Korn, M. Zagatto, E. A. G., Lima, J. L. F. C. and Araujo, A. N. (1995) Multi-commutation in flow analysis. Part 2. Binary sampling for spectrophotometric determination of nickel, iron and chromium in steel alloys. *Analytica Chimica Acta*, 308, 397–405.

［32］ Alonso, J. and Bartroli, J. (1987) M. del Valle, M. Escalada, R. Barber, Sandwich techniques in flow injection analysis. Part 1. Continuous recalibration techniques for process control. *Analytica Chimica Acta*, 199, 191–196.

［33］ Cerdà, V. and Pons, C. (2006) Multicommutated flow techniques for developing analytical methods. *Trends in Analytical Chemistry*, 25, 236–242.

［34］ Miranda, C. E. S., Reis, B. F., Baccan, N., Packer, A. P. and Gine, M. F. (2002) Automated flow analysis system based on multicommutation for Cd, Ni and Pb on-line pre-concentration in a cationic exchange resin with determination by inductively coupled plasma atomic emission spectrometry. *Analytica Chimica Acta*, 453, 301–310.

［35］ Vicente, S. Borges, E. P., Reis, B. F. and Zagatto, E. A. G. (2001) Exploitation of tandem streams for carry-over compensation in flow analysis. I. Turbidimetric determination of potassium in fertilizers. *Analytica Chimica Acta*, 438, 3–9.

［36］ Dias, A. C. B., Santos, J. L. M., Lima, J. L. F. C., Quintella, C. M., Lima, A. M. V. and Zagatto, E. A. G. (2007) A critical comparison of analytical flow systems exploiting streamlined and pulsed flows. *Analytical and Bioanalytical Chemistry*, 388, 1303–1310.

［37］ Malcome-Lawes, D. J. and Pasquini, C. (1988) A novel approach to nonsegmented flow analysis. Part 2. A prototype high-performance analyser. *Journal of Automatic Chemistry*, 10, 192–197.

［38］ Israel, Y., Lasztity, A. and Barnes, R. M. (1989) On-line dilution, steady-state concentrations for inductively coupled plasma atomic emission and mass spectrometry achieved by tandem injection and merging-stream flow injection. *Analyst*, 114, 1259–1265.

［39］ Korenaga, T., Zhou, X., Moriwake, T., Muraki, H., Naito, T. and Sanuki, S. (1994) Computer-controlled micropump suitable for precise microliter delivery and complete in-line mixing. *Analytical Chemistry*, 66, 73–78.

［40］ Calatayud, J. M., Mateo, J. V. G. and David, V. (1998) Multi-insertion of small controlled volumes of solutions in a flow assembly for determination of nitrate (photoreduction) and nitrite with proflavin sulfate. *Analyst*, 123, 429–434.

［41］ Wang, X. D., Cardwell, T. J., Cattral, R. W., Dyson, R. P. and Jenkins, G. E. (1998) Time-division multiplex technique for producing concentration profiles in flow analysis. *Analytica Chimica Acta*, 368, 105–111.

［42］ Martelli, P. B., Reis, B. F., Korn, M. and Rufini, I. A. (1997) The use of ion exchange resin for reagent immobilization and concentration in flow systems. Determination of nickel in steel alloys and iron speciation in waters. *Journal of the Brazilian Chemical Society*, 8, 479–485.

［43］ Fernandes, R. N., Sales, M. G. F., Reis, B. F., Zagatto, E. A. G., Araújo, A. N. and Montenegro, M. C. B. S. M. (2001) Multitask flow system for potentiometric analysis: its application to the determination of vitamin B-6 in pharmaceuticals. *Journal of Pharmaceutical and Biomedical Analysis*, 25, 713–720.

［44］ Wang, X. D., Cardwell, T. J., Cattrall, R. W. and Jenkins, G. E. (1998) Pulsed flow chemistry. A new approach to the generation of concentration profiles in flow analysis. *Analytical Communications*, 35, 97–101.

［45］ Korn, M., Gouveia, L. F. B. P., Oliveira, E. and Reis, B. F. (1995) Binary search in flow titration employing photometric endpoint detection. *Analytica Chimica Acta*, 313, 177–184.

［46］ Segundo, M. A., Oliveira, H. M., Lima, J. L. F. C., Almeida, M. I. G. S. and Rangel, A. O. S. S. (2005) Sample introduction in multi-syringe flow injection systems: comparison between time-based and volume-based strategies. *Analytica Chimica Acta*, 537, 207–214.

［47］ Pasquini, C. and Faria, L. C. (1991) Operator-free flow injection analyser. *Journal of Automatic*

Chemistry, 13, 143-146.

［48］Ruzicka, J. and Hansen, E. H. (1983) Recent developments in flow injection analysis-gradient techniques and hydrodynamic injection. *Analytica Chimica Acta*, 145, 1-15.

［49］Zagatto, E. A. G., Bahia Fo, O., Gine, M. F. and Bergamin Filho, H. (1986) A simple procedure for hydrodynamic injection in flow injection analysis applied to the atomic absorption spectrometry of chromium in steels. *Analytica Chimica Acta*, 181, 265-270.

［50］Carneiro, J. M. T., Zagatto, E. A. G., Santos, J. L. M. and Lima, J. L. F. C. (2002) Spectrophotometric determination of phytic acid in plant extracts using a multi-pumping flow system. *Analytica Chimica Acta*, 474, 161-166.

［51］Lapa, R. A. S., Lima, J. L. F. C. and Santos, J. L. M. (2000) Fluorimetric determination of isoniazid by oxidation with cerium (Ⅳ) in a multicommutated flow system. *Analytica Chimica Acta*, 419, 17-23.

［52］Vieira, J. A., Reis, B. F., Kronka, E. A. M., Paim, A. P. S. and Ginè, M. F. (1998) Multicommutation in flow analysis. Part 6. Binary sampling for wide concentration range turbidimetric determination of sulphate in plant digests. *Analytica Chimica Acta*, 366, 251-255.

［53］Rocha, F. R. P., Reis, B. F. and Rohwedder, J. J. R. (2001) Flow-injection spectrophotometric multidetermination of metallic ions with a single reagent exploiting multicommutation and multidetection. *Fresenius' Journal of Analytical Chemistry*, 370, 22-27.

［54］Pons, C., Forteza, R. and Cerda, V. (2004) Expert multi-syringe flow injection system for the determination and speciation analysis of iron using chelating disks in water samples. *Analytica Chimica Acta*, 524, 79-88.

［55］Oliveira, F. S. and Korn, M. (2003) Employment of a single standard solution for analytical curves in flow injection analysis system coupled to solid phase spectrophotometry. *Quimica Nova*, 26, 470-474.

［56］Leal, L. O., Elsholz, O., Forteza, R. and Cerda, V. (2006) Determination of mercury by multisyringe flow injection system with cold-vapor atomic absorption spectrometry. *Analytica Chimica Acta*, 573, 399-405.

［57］Martinelli, M., Bergamin Filho, H., Arruda, M. A. Z. and Zagatto, E. A. G. (1989) A new approach for wide-range flow injection spectrophotometry: determination of cobalt in livestock mineral supplements. *Quimica Analitica*, 8, 153-161.

［58］Tumang, C. D., Luca, G. C., Fernandes, R. N., Reis, B. F. and Krug, J. F. (1998) Multicommutation in flow analysis exploiting a multizone trapping approach: spectrophotometric determination of boron in plants. *Analytica Chimica Acta*, 374, 53-59.

［59］Feres, M. A. and Reis, B. F. (2005) A downsized flow set up based on multicommutation for the sequential photometric determination of iron (Ⅱ) / iron (Ⅲ) and nitrite/nitrate in surface water. *Talanta*, 68, 422-428.

［60］Ventura-Gayete, J. F., Armenta, S., Garrigues, S., Morales-Rubio, A. and de la Guardia, M. (2006) Multicommutation-NIR determination of Hexythiazox in pesticide formulations. *Talanta*, 68, 1700-1706.

［61］Vieira, J. A., Raimundo, I. M., Reis, B. F., Montenegro, M. C. B. S. M. and Araujo, A. N. (2003) Monosegmented flow potentiometric titration for the determination of chloride in milk and wine. *Journal of the Brazilian Chemical Society*, 14, 259-264.

［62］Oliveira, C. C. , Sartini, R. P. , Zagatto, E. A. G. and Lima, J. L. F. C. (1997) Flow analysis with accuracy assessment. *Analytica Chimica Acta*, 350, 31-36.

［63］Krug, F. J. , Reis, B. F. , Gine, M. F. , Zagatto, E. A. G. , Ferreira, J. R. and Jacintho, A. O. (1983) Zone trapping in flow injection analysis Spectrophotometric determination of low levels of ammonium ion in natural water. *Analytica Chimica Acta*, 151, 39-48.

［64］Fernandes, R. N. and Reis, B. F. (2002) Flow system exploiting multicommutation to increase sample residence time for improved sensitivity. Simultaneous determination of ammonium and ortho-phosphate in natural water. *Talanta*, 58, 729-737.

［65］Giacomozzi, C. A. , Queiroz, R. R. U. , Souza, I. G. and Gomes No, J. A. (1999) High current-density anodic electro-dissolution in flow injection systems for the determination of aluminium and zinc in non-ferroalloys by flame atomic absorption spectrometry. *Journal of Automated Methods & Management in Chemistry*, 21, 17-22.

［66］Gervasio, A. P. G. , Luca, G. C. , Menegario, A. A. , Reis, B. F. and Bergamin Filho, H. (2000) On-line electrolytic dissolution of alloys in flow injection analysis. Determination of iron, tungsten, molybdenum, vanadium and chromium in tool steels by inductively coupled plasma atomic emission. *Analytica Chimica Acta*, 405, 213-219.

［67］Packer, A. P. , Gervasio, A. P. G. , Miranda, C. E. S. , Reis, B. F. , Menegario, A. A. and Gine, M. F. (2003) On-line electrolytic dissolution for lead determination in high-purity copper by isotope dilution inductively coupled plasma mass spectrometry. *Analytica Chimica Acta*, 485, 145-153.

［68］Silva, J. B. B. , Giacomelli, M. B. O. , Souza, I. G. and Curtius, A. J. (1998) Automated determination of tin and nickel in brass by on-line anodic electrodissolution and electrothermal atomic absorption spectrometry. *Talanta*, 47, 1191-1198.

［69］Honorato, R. S. , Zagatto, E. A. G. , Lima, R. A. C. and Araujo, M. C. U. (2000) Prior assay as an approach to flow titrations. Spectrophotometric determination of iron in alloys and ores. *Analytica Chimica Acta*, 416, 231-237.

［70］Fernandes, R. N. , Reis, B. F. and Campos, L. F. P. (2003) Automatic flow system for simultaneous determination of iron and chromium in steel alloys employing photometers based on LED's as radiation source. *Journal of Automated Methods & Management in Chemistry*, 25, 1-5.

［71］Rodenas-Torralba, E. , Ventura-Gayete, J. , Morales-Rubio, A. , Garrigues, S. and de la Guardia, M. (2004) Multicommutation Fourier transform infrared determination of benzene in gasoline. *Analytica Chimica Acta*, 512, 215-221.

［72］Ventura-Gayete, J. F. , Reis, B. F. , Garrigues, S. , Morales-Rubio, A. and de la Guardia, M. (2004) Multicommutation ATR-FTIR: determination of sodium alpha-olefin sulfonate in detergent formulations. *Microchemical Journal*, 78, 47-54.

［73］Reis, B. E. , Knochen, M. , Pignalosa, G. , Cabrera, N. and Giglio, J. (2004) A multicommuted flow system for the determination of copper, chromium, iron and lead in lubricating oils with detection by flame AAS. *Talanta*, 64, 1220-1225.

［74］Rodenas-Torralba, E. , Morales-Rubio, A. and de la Guardia, M. (2006) Scientometric picture of the evolution of the literature of automation in spectroscopy and its current state. *Spectroscopy Letters*, 39, 513-532.

［75］vander Linden, W. E. (1994) Classification and definition of analytical methods based on flowing media (IUPAC Recommendations 1994) . *Pure and Applied Chemistry*, 66, 2493-2500.

[76] Polasek, M. (2006) Playful reflections on the use of abbreviations and acronyms in analytical flow methods. *Journal of Flow Injection Analysis*, 23, 81.

[77] Martelli, P. B., Reis, B. F., Korn, M. and Lima, J. L. F. C. (1999) Automatic potentiometric titration in monosegmented flow system exploiting binary search. *Analytica Chimica Acta*, 387, 165-173.

[78] Dressler, V. L., Pozebon, D. and Curtius, A. J. (2001) Determination of Ag, Te, Au and U in waters and in biological samples by FI-ICP-MS following on-line preconcentration. *Analytica Chimica Acta*, 438, 235-244.

[79] Toth, I. V., Rangel, A. O. S. S., Santos, J. L. M. and Lima, J. L. F. C. (2004) Determination of aluminum (Ⅲ) in crystallized fruit samples using a multicommutated flow system. *Journal of Agricultural and Food Chemistry*, 52, 2450-2454.

[80] Paim, A. P. S. and Reis, B. F. (2000) An automatic spectrophotometric titration procedure for ascorbic acid determination in fruit juices and soft drinks based on volumetric fraction variation. *Analytical Sciences*, 16, 487-491.

[81] Flores, F. L., Diaz, A. M. and Cordova, M. L. F. (2007) Determination of azoxystrobin residues in grapes, musts and wines with a multicommuted flow-through optosensor implemented with photochemically induced fluorescence. *Analytica Chimica Acta*, 585, 185-191.

[82] Packer, A. P. and Gine, M. F. (2001) Analysis of undigested honey samples by isotopic dilution inductively coupled plasma mass spectrometry with direct injection nebulization (ID-ICP-MS). *Spectrochimica Acta Part B-Atomic Spectroscopy*, 56, 69-75.

[83] Ventura-Gayete, J. F., Rodenas-Torralba, E., Morales-Rubio, A., Garrigues, S. and de la Guardia, M. (2004) A multicommutated flow system for determination of bismuth in milk shakes by hydride generation atomic fluorescence spectrometry incorporating on-line neutralization of waste effluent. *Journal of AOAC International*, 87, 1252-1259.

[84] Llorent-Martinez, E. J., Garcia-Reyes, J. F., Ortega-Barrales, P. and Molina-Diaz, A. (2007) Multicommuted fluorescence based optosensor for the screening of bitertanol residues in banana samples. *Food Chemistry*, 102, 676-682.

[85] Rocha, F. R. P., Rodenas-Torralba, E., Morales-Rubio, A. and de la Guardia, M. (2005) A clean method for flow injection spectrophotometric determination of cyclamate in table sweeteners. *Analytica Chimica Acta*, 547, 204-208.

[86] Garcia-Reyes, J. F., Ortega-Barrales, P. and Molina-Diaz, A. (2005) Rapid determination of diphenylamine residues in apples and pears with a single multicommuted fluorometric optosensor. *Journal of Agricultural and Food Chemistry*, 53, 9874-9878.

[87] Fernandes, E. N. and Reis, B. F. (2004) Automatic flow procedure for the determination of ethanol in wine exploiting multicommutation and enzymatic reaction with detection by chemiluminescence. *Journal of AOAC International*, 87, 920-926.

[88] Borges, S. S., Frizzarin, R. M. and Reis, B. F. (2006) An automatic flow injection analysis procedure for photometric determination of ethanol in red wine without using a chromogenic reagent. *Analytical and Bioanalytical Chemistry*, 385, 197-202.

[89] Fernandes, E. N., Moura, M. N. C., Lima, J. L. F. C. and Reis, B. F. (2004) Automatic flow procedure for the determination of glycerol in wine using enzymatic reaction and spectrophotometry. *Microchemical Journal*, 77, 107-112.

[90] Cava, P., Rodenas-Torralba, E., Morales-Rubio, A., Cervera, M. L. and de la Guardia, M.

(2004) Cold vapour atomic fluorescence determination of mercury in milk by slurry sampling using multicommutation. *Analytica Chimica Acta*, 506, 145–153.

[91] Cava, P. Dominguez-Vidal, A. , Cervera, M. L. , Pastor, A. and de la Guardia, M. (2004) On-line speciation of mercury in fish by cold vapor atomic fluorescence through ultrasound-assisted extraction. *Journal of Analytical Atomic Spectrometry*, 19, 1386–1390.

[92] Martelli, P. B. , Reis, B. F. , Araujo, A. N. and Montenegro, M. C. B. S. M. (2001) A flow system with a conventional spectrophotometer for the chemiluminescent determination of lactic acid in yoghurt. *Talanta*, 54, 879–885.

[93] Kronka, E. A. M. , Paim, A. P. S. , Tumang, C. A. , Latanze, R. and Reis, B. F. (2005) Multicommutated flow system for spectrophotometric L (+) lactate determination in alcoholic fermented sugar cane juice using enzymatic reaction. *Journal of the Brazilian Chemical Society*, 16, 46–49.

[94] Ferreira, S. L. C. , Lemos, V. A. , Santelli, R. E. , Ganzarolli, E. and Curtius, A. J. (2001) An automatic on-line flow system for the pre-concentration and determination of lead by flame atomic absorption spectrometry. *Microchemical Journal*, 68, 41–46.

[95] Fernandes, E. N. and Reis, B. F. (2006) Automatic spectrophotometric procedure for the determination of tartaric acid in wine employing multicommutation flow analysis process. *Analytica Chimica Acta*, 557, 380–386.

[96] Rodenas-Torralba, E. , Cava, P. Morales-Rubio, A. , Cervera, M. L. and de la Guardia, M. (2004) Multicommutation as an environmentally friendly analytical tool in the hydride generation atomic fluorescence determination of tellurium in milk. *Analytical and Bioanalytical Chemistry*, 379, 83–89.

[97] Rodenas-Torralba, E. , Morales-Rubio, A. and de la Guardia, M. (2005) Multicommutation hydride generation atomic fluorescence determination of inorganic tellurium species in milk. *Food Chemistry*, 91, 181–189.

[98] García-Reyes, J. F. , Lorent-Martínez, E. J. , Ortega-Barrales, P. and Molina-Diaz, A. (2006) Determination of thiabendazole residues in citrus fruits using a multicommuted fluorescence-based optosensor. *Analytica Chimica Acta*, 557, 95–100.

[99] Borges, E. P. , Martelli, P. B. and Reis, B. F. (2000) Automatic stepwise potentiometric titration in a monosegmented flow system. *Mikrochimica Acta*, 135, 179–184.

[100] Armas, G. , Miro, M. , Cladera, A. , Estela, J. M. and Cerda, V. (2002) Time-based multisyringe flow injection system for the spectrofluorimetric determination of aluminium. *Analytica Chimica Acta*, 455, 149–157.

[101] Paim, A. P. S. , Reis, B. F. and Vitorello, V. A. (2004) Automatic fluorimetric procedure for the determination of aluminium in plant nutrient solution and natural water employing a multicommutated flow system. *Mikrochimica Acta*, 146, 291–296.

[102] Palomeque, M. , Bautista, J. A. G. , Icardo, M. C. , Mateo, J. V. G. and Calatayud, J. M. (2004) Photochemical chemiluminometric determination of aldicarb in a fully automated multicommutation based flow-assembly. *Analytica Chimica Acta*, 512, 149–156.

[103] Lavorante, A. F. , Morales-Rubio, A. , de la Guardia, M. and Ries, B. F. (2005) Micro-pumping flow system for spectrophotometric determination of anionic surfactants in water. *Analytical and Bioanalytical Chemistry*, 381, 1305–1309.

[104] Hu, Y. Y. , He, Y. Z. , Qian, L. L. and Wang, L. (2005) On-line ion pair solid-phase extraction of electrokinetic multicommutation for determination of trace anion surfactants in pond water.

Analytica Chimica Acta, 536, 251-257.

［105］Chivulescu, A., Catala-Icardo, M., Mateo, J. V. G. and Calatayud, J. M. (2004) New flow-multicommutation method for the photo-chemiluminometric determination of the carbamate pesticide asulam. *Analytica Chimica Acta*, 519, 113-120.

［106］Lavorante, A. F., Pires, C. K., Morales-Rubio, A., de la Guardia, M. and Ries, B. F. (2006) A spectrophotometric flow procedure for the determination of cationic surfactants in natural waters using a solenoid micro-pump for fluid propulsion. *International Journal of Environmental Analytical Chemistry*, 86, 723-732.

［107］Lindgren, C. C. and Dasgupta, P. K. (1992) Flow injection and solvent extraction with intelligent segment separation. Determination of quaternary ammonium ions by ion-pairing. *Talanta*, 39, 101-111.

［108］Icardo, M. C., Mateo, J. V. G. and Calatayud, J. M. (2001) Selective chlorine determination by gas diffusion in a tandem flow assembly and spectro-photometric detection with o-dianisidine. *Analytica Chimica Acta*, 443, 153-163.

［109］Mervartova, K., Calatayud, J. M. and Icardo, M. C. (2005) A fully automated assembly using solenoid valves for the photodegradation and chemiluminometric determination of the herbicide chlorsulfuron. *Analytical Letters*, 38, 179-194.

［110］Tortajada-Genaro, L. A., Campins-Falco, P. and Bosch-Reig, F. (2003) Analyser of chromium and/or cobalt. *Analytica Chimica Acta*, 488, 243-254.

［111］Queiroz, Z. F., Rocha, F. R. P., Knapp, G. and Krug, F. J. (2002) Flow system with in-line separation/preconcentration coupled to graphite furnace atomic absorption spectrometry with W-Rh permanent modified for copper determination in seawater. *Analytica Chimica Acta*, 463, 275-282.

［112］Pozebon, D., Dressler, V. L. and Curtius, A. J. (1998) Determination of copper, cadmium, lead, bismuth and selenium (Ⅳ) in sea-water by electrothermal vaporization inductively coupled plasma mass spectrometry after on-line separation. *Journal of Analytical Atomic Spectrometry*, 13, 363-369.

［113］Pons, C., Miro, M., Becerra, E., Estela, J. M. and Cerda, V. (2004) An intelligent flow analyser for the in-line concentration, speciation and monitoring of metals at trace levels. *Talanta*, 62, 887-895.

［114］Llorent-Martinez, E. J., Ortega-Barrales, P. and Molina-Diaz, A. (2006) Multi-commutated flow-through multi-optosensing: A tool for environmental analysis. *Spectroscopy Letters*, 39, 619-629.

［115］Dressler, V. L., Pozebon, D. and Curtius, A. J. (1998) Determination of heavy metals by inductively coupled plasma mass spectrometry after on-lie separation and preconcentration. *Spectrochimica Acta Part B-Atomic Spectroscopy*, 53, 1527-1539.

［116］Seibert, E. L., Dressler, V. L., Pozebon, D. and Curtius, A. J. (2001) Determination of Hg in seawater by inductively coupled plasma mass spectrometry after on-line pre-concentration. *Spectrochimica Acta Part B-Atomic Spectroscopy*, 56, 1963-1971.

［117］Reis, B. F., Rodenas-Torralba, E., Sancenon-Buleo, J., Morales-Rubio, A. and de la Guardia, M. (2003) Multicommutation cold vapour atomic fluorescence determination of Hg in water. *Talanta*, 60, 809-819.

［118］Corominas, B. G. T., Icardo, A. C., Zamora, L. L., Mateo, J. V. G. and Calatayud, J. M. (2004) A tandem-flow assembly for the chemiluminometric determination of hydroquinone. *Talanta*, 64, 618-625.

［119］Kumar, M. A., Chouhan, R. S., Thakur, M. S., Rani, B. E. A., Mattiasson, B. and Karanth, N. G. (2006) Automated flow enzyme-linked immunosorbent assay (ELISA) system for analysis of methyl parathion. *Analytica Chimica Acta*, 560, 30–34.

［120］Piston, M., Dol, I. and Knochen, M. (2006) Multiparametric flow system for the automated determination of sodium, potassium, calcium, and magnesium in large-volume parenteral solutions and concentrated hemodialysis solutions. *Journal of Automated Methods & Management in Chemistry*, 47627, 1–6.

［121］Rocha, F. R. P., Martelli, P. B. and Reis, B. F. (2004) Simultaneous in-line concentration for spectrophotometric determination of cations and anions. *Journal of the Brazilian Chemical Society*, 15, 38–42.

［122］Melchert, W. R., Infante, C. M. C. and Rocha, F. R. P. (2007) Development and critical comparison of greener flow procedures for nitrite determination in natural waters. *Microchemical Journal*, 85, 209–213.

［123］Rocha, F. R. P., Martelli, P. B. and Reis, B. F. (2001) An improved flow system for spectrophotometric determination of anions exploiting multicommutation and multidetection. *Analytica Chimica Acta*, 438, 11–19.

［124］Rocha, F. R. P. and Reis, B. F. (2000) A flow system exploiting multicommutation for speciation of inorganic nitrogen in waters. *Analytica Chimica Acta*, 409, 227–235.

［125］Michalowski, J., Halaburda, P. and Kojlo, A. (2000) Determination of phenols in natural waters with a flow-analysis method and chemiluminescence detection. *Analytical Letters*, 33, 1373–1386.

［126］Lupetti, K. O., Rocha, F. R. P. and Fatibello, O. (2004) An improved flow system for phenols determination exploiting multicommutation and long pathlength spectrophotometry. *Talanta*, 62, 463–467.

［127］Rodenas-Torralba, E., Morales-Rubio, A. and de la Guardia, M. (2005) Determination of phenols in waters using micro-pumped multicommutation and spectrophotometric detection: an automated alternative to the standard procedure. *Analytical and Bioanalytical Chemistry*, 383, 138–144.

［128］Morais, I. P. A., Miro, M., Manera, M., Estela, J. M., Cerda, V., Souto, M. R. S. and Rangel, A. O. S. S. (2004) Flow-through solid-phase based optical sensor for the multisyringe flow injection trace determination of orthophosphate in waters with chemiluminescence detection. *Analytica Chimica Acta*, 506, 17–24.

［129］Albert-Garcia. J. R., Icardo, M. C. and Calatayud, J. M. (2006) Analytical strategy photodegradation/chemiluminescence/ continuous-flow multicommutation methodology for the determination of the herbicide propanil. *Talanta*, 69, 608–614.

［130］Barbosa, F., Souza, S. S. and Krug, F. J. (2002) In-situ trapping of selenium hydride in rhodium-coated tungsten coil electrothermal atomic absorption spectrometry. *Journal of Analytical Atomic Spectrometry*, 17, 382–388.

［131］Santos Fa, M. M., Reis, B. F., Krug, F. J., Collins, C. H. and Baccan, N. (1993) Sulfate preconcentration by anion-exchange resin in flow injection and its turbidimetric determination in water. *Talanta*, 40, 1529–1534.

［132］Ferrer, L., Armas, G., Miro, M., Estela, J. M. and Cerda, V. (2004) A multisyringe flow injection method for the automated determination of sulfide in waters using a miniaturised optical fiber spectrophotometer. *Talanta*, 64, 1119–1126.

［133］Ferrer, L., Armas, G., Miro, M., Estela, J. M. and Cerda, V. (2005) Interfacing in-line gas-diffusion separation with optrode sorptive preconcentration exploiting multisyringe flow injection analysis. *Talanta*, 68, 343–350.

［134］Armas, G., Miro, M., Estela, J. M. and Cerda, V. (2002) Multisyringe flow injection spectrophotometric determination of warfarin at trace levels with on-line solid-phase preconcentration. *Analytica Chimica*

Acta, 467, 13-23.

[135] Kronka, E. A. M. and Reis, B. F. (1998) Spectrophotometric determination of iron and aluminium in plant digests employing binary sampling in flow analysis. *Quimica Analitica*, 17, 15-20.

[136] Tumang, C. A., Tomazzini, M. C. and Reis, B. F. (2003) Automatic procedure exploiting multicommutation in flow analysis for simultaneous spectrophotometric determination of nonstructural carbohydrates and reducing sugar in forage materials. *Analytical Sciences*, 19, 1683-1686.

[137] Gomes No, J. A., Oliveira, A. P., Freshi, G. P. G., Dakuzaku, C. S. and Moraes, M. (2000) Minimization of lead and copper interferences on spectrophotometric determination of cadmium using electrolytic deposition and ion-exchange in multi-commutation flow system. *Talanta*, 53, 497-503.

[138] Blanco, T., Maniasso, N., Gine, M. F. and Jacintho, A. O. (1998) Liquid-liquid extraction in flow injection analysis using open-phase separator for the spectrophotometric determination of copper in plant digests. *Analyst*, 123, 191-193.

[139] Miranda, C. E. S., Olivares, S., Reis, B. F. and Luzardo, F. M. (2000) On-line preconcentration employing a tannin resin for copper determination in plant material and food stuff by atomic absorption spectrometry. *Journal of the Brazilian Chemical Society*, 11, 44-49.

[140] Oliveira, C. C., Sartini, R. P., Reis, B. F. and Zagatto, E. A. G. (1996) Multicommutation in flow analysis. Part 4. Computer-assisted splitting for spectrophotometric determination of copper and zinc in plants. *Analytica Chimica Acta*, 332, 173-178.

[141] Almeida, M. I. G. S., Segundo, M. A., Lima, J. L. F. C. and Rangel, A. O. S. S. (2006) Potentiometric multi-syringe flow injection system for determination of exchangeable potassium in soils with in-line extraction. *Microchemical Journal*, 83, 75-80.

[142] Gomes, D. M. C., Segundo, M. A., Lima, J. L. F. C. and Rangel, A. O. S. S. (2005) Spectrophotometric determination of iron and boron in soil extracts using a multi-syringe flow injection system. *Talanta*, 66, 703-711.

[143] Gomes Neto, J. A., Zara, L. F., Rocha, J. C., Santos, A., Dakuzaku, C. S. and Nobrega, J. A. (2000) Determination of mercury in agroindustrial samples by flow injection cold vapor atomic absorption spectrometry using ion exchange and reductive elution. *Talanta*, 51, 587-594.

[144] Tumang, C. A., Borges, E. P. and Reis, B. F. (2001) Multicommutation flow system for spectrophotometric L (+) lactate determination in silage material using an enzymatic reaction. *Analytica Chimica Acta*, 438, 59-65.

[145] Smiderle, M., Reis, B. F. and Rocha, F. R. P. (1999) Monosegmented flow system exploiting multicommutation applied to spectrophotometric determination of manganese in soybean digests. *Analytica Chimica Acta*, 386, 129-135.

[146] Kronka, E. A. M., Reis, B. F., Korn, M. and Bergamin Filho, H. (1996) Multicommutation in flow analysis. Part 5. Binary sampling for sequential spectrophotometric determination of ammonium and phosphate in plant digests. *Analytica Chimica Acta*, 334, 287-293.

[147] Comitre, A. L. D. and Reis, B. F. (2005) Automatic flow procedure based on multicommutation exploiting liquidliquid extraction for spectrophotometric lead determination in plant material. *Talanta*, 65, 846-852.

[148] Maruchi, A. K. and Rocha, F. R. P. (2006) An improved procedure for phosphorous fractionation in plant materials exploiting sample preparation and monosegmented flow analysis. *Microchemical Journal*, 82, 207-213.

［149］Buanuam, J., Miro, M., Hansen, E. H., Shiowatana, J., Estela, J. M. and Cerda, V. (2007) A multisyringe flow-through sequential exhaction system for on-line monitoring of orthophosphate in soils and sediments. *Talanta*, 71, 1710-1719.

［150］Tumang, C. A., Paim, A. P. S. and Reis, B. F. (2002) Automatic flow system titration based on multicommutation for spectrophotometric determination of total acidity in silage extracts. *Journal of AOAC International*, 85, 328-332.

［151］Pires, C. K., Martelli, P. B., Reis, B. F., Lima, J. L. F. C. and Saraiva, M. L. M. F. S. (2003) An automatic flow procedure for the determination of 3-hydroxybutyrate in animal serum and plasma. *Journal of Agricultural and Food Chemistry*, 51, 2457-2460.

［152］Pires, C. K. and Reis, B. F. (2005) Enzyme immobilization using a commercial kit: Determination of metabolic parameters in animal blood employing a multicommutation flow system. *Quimica Nova*, 28, 414-420.

［153］Silva, M. L. S., Garcia, M. B. Q., Lima, J. L. F. C. and Barrado, E. (2006) Modified tubular electrode in a multi-commuted flow system. Determination of acetaminophen in blood serum and pharmaceutical formulations. *Analytica Chimica Acta*, 573, 383-390.

［154］Luca, G. C. and Reis, B. F. (2004) Simultaneous photometric determination of albumin and total protein in animal blood plasma employing a multicommutated flow system to carried out on line dilution and reagents solutions handling. *Spectrochimica Acta Part A-Molecular and Biomolecular Spectroscopy*, 60, 579-583.

［155］Pires, C. K., Reis, B. F., Galhardo, C. X. and Martelli, P. B. (2003) A multicommuted flow procedure for the determination of cholesterol in animal blood serum by chemiluminescence. *Analytical Letters*, 36, 3011-3024.

［156］Araujo, A. N., Lima, J. L. F. C., Reis, B. F. and Zagatto, E. A. G. (1995) Multicommutation in flow analysis. Part 3. Spectrophotometric determination of creatinine in urine exploiting a novel zone sampling approach. *Analytica Chimica Acta*, 310, 447-452.

［157］Jeronimo, P. C. A., Araujo, A. N., Montenegro, M. C. B. S. M., Pasquini, C. and Raimundo, I. M. (2004) Direct determination of copper in urine using a sol-gel optical sensor coupled to a multicommutated flow system. *Analytical and Bioanalytical Chemistry*, 380, 108-114.

［158］Lopes, C. M. P. V., Almeida, A. A., Santos, J. L. M. and Lima, J. L. F. C. (2006) Automatic flow system for the sequential determination of copper in serum and urine by flame atomic absorption spectrometry. *Analytica Chimica Acta*, 555, 370-376.

［159］Llorent-Martinez, E., Ortega-Barrales, P. and Molina-Diaz, A. (2005) Multicommuted flow-through fluorescence optosensor for determination of furosemide and triamterene. *Analytical and Bioanalytical Chemistry*, 383, 797-803.

［160］Lopez-Flores, J., Cordova, M. L. F. D. and Molina-Díaz, A. (2007) Multicommutated flow-through optosensors implemented with photochemically induced fluorescence. Determination of flufenamic acid. *Analytical Biochemistry*, 361, 280-286.

［161］Amorim, C. M. P. G., Albert-Garcia, J. R., Montenegro, M. C. B. M. S., Araujo, A. N. and Calatayud, J. M. (2007) Photo-induced chemiluminometric determination of karbutilate in a continuous-flow multicommutation assembly. *Journal of Pharmaceutical and Biomedical Analysis*, 43, 421-427.

［162］Silva, M. L. S., Garcia, M. B. Q., Lima, J. L. F. C., Santos, J. L. M. and Barrado, E. (2005) Multicommutated flow system with amperometric detection. Determination of uric acid in urine. *Electroanalysis*, 17, 2156-2162.

8 流动进样分析中的高级校准方法

Pawet Kościelniak

8.1　引言

尽管方法和仪器有了较大的改进，校准仍然是分析化学中的一个关键要素。所采用的校准策略会影响分析结果的精密度和准确度。此外，所执行的校准程序会在劳动力、时间和试剂消耗方面影响整个分析程序。因此寻找更可靠、更有效的校准方法是最重要的分析任务之一。

分析校准可以看作是分析信号对分析物浓度真实相关性（校准相关性）的重建，并将获得的测量数据转换为被分析样品中分析物的浓度。在校准的经验版本中，使用与测量样品相同的仪器条件对标样进行测量（以众所周知的分析物浓度）进而重建校准相关性。在分析实践中，通常针对样品的单个成分进行分析；在这种情况下，校准相关性以二维图形的形式重建，如图 8.1 所示。

依据许多典型过程可以进行经验校准，这些过程由于对标样和测试样的处理方式（即样品的制备和测量）不同而各不相同，因此在解释测量数据和计算分析结果时也互不相同。然而，根据最近推荐的分类方法[1,2]，所有这些过程可以分为几类，最常用的是内插法和外推法。

在常用的校准方法（通常称为"校准曲线法"或"标样添加法"，SSM）中，标准溶液和样品是分开制备和测量的。因此，校准图可以在任何所需的浓度范围内构建，分析结果可以通过插值计算（图 8.1）。另一种校准策略（称为"标样添加方法"，SAM）包括将标样添加到相同量的样品中并测量总分析物中每个部分的分析信号。通过这种方式，校准相关性在分析物样品的初始浓度上重建，分析结果必须通过外推法估算（图 8.1）。

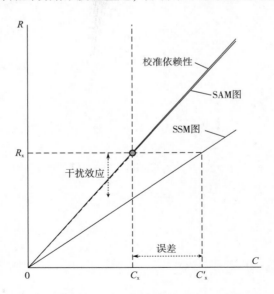

图 8.1　SSM 和 SAM 校准方法的比较：如果出现乘性干扰效应，则可以通过 SAM 校准图而不是 SSM 图来准确重建校准相关性；因此，样品（R_x）测量信号可以通过外推法（C_x）而不是内插法（C'_x）来测定分析物

内插（SSM）和外推（SAM）校准策略之间的本质区别与干扰效应有关。如果使用 SSM 方法，则只能通过匹配标样中的样品成分或在样品中加入特殊化学试剂来消除干扰效应。如果使用 SAM 方法，分析物可能会伴有样品中存在的干扰物，因此无需任何化学处理即可补偿干扰效应。SAM 方法的一大优势在于，当样品的成分非常复杂甚至完全未知时，它可以用来克服干扰。在这种情况下，SSM 方法通常会失效。另一方面，当校准相关性是非线性时，SAM 方法的应用受到限制，因此这时建议使用插值策略。

流动分析的特定功能似乎对校准非常有用[3-11]。它提供化学处理的自动化，例如取样、添加试剂、稀释、预浓缩和分离。在流动注射分析（FIA）中分析信号是由瞬态响应峰产生，该响应峰包含分散样品区内不同位置分析物浓度对应的信号。因此，与传统测量模式下典型的稳态信号相比，该瞬态信号能反映分析物更多的信息。此外，FIA 的动态响应可以通过分析物的动力学差异来提高检测的选择性。因此，与间歇校准相比，流动校准有很多普遍的优势。

尽管具有这些优势，在 FIA 中实施的校准方法（如 SSM 和 SAM）都仿照了间歇校准过程。这些方法包括准备一组标准溶液，并将这组溶液依次添加到流动进样系统中，然后分别测量它们的分析信号值。这样就可以构建典型的单一多点校准图，并且测量的样品信号值可通过内插法或外推法对分析结果进行计算。这种方法耗时费力并且不优于传统的间歇校准。

本章展示了如何通过利用流动进样技术中的特殊设备从而更有效且巧妙地实施 SSM 和 SAM 校准方法。

8.2　高级校准程序

基于上述经验校准的定义，整个校准程序（除了所使用的特定校准方法）包括 3 个主要阶段：校准溶液的制备（准备阶段）；构建校准溶液校准图（重建阶段）；计算分析结果（转化阶段），FIA 为实现每个阶段都提供了具体方法。

8.2.1　准备阶段

流动系统的特征是可以从较大体积的溶液（通常是连续引入系统的溶液）中分离出一个溶液区域，并将该区域引入载流中，如果使用的进样器能够准确、精确和可重复地引入这些溶液区域，则它也可用于校准目的。FIA 中常用的"校准"进样器是旋转阀，其安装有固定体积的回路。但是，流动系统中包含的其他一些装置，例如电磁阀或不同种类的泵（例如蠕动泵、注射器、活塞、电磁阀）可以起到相同的作用。最近为此设计了一些比较新颖、巧妙的工具。其中一个例子是利用重力[12]、电渗[13]或毛细管蒸发力[14]，借助毛细管探针从水平放置的锥形微瓶中取出校准溶液的系统。另一种方法使用了一种微处理器控制的电子移液枪[15]。

正如文献中的例子所示，校准溶液可以以各种方式在单独区域内制备。表 8.1 收集了 SSM 校准方法中标准溶液的制备方法。模式 A 对应传统方法，其仿照间歇处理过程。其余的方法（B-E）则更有趣和更先进，因为它们可以通过单一的标准溶液实现整个校准过程。

表 8.1　　　　　　　　　　　在 FIA 中标准溶液的不同制备方法

模式	引入 FIA 系统的标准溶液数量	流入进样器的标准溶液数量	注入的区域数量	参数分析信号
A	一些	一些	一些	分析物浓度
B	一个	一些	一些	分析物浓度
C	一个	一个	一些	初始区体积
D	一个	一个	一些	分散
E	一个	一个	一个	局部分析物浓度

　　无需在 FIA 系统以外制备一组不同分析物浓度的标准溶液，而是可以从系统内部的单个标样中生成，然后以相同区域的形式将这些标准溶液依次注入（表 8.1，模式 B）。为此，通常使用专用模块逐步可控地对标准溶液进行稀释。例如，在安装了闭环的系统中，标准溶液通过辅助泵在回路中循环，并用已知体积的稀释剂逐渐稀释该溶液[16]。另一种达到类似目的的方法是使用全旋转阀（FRV），这是一个八通道阀，不仅可以旋转45°（通常应用），还可以相对于定子进行360°旋转[17]。出于校准目的，当 FRV 逐渐旋转通过特定的 8 个位置时，标准溶液和稀释溶液都通过单独的管道推进到 FRV 中，实现可控的相互混合。实验证明，通过这种方法可以制备 8 种不同浓度的标样[18]。

　　通过可控地改变上述进样设备的参数（例如，泵送的时间或速度、两个电磁阀之间的距离、进样回路的体积等），FIA 校准还可以基于不同体积（模式 C）划分的标样区域。在某些情况下，进样器是特意修改的，例如由步进电机驱动的蠕动泵，而步进电机由微型计算机[19]或基于时间的进样器产生的脉冲驱动，基于时间的进样器可以通过固定的气压[20]严格限定区域的体积。据悉，如果 FRV 配备 4 个不同体积的回路并完全旋转通过所有 8 个位置[17,21]，则它也可以用于上述校准。还建议从几个回路[22]或从彼此分开的 2 个回路（由一个中间回路隔开）[23]依次注入标准溶液。

　　流动进样分析的特点是可以控制流向检测器流体的分散程度。出于校准目的，有时会通过更改所用 FIA 系统的适当仪器参数来对标样区的分散度（模式 D）进行修改。例如，标样区可以被引入三个长度不同的管道，这三个管道在检测器之前合并：通过这种方式产生了三个具有不同分散度的子标样区，因为到达检测器的路径不同，在管道中的停留时间也不同[24]。通过安装在两个六通切换阀之间的不同长度的管道推动标准溶液[25]，也可以在歧管中实现相同的效果。如果 FRV 不仅配备四个不同体积的回路，而且配备一个中间回路，并且按照顺时针和逆向旋转，由于不同的体积和从 FRV 至检测器的不同输送方式，系统可以产生多达 8 个不同的子区域[17,21]。在 FIA 系统中，在区域采样技术的基础上，最初注入的标准溶液在经过几个定义的时间段后被重新注入[26]。在另一个 FIA 系统中，建议将包含标准溶液的载流与另一个载流合并；在这种情况下，分散度就可以通过混合流体的流速控制[27]。

在某些特殊方法中，建议仅从标准溶液的单个区域（模式 E）获得完整的校准信息。其基础是梯度技术的概念，即将分散在载流中的区域视为由一组包含不同浓度分析物的溶液组成。在这种情况下，通常需要在低分散条件下使用单通道 FIA 系统[28]或安装混合室[29,30]来制备该区域。

原则上，上述制备标准溶液的模式与 SSM 校准方法相关。如果决定使用这种方法，通常建议以与制备标准溶液相同的方式和相同的仪器条件制备样品溶液。在采用 SAM 校准方法的情况下，一个额外的问题在于如何正确制备添加有标准溶液的样品。SAM 方法可以很有效地抵消干扰的影响，前提是在将标准溶液添加到样品中的同时使样品组分（包括干扰物）的浓度保持一致。

似乎解决这个问题最简单的方法是在 FIA 系统以外制备校准溶液（样品与标样），然后根据上述模式之一对其进行处理。当然，如果在最开始制备几种不同分析物浓度（包括浓度为 0 的情况）的校准溶液并分别将它们引入 FIA 系统（模式 A）或只需要单一的校准溶液来制备单一区域时（模式 E），这种方法是可以接受的。但是，如果打算从单个溶液（模式 B-D）制备一组校准溶液，则应特别注意需要满足 SAM 方法的上述先决条件。

在 SAM 校准的准备阶段，正确策略是根据上述模式（类似于 SSM 校准）制备等体积的标准溶液，然后将它们与 FIA 系统内的样品溶液混合。例如，如果最初制备的几种不同浓度的标准溶液通过阀门依次注入，而样品由另一个阀门注入，则每个标准溶液区域都有机会与样品区域相遇并与其完全混合。这种方法（模式 A）已成功应用于通过火焰发射光谱法测定植物中的钙、镁和钾元素[31]。按照模式 B 工作的系统则用于通过紫外可见分光光度法测定矿泉水中的铁，标样由 FRV（在稀释之前）生成，然后在进样阀之前与连续流动的样品流体汇合[32]。

在另一种方法中，建议将标准溶液、样品溶液和稀释溶液通过三个蠕动泵以定义的流速各自独立泵送，然后将它们合并、混合和注入；通过可控地改变标样流速和稀释剂流速[27]可以相应地改变添加到样品中的标样所含的分析物浓度。通过多注射器 FIA 系统可以实现 SAM 校准溶液的在线制备[33]。区域取样技术可以通过以下方式使用：标样区在明确的时间（模式 D）过后重新进样，并与以样品区[33]或连续流动[34]形式存在的样品合并。最后一个应用梯度技术（模式 E）例子是在连续流动的稀释剂和标准溶液之间插入一个样品区域[36]。

在文献中的某些情况下，建议以不满足 SAM 先决条件的方式制备校准溶液。例如，根据"内插标样添加法"[37]，在 FIA 系统外制备的不同分析物浓度的标准溶液被依次注入流向检测器的样品中。这种方法的弱点也很明显，即注入的标样会稀释样品，因此单独样品中的干扰物浓度和添加有标样的样品中的干扰物浓度不同。以铝存在条件下火焰原子吸收光谱法测定镁为例，这种方法得到的分析结果被证明可能严重不准确[38]。

8.2.2 重建阶段

如上所述，相关性的校准通常以校准图的形式进行，该图表示分析响应和分析物浓度之间的关系。在 FIA 中，可以通过不同的方式测量分析信号。此外，校准溶液的分析物浓度并不总是被明确定义的。因此，FIA 校准程序的重建阶段通常不像传统间歇校准那样清晰。

独立于制备模式（表 8.1），校准区会产生一个峰，该峰可以通过高度或面积测量。例外情况是，当校准区使用单一校准溶液并根据分散度（模式 D）进行区分时，产生的峰面积相等（或至少相似），峰只能通过高度来测量。此外，在高分散条件下的流动系统中，进样峰的宽度可以被测量，峰的宽度在数学上与分析物的浓度相关联，此结论已经被证明并且应用于校准中[39,40]。如果单一区域校准是基于梯度技术（模式 E）进行的，则对峰进行整体分析（或至少沿其向下的斜率），即峰的每个点都被视为测量信息的来源。在某些特殊情况下，即如果使用区域穿透技术，会产生两个或几个（部分重叠）峰，建议不仅在最大值处测量这些峰，而且在最小值处测量这些峰[22-24]。

关于 FIA 校准的另一个问题是如何将测量的分析信号与进样区域中的分析物浓度联系起来。问题是在进样后样品被分散，当到达检测器时，样品中的分析物浓度发生了变化并且浓度未知。如果通过分析物浓度明确（模式 A 和模式 B）的溶液形成样品区域，则可以假设信号与连续流向进样器的校准溶液中的分析物浓度相对应。然而，如果使用单一校准溶液为一组不同体积或不同分散因子的区域（模式 C 和模式 D），或为单个区域的不同部分（模式 E）测量分析信号，则不能将信号与分析物浓度相联系。在这种情况下，可以使用不同的方法来解决这个问题。总之可以分为三类：数学的、实验性的和解释性的。

例如，实验证明如果通过受控步进电机驱动的蠕动泵注射一系列已知体积的标准溶液并通过部分填充定量环进样，则每个标样中分析物的浓度可以用引入 FIA 系统的溶液浓度的数学表达式来表示[41]。当使用配备小口径管的蠕动泵并以低速转动时，可以得到相同的数学关系[42,43]。

分析局部分析物浓度的实验方法通常包括计算分散系数 D。而 D 被发现是由连续通过 FIA 的溶液产生的稳态信号与相同的实验条件下溶液进样产生的峰（例如，最大值点或对应于所定义的延迟时间的点）的瞬态信号的比值。应用这种方法，我们相信未知的局部分析物浓度是 FIA 系统引入溶液中分析物浓度的 $1/D$。在文献中可以找到许多使用 D 值进行校准的示例，包括通过 SSM[19,25,33,43,44] 和 SAM[22,35,36,45,46] 方法进行校准。

也可以通过传统方法（模式 A）构建的校准图来计算不同分散区域中的分析物浓度。这是在建议的 FIA 校准程序中完成的，该程序包括通过不同流速的渗透管推动标准溶液来改变标准溶液的分散度[47]。相同的方法已应用于基于梯度技术的校准[29,30]。

在条件控制良好的情况下，如果利用单个校准溶液生成 [由参数（p）的不同数值定义] 不同的瞬态信号，则可以省略数学推算和实验过程，通过其他方式来解释测量数据。即所获得的一系列信号可以与引入系统的溶液中存在的单个已知浓度的分析物相联系，并且可以构建由一组两点线组成的校准图。该方法如图 8.2 所示。文献中展示了当样品区域在体积（模式 C）[20,22,48] 和分散（模式 D）方面存在差异时如何应用这种方法。在后一种情况下，建议将进样器−检测器之间的距离[24] 和两次进样之间的时间间隔[26] 作为参数 P。建议使用 FRV 并通过 SSM[17,21] 和 SAM[17] 方法来实现该校准策略。通过实验证明，如果一系列峰对应于不同浓度的溶液区域，则多线校准图可以在这些溶液区域[49] 被注入后，通过指定时间下（如参数 P）测量的信号重建。

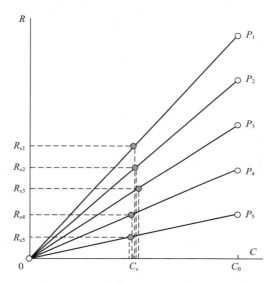

图 8.2　在不同参数（P_1–P_5）定义的条件下由单一标准溶液（浓度 C_0）构建的两点式多线校准图；从样品获得的信号（R_{x1}–R_{x5}）通过几个值来估计分析结果（C_x）

8.2.3　转型阶段

如上所示，与间歇分析相比，FIA 在处理校准溶液和处理分析响应方面提供了相当新的机会。具体而言，根据某些 FIA 校准程序，既没有构建典型的校准图（图 8.2），也没有将标样添加到样品中（如"内插标样添加方法"那样）。在计算分析结果时，这可能会引起一些混淆。

如前所述，有两种计算样品中分析物浓度的通用方法：内插法和外推法。与制样和重建阶段的详细过程无关，在给定情况下计算方法的应用规则以及干扰效应带来的后果如下：

（1）如果标准溶液、样品分开制备和测量（SSM 方法），则分析结果通过内插法计算，但不能消除干扰效应（前提是不做额外的努力）。

（2）如果标准溶液与样品合并，且样品组分保持相同浓度（SAM 方法），分析结果通过外推法计算，可抵消增加的干扰效应。

（3）如果标准溶液与样品以与上述不同的方式合并，则分析结果可以通过插值法计算，但消除干扰效应的可能性很小。

由于溶液可以通过多种方式在 FIA 中合并，因此应特别注意给定的校准程序是否可以在预期程度上克服干扰。

在大多数 FIA 文献提到的 SSM 校准程序中，通过测量样品的单个信号（忽略重复信号）获得分析结果。然而，在这种情况下，当一组不同已知分析物浓度的标样区是通过单个标样的可控逐渐稀释得到的（表 8.1，模式 B），则一组样品区也应当以相同的方式通过引入 FIA 系统的样品制备，因此可以测量一系列不同的信号[21]。如果将每个信号与校准图相关联，就可以得到样品中分析物浓度的多个估计值，如图 8.3 所示。通过考虑稀释因子并达到"平衡"后，它们可以用于评估分析精度，但它们的平均值可以认为是分析结果。

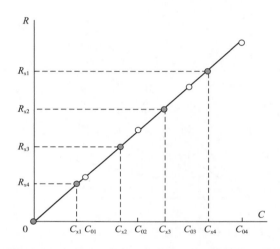

图 8.3　当样品溶液和标准溶液都通过单一溶液进行可控的在线稀释的校准情况；校准图是通过不同分析物浓度（$C_{01}-C_{04}$）的标样构建的，从样品（$R_{x1}-R_{x4}$）获得的信号可以通过几个值（$C_{x1}-C_{x4}$）估计分析结果

如果通过多线两点校准图来解释在不同条件下制备的标样区所获得的测量数据，则在相同条件下制备和测量的样品提供的信号与每条线都相关联，如图 8.2 所示。通过这种方式，样品中的分析物浓度也可以通过几个值来估计，这些值是评估分析结果精度的基础（如果假设是随机不相同的）。值得注意的是，这种测量信息的转换方式也可以应用于 SAM 校准[17]。

对于 SAM 程序的转换步骤应特别注意，如果样品在 FIA 系统内与标准溶液相合并[32]，在这种情况下应该记住，不仅样品是用添加的标准溶液稀释的，而且每个标准溶液也都是用样品稀释的。因此，在内插法计算分析结果时，应明确定义并考虑这两个稀释因子。

8.2.4　注意事项

以上考虑的所有程序都比传统的间歇校准有很大的优势：它们在制样阶段得到显

著改进，并在专用计算机软件的控制下实现了完全自动化（即使其中一些程序最初不是以这种形式出现的）。由于这两个原因，它们在时间和工作方面通常更有效率（表 8.2）。如果使用单一标准溶液产生分析信号（表 8.1，模式 B-E），则整个校准过程可以在几分钟内完成（包括该溶液的制备时间），而不是通常的几十分钟（即当制备多个标样时）甚至更多时间（即当需要执行 SAM 校准时）。

表 8.2 传统间歇校准（CBC）、传统 FIA 校准（A）和不同方法实现的高级校准程序（B÷E）的比较

案例	速率	工作消耗	精确性	准确性
CBC	+	++++	++++	++++
A	++	+++	+++	+++
B	++++	+	++	++
C	++++	+	++	++
D	+++	++	++	++
E	++++	+	+	+

通常校准程序更快且操作更方便的代价是分析结果的精度较低。如果使用单一标准溶液生成一组不同的分析信号，则 FIA 系统的仪器必须比使用一组不同标准溶液的传统系统仪器更加复杂。每次对简单流动系统的改动，无论是从仪器模块（泵、进样器、管等）还是特定的操作模式（从部分填充定量环，顺序-时间同步进样等）都潜在地带来了随机误差，影响了分析精度。使用梯度技术时应特别注意分析信号的可重复性，因为在这种情况下，计算分析结果时会考虑到峰的每个点。

FIA 校准系统越精密，系统的操作越复杂，出现系统错误的风险就越大，因此误差也越大。一个很好的例子是涉及校准溶液连续稀释的系统：如果构建的稀释模块带有即便很轻微的误差（例如，循环回路比预期的更长），则制备连续标准溶液时也会带有这种误差，该误差会逐渐累积。校准程序中所需的一些额外实验程序（例如，对分散系数的评估）也会影响分析精度。

然而，校准相关性的非线性和干扰效应是校准中系统误差的主要来源。如果校准相关性众所周知是非线性的，或者如果其线性强烈依赖于仪器和化学条件，则此类校准程序只适用于基于至少几个实验点的校准图。由于同样的原因，在这种情况下应避免使用两点多线图的程序（即在由不同仪器参数值定义的条件下测量不同信号时）。如果干扰效应预计发生在分析系统中，大家应记住，无论该程序的制样、重建、阐释和转换阶段是如何进行的，都不推荐使用任何内插法（SSM）校准（不使用一些额外的化学方法）。只有使用外推法（SAM）的程序才有可能克服干扰，前提是它在制样阶段处理得当（即如上所述）。

8.3　高级校准概念

前面提到的为基本的分析校准应用而开发的 FIA 校准程序：与间歇校准程序相比，可以精确、准确且在劳动力、时间和试剂消耗方面更高效地检测单个分析物。FIA 校准不仅可以从程序上而且还可以从本质上得到提升，例如，可以检测和检查干扰效应，以及控制和验证分析结果的准确性。通过 FIA，校准程序可以巧妙地依托于分析物参与反应并且适应于多组分分析。以下的一些示例显示了如何实现这些概念。

8.3.1　综合校准

检测和评估干扰的最简单方法是比较由 SSM 和 SAM 校准构建的校准图。如果两个图都显示在同一坐标系中，即如图 8.1 所示，则它们之间斜率的差异可用来衡量分析系统中的乘性干扰效应。然而，尽管如此简单，令人惊讶的是，这种方法在间歇分析中并不常见。

在 FIA 中，同时使用 SSM 和 SAM 方法，即将两种方法集成在单个校准程序中，是可以轻松实现的[1,50,51]。具体来说，可以通过基于合并区域技术的 FIA 系统实现综合校准方法[50,51]。在这种情况下，标准溶液和样品溶液从两个回路同时注入，然后两个区域以不同的流速被引导到两个不同长度的管道中，最后以部分重叠的方式相互合并，从而产生一个复杂的区域，并进行测量，该区域由标样、含样品的标样和样品三部分组成。在校准程序的第二步中，两种溶液再次注入，但以相反的流速推进，因此它们以与之前不同的比率合并。因此，再次产生三段区域，但每段中分析物浓度都不同。如图 8.4 所示，通过应用这样的程序并基于收集的数据，可以构建多达 4 条校准线，同时通过内插法和外推法获得的四个独立估计值可以用来评估样品中的分析物浓度。

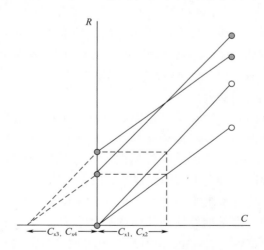

图 8.4　综合校准方法构建的校准图：标准溶液在两种不同仪器条件下产生的测量数据（白色圆圈）。带有标准溶液的样品（灰色圆圈）和样品溶液（黑色圆圈）可以通过内插法（C_{x1}，C_{x2}）和外推法（C_{x3}，C_{x4}）获得的几个值（C_{x1}-C_{x4}）来估计分析结果

在所描述的方法中，通过校准线的相互位置进行两两对比，可以很容易地检测到干扰效应。通过比较分析结果的估计值，可以更定量地检测到干扰效应。如果四个值相等，则可以认为它们没有受干扰效应影响而产生误差。这是因为估计值是根据不同的校准策略（即通过 SSM 和 SAM 方法）和在不同的稀释条件下获得的（即对于不同稀释程度的校准溶液）。因此，如果内插法得到的浓度与外推法得到的浓度不同，则可以肯定存在干扰效应。这种情况下继续进行校准的一种方案被提出[51]。

值得注意的是，上述关于干扰效应的结论可能与分析物测定的准确性有关。在不怀疑其他系统分析误差来源的情况下，不同校准方法获得了四个彼此独立且相等的数值，通过这四个值估计的分析结果在大概率上是准确的。因此，综合校准方法不仅可以用于检测和评估，还可以用于验证和控制分析结果的准确性。这些优势已通过实验证明，可用于分光光度法测定药物中的铁和通过火焰原子吸收光谱法在钛存在条件下测定镁[51]。

8.3.2　梯度稀释校准

正如已经提到的，流动进样峰可以被认为是"在给定时刻注射和测量的标样（样品）区域中与局部分析物浓度相对应的单个点的集合"。如果从分析峰下降部分的最大值分析到零点位置，则获得的信息实际上与分析区域中的标样（样品）有关，该标样（样品）中的分析物浓度从最大值连续稀释到零。此外，我们可以相信，在进样后的给定时间，针对标样和样品（均在相同条件下处理）测量的每对瞬态信号代表稀释到相同程度的两种溶液。这是梯度稀释校准的理论基础。

在这种方法的基本形式中，两种校准溶液依次注入低分散的 FIA 系统中，记录的两个峰的基区宽度彼此同步[28,52-54]。然后两种溶液中足够的瞬态信号值和标准溶液中的分析物浓度值被用于内插法估算样品中的分析物浓度。一系列估算值以与稀释因子之比的形式呈现，然后通过函数拟合并外推到对应于样品无限稀释条件下的值。这种校准方法非常简单且所含信息丰富，因为样品区域不同部分（即逐渐稀释的样品）分析物的浓度信息来源于单个标样区域。此外，当样品中含有干扰物并且干扰效应随着样品稀释而逐渐减弱时，样品中分析物浓度的估计值（如果按上述方式进行检查）越来越接近样品中的真实分析物浓度。

当通过一些方式无法消除干扰的情况下（例如，当用火焰原子吸收光谱法测定铝存在条件下的钙时），建议将两种校准溶液注入缓冲试剂的载流中，可以通过估算的分析物浓度与稀释因子的关系来选择缓冲试剂的种类和浓度。因此，如实验所示[54]，该方法不仅能够准确测定分析物，而且能够在干扰物存在的情况下进行测定并检查干扰效应。

相互调整样品和标样的峰是降低准确度的一个因素，两个峰的基区宽度应该相同，但在实践中可能会出现不一致的情况。而且，即使这两个峰是相互兼容的，如何选择合适的标准以准确地调整它们总是有争议的。

梯度稀释校准方法也可以在外推法版本中执行[55]：在这种情况下，执行程序与上述相同，除了用校准溶液替代了样品和带有标样的样品。以火焰原子吸收光谱法测定各种干扰物存在条件下的钙离子为例，经证明，在此版本中，我们可以对准确度更有信心，因为可以通过稀释样品和两种校准溶液中都存在带有干扰物的分析物的方式降低干扰效应。

8.3.3 基于反应的校准

滴定是最流行的分析技术，其中通过分析物与添加到分析系统中的试剂进行反应而得到分析结果。根据校准策略的分类，滴定被认为是一种具有指示性（相对于内插法和外推法）特征的校准方法[1]。其原因是滴定程序包括（作为常见的经验型校准程序）使用添加到样品中的标准溶液（滴定剂）重建校准相关性（以滴定曲线的形式）（反之亦然）。滴定的特点是标样与样品中的被分析物发生反应，通过该反应的等当量点对应的单个测量点计算分析结果。

FIA 滴定可以仿照批量滴定程序，通过多种模式完成。尤其是样品可以以不同的方式与滴定剂溶液混合，包括将滴定剂添加到连续样品流体[56]或单个样品等分试样中[57]和体积分数操作[58-61]。滴定曲线显示了信号与滴定剂体积[56-58]，或信号与时间[59-61]之间的关系。

一种更流行的 FIA 滴定模式基于梯度技术。这是 FIA 梯度概念的首次应用[62]并且此后经常用于分析实践。根据这个概念，样品通常被注入滴定液中，因此在进样区中的分析物和滴定剂之间形成了可重现的浓度梯度。如果分析物浓度高于滴定剂浓度，则在分散区的两个部分，都存在一个流体区域，其中分析物被滴定剂完全滴定。这两个等当量点形成一对相同的分散体，它们之间的时间间隔与分析物浓度的对数成正比[62]。

在梯度滴定中，不需要知晓滴定剂的精确体积和浓度[63]。另一方面，分析响应不能与样品中分析物的浓度直接相关，而是作为固定峰高处两点（对应于等当量点）之间的距离进行测量。为了对此类测量数据进行转换，通常使用带有标准溶液和校准图的校准技术。由于上述提到的两个方面，该方法被认为是伪滴定法[64]。从形式上看，它可以作为两种校准策略——指示性和内插性链接至同一个程序中的示例[2]。

另一种基于所检查系统中发生的反应的 FIA 技术是停流技术。它主要用于获取化学动力学信息，例如反应级数和速率常数，但它越来越普遍地应用于校准。在这种方法中，样品区与试剂合并、混合，然后希望在检测器的流动池内停止流动。因此，可以通过峰轮廓的变化观察到反应。如果没有反应的进行，信号基本上是一条平行于基线的平线。但是，如果由于反应仍然生成分析物，则观察到的信号会增加。校准的基础是这种信号的增加与分析物浓度密切相关。常见的流动停止校准程序包括一系列标准溶液的使用、校准图的构建和内插法计算分析结果。

基于反应的校准方法的一个重要特点是它们能够准确测定分析物而不受干扰影响。唯一的条件是试剂不能与给定分析系统中的干扰物发生反应。

8.3.4　多组分 FIA 校准

流动进样分析已被证明是一种极具吸引力的技术，可用于在单个分析程序中测定样品中的两种或多种分析物，即执行多组分分析。虽然多组分校准方法有时在概念上是特定的，但它们所使用的 FIA 系统和基于的技术和单组分校准的一样。

通常，主要有三种方法在 FIA 内实现多组分分析：

（1）安装两个或多个独立的检测器，并在其特征条件下单独测量每种分析物的信号。

（2）使用单个检测器，将分析物通过化学转化为适合检测器的形式并在适合于这种形式的条件下顺序测量每个分析物的信号。

（3）使用单个检测器并测量不同仪器条件下的信号（即根据多变量测量数据进行分析）。

在前两种情况下，每种分析物都根据单独的校准方法确定，即采用单组分校准程序。第三种方法更复杂、更高级，需要在校准过程的三个阶段（制样、重构和转换）具体完成。

在多组分多变量校准的情况下，标准溶液通常以这样一种方式制备，即每个溶液都包含不同浓度水平的所有检测分析物。它们可以根据选定的实验计划[65]进行组合，从而可以在转换阶段有效地解释测量数据。

通过在定义的仪器条件下（例如特定波长）在峰上取一定的时间序列或在预先设定的时间改变仪器参数（例如记录整个光谱），从而在标准溶液和样品溶液中生成多变量响应。两个测量范围也被同时考虑[66,67]。在任何情况下，总的想法是使人们能够根据测量数据尽可能多地区分分析物。因此，峰轮廓不被视为稀释梯度，其通过产生化学梯度（通常为 pH 梯度）或动力学相关过程提高了辨别能力。为此，经常使用区域渗透技术[68]和停流技术[69,70]。

多变量测量信息用于重构多维校准相关性。为了将这些数据转化为分析信息，采用了化学计量技术。其中，偏最小二乘法（PLS）应用最广泛[71,72]。但是其他各种化学计量方法（例如经典最小二乘回归、主成分回归、人工神经网络、因子分析）也很有用。

文献中提出的大多数多变量校准程序是通过以下方式完成的，即通过内插法获得分析结果（独立于所使用的化学计量方法）。使用多变量校准的外推法版本，称为广义标样添加法（GSAM），建议通过合并区域技术[73]和区域采样技术[74]制备多组分校准溶液。文献还展示了如何通过针对每种分析物仅制备一种标准溶液的方式为 GSAM 校准提供足够多的测量数据[75]。

多变量校准方法的巨大优势在于它们能够改善测定分析的选择性。关键点在于如果按照上述规则制备标准溶液，并在测量阶段对被测物进行区分，则可以消除它们之间的相互干扰，不仅是乘性干扰，还包括加性干扰（例如光谱干扰）。即使应用内插校准方法也是如此。此外，如果决定使用 GSAM 方法进行校准，也可以克服由基质组成引起的干扰效应。

8.4 趋势与展望

可以很容易说明的是（例如，根据 2006 年在波尔图举办的第十届"流动分析"国际会议提出的报告），一般来说，FIA 有两个发展方向，都与仪器有关：一是 FIA 系统设计越来越复杂和精密，二是这些系统的小型化。这两种趋势都与定义的校准问题密切相关。

目前新材料和自动化技术的发展为开发具有复杂仪器的 FIA 系统提供了途径，例如，多路换向、多重注射器、多泵和多检测器流动进样系统。这些技术突出的地方在于高度自动化、试剂消耗量低、样品处理量高和选择性提高。此外，FIA 歧管越来越频繁地与分析仪器相结合，这些仪器不仅扮演着检测器（例如 AAS 或 UV/VIS 光谱仪）的角色，而且扮演着检测样品制样器的角色。FIA-ICP-MS、FIA-CE、FIA-HPLC、FIA-GC-MS 等联用技术在多组分分析（包括形态分析）以及在检测限低且特异性高的复杂基质分析应用中越来越普遍。

然而，要认识到的重要一点是，如上所述，分析系统越精密和复杂，系统和随机分析误差就越多。因此，在这种情况下需要使用特别稳健的校准方法，以使分析结果具有高度再现性、可重复性和准确度。校准方法也应该具有相对较快的校准速度以及较低的成本，因而可以进行频繁的再校准。

最近，FIA 系统的小型化备受关注，无论是以微型全分析系统（μTAS）的形式还是作为小型化模块（例如"阀上实验室"）的 FIA 系统。小型化设备可以实现纳米级的分析性能。所有液体，包括标准溶液和样品溶液，都以非常低的纳升流量传输至检测器（传感器）。在这种情况下，难点在于既要在线制备标准溶液，又要以足够高的精度和准确度将它们加入系统。由于小型化系统通常专用于生物化学分析，因此校准方法有望帮助消除基质效应。

当然，在 FIA 中还有更多新的想法和概念取得了进展。此外，在回顾 FIA 文献时发现分析过程中采用了许多有趣且巧妙的校准方法。然而，可以清楚地观察到，FIA 方法和设备的发展与校准领域的发展不一致。尽管努力使校准过程更简单、更快速并使分析得到改进，但事实是 FIA 校准大多以传统方式进行，即在 FIA 系统外单独制备标准溶液，使用常规的多点单线校准图并通过内插法计算分析结果。当然，主要原因只是心理上的：如果一个常见的程序如此受欢迎，那么即使另一种程序在某些方面似乎更好，人们也会对其更有信心。然而，另一个原因则非常真实：显然，没有一种新的校准方法足够先进到可以与传统方法竞争。

事实上，文献中提出的替代性 FIA 校准方法通常具有特定的缺点[10,11]；这在实验室开发阶段可能不那么明显，但肯定会在分析实践中带来一些局限性。其结果是对这些方法产生怀疑。当作者更多地关注巧妙的 FIA 而不是考虑实际应用方面时，FIA 校准设计给人的印象是被开发为一种玩具，而不是一种可以有效且可靠地引入常规分析的工具。因此，改善分析性能并且提高常规适用性信心的新校准思想的发展仍然是一个巨大挑战。

　　显然，新 FIA 校准方法能够在分析应用中流行有两个基本条件：第一，它们应该在概念和程序上尽可能与传统方法相似。第二，与传统方法相比，它们应该提供一些额外的分析优势，即检测、检查和消除干扰以及验证分析结果的准确性。以原型的形式构建专用流动校准歧管是一个必要的研究方向。它们应该易于操作，并且具有高度自动化和高样品处理量的特点。它们在不同校准方法（可以实现的）和各种分析仪器（可以耦合作为检测器的）方面也应该是通用的。如此庞大的校准任务不是单个小型研究团队能够实现的，其应该是由科学家、执行常规分析的分析师和分析行业的代表组成的联盟合作的主题。这是在 FIA 校准领域取得真正进步的唯一途径。

参考文献

［1］ Kościelniak, P. (2001) Univariate Calibration Techniques in Flow Injection Analysis. *Analytica Chimica Acta*, 438, 323-333.

［2］ Kościelniak, P. (2003) New Horizons and Challenges in Environmental Analysis and Monitoring, in *Centre of Excellence in Environmental Analysis and Monitoring*, Gdańsk, Chapter 8.

［3］ Růžička, J. and Hansen, E. H. (1988) *Flow Injection Analysis*, 2nd edn, John Wiley, New York, Chapter 2.

［4］ Fang, Z. (1989) in *Flow Injection Atomic Spectroscopy* (ed. J. L. Burguera), Marcel Dekker, New York, Chapter 5.

［5］ De la Guardia, M. (1999) in *Flow Analysis with Atomic Spectrometric Detectors* (ed. A. Sanz-Mendel), Elsevier, Amsterdam, Chapter 4.

［6］ Tyson, J. F. (1988) Flow Injection Calibration Techniques. *Fresenius' Journal of Analytical Chemistry*, 329, 663-667.

［7］ Tyson, J. F. (1991) Flow Injection Atomic Spectrometry. *Spectrochimica Acta Reviews*, 14, 169-233.

［8］ Trojanowicz, M. and Olbrych-Śleszyńska, E. (1992) Flow Injection Sample Processing in Atomic Absorption Spectrometry. *Chemia Analityczna* (*Warsaw*), 37, 111-138.

［9］ Fang, Z. (1995) *Flow Injection Atomic Absorption Spectrometry*, Wiley, Chichester, Chapter 10.

［10］ Kościelniak, P. and Kozak, J. (2004) Review and Classification of the Univariate Interpolative Calibration Procedures in Flow Analysis. *Critical Reviews in Analytical Chemistry*, 34, 25-37.

［11］ Kościelniak, P. and Kozak, J. (2006) Review of Univariate Standard Addition Calibration Procedures in Flow Analysis. *Critical Reviews in Analytical Chemistry*, 36, 27-40.

［12］ Du, W., Fang, Q., He, Q. and Fang, Z. (2005) High-Throughput Nanoliter Sample Introduction Microfluidic Chip-Based Flow Injection Analysis System with Gravity-Driven Flows. *Analytical Chemistry*, 77, 1330-1337.

［13］ He, Q., Fang, Q., Du, W., Huang, Y. and Fang, Z. L. (2005) An Automated Electrokinetic Continuous Sample Introduction System for Microfluidic Chip-based Capillary Electrophoresis. *Analyst*, 130, 1052-1058.

［14］ Guan, Y., Xu, Z., Dai, J. and Fang, Z. (2006) The Use of a Micropump Based on Capillary and Evaporation Effects in a Microfluidic Flow Injection Chemiluminescence System. *Taianta*, 68, 1384-

1389.

[15] Daniel, D. and Gutz, I. G. R. (2003) Quick Production of Gold Electrode Sets or Arrays and of Microfluidic Flow Cells Based on Heat Transfer of Laser Printed Toner Masks onto Compact Discs. *Electrochemistry Communications*, 5, 782-786.

[16] Agudo, M., Rios, A. and Valcarcel, M. (1992) Automatic Calibration and Dilution in Unsegmented Flow Systems. *Analytica Chimica Acta*, 264, 265-273.

[17] Kościelniak, P., Janiszewska, J. and Fang, Z. (1996) Flow-injection Calibration Procedures with the Use of Fully Rotary Valve. *Chemia Analityczna (Warsaw)*, 41, 85-93.

[18] Kościelniak, P., Herman, M. and Janiszewska, J. (1999) Flow Calibration System with the Use of Fully Rotary Directive Valve. *Laboratory Robotics and Automation*, 11, 111-119.

[19] Sherwood, R. A., Rocks, B. F. and Riley, C. (1985) Controlled-dispersion Flow Analysis with Atomic Absorption Detection for the Determination of Clinically Relevant Elements. *Analyst*, 110, 493-496.

[20] Burguera, J. L., Burguera, M., Rivas, C., De la Guardia, M. and Salvador, A. (1990) Simple Variable-volume Injector for Flame Injection Systems. *Analytica Chimica Acta*, 234, 253-257.

[21] Kościelniak, P. and Janiszewska, J. (1997) Design of the Fully Rotary Valve for Calibration Purposes in Flow Analysis. *Laboratory Robotics and Automation*, 9, 47-54.

[22] Zagatto, E. A. G., Giné, M. F., Fernández, E. A. N., Reis, B. F. and Krug, F. J. (1985) Sequential Injections in Flow Systems as an Alternative to Gradient Exploitation. *Analytica Chimica Acta*, 173, 289-297.

[23] Fang, Z., Sperling, M. and Welz, B. (1992) Comparison of Three Propulsion Systems for Application in Flow Injection Zone Penetration Dilution and Sorbent Extraction Preconcentration for Flame Atomic Absorption Spectrometry. *Analytica Chimica Acta*, 269, 9-19.

[24] Tyson, J. F. and Bysouth, S. R. (1988) Network Flow Injection Manifolds for Sample Dilution and Calibration in Flame Atomic Absorption Spectrometry. *Journal of Analytical Atomic Spectrometry*, 3, 211-215.

[25] Tyson, J. F., Adeeyinwo, C. E., Appleton, J. M. H., Bysouth, S. R., Idris, A. B. and Sarkissian, L. L. (1985) Flow Injection Techniques of Method Development for Flame Atomic Absorption Spectrometry. *Analyst*, 110, 487-492.

[26] Garrido, J. M. P. J., Lapa, R. A. S., Lima, J. L. F. C., Delerue-Matos, C. and Santos, J. L. M. (1996) FIA Automatic Dilution System for the Determination of Metallic Cations in Waters by Atomic Absorption and Flame Emission Spectrometry. *Journal of Automatic Chemistry*, 18, 17-21.

[27] Novic, M., Berregi, I., Rios, A. and Valcarcel, M. (1991) A New Sample-injection/Sample-dilution System for the Flow Injection Analytical Technique. *Analytica Chimica Acta*, 381, 287-295.

[28] Sperling, M. Fang, Z. and Welz, B. (1991) Expansion of Dynamic Working Range and Correction for Interferences in Flame Atomic Absorption Spectrometry Using Flow Injection Gradient Ratio Calibration with a Single Standard. *Analytical Chemistry*, 63, 151-158.

[29] De la Guardia, M., Carbonell, V., Morales, A. and Salvador, A. (1989) Direct Determination of Calcium, Magnesium, Sodium and Potassium in Water by Flow Injection Flame Atomic Spectroscopy Using a Dilution Chamber. *Fresenius' Journal of Analytical Chemistry*, 335, 975-979.

[30] Carbonell, V., Sanz, A., Salvador, A. and De la Guardia, M. (1991) Flow Injection Flame Atomic Spectrometric Determination of Aluminium, Iron, Calcium, Magnesium, Sodium and Potassium in Ceramic Material by On-line Dilution in a Stirred Chamber. *Journal of Analytical Atomic Spectrometry*, 6,

233-238.

[31] Zagatto, E. A. G., Krug, F. J., Bergamin, F. H., Jorgensen, S. S. and Reis, B. F. (1979) Merging Zones in Flow Injection Analysis. Part 2. Determination of Calcium, Magnesium and Potassium in Plant Material by Continuous Flow Injection Atomic Absorption and Flame Emission Spectrometry. *Analytica Chimica Acta*, 104, 279-284.

[32] Kościelniak, P. and Herman, M. (1999) Simple Flow System for Calibration by the Standard Addition Method. *Chemia Analityczna (Warsaw)*, 44, 773-784.

[33] Segundo, M. A. and Magalhães, L. M. (2006) Multisyringe Flow Injection Analysis: State-of-the-Art and Perspectives. *Analytical Sciences*, 22, 3-8.

[34] Giné, M. F., Reis, B. F., Zagatto, E. A. G., Krug, F. J. and Jacintho, A. O. (1983) A Simple Procedure for Standard Additions in Flow Injection Analysis Spectrophotometric Determination of Nitrate in Plant Extracts. *Analytica Chimica Acta*, 155, 131-138.

[35] Reis, B. F., Giné, M. F., Krug, F. J. and Filho, H. B. (1992) Multiporpose Flow Injection System. Part 1. Programmable Dilutions and Standard Additions for Plant Digests Analysis by Inductively Coupled Plasma Atomic Emission Spectrometry. *Journal of Analytical Atomic Spectrometry*, 7, 865-868.

[36] Fang, Z., Harris, J. M., Růžička, J. and Hansen, E. H. (1985) Simultaneous Flame Photometric Determination of Lithium, Sodium, Potassium, and Calcium by Flow Injection Analysis with Gradient Scanning Standard Addition. *Analytical Chemistry*, 57, 1457-1461.

[37] Tyson, J. F. (1981) Low Cost Continuous Flow Analysis. *Analytical Proceedings*, 18, 542-545.

[38] Kościelniak, P. (1996) Critical Look at the Interpolative Standard Addition Method. *Analysis*, 24, 24-27.

[39] Tyson, J. F. (1984) Extended Calibration of Flame Atomic Absorption Instruments by a Flow Injection Peak Width Method. *Analyst*, 109, 319-321.

[40] Bysouth, S. R. and Tyson, J. F. (1986) A Microcomputer-Based Peak-Width Method of Extended Calibration for Flow Injection Atomic Absorption Spectr ometry. *Analytica Chimica Acta*, 179, 481-486.

[41] Fang, Z., Xu, S. and Bai, X. (1996) A New Flow Injection Single Standard Calibration Method for Flame Atomic Absorption Spectrometry Based on Dilution by Microsample Dispersion. *Analytica Chimica Acta*, 326, 49-55.

[42] López-García, I., Viñas, P., Campillo, N. and Hernández-Córdoba, M. (1996) Extending the Dynamic Range of Flame Atomic Absorption Spectrometry: a Comparison of Procedures for the Determination of Several Elements in Milk and Mineral Waters using On-line Dilution. *Fresenius' Journal of Analytical Chemistry*, 355, 57-64.

[43] López-García, I., Viñas, P. and Hernández-Córdoba, M. (1994) Flow Injection Dilution System for the Analysis of Highly Concentrated Samples Using Flame Atomic Absorption Spectrometry. *Journal of Analytical Atomic Spectrometry*, 9, 1167-1172.

[44] Reis, B. F., Jacintho, A. O., Morlatti, J., Krug, F. J., Zagatto, E. A. G., Bergamin, E. H. and Pessenda, L. C. R. (1981) Zonesampling Processes in Flow Injection Analysis. *Analytica Chimica Acta*, 123, 221-228.

[45] Beauchemin, D. (1995) On-line Standard Addition Method with ICPMS Using Flow Injection. *Analytical Chemistry*, 67, 1553-1557.

[46] Lavilla, I., Perez-Cid, B. and Bendicho, C. (1999) Use of Flow-injection Sample-to-standard Addition Methods for Quantification of Metals Leached by Selective Chemical Extraction from Sewage

Sludge. *Analytica Chimica Acta*, 381, 297-305.

[47] Chalk, S. J. , Tyson, J. F. and Olson, D. C. (1993) Permeation Tubes for Calibration in Flow Injection Analysis. *Analyst*, 118, 1227-1231.

[48] De la Guardia, M. , Morales-Rubio, A. , Carbonell, V. , Salvador, A. , Burguera, J. L. and Burguera, M. (1993) Flow Injection Flame Atomic Spectrometric Determination of Iron, Calcium, Magnesium, Sodium and Potassium in Ceramic Materials by Using a Variable-volume Injector. *Fresenius' Journal of Analytical Chemistry*, 345, 579-584.

[49] Olsen, S. , Růžička, J. and Hansen, E. H. (1982) Gradient Techniques in Flow Injection Analysis. Stopped-flow Measurement of the Activity of Lactate Dehydrogenase with Electronic Dilution. *Analytica Chimica Acta*, 136, 101-112.

[50] Kościelniak, P. , Kozak, J. , Herman, M,, Wieczorek, M. and Fudalik, A. (2004) Complementary Dilution Method-a New Version of Calibration by the Integrated Strategy. *Analytical Letters*, 37, 1233-1253.

[51] Kościelniak, P. , Wieczorek, M,, Kozak, J. and Herman, M. (2007) Versatile Flow Injection Manifold for Analytical Calibration. *Analytica Chimica Acta*, 600, 6-13.

[52] Fan, S. and Fang, Z. (1990) Compensation of Calibration Graph Curvature and Interference in Flow Injection Spectrophotometry Using Gradient Ratio Calibration. *Analytica Chimica Acta*, 241, 15-22.

[53] Kościelniak, P. , Sperling, M. and Welz, B. (1996) High Efficient Calibration Procedure for Flow Injection Flame Atomic Absorption Spectrometry. *Chemia Analityczna* (*Warsaw*), 41, 587-600.

[54] Kościelniak, P. (1998) Calibration Procedure for Flow Injection Flame Atomic Absorption Spectrometry with Interferents as Spectrochemical Buffers. *Analytica Chimica Acta*, 367, 101-110.

[55] Kościelniak, P. and Kozak, J. (2002) Simple Flow Injection Titration Method Based on Variation of the Sample Volume. *Analytica Chimica Acta*, 460, 235-245.

[56] Bartroli, J. and Alerm, L. (1992) Automated Continuous-flow Titration. *Analytica Chimica Acta*, 269, 29-34.

[57] Vidal de Aquino, E. , Rohwedder, J. J. R. and Pasquini, C. (2001) Monosegmented Flow Titrator. *Analytica Chimica Acta*, 438, 67-74.

[58] Paim, A. P. S. and Reis, B. F. (2000) An Automatic Spectrophotometric Titration Procedure for Ascorbic Acid Determination in Fruit Juices and Soft Drinks Based on Volumetric Fraction Variation. *Analytical Sciences*, 16, 487-491.

[59] Almeida, C. M. N. V. , Lapa, R. A. S. , Lima, J. F. L. C. , Zagatto, E. A. G. and Araújo, M. C. U. (2000) An Automatic Titrator Based on a Multicommutated Unsegmented Flow System: Its Application to Acid-base Titrations. *Analytica Chimica Acta*, 407, 213-223.

[60] Assali, M. , Rajmundo, I. M. , Jr and Facchin, I. (2002) Simultaneous Multiple Injection to Perform Titration and Standard Addition in Monosegmented Flow Analysis. *Journal of Automated Methods & Management in Chemistry*, 23, 83-89.

[61] Almeida, C. M. N. V. , Lapa, R. A. S. and Lima, J. F. L. C. (2001) Automatic Flow Titrator Based on a Multicommutated Unsegmented Flow System for Alkalinity Monitoring in Wastewaters. *Analytica Chimica Acta*, 438, 291-298.

[62] Růžička, J. , Hansen, E. H. and Mosbaek, H. (1977) Flow Injection Analysis: Part IX. A New Approach to Continuous Flow Titrations. *Analytica Chimica Acta*, 92, 235-249.

[63] Toei, J. (1988) A New Flow Injection Titration Analysis. *Fresenius' Journal of Analytical Chemistry*, 330, 484-488.

［64］ Pardue, H. L. and Fields, B. (1981) Kinetic Treatment of Unsegmented Flow Systems: Part 1. Subjective and Semiquantitative Evaluations of Flow-injection Systems with Gradient Chamber. *Analytica Chimica Acta*, 124, 39-63.

［65］ Ko ścielniak, P. and Herman, M. (2000) Flow System for Calibration and Interference Examination in Multicomponent Analysis. *Laboratory Robotics and Automation*, 12, 228-235.

［66］ Beck, H. P. and Wiegand, C. (1995) Development and Optimization of a Multichannel FIA-cell Allowing the Simultaneous Determination with a Multiwavelength Photometric Device Based on Light Emitting Diodes. *Fresenius' Journal of Analytical Chemistry*, 351, 701-707.

［67］ Polster, J., Prestel, G,, Wollenweber, M., Kraus, G. and Gauglitz, G. (1995) Simultaneous Determination of Penicillin and Ampicillin by Spectral Fibre-optical Enzyme Optodes and Multivariate Data Analysis Based on Transient Signals Obtained by Flow Injection Analysis. *Talanta*, 42, 2065-2072.

［68］ Whitman, D. A., Seasholtz, M. B., Christian, G. D., Růžička, J. and Kowalski, B. R. (1991) Double-injection Flow Injection Analysis Using Multivariate Calibration for Multicomponent Analysis. *Analytical Chemistry*, 63, 775-781.

［69］ Muñoz De la Peña, A., Acedo-Valenzuela, M. I., Espinosa-Mansilla, A. and Sánchez-Maqueda, R. (2002) Stopped-flow Fluorimetric Determination of Amoxycillin and Clavulanic Acid by Partial Least-squares Multivariate Calibration. *Talanta*, 56, 635-642.

［70］ Pistonesi, M., Centurión, M. E., Fernández-Band, B. S., Damiani, P. C. and Olivieri, A. C. (2004) Simultaneous Determination of Levodopa and Benserazide by Stopped-flow Injection Analysis and Three-way Multivariate Calibration of Kinetic-spectrophotometric Data. *Journal of Pharmaceutical and Biomedical Analysis*, 36, 541-547.

［71］ Azubel, M., Fernández, F. M., Tudino, M. B. and Troccoli, O. E. (1999) Novel Application and Comparison of Multivariate Calibration for the Simultaneous Determination of Cu, Zn and Mn at Trace Levels Using Flow Injection Diode Array Spectrophotometry. *Analytica Chimica Acta*, 398, 93-102.

［72］ Hernández, O. Jiménez, F., Jiménez, A. I., Arias, J. J. and Havel, J. (1996) Multicomponent Flow Injection Based Analysis With Diode Array Detection and Partial Least Squares Multivariate Calibration Evaluation. Rapid Determination of Ca (Ⅱ) and Mg (Ⅱ) in Waters and Dialysis Liquids. *Analytica Chimica Acta*, 320, 177-183.

［73］ Zagatto, E. A. G., Jacintho, A. O., Krug, F. J., Reis, B. F., Bruns, R. E. and Araújo, M. C. U. (1983) Flow Injection Systems with Inductively-coupled Argon Plasma Atomic Emission Spectrometry: Part 2. The Generalized Standard Addition Method. *Analytica Chimica Acta*, 145, 169-178.

［74］ Giné, M. F., Krug, F. J., Bergamin, H., Reis, B. F., Zagatto, E. A. G. and Bruns, R. E. (1988) Flow Injection Calibration of Inductively Coupled Plasma Atomic Emission Spectrometry Using the Generalized Standard Additions Method. *Journal of Analytical Atomic Spectrometry*, 3, 673-678.

［75］ Silva, E. C., Martins, V. L., Araújo, A. F. and Araújo, M. C. U. (1999) Implementation of a Generalized Standard Addition Method in a Flow Injection System Using Merging-Zones and Gradient Exploitation. *Analytical Sciences*, 15, 1235-1240.

9　多组分流动注射分析

Javier Saurina

9.1 引言

流动注射分析（FIA）自 20 世纪 70 年代被推出以来，不断在各种应用中受到欢迎[1,2]。在开发传统 FIA 方法的同时，还提出了各种衍生分支，例如，顺序进样分析、微珠进样分析、微流体装置、多泵、多注射器和多变量流动系统，以解决各种分析问题和新挑战[3-5]。此外，在过去几年中，FIA 和相关带有分离技术的流动系统的结合为增强联用技术的分析潜力提供了新的可能性。开创性的研究提出了连续流动或 FIA-HPLC 联用，但现在人们对开发新型接口非常感兴趣，尤其是毛细管电泳[6,7]。在本书的特定章节对这些主题进行了讨论。

在流动方法的新趋势中，多组分分析受到越来越多的关注[8,9]。本章阐述了应用于多组分分析的 FI 和相关流动技术。尽管文献中描述的大多数 FI 方法都集中在对分析物的定量上，但不能低估 FIA 用于多组分分析的潜力。多组分 FIA 在现代分析化学的背景下有什么意义呢？通常在面临有各种分析问题的分析测定时，色谱法和电泳法被认为是不错的选择，因为它们具有出色的分离效率。然而，很明显在某些情况下，分离方法有些烦琐和耗时，因此更简单和更快的方法是首选。正是在这种情况下，FIA 和相关的流动技术脱颖而出。需要指出的是，依赖于分离方法的多组分测定原理与流动进样法完全不同。在色谱法和电泳法中，通常样品的成分首先被分离并且相应的峰值信号用作定量的选择性响应。相反，在多组分流动测定中几乎没有利用分离技术，其通过各种机制（包括从特定化学物质到数学方法）实现了所需要的选择性。

流动方法在精度、样品处理量、样品和试剂消耗量低、自动化、简化和小型化方面的出色分析特性可以外推到多组分分析。此外，应当关注可能会用到的不稳定试剂或分析不稳定化合物。一些互补性的过程，例如，各种化学操作（例如固相萃取、液-液萃取、透析、气体扩散、衍生化等）的即时实施，可用于多组分分析[10,11]。因此，每年在环境、制药、临床、食品和生化分析领域都有许多关于该主题的论文被发表。

第一次关于多组分 FIA 的研究是在 20 世纪 70 年代进行的。1976 年，Steward 和 Ruzicka 发明了一种使用双通道歧管同时测定酸消化物中氮和磷的分光光度法[12]。20 世纪 80 年代，各种分析水体和药物中的二元金属离子和药物混合物的方法被开发出来[13-16]。在这些例子中，并不存在显著的干扰和基质效应，混合物中每种化合物的选择性都可以通过例如动力学差异或酶促反应得以实现。Kuban 于 20 世纪 90 年代初首次对该课题进行了评析[17]。从那时起，随着大量应用拓展向测定各种样品中的两种以上的组分，多组分分析取得了重大进展。在这些新的应用中，出现了多重未知干扰和强基质效应的问题，相应的解决方案被提出[9,18]。

FIA 对多组分分析的适用性取决于几个实验条件，例如组分的数量、干扰的存在和样品基质的复杂性。首先，实现对大量分析物的选择性可能会给 FI 多组分应用开发带来限制，即使存在流动系统的优势，为了优化分析方法仍需付出努力。文献中提出的大多数分析方法是针对两个组分的分析，而涉及四个以上组分的文献数量很少（图 9.1）。多种干扰源的存在可能会给 FI 多组分测定带来另一个实际问题。此外，在最终选择方法时还应考虑补充因素，例如样品数量、每次分析的成本、检测限、分析时间、设备的可用性和简单性等。

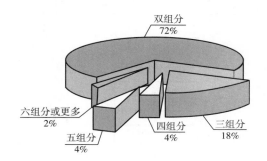

图 9.1 基于分析物数量的流动进样多组分测定分布图

9.2 多组分分析的主要策略

开发 FI 多组分分析方法的主要目标是获得所有分析物的选择性。为获得选择性而提出的主要实验机制依赖于特定试剂、多路或快速扫描检测器和多通道歧管的使用。除了这些策略，当通过实验无法实现选择性时，化学计量学在数据分析中的应用是可以作为补充方案的（有时是最后的手段）。能提高分析方法性能的机制通常被加以利用。例如，通常将特定试剂与多通道歧管的设计相结合，用于单独开发每个反应。此外，多路或快速扫描检测器经常与化学计量学结合使用，因为这些仪器生成的大量数据可以通过数学算法进行更好的分析。

大多数多组分 FIA 和 SIA 测定方法是由先前为单组分分析建立的间歇和流动方法演变而来的。通常需要对实验条件进行调整来实现每个组分的选择性。FI 多组分分析条件的调整和重新优化可能会很困难，因为多个实验因素会影响该过程。因此，实验条件的优化是实现选择性的基础。下一节将对此主题详细讨论。

9.2.1 FI 多组分分析方法的优化

优化 FIA、SIA 和相关方法实验条件的步骤如图 9.2 所示。有关优化方法的更详尽评述，请参阅参考文献 ［19，20］。

优化起始于对优化标准的定义。虽然这方面在实践中经常被简化，但选择一个合适的目标或最大化的响应值得彻底关注。目前，流动方法的优化包括寻找最高的仪器响应（例如最大峰高度）以提高检测的灵敏度。然而，许多其他补充问题可能令人感兴趣。例如，在整个优化过程中还应牢记采样频率、峰形、检测限、精度等。在 FI 多组分分析方法中，每个分析物的选择性是主要目标，因为此属性决定了分析的准确性。因此，除了上面提到的互补目标之外，搜索选择性是优化中的优先事项。

第二点需要考虑的是影响客观反应的潜在实验变量的定义。在 FI 多组分分析方法中，重要因素包括歧管的配置（即通道和连接的方案）以及实验变量，例如流速、反

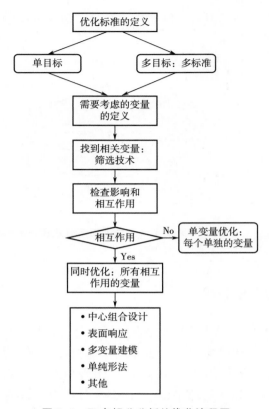

图 9.2　FI 多组分分析的优化流程图

应器尺寸、注射体积和化学条件。

9.2.1.1　优化中的目标函数类型

正如所指出的，FI 多组分方法的优化依赖于各种互补目标的最大化。在本节中，将讨论同时处理这些目标并达成所有目标的折中策略。

当两个或多个响应或目标被认为与给定过程相关时，最简单的优化方法包括对每一个响应或目标进行独立评估。在许多情况下，信息是单独处理的，在下一个阶段，会寻求满足预定目标的折中方案。然而，往往通过任意方式达到这种折中方案，该过程甚至可能会引入一些偏见。例如，峰高和分析时间是当前 FIA 方法优化的目标。然而，这些目标有时是相互矛盾的，因为导致峰值偏高的条件可能对应于较差的样品处理量，反之亦然。因此，分析人员根据自己的经验最终选择结合最大峰高和最短分析时间的最佳实验条件。当必须考虑更多的目标并且必须检查更多的实验因素时，这个问题变得更加复杂。

处理多个目标同时将先前方法的任意性降到最低的一种极好方法是基于多标准决策。它由响应函数的定义组成，该函数衡量了实验结果的整体适用性或质量。因此，将灵敏度、分析时间等单个目标结合到一个提供整体最佳条件的目标响应函数中。

多标准响应函数通过数学表达式来表示，例如，根据通用方程 $\mu = \sum w_i \times r_i$（每个目标响应的加权贡献之和），其中 μ 是总体目标响应，r_i 代表单个响应，w_i 代表所述响应的加权系数。在这种情况下，某些任意性仍然存在，因为 w_i 值取决于分析人员的标准。

目标函数的构建也可以基于将各个目标响应相乘。这就是广泛用于多标准决策的 Derringer 函数。根据各项实验结果计算出相应的个体合意值，总体满意度为所有个体满意度的几何平均值，式（9.1）给出了总体合意值 D 的计算方法：

$$D = (d_1 \times d_2 \times d_3 \cdots d_k)^{1/k} \tag{9.1}$$

式中 d_k 是每个特定目标的理论值，k 代表考虑的目标数量。合成值范围在 0~1，1 表示最佳结果，0 表示不可接受的结果。请注意，如果其中某单个目标完全不可接受，则 Derringer 函数的值为零，与其余目标无关。相反，D 的最大值对应于从目标组合达到的最佳实验条件。

9.2.1.2　单变量与多变量优化

最典型的优化程序由单变量方法组成，其中在所需范围内分别对每个给定变量（例如：pH、流速、温度等）进行研究，而其余的实验条件则保持不变。遗憾的是，这种策略可能既昂贵又耗时，更重要的是，当交互出现时，单变量优化是错误的。实际上，在交互变量的情况下，最终以单变量方式找到的条件可能与最佳条件相距甚远，因为任何给定变量的影响取决于其他变量的大小。

用于实验设计的化学计量法可以很有效地确定重要变量并从少量实验中检测它们之间的相互作用。

FI 多组分歧管优化中涉及的变量数量会很多，因此推荐初步筛选。诸如部分因子或 Plackett-Burman 设计之类的筛选方法为简单模型提供了对响应有显著影响的变量信息。只需要进行几次实验即可获得相关信息。不相关的因素可以通过优化排除，因此可以简化研究。实验通常以随机顺序进行，以避免不受控的因素使结果产生偏差。

筛选设计通常是进一步优化实验的前奏，在优化实验中对主效应和交互作用进行了更深入的探讨。在这个阶段，通常利用全因子设计对效应和相互作用的统计意义进行更详尽的研究。要执行的实验数量是 L^f，其中 L 是水平数，f 是要评估的变量数。当研究超过 5 个因子/变量时，使用全因子设计可能会很费时费力，此时采用部分因子设计更为合适。

根据图 9.2 所示的流程图，是否存在相互作用决定了采用何种分析策略。因此，那些独立的变量可以通过单变量的方式进行研究。相比之下，交互变量的同时优化需要使用响应面、中心组合和相关设计。涉及两个变量的响应面的构建基于实验的网格结构，其中为每个变量定义了各种级别。得到的数据用于拟合表面响应。当处理三个或更多变量时，可以对三维和更高阶的结构进行建模。显然，两个以上的维度表示起来很困难，因此可以在不同级别对变量绘制切片图。中心复合设计还广泛应用于优化 FIA 条件，因为它们可以评估数据的曲率并且以最小运行次数将实验点拟合到响应曲面中。三变量可以采用类似的立方设计。使用单纯形算法的多变量优化在探索最大化提高响应的基础上，一步一步地寻求优化。然而，如今单纯形算法由于存在局部极大值和无法提前规划实验等问题而被淘汰。

参考文献［21，22］中给出了将数学和统计工具应用于优化步骤的各种示例。

9.2.1.3 一个实际案例

以下描述了一个通过实验设计和多标准函数来优化 FI 方法的实际例子，该 FI 方法用于同时测定甜蜜素产品中苯胺和环己胺杂质。该方法通过 FIA 方案在选择性和非选择性条件下使用 1,2-萘醌-4 磺酸盐对胺进行衍生化，如图 9.3 所示。选择性可通过修改实验条件（如 pH 或温度）来实现。例如，只有苯胺在 20℃ 下反应，而更高的温度（80℃）会导致两种分析物的非选择性衍生化。如果反应是在酸性介质中进行，则可以通过 pH 以类似的方式区分苯胺。

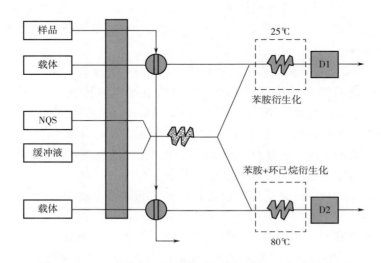

图 9.3　用于同时测定甜味剂中苯胺和环己胺的 FI 歧管方案

载体—水　NQS—1,2-萘醌-4-磺酸盐试剂　缓冲液—四硼酸盐溶液　D1—检测器 1，用于监测苯胺的选择性反应　D2—检测器 2，用于监测苯胺+环己胺的非选择性衍生　流速：每个通道 0.5mL/min

根据图 9.2 中所示的总纲领，该示例概述了最重要的优化问题并且可以外推到各种多组分流动方法。这种优化的关键在于实现苯胺的选择性衍生化，完全不受 CHA 的干扰。然而，除了对维持选择性的实验条件进行彻底研究外，同时需要最大限度地提高灵敏度（峰高）和样品处理量。根据这些目标，合意性函数可以暂定为 $D = (d_1 \times d_2 \times d_3)^{1/3}$，其中 d_1、d_2 和 d_3 是与选择性、峰高和采样频率相关的个体合意性。下一步是根据用户标准对这三个目标定义合理的优化限域（$d_i = 1$）和不可接受（$d_i = 0$）的结果。d_1、d_2 和 d_3 函数的图形示例如图 9.4 所示。

D 函数可用于优化影响苯胺 A_{ANI} 信号的所有变量，例如进样量、pH、试剂浓度、缓冲液浓度、流速、反应器尺寸、温度等。这里，对流速和反应器尺寸的同时优化被作为相互作用变量的一个例子。事实上，这些变量是密切相关的，因为它们决定了分析物和标记试剂之间的反应时间。表 9.1 显示了根据因子设计生成的数据以及按图 9.4 计算的合意性数值。图 9.5 中给出了各个合意性响应面结果以及总体目标函数。该函数的最大值（标有箭头）对应于那些 RC1 较长和流速较高的实验条件。在本例中，根据基于选择性、灵敏度和采样频率所定义的多标准方法，最终选择了 1.4mL/min 的总流速和 200cm 的 RCI 长度作为最优值。

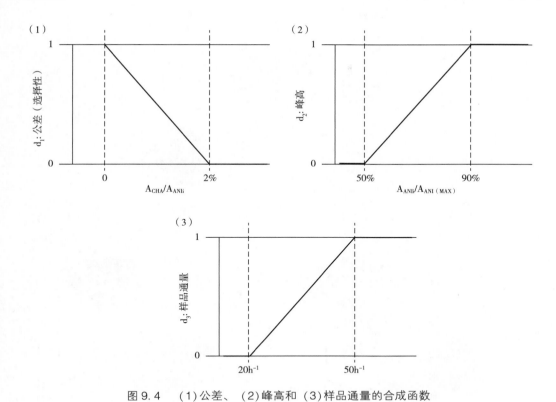

图 9.4 （1）公差、（2）峰高和（3）样品通量的合成函数

表 9.1 根据网格实验设计和具有德林格合成函数的多标准决策，同时优化反应器盘管长度和流量并作为交互变量

变量			实验结果			期望值		
反应器 长度/cm	流速/ (ml/min)	公差 $A_{CHA}/$ $A_{ANI}/\%$	A_{ANI} (A.U.)	采样频率/ (样品/h)	选择性 d_1	$A_{ANI}d_2$	采样 频率 d_3	总体 期望值
100	0.7	0.5	0.0744	33	0.61	0.44	0.75	0.59
	1	0.1	0.0664	39	0.41	0.62	0.95	0.63
	1.4	0	0.0592	54	0.23	1	1	0.62
	1.75	0	0.0631	55	0.33	1	1	0.69
200	0.7	0.7	0.0878	32	0.94	0.39	0.65	0.63
	1	0.4	0.0735	36	0.59	0.54	0.8	0.64
	1.4	0.2	0.0787	48	0.72	0.92	0.9	0.84
	1.75	0	0.0750	54	0.62	1	1	0.83
300	0.7	0.6	0.0926	29	1	0.31	0.7	0.86
	1	0.4	0.0969	36	1	0.54	0.8	0.61
	1.4	0.2	0.0851	43	0.88	0.77	0.9	0.85
	1.75	0.1	0.0810	46	0.78	0.87	0.95	0.86

注：总体期望值 $D = (d_1 \times d_2 \times d_3)^{1/3}$，$d_1 d_2$ 和 d_3 分别是选择性、苯胺峰高和采样频率的个体期望值，按照图 9.4 中的示意图来计算 A_{ANI}，在 5×10^{-5} mol/L 处的苯胺峰高；A_{CHA} 环己胺峰为 5×10^{-4} mol/L。

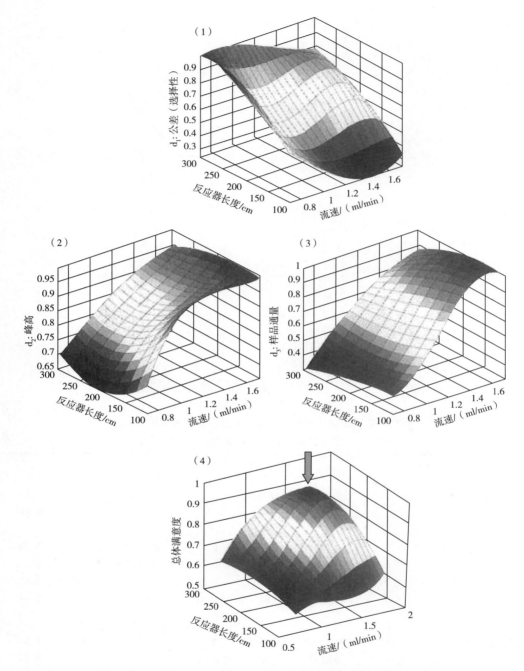

图 9.5　根据图 9.3 的 FI 方案优化测定苯胺时的反应器长度和流速条件
（1）选择性合意性；（2）峰高合意性；（3）样品处理量合意性；（4）总体合意性

9.2.2　试剂

大量可用于标记目的的选择性和灵敏性试剂可用于 FI 多组分分析。在本节中，将讨论试剂对多组分 FI 方法的主要贡献。

几十年来在其他间歇和流动方法以及色谱和电泳衍生化中使用的经典标记化合物也可适用于多组分分析。这些试剂通常在溶液中使用，这些溶液通过 FI 歧管连续泵送或在 SIA 模式下作为离散段注入。通常，每个分析物的反应都是通过使用歧管（如图 9.6~图 9.8 中所示的那些）单独进行的，以避免检测受到干扰。组合试剂在通用标记混合物中实现所有分析物同时衍生化的可能性很有吸引力。因此，所有化合物的标记反应在一个反应器中同时进行，相应的产物可以被进一步监测。然而，尽管标记反应快速和直接，标记试剂的混合物尚未在实际样品的分析中广泛应用。检测步骤中选择性的损失是由于缺乏选择性仪器响应，特别是试剂或反应条件之间的不相容性是试剂混合的主要缺点之一。

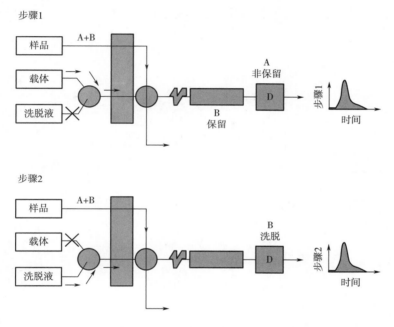

图 9.6　基于保留/洗脱过程的双组分（A+B）顺序测定的流体歧管
步骤 1：选择性保留 B，检测 A；步骤 2：洗脱 B，检测 B

固定化技术带来了一种用于多组分测定的有吸引力的试剂使用方式[23-25]。各种各样的试剂可以装填在微柱反应器中，反应器连接在开放管式反应器的表面上或直接与检测装置相连[26]。固定化形式在多重测定领域的主要优势是可重复使用的性质以及易于集成到流体歧管中的可能性。值得注意的是，即使是在连续步骤中发生的偶联反应，也可以通过串联反应器来实现。在多组分流动方法中固定化试剂的典型案例包括填充有无机填料（例如还原剂）、聚合物吸收材料、离子交换器和生物反应器[27] 的填充反应器。例如，可以在流体歧管中同时测定水和其他样品中的亚硝酸盐和硝酸盐，该歧管中还引入了还原镉柱将硝酸盐转化为亚硝酸盐[28,29]。

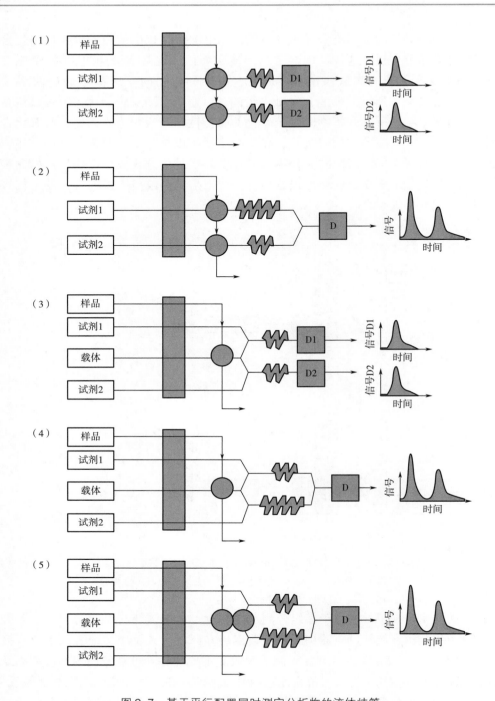

图 9.7　基于平行配置同时测定分析物的流体歧管
（1）多组分进样系统；（2）多组分进样+汇流系统；（3）分流系统；
（4）分流-延迟-汇流系统；（5）通过选择阀分流

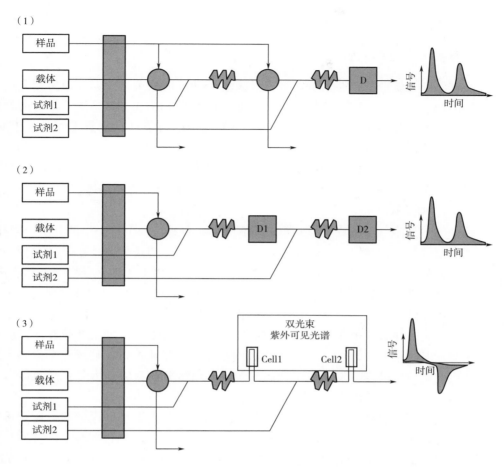

图 9.8 基于串联配置同时测定分析物的流体歧管
（1）多组分进样系统；（2）多组分检测系统；（3）双光束分光光度系统

生化反应越来越多地用于多组分分析，因为它们可以利用给定试剂对于目标分析物的特异性。固定化的生物大分子，如蛋白质和核酸，为开发基于酶促和其他识别过程的方法开辟了新的可能性[30,31]。一个代表性的例子阐释了一个用于在线监测葡萄糖、乳酸、动物细胞培养物中的谷氨酰胺、氨和黄嘌呤[32] 的全自动 FIA 装置，其具有五个平行的反应器。除了酶促过程，基于免疫分析的 FI 多组分测定方法正逐步显现。例如，一种通过使用固定在流过筒上的特定抗体在细胞培养中测定催乳素和糖基化催乳素的方法[33]。在另一种情况下，有人提出了一种用于同时分析 L-甲状腺素、D-甲状腺素和 L-三碘甲状腺原氨酸[34] 的电流免疫传感 SIA 方法。

除了高选择性试剂的成功之外，（生物）识别反应的特异性还必须伴随有仪器响应的特异性。我们必须意识到与进一步检测阶段（干扰会出现）相关的限制条件。例如，H_2O_2 专门产生于在电化学检测过程中，给定的酶促反应可能会受到样品中存在的其他电活性成分的干扰。在许多其他检测示例中也遇到了类似的问题。因此，在整个方法中，从反应过程到检测步骤，通过适当设计流体歧管并结合适当的检测系统，可以保持选择性。

9.2.3 多组分测定的歧管

流动方法中的歧管是能够以所需方式开发过程和反应的关键要素。通常，先前建立的间歇流动方法通过实验条件的适当转换逐步演变为 FIA 和 SIA 系统。歧管的设计及其操作模式是多组分分析中的基本方面。歧管构造的可能性几乎是无限的，因此，流动方法的分析潜力和多功能性非常突出。

同时测定化合物的可能性已被分类为具有代表性的歧管配置，其特征在于顺序、平行和串联方案（图 9.6～图 9.8）。下面对不同情况进行更广泛的描述。

9.2.3.1 顺序配置

术语"顺序测定"是指在连续运行或步骤中对组分进行一个接一个的分析。因此，在处理一个组分之后，系统通过修改以适应于另一个组件的量化实验条件。在某些情况下，多组分顺序分析依赖于通用歧管的构建，该歧管适用于各种化合物的连续测定。每次分析的选择性可以通过改变试剂或实验条件（如 pH 或温度[35]）来实现。作为补充，可以使用停流方法在动力学上区分分析物。在这种情况下，一个阶段可能涉及动态条件下的测量，而另一个阶段包括给定反应的动力学发展。例如，苯胺和环己胺已使用该策略同时测定[35]。更详细地说，苯胺的选择性衍生化可以在连续流动模式下实现，而环己胺反应的动力学发展发生在停流步骤。当组分的整体动力学差异难以实现时，可能需要利用化学计量学来处理[36-38]。

顺序方法的其他有趣应用如下。已使用 Hg^{2+} 和喹喔啉作为选择性试剂对商业维生素复合物中的硫胺素和抗坏血酸进行分析[39]。半胱氨酸对 Hg^{2+} 氧化硫胺素的抑制作用已被用于同时定量分析半胱氨酸和胱氨酸[40]。另一个例子描述了牙膏中氟化物和单氟磷酸盐的定量分析，其中，在第一次运行中，游离 F^- 被直接量化；在第二次运行中，单氟磷酸盐被水解以释放 F^-，这是通过分光光度法测定的[41]。在另一个案例中，对临床、食品和药物样品中锌和钴共混物的连续测定基于形成带有孔雀石绿离子的聚集体[42]。

加入额外的元件，如填充反应器和选择阀，提供了实施顺序多重测定的更多可能性。有几种方法基于化合物在填充有合适材料（如十八烷基二氧化硅或离子交换剂）的柱式反应器中的差异保留，通过受控吸收/洗脱步骤（图 9.6）。在双组分混合物的情况下，通常，其中一种组分保留在系统中，而另一种则到达流动池。因此，第一步包括在不受其他组分干扰的情况下对非保留物质进行定量。在第二步中，保留在色谱柱中的分析物用合适的溶剂洗脱，然后在流动池中进行测量[43]。如果可以为每种分析物找到选择性保留/洗脱条件，这个策略可以扩展更复杂的混合物[44-46]。

基于分析物差异洗脱和进一步检测相应峰的类似系统可适用于通过自制色谱柱在低压下进行简单的色谱分离。一个不同的版本将是流动技术和商用 HPLC 仪器进行耦合，其中流动系统的主要任务包括样品处理，而色谱用于分离组分。

9.2.3.2 平行配置

平行配置包括为 FI 多组分分析开发的各种方案。双进样和多通阀以及多路换向系统[47] 可用于将两个（或多个）样品等分试样同时注射到独立的平行流路中，如图9.7（1）所示。每个样品流经专门用于发展特定反应的给定部分。需要注意的是，需要输送试剂的额外通道、反应盘管和其他组件、部件来构成歧管。此外，每条线路都配备了合适的流动池和检测器。这种配置已被用于多种应用，例如同时分析牙膏中的氟化物和磷酸盐[48]。在该示例中，双进样阀与配备有电位检测器和分光光度检测器的双线歧管相结合。

如图9.7（2）所示，当使用通用技术可检测到各种分析物时，在检测之前重新统一通道可简化歧管。分流设备用于在不同的管线中分割和分配样品流体。这可能是多组分进样系统的一个有吸引力的替代方案。一旦样品被分配，每个流动部分用于测定给定的成分。可以输送适当的试剂以进行相应的反应。随后，每个流线都可以耦合到适当的检测系统，如图9.7（3）所示。该系统的主要缺点是需要各种检测器来进行多组分分析，其操作复杂、成本高。同样，如果使用相同的技术监测反应，汇流的通道有助于检测，因为只需要一台仪器［图9.7（4）］。将这种歧管与延迟系统结合使用，延迟系统可防止检测器中的所有样品同时汇合。因此，调整每条平行线路的尺寸和停留时间以避免流动池内不同样品之间的重叠。因此，从单个样品进样中可以获得对应于每个通道/分析物的连续峰。

基于分流/延迟盘管/汇流系统的平行组件已被应用于测定饮料中的二氧化硫和抗坏血酸[49]、神经元监测中的葡萄糖和乳酸[50]、食品中的硝酸盐和亚硝酸盐[28、29]、人头发中的亚铁离子和总铁含量[51]、果汁中的苹果酸和乳酸[52]，生物流体中的胆碱和乙酰[53]、血清中的碱性离子[54] 和牛奶中的 Ca、Mg、K 和 Na[55]。

分离系统的一个缺陷是分入不同平行通道内的样品重现性差。这种缺陷可能会影响该方法的精确度和准确度。可以借助选择阀来解决这个问题，该阀交替地将样品发送到一个或另一个通道中，如图9.7（5）所示。该系统已用于同时测定铵和硝酸盐[56]。

9.2.3.3 串联配置

各种反应器和检测器的串联组合可用于多分析物测定，图9.8所示的基本方案可以通过用于开发所需反应和过程的辅助通道和元件来补充，此外，当分析物用同一台仪器检测，在同一流路的不同位置安装不同的进样阀可以避免使用多个检测器，这种类型的歧管已被用于同时测定核苷水解物中的磷酸盐和总磷酸盐[57]，血清中的肌酐和肌酸[58]，鱼中的次黄嘌呤、肌苷和肌苷 5′-单磷酸[59]，血液透析制剂中的 Ca 和 Mg[60]，药物中的水杨酸和乙酰水杨酸[61]。

双组分分析串联系统的一个特殊情况是基于双光束分光光度计的使用，该仪器的工作模式类似于两个独立的光度计装置。将两个流动池放置在样品和参比器（图9.8（3））中以监测相应的分析反应。这种配置已被提议用于测定药物制剂中的抗坏血酸和半胱氨酸[62]，典型的记录信号由样品通过每个流动池时产生的双峰（正峰+负峰）组成，苯胺和环己胺也利用分光光度法通过类似的方法测定[21,22]，在该设置的第一部分，苯胺选择性地衍生化，随后进行在线检测。然后将第一个流动池的出口连接到歧管的第二部分以同时监测苯胺和环己胺。

9.2.4　检测器

本书的第二卷包括几个章节，描述了最先进的检测技术，并讨论了其进展和未来的趋势。最近，具有高分析性能的大量技术（例如，质谱、电感耦合等离子体原子发射光谱等）不断涌现，以提高分析物的表征和量化质量。然而，由于紫外-可见分光光度计和电化学分析仪器的简易性、可用性和低成本，这些传统技术继续在流动分析中占据着主导位置。事实上，FIA 和相关流动模式最显著的特征之一是它们促进了简单和廉价方法的发展。图 9.9 中的图表总结了在该类型应用主要使用的检测技术。此外，检测器在歧管中的位置很重要，多位点设置以及检测器的重新定位可能比传统系统有更显著的优势[63]。本节简要地从主体方面介绍了多组分分析检测。

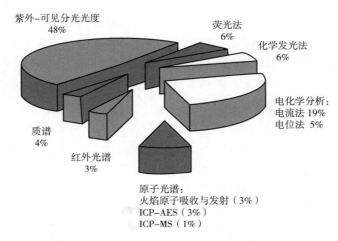

图 9.9　依据检测技术的流动进样多组分测定分布图

在紫外-可见分光光度法中，色度计和传统的分光光度计在预定的波长下运行以监测反应。这意味着它们通常用作单个检测装置并集成在多通道或串联歧管中，构成了典型的 FIA 图。快速扫描分光光度计（例如二极管阵列和电荷耦合器件）特别适用于多组分分析，因为它们可以通过光谱区间提供附加的信息。该仪器与化学计量学技术的联用被广泛应用于数据分析。紫外-可见分光光度法检测发展的新趋势包括开发对相应分析物具有高度特异性的光传感器。敏感元件可以连接在光纤上或与常规流动池的传感区相结合[43,44]。

关于荧光检测的考虑因素类似于关于分子吸收光谱的考虑因素。传统仪器在固定的激发和发射波长处记录 FI 峰。相比之下，快速扫描荧光计可以提供随时间变化的光谱数据，这些附加信息源对于多组分测定来说是非常有价值的。在整个 FI 峰中激发光谱或发射光谱均会被记录，而通常人们会倾向于选择发射数据。与传统同类产品相比，多路荧光计的明显优势是其较好的检测限。因此，与传统的高灵敏度荧光试剂相结合的单通道监测模式目前被应用于荧光 FI 多组分分析[39,40]。依赖于酶辅助因子（如NADH）的荧光监测方法也被提出[32,52]。

如图 9.9 所示，化学发光对 FI 多重测定的贡献也很重要。大多数应用都是基于鲁米诺与 H_2O_2（由底物酶降解产生的）发生的反应[64]。随时间变化测量发射的发光并给出关于强度与时间的典型 FI 峰。例如，已经开发了用于分析谷氨酸、赖氨酸和尿酸盐[65] 以及胆碱和乙酰胆碱[66] 的化学发光方法。

主要通过电流、电位和伏安技术来开发 FIA 中的电化学检测[67,68]。除了各种各样的商业电极，自制的设备也可以很容易地在分析实验室中制备。当处于电流模式时，电活性化合物在选定的电位下氧化或还原产生的电流强度随时间变化，从而产生典型的 FI 强度峰。大多数应用都涉及酶促反应，然后以各种方式测量 H_2O_2。提高电化学检测性能方面的最新进展包括用于多参数测量的多（生物）传感器阵列和用于开发关联反应的各种酶集成系统[69,70]。例如，构建了一个三电极用于同时监测大鼠脑中的葡萄糖、乳酸和丙酮酸[71]。还提出了一种微传感器阵列用于测定血清中的葡萄糖、乳酸、谷氨酸和次黄嘌呤[72]。使用离子选择性电极的电位检测为测定中等浓度的无机阳离子和阴离子物质（如 NH_4^+、F^-、$Ca^{2+[48,73]}$）提供了可能性。此外，NH_3 或 NH_4^+ ISEs 可重新用于制备生物过程和食品分析中的电位生物传感器[74]。最后，伏安检测可以产生更丰富的数据，因为其可以随时间记录完整的伏安图，从而提供由电流强度值（关于电位和时间的函数）构成的三维峰。

火焰原子吸收和发射技术主要应用于 FI 多重测定方法监测水和环境样品中金属元素。在药物、生物和临床样品中重要的含金属有机化合物也可以被量化[75]。这些方法中流动系统的主要功能是：进样、添加辅助试剂、使流速与火焰相适应。其他任务，例如分析物预浓缩和基质去除，包括固相、溶剂和膜萃取、生成氢化物等都可以通过流动系统完成。然后，流动流体直接耦合到包含吸收和排放技术的雾化器-火焰装置中。请注意，在这种情况下，需要一台仪器或一次仪器的运行来分析每个目标分析物。其他仪器技术，包括电感耦合等离子体原子发射光谱法（ICP-AES）和电感耦合等离子体质谱法（ICP-MS）[76-78] 最近已被引入 FIA 进行多组分检测。例如，这些技术的出色分析性能可以同时测定水样中的 18 种元素[79]。然而，仪器本身的成本以及每次分析的成本有时令人望而却步，因此通常更喜欢更简单、更便宜的替代方案。

其他可用于 FIA 的检测器有质谱仪（MS）、红外光谱（IR）和核磁共振（NMR）仪器。在许多情况下，支持这些联用技术的接口是从以前为 HPLC 开发的接口改动而来。商业电喷雾和大气压化学电离源促进了 FIA 和 MS 的耦合[80]。在 20 世纪 90 年代，首次提出了 FIA-MS 方法来量化环境分析中的痕量成分[81,82]。从那时起，其他在制药、食品和临床领域的应用被报道。例如，葡萄产品中的原花青素已通过 FIA-MS 进行测定[83]。也有人提出了通过 FIA-MS/MS 监测废水的生物处理[84]。流动系统与 IR 和 NMR 的耦合带来更复杂的问题，可能需要基于馏分收集器和机器人设备的离线程序来解决[85-87]。

9.2.5 数据分析的化学计量技术

流动进样和相关的流动技术对于生成大量数据特别有效。配备快速扫描光谱仪的典型 FIA 系统能够在整个 FIA 图中以规则的步长记录全光谱。为了加强这一点，计算机的引入在控制设置的要素以及促进数据采集、存储和分析方面发挥了重要作用。因此，结合用于提取信息的数学工具，流动系统的分析潜力大大增强[18,88]。

本节回顾了化学计量学在 FI 多组分测定中的应用，特别强调了可以获得的数据类型和相应的校准方法。

9.2.5.1 来自流动系统的数据集

流动数据可以根据它们的维度或测量领域进行分类[89]。如图 9.10 所示，数据的复杂度从零向系统增加到多向系统，但包含的信息和分析的可能性也在增加。

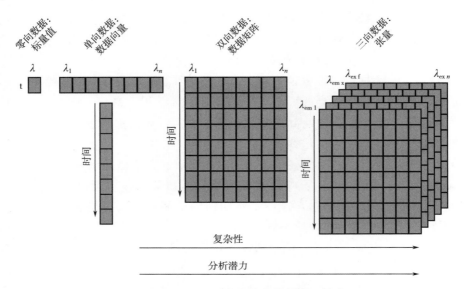

图 9.10　FI 和相关流动模式中的数据类型

（1）零向数据　通常，流动进样和相关方法使用峰高或峰面积（即标量值），作为定量的分析数据。尽管所谓的零向数据很简单，但包含的信息却非常有限。除了对选择性的严格要求外，检查异常样品或检测干扰的研究是不兼容的。从零向数据中同时确定各种成分也是不可能的。

（2）单向数据　单向或由矢量阵列组成的一阶数据，例如给定波长或光谱的峰轮廓。与零向数据相比，它们是方差的丰富来源，可用于提高样品表征和对分析物定量的效率。在存在未知干扰的情况下，此类数据的一些优势会影响多组分测定。此外，单向数据与样品分类和异常样品检测兼容。

（3）双向数据　双向数据（也称为二阶数据）结合了通过光谱和时间两个维度得到的仪器信号。光谱响应因此被排列在数据矩阵或数值表中，其中每一列对应于波长，每一行对应于时间点。双向数据为存在干扰条件下的多组分测定以及峰纯度和混合物的研究提供了可能性。

（4）三向数据　其数据结构的复杂性不断提高，三向数据，有时也称为数据张量，涉及三个测量域。例如，随时间记录的激发发射荧光光谱或 MS-MS 就是这种情况。基于此类数据的应用程序仍在研究中。

（5）数据增强 除了上面提到的典型仪器响应之外，不同来源的数据集的组合有助于生成高度结构化的数据排列。这种组合，通常被称为增强，其通过一种有价值的方式来丰富信息内容并增强分析的可能性[90]。如图9.11所示，涉及 n 向数据集的数据增强导致（$n+1$）向数据排列。比如，加入数据向量会产生数据矩阵，加入数据矩阵可以提供双向数据集等。

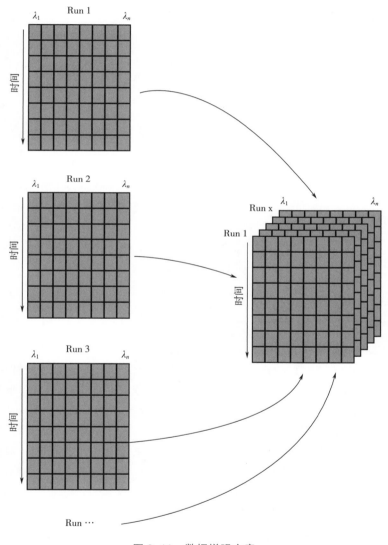

图9.11 数据增强方案

9.2.5.2 应用于流动数据的校准方法

通过流动方法确定一种或几种分析物的浓度的前提是基于建立适当的校准模型。因此，与上述提到的不同类型的数据相类似，已经开发出数学程序来提取信息和量化目标成分。显然，校准方法的复杂性随着数据的阶数或维数的增加而增加。

多变量校准方法的使用为多组分 FI 测定领域开辟了极好的机会。但是，如果存在更简单的有效方案，就没有理由使用复杂的方案。因此，如果情况（特别是选择性）允许，则使用单变量校准将始终优先于多变量校准。

表 9.2 中给出了校准方法主要特征的概要。在以下部分中，还提供了校准方法的简要说明，以及最相关的优缺点。

表 9.2　　　　　　　　　　　　校准方法的主要特征

	零阶校准方法	一阶校准方法	二阶校准方法
特征	使用标量数据有限的信息	使用来自一个测量域（频谱或时域）的数据向量信息	使用来自两个测量域（频谱和时间域）的数据矩阵信息
	需要的标样很少	需要大量标准	需要的标样很少
	使用纯标样	使用与测试样品性质相似的标准	使用合成标样
	算法的高度简单性	中等复杂的算法	复杂的算法
	需要完全的选择性	不需要完全选择性	不需要完全选择性
	不可能同时测定分析物	可以同时测定分析物	可以同时测定分析物
例子	线性回归	主成分回归（PCR）	平行因子分析
	非线性回归	偏最小二乘回归	直接三线性分解
	标样添加法	人工神经网络	塔克模型
			基于交替最小二乘法（MCR-ALS）的多元曲线分辨率

（1）单变量校准（零级校准）　　FIA 和相关流动模式中的单变量或零级校准类似于任何其他分析技术。通常，校准模型是使用峰高作为分析数据通过线性回归建立的。在某些情况下，可能需要非线性校准或添加标样的方法。如上所述，单变量校准的关键点是对目标分析物的选择性，因此干扰必须被去除或屏蔽。在 FI 多组分测定中，可以使用多种策略获得所需的选择性，如本章所示。

在特定情况下，可以通过仪器响应的简单转换来避免干扰。例如，有时将导数光谱与过零检测法结合使用来实现选择性。对于给定的混合物 A+B，A 组分的导数光谱在 B 组分导数光谱为零的波长处是具有选择性的，即所谓的过零点。然而，这种方法实际上仅限于简单药物产品中的两组分和三组分混合物分析[91]。

差分分析是另一种提高选择性的策略，它通过数字信号减法将非选择性总响应分隔成系统中每个组分的响应。可以通过使用 FIA 峰或在适当的波长下通过谱域实施差异分析。基于图 9.3[21,22] 中描述的流体歧管，通过从混合溶液中定量分析苯胺和环己胺的示例说明了该过程。如图 9.12 所示，样品中苯胺的浓度可以直接从 FIA 图 9.12（1）量化，因为在适当的 pH 或温度条件下它的响应是有选择性的。相反，环己胺的衍生化不能脱离苯胺实现。因此，在减去苯胺对应的信号后，环己胺浓度必须根据其贡献值来确定，如 FIA 图 9.12（2）中所示。

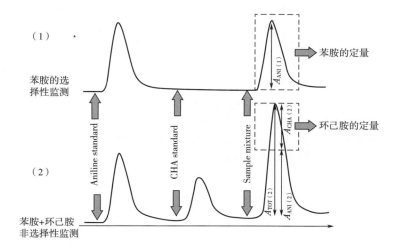

图 9.12 使用图 9.3 的流体歧管对苯胺和环己胺的测定进行差异分析，在选择性（1）和

非选择性（2）条件下，在苯胺和环己胺标准品和样品混合物进样中获得的 FIA 图

$A_{ANI(1)}$ = 系统（1）中的苯胺峰高；$A_{TOT(2)}$ = 系统（2）中的总峰高；$A_{ANI(2)}$ 和 $A_{CHA(2)}$ = 苯胺和环己胺在系统（2）中的贡献。$A_{CHA(2)}$ 计算为 $A_{TOT(2)}$ $-A_{ANI(2)}$，其中 $A_{ANI(2)}$ = $A_{ANI(1)}$ ×选择性$_{ANI(2)}$ /选择性$_{ANI(1)}$

（2）多变量校准　多变量校准包括一阶和二阶方法。几十年来，一阶方法已应用于多组分，以克服由于缺乏选择性而导致的各种单变量校准失败的情况。最近，能够提供二阶数据的仪器的涌现促进了一种新型检测方法的发展。在这些情况下，化学计量方法不是通过分析物的物理或化学分离，而是依赖于光谱和峰轮廓的特征进行数学上的区分。

遗憾的是，化学计量方法的性能是有限的，因为它取决于能否区分给定分析物和其余组分的实验信号。在实践中，这意味着所有组分的实验信号应该各不相同。为了在数值上评估峰轮廓的差异化程度，可以计算谱图或 FI 峰之间的相关系数。相关系数接近 1 意味着组分高度相似，成功解析的可能性很小。相反，相关性低意味着不同的峰轮廓，因而，对应的化合物可以通过数学方法进行区分。

各组分光谱的差异取决于分子的特性和官能团。相比之下，峰轮廓的差异是通过引起化学变化的试剂梯度实验实现的[92]。该梯度作为其化学行为的函数有助于区分分析物。最典型的例子是利用图 9.13 中的流动方案从酸性和碱性溶液的混合和受控分散中获得 pH 梯度。因此，分析物的酸碱特征或作为 pH 函数的反应性变化可以用来产生峰轮廓形状的差异[93]。

自 20 世纪 80 年代以来，主成分回归（PCR）和偏最小二乘回归（PLS）是 FI 多组分分析中使用最广泛的一阶方法。PCR 和 PLS 实质上是为建立响应和浓度之间关系的线性模型而开发的[94,95]。在校准步骤中，算法将响应的实验矩阵分解为与样本和变量特征相关的相关因素。所得的得分矩阵和载荷矩阵包含可以解释萃取样品模式和相关性的信息。随后，在预测步骤中，该模型用于量化未知样品中的目标分析物。除了

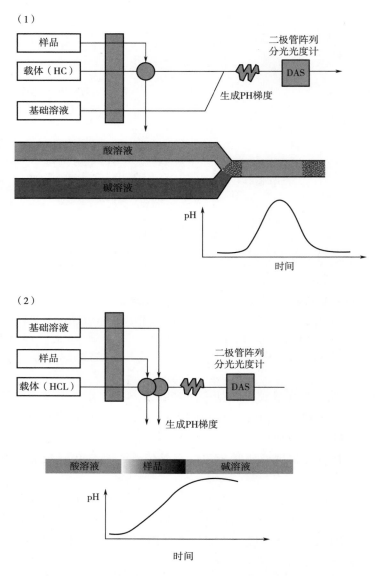

图 9.13　用于生成（试剂） pH 梯度的流体歧管
（1）双 pH 梯度（酸-碱-酸）；（2）单 pH 梯度（酸-碱）

PCR 和 PLS 之外，有时还使用非线性算法处理某些具有强非线性的电化学分析响应。在非线性算法中，人工神经网（ANNs）已被应用于经验数据的建模[96]。其对所有类型数据几乎无限制的建模能力得到了科学家们的极大赞赏。然而，人工神经网络的实际性能可能被高估了，因为作为黑匣子运行，它们可能会出现过度拟合。由于这些原因，需要始终仔细验证 ANN 模型以确保其可靠性。

　　一阶多变量校准的另一个基本问题是标样的设计和制备。作为常规要求，未知样品和标样必须具有相同的特性和基质组成。这是因为样品中存在的所有变量来源，包括分析物浓度范围和样品基质复杂性，都应包含在模型中。在实践中，标样实际上是通过独立方法预先分析的其他样品。因此，校准通常是一个昂贵的实验步骤。而且，与单变量校准相比，建立可靠模型所需的标样数量相对较多（通常使用 20～500 个标样）。多组分流动分析中涉及一阶校准的代表性示例包括测定分析药物制剂中维生素[97]，药物混合物（咖啡因+茶苯海明+对乙酰氨基酚和扑热息痛咖啡因+乙酰水杨酸）[98,99]、青霉素和氨苄青霉素[100]、半胱氨酸和甲硫氨酸[101]、血清和透析液中的金属混合物[102,103]。

几种化学计量方法，如平行因子分析（PARAFAC）[104]和基于最小二乘法的多元曲线解析（MCR-ALS)[105]，都可以通过二阶校准程序量化分析物。这些算法比分析标量和数据向量所需的算法更复杂。由于它们利用了光谱域和时间域的测量差异，卓越的分析能力补偿了数学复杂性。

如表 9.2 中总结的那样，一般而言，二阶校准方法仅使用少数校样来构建模型。此外，除非存在化学基质效应，否则通常使用纯标准溶液。在处理强基质效应时，可以将添加标样方法推广到二阶校准[106]。

带有二阶校准的 FI 多组分分析被应用于对核酸组分混合物[107]，醌类化合物[108,109]、阿莫西林[110]、苯甲酸和山梨酸[111] 以及抗逆转录病毒药物[90]的定量分析。其他参考文献涉及使用 SIA 和 MCR-ALS 测定鞣制样品中的铬种类[112-114]。更广泛的相关信息，请参阅参考文献 [115，116]。

9.2.5.3 二阶校准的实际示例

本节说明了使用 MCR-ALS 进行二阶校准以确定具有治疗意义的药物混合物的实际示例。特别是检验了对血浆中两种抗逆转录病毒药物（齐多夫定和去羟肌苷）的表征和定量分析。该研究的主要目标是建立一种可行的分析方法，以快速简单的方式监测药物的血浆水平，作为色谱程序的替代方法。该方法基于配备有二极管阵列分光光度计的 pH 梯度 FI 系统。该分光光度计利用齐多夫定和去羟肌苷的光谱特征以及它们的酸碱特性。

更详细地说，该设置包括双通道歧管，其中 250μL 样品被注入 HCl 载体。载体通道汇入主通道，溶液在直径为 200cm±0.5mm 的 PTFE 混合盘管（反应盘管）中混合。PTFE 混合盘管（反应盘管）与检测器流动池在线耦合。载体和碱性组分之间的酸碱反应以及样品分散是产生 pH 梯度的原因。该设置类似于图 9.13（1）中的示意图。因此，所产生的 pH 梯度显示了样品区域边界处的最大酸度。然后，pH 逐渐降低，直至在峰中心达到碱性介质。每次运行中生成的光谱数据排列在数据矩阵中，其中每一行代表 FI 峰对应的时间，每列代表一个波长。因此，矩阵的基本部分由作为 pH（通过 pH 域）和波长（光谱域）函数的吸光度值组成。

使用 MCR-ALS 进一步分析实验数据（单个或增强矩阵）以恢复物质的光谱和峰轮廓，如图 9.14 所示。MCR-ALS 的主要步骤如图 9.15 所示（更详尽的描述参见参考文献 [90，105]）。

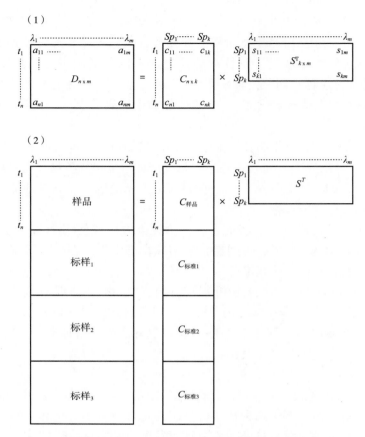

图 9.14 光谱数据矩阵分解为随时间变化的峰轮廓 C 和物质光谱 S^T 的方案

（1）单个数据矩阵 D 的分解。（2）增强数据矩阵的分解［样品；标样$_1$；标样$_2$；标样$_3$，…］。Sp_i = 化学物质；a_{ij} = 时间 i 和波长 j 处的吸光度；c_{ik} = 物质 k 在时间 i 的任意浓度；S_{kj} = 物质 k 在波长 j 处的吸收率。$C_{样品}$，$C_{标准1}$，$C_{标准2}$，$C_{标准3}$，……包含分别从样品、标样$_1$、标样$_2$、标样$_3$，……中回收的化学物质的峰轮廓。

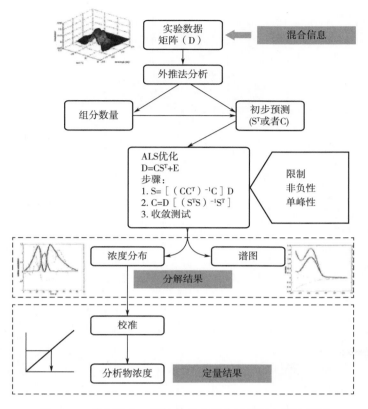

图 9.15 基于最小二乘法的多变量曲线解析方法流程图

在处理复杂样品时，校准曲线的灵敏度可能会受到基质效应的影响。在这些情况下，推荐应用添加标样的方法。如图 9.16 的示例所示，在这种方法中，将每个分析物的标样数据集作为信息来源，同时分析测试样品（详见参考文献［117］）。酸性齐多夫定和去羟肌苷的浓度曲线均呈现出特征性的双峰，与峰前和峰尾存在两个酸性区一致。依据 FIA 峰中心的基本范围的扩展，碱性齐多夫定和去羟肌苷的浓度曲线均表现为单峰。分离后，样品中分析物的浓度通过将峰面积与适当标样获得的峰面积进行比较来计算，如图 9.16 所示。对血浆中的这些药物的分析结果证明了该方法的性能，总体预测误差约为 5%。

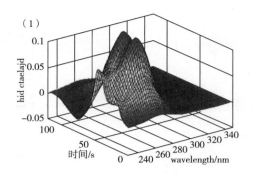

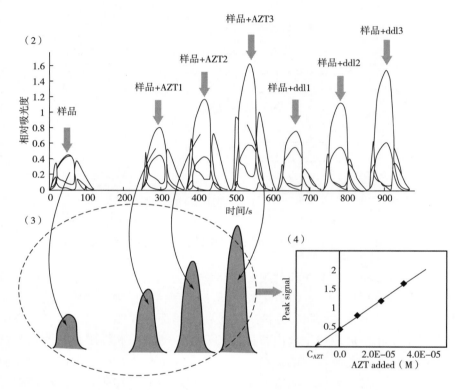

图 9.16　将添加标样法扩展到二阶校准以对血浆样品中的齐多夫定和去羟肌苷进行定量

（1）将血浆样品注射到 pH 梯度的 Fl 歧管中从而获得的三维 Fl 峰的示例。（2）通过 MCR-ALS 从增强的数据矩阵 $[S;SA_{zid1};SA_{zid2};SA_{zid3};SA_{did1};SA_{did2};SA_{did3}]$ 分解中恢复的浓度分布。（3）提取齐多夫定中碱性物质的峰面积，并将其作为分析信息的实例。（4）按照标样添加法计算测试样品中齐多夫定的浓度。

9.3　趋势与展望

多组分 FI 分析的演变与流动方法学的进步密切相关。作为促进样品预处理的一种方式，流动系统实现选择性的潜力正得到显著扩展。一些有吸引力的想法，例如通过重新定位检测系统和阀上实验室进行反应和样品处理可以提高多组分方法的可能性。

此外，使用固定在固体支持物上的生物大分子等试剂在多分析物测定中越来越受欢迎，其可以作为一种节省化学品和减少分散的方法。

关于检测，各种可用的电化学和光学（生物）传感器导致在流动系统中使用的商业或自制多传感设备数量激增。在这个领域，传感器阵列和电子舌的使用可以极大地促进新的多组分应用的发展，特别是当用于表征复杂性能的时候。专注于多组分测定的不同概念依赖于与流动系统联用的大量仪器。虽然这种可能性几乎没有被探索过，但耦合系统的性能似乎非常好。因此，预计在不久的将来，涉及 MS、IR 和 NMR 联用的 FI 方法的数量会增加。

多变量校准是执行 FI 多组分测定的最可靠、最合理的选项之一。尤其是 PLS 为简化分析方法的初始步骤和最大限度地减少样品处理过程提供了很大的可能性。目前多组分分析中二阶校准的发生率仍然是一个正在深入研究的问题。需要努力使二阶方法更被潜在用户所接受，因为较高的数学复杂性可能会阻碍它们的使用。无论如何，这些方法的分析性能非常出色，因此，在未来几年内，肯定会得到扩展和推广。

参考文献

［1］Ruzicka, J. and Hansen, E. H. (1988) *Flow Injection Analysis*, 2nd edn, John Wiley and Sons, New York.

［2］Trojanowicz, M. (1999) *Flow Injection Analysis: Instrumentation and Applications*, World Scientific, River Edge, New Jersey.

［3］Hansen, E. H. and Miró, M. (2007) How flow injection analysis (FIA) over the past 25 years has changed our way of performing chemical analyses. *Trends in Analytical Chemistry*, 26, 18–26.

［4］Wang, J. and Hansen, E. H. (2003) Sequential injection lab-on-valve: the third generation of flow injection analysis. *Trends in Analytical Chemistry*, 22, 225–231.

［5］Hartwell, S. K., Christian, G. D. and Grudpan, K. (2004) Bead injection with a simple flow injection system: an economical alternative for trace analysis. *Trends in Analytical Chemistry*, 23, 619–623.

［6］Hanrahan, G., Dahdouh, F., Clarke, K. and Gomez, F. A. (2005) Flow injection-capillary electrophoresis (FI-CE): Recent advances and applications. *Current Anal. Chem.*, 1, 321–328.

［7］Saurina, J. (2002) Hyphenation in capillary electrophoresis: from sample pretreatment to data analysis. *LC GC Europe*, 15, 734.

［8］Hlabangana, L., Hernández-Cassou, S. and Saurina, J. (2006) Multicomponent determination of drugs using flow injection analysis. *Current Pharmaceutical Analysis*, 2, 127–140.

［9］van Staden, J. F. and Stefan, R. I. (2004) Chemical speciation by sequential injection analysis: an overview. *Talanta*, 64, 1109–1113.

［10］Economou, A. (2005) Sequential-injection analysis (SIA): a useful tool for on-line sample-handling and pre-treatment. *Trends in Analytical Chemistry*, 24, 416–425.

［11］Pyrzynska, K. and Trojanowicz, M. (1999) Functionalized cellulose sorbents for preconcentration of trace metals in environmental analysis. *Critical Reviews in Analytical Chemistry*, 29, 313–321.

［12］Stewart, J. W. B. and Ruzicka, J. (1976) Flow injection analysis. 5. Simultaneous determination of nitrogen and phosphorus in acid digests of plant material with a single spectrophotometer. *Analytica Chimica*

Acta, 82, 137-144.

[13] Betteridge, D. and Fields, B. (1983) 2 point kinetic simultaneous determination of cobalt (Ⅱ) and nickel (Ⅱ) in aqueoussolution flow injection analysis (FIA). *Fresenius' Zeitschrift fur Analytische Chemie*, 314, 386-390.

[14] Gutierrez, M. C., Gómez Hens, A. and Pérez Bendito, D. (1987) Individual and simultaneous stopped-flow fluorometricdetermination of perphenazine and chlorpromazine. *Analytical Letters*, 20, 1847-1865.

[15] Saitoh, K., Hasebe, T., Teshima, N., Kurihara, M. and Kawashima, T. (1998) Simultaneous flow injection determination of iron (Ⅱ) and total iron by micelle enhanced luminol chemiluminescence. *Analytica Chimica Acta*, 376, 247-254.

[16] Matsumoto, K. Asada, W. and Murai, R. (1998) Simultaneous biosensing of inosine monophosphate and glutamate by use of immobilized enzyme reactors. *Analytica Chimica Acta*, 358, 127-136.

[17] Kuban, V. (1992) Simultaneous determination of several components by flow injection analysis. *Critical Reviews in Analytical Chemistry*, 23, 15-53.

[18] Saurina, J. and Hernández-Cassou, S. (2001) Quantitative determinations in conventional flow injection analysis based on different chemometric calibration statregies: a review. *Analytica Chimica Acta*, 438, 335-352.

[19] Massart, D. L., Vandeginste, B. G. M., Buydens, L. M. C., de Jong, S. Lewi, P. J. and Smeyers-Verbeke, J. (1997) *Handbook of Chemometrics and Qualimetrics Part A*, Elsevier, Amsterdam.

[20] Sentellas, S. and Saurina, J. (2003) Chemometrics in capillary electrophoresis. Part A: Methods for optimisation. *Journal of Separation Science*, 26, 875-885.

[21] Hlabangana, L., Saurina, J. and Hernández-Cassou, S. (2005) Flowinjection differential spectrophotometric pH selectivity system for the determination of cyclamate contaminants. *Microchimica Acta*, 150, 115-123.

[22] Saurina, J., Hlabangana, L., García-Milla, D. and Hernández-Cassou, S. (2004) Flow-injection determination of amine contaminants in cyclamate samples based on temperature for controlling selectivity. *Analyst*, 129, 468-474.

[23] Miró, M. and Hansen, E. H. (2006) Solid reactors in sequential injection analysis: recent trends in the environmental field. *Trends in Analytical Chemistry*, 25, 267-281.

[24] Kandimalla, V. B., Tripathi, V. S. and Ju, H. X. (2006) Immobilization of biomolecules in sol-gels: biological and analytical applications. *Critical Reviews in Analytical Chemistry*, 36, 73-106.

[25] Miró, M. and Frenzel, W. (2004) Flow-through sorptive preconcentration with direct optosensing at solid surfaces for trace-ion analysis. *Trends in Analytical Chemistry*, 23, 11-20.

[26] Prieto-Simon, B., Campas, M., Andreescu, A. and Marti, J. L. (2006) Trends in flow-based biosensing systems for pesticide assessment. *Sensors*, 6, 1161-1186.

[27] Luque de Castro, M. D. (1992) Solid-phase reactors in flow injection analysis. *Trends in Analytical Chemistry*, 11, 149-155.

[28] Ensafi, A. A. and Kazemzadeh, A. (1999) Simultaneous determination of nitrite and nitrate in various samples using flow injection with spectrophotometric detection. *Analytica Chimica Acta*, 382, 15-21.

[29] Monser, L, Sadok, S., Greenway, G. M., Shah, I. and Uglow, R. F. (2002) A simple simultaneous flow injection method based on phosphomolybdenum chemistry for nitrate and nitrite determinations in water and fish samples. *Talanta*, 57, 511-518.

［30］ Pividori, M. I. and Alegret, S. (2005) Electrochemical genosensing based on rigid carbon composites. A review. *Analytical Letters*, 38, 2541-2565.

［31］ Spohn, U., Preuschoff, F., Blankenstein, G., Janasek, D., Kula, M. R. and Hacker, A. (1995) Chemiluminometric enzyme sensors for flow injection analysis. *Analytica Chimica Acta*, 303, 109-120.

［32］ Fu, Z., Liu, H. and Ju, H. X. (2006) Flow-through multianalyte chemiluminescent immunosensing system with designed substrate zone-resolved technique for sequential detection of tumor markers. *Analytical Chemistry*, 78, 6999-7005.

［33］ Reinecke, M. and Stephanopoulos, G. (2000) Flow injection analysis for simultaneous quantification of prolactin concentration and glycosylation macroheterogeneity in cell culture samples. *Cytotechnology*, 23, 237-242.

［34］ Stefan, R. I., van Staden, J. F. and Aboul-Enein, H. Y. (2004) Simultaneous determination of L-thyroxine (L-T-4), D-thyroxine (D-T-4), and L-triiodothyronine (L-T-3) using a sensors/sequential injection analysis system. *Talanta*, 64, 151-155.

［35］ Saurina, J. and Hernández-Cassou, S. (1999) Flow-injection and stopped-flow completely continuous flow spectrophotometric determinations of aniline and cyclohexylamine. *Analytica Chimica Acta*, 396, 151-159.

［36］ Fortes, P. R., Meneses, S. R. P. and Zagatto, E. A. G. (2006) A novel flow-based strategy for implementing differential kinetic analysis. *Analytica Chimica Acta*, 572, 316-320.

［37］ Amigo, J. M., Coello, J. and Maspoch, S. (2005) Three-way partial least-squares regression for the simultaneous kinetic-enzymatic determination of xanthine and hypoxanthine in human urine. *Analytical and Bioanalytical Chemistry*, 382, 1380-1388.

［38］ Magni, D. M., Olivieri, A. C. and Bonivardi, A. L. (2005) Artificial neural networks study of the catalytic reduction of resazur: stopped-flow injection kinetic-spectrophotometric determination of Cu (II) and Ni (II). *Analytica Chimica Acta*, 528, 275-284.

［39］ Pérez-Ruiz, T, Martínez-Lozano, C., Sanz, A. and Guillén, A. (2004) Successive determination of thiamine and ascorbic acid in pharmaceuticals by flow injection analysis. *Journal of Pharmaceutical and Biomedical Analysis*, 34, 551-557.

［40］ Pérez-Ruiz, T., Martínez-Lozano, C., Tomás, V. and Lambertos, G. (1991) Flow-injection successive determination of cysteine and cystine in pharmaceutical preparations. *Talanta*, 38, 1235-1239.

［41］ Themelis, D. G. and Tzanavaras, P. D. (2001) Simultaneous spectrophotometric determination of fluoride and monofluorophosphate ions in toothpastes using a reversed flow injection manifold. *Analytica Chimica Acta*, 429, 111-116.

［42］ Aggarwal, S. G. and Patel, K. S. (1998) Flow injection analysis of Zn and Co in beverages, biological, environmental and pharmaceutical samples. *Fresenius' Journal of Analytical Chemistry*, 362, 571-576.

［43］ Ortega-Barrales, P., Ruiz-Medina, A., Fernández de Córdova, M. L. and Molina Díaz, A. (2002) A flow-through solid-phase spectroscopic sensing device implemented with FIA solution measurements in the same flow cell: determination of binary mixtures of thiamine with ascorbic acid or acetylsalicylic acid. *Analytical and Bioanalytical Chemistry*, 373, 227-232.

［44］ Fernández de Córdova, M. L., Ortega-Barrales, P., Rodríguez Torné, G. and Molina Díaz, A. (2003) A flow injection sensor for simultaneous determination of sulfamethoxazole and trimethoprim by using

Sephadex SP C-25 for continuous on-line separation and solid phase UV transduction. *Journal of Pharmaceutical and Biomedical Analysis*, 31, 669-677.

[45] García-Jiménez, J. F., Valencia, M. C. and Capitán-Vallvey, L. F. (2006) Improved multianalyte determination of the intense sweeteners aspartame and acesulfame-K with a solid sensing zone implemented in an FIA scheme. *Analytical Letters*, 39, 1333-1347.

[46] Capitán-Vallvey, L. F., Valencia, M. C., Nicolás, E. A. and García-Jiménez, J. F. (2006) Resolution of an intense sweetener mixhire by use of a flow injection sensor with on-line solid-phase extraction. *Analytical and Bioanalytical Chemistry*, 385, 385-391.

[47] Rocha, F. R. P., Reis, B. F., Zagatto, E. A. G., Lima, J. L. F. C., Lapa, R. A. S. and Santos, J. L. M. (2002) Multicommutation in flow analysis: concepts, applications and trends. *Analytica Chimica Acta*, 468, 119-131.

[48] Tzanavaras, P. D. and Themelis, D. G. (2002) Simultaneous flow injection determination of fluoride, monofluorophosphate and orthophosphate ions using alkaline phosphatase immobilized on a cellulose nitrate membrane and an opencirculation approach. *Analytica Chimica Acta*, 467, 83-89.

[49] Cardwell, T. J. and Christophersen, M. J. (2000) Determination of sulfur dioxide and ascorbic acid in beverages using a dual channel flow injection electrochemical detection system. *Analytica Chimica Acta*, 416, 105-110.

[50] Jones, D. A., Parkin, M. C., Langemann, H., Landolt, H., Hopwood, S. E., Strong, A. J. and Boutelle, M. G. (2002) On-line monitoring in neurointensive care-enzyme-based electrochemical assay for simultaneous, continuous monitoring of glucose and lactate from critical care patients. *Journal of Electroanalytical Chemistry*, 538, 243-252.

[51] Saitoh, K., Hasebe, T., Teshima, N., Kurihara, M. and Kawashima, T. (1998) Simultaneous flow injection determination of iron (Ⅱ) and total iron by micelle enhanced luminol chemiluminescence. *Analytica Chimica Acta*, 376, 247-254.

[52] Mataix, E. and Luque de Castro, M. D. (2001) Determination of L- (-) -malic acid and L- (+) -lactic acid in wine by a flow injection-dialysis-enzymic derivatisation approach. *Analytica Chimica Acta*, 428, 7-14.

[53] Hasebe, T., Nagao, J. and Kawashima, T. (1997) Simultaneous flow injection determination of acetylcholine and choline based on luminol chemiluminescence in a micellar system with on-line dialysis. *Analytical Sciences*, 13, 93-98.

[54] Doku, G. N. and Gadzekpo, P. Y. (1996) Simultaneous determination of lithium, sodium and potassium in blood serum by flame photometric flow injection analysis. *Talanta*, 43, 735-739.

[55] Lima, J. L. F. C., Matos, C. D. and Vaz, M. C. V. F. (1996) Determination of Ca, Mg, Na, and K in milk by AAS and flame emission spectroscopy using high dilution FIA manifolds based on stream splitting or a dialysis unit. *Atomic Spectroscopy*, 17, 196-200.

[56] Haghighi, B. and Kurd, S. F. (2004) Sequential flow injection analysis of ammonium and nitrate using gas phase molecular absorption spectrometry. *Talanta*, 64, 688-694.

[57] Yao, T., Takashima, K. and Nanjyo, Y. (2003) Simultaneous determination of orthophosphate and total phosphates (inorganic phosphates plus purine nucleotides) using a bioamperometric flow injection system made up by a 16-way switching valve. *Talanta*, 60, 845-851.

[58] Yao, T. and Kotegawa, K. (2002) Simultaneous flow injection assay of creatinine and creatine in serum by the combined use of a 16-way switching valve, some specific enzyme reactors and a highly selective

hydrogen peroxide electrode. *Analytica Chimica Acta*, 462, 283-291.

［59］Park, I. S. and Kim, N. (1999) Simultaneous determination of hypoxanthine, inosine and inosine 5′-monophosphate with serially connected three enzyme reactors. *Analytica Chimica Acta*, 394, 201-210.

［60］Domínguez Vidal, A., Ortega Barrales, P. and Molina Díaz, A. (2003) Simultaneous Determination of Paracetamol, Caffeine and Propyphenazone in Pharmaceuticals by Means of a Single Flow-Through UV Multiparameter Sensor. *Microchimica Acta*, 141, 157-163.

［61］Catarino, R. I. L., Garcia, M. B. Q., Lapa, R. A. S. and Lima, J. L. F. C. (2002) Sequential determination of salicylic and acetylsalicylic acids by amperometric multisite detection flow injection analysis. *Journal of AOAC International*, 85, 1253-1259.

［62］Teshima, N., Nobuta, T. and Sakai, T. (2001) Simultaneous flow injection determination of ascorbic acid and cysteine using double flow cell. *Analytica Chimica Acta*, 438, 21-29.

［63］Grassi, V., Zagatto, E. A. G. and Lima, J. L. F. C. (2005) Flow-injection systems with multisite detection. *Trends in Analytical Chemistry*, 24, 880-886.

［64］Qin, W. (2002) Flow injection chemiluminescence-based chemical sensors. *Analytical Letters*, 35, 2207-2220.

［65］Kiba, N., Miwa, T., Tachibana, M., Tani, K. and Koizumi, H. (2002) Chemiluminometric sensor for simultaneous determination of L-glutamate and L-lysine with immobilized oxidases in a flow injection system. *Analytical Chemistry*, 74, 1269-1274.

［66］Kiba, N., Ito. S., Tachibana, M., Tani, K. and Koizumi, H. (2003) Simultaneous determination of choline and acetylcholine based on a trienzyme chemiluminometric biosensor in a single line flow injection system. *Analytical Sciences*, 19, 1647-1651.

［67］Pérez-Olmo, R., Olmo, J. C., Zarate, N., Araujo, A. N. and Montenegro, M. C. B. S. M. (2005) Sequential injection analysis using electrochemical detection: A review. *Analytica Chimica Acta*, 554, 1-16.

［68］Trojanowicz, M., Szewczynska, M. and Wcislo, M. (2003) Electroanalytical flow measurements-Recent advances. *Electroanalysis*, 15, 347-365.

［69］Curey, T. E., Goodey, A., Tsao, A., Lavigne, J., Sohn, Y, McDevitt, J. T., Anslyn, E. V., Neikirk, D. and Shear, J. B. (2001) Characterization of multicomponent monosaccharide solutions using an enzyme-based sensor array. *Analytical Biochemistry*, 293, 178-184.

［70］Maestre, E., Katakis, I., Narváez, A. and Domínguez, E. (2005) A multianalyte flow electrochemical cell: application to the simultaneous determination of carbohydrates based on bioelectrocatalytic detection. *Biosensors & Bioelectronics*, 21, 774-781.

［71］Yao, T, Yano, T. and Nishino, H. (2004) Simultaneous *in vivo* monitoring of glucose, L-lactate, and pyruvate concentrations in rat brain by a flow injection biosensor system with an on-line microdialysis sampling. *Analytica Chimica Acta*, 510, 53-59.

［72］Silber, A., Bisenberger, M., Bräuchle, C. and Hampp, N. (1996) Thick-film multichannel biosensors for simultaneous amperometric and potentiometric measurements. *Sensors and Actuators B*, 30, 127-132.

［73］Lapa, R. A. S., Lima, J. L. F. C., Vela, M. H. and Barrado, E. (1997) Sequential determination of calcium and magnesium cations in haemodialysis solutions by FIA. *Analytical Sciences*, 13, 409-414.

［74］Campmajó, C., Cairó, J. J., Sanfeliu, A., Martínez, E., Alegret, S. and Gòdia, F.

(1994) Determination of ammonium and l-glutamine in hybridoma cell-cultures by sequential flow injection analysis. *Cytotechnology*, 14, 177-182.

[75] Sanz-Medel, A. (1999) *Flow Analysis with Atomic Spectrometric Detectors*, Elsevier, Amsterdam.

[76] Wang, Y., Chen, M. L. and Wang, J. H. (2007) New developments in flow injection/ sequential injection on-line separation and preconcentration coupled with electrothermal atomic absorption spectrometry for trace metal analysis. *Applied Spectroscopy Reviews*, 42, 103-118.

[77] Wang, J. H. and Hansen, E. H. (2005) Trends and perspectives of flow injection/ sequential injection on-line sample-pretreatment schemes coupled to ETAAS. *Trends in Analytical Chemistry*, 24, 1-8.

[78] Wang, J. and Hansen, E. H. (2003) On-line sample-pre-treatment schemes for trace-level determinations of metals by coupling flow injection or sequential injection with ICP-MS. *Trends in Analytical Chemistry*, 22, 836-846.

[79] Vassileva, E. and Furuta, N. (2001) Application of high-surface-area ZrO_2 in preconcentration and determination of 18 elements by on-line flow injection with inductively coupled plasma atomic emission spectrometry. *Fresenius'Journal of Analytical Chemistry*, 370, 52-59.

[80] Halvorsen, T. G., Pedersen-Bjergaard, S., Reubsaet, J. L. E. and Rasmussen, K. E. (2001) Liquid-phase microextraction combined with flow injection tandem mass spectrometry-Rapid screening of amphetamines from biological matrices. *Journal of Separation Science*, 24, 615-622.

[81] Schroder, H. F. (1995) Polar organic-compounds in the river elbe-development of optimized concentration methods using substance-specific detection techniques. *Fresenius' Journal of Analytical Chemistry*, 353, 93-97.

[82] Geerdink, R. B., Berg, P. J., Kienhuis, P. G. M., Niessen, W. M. A. and Brinkman, U. A. T. (1996) Flow-injection analysis thermospray tandem mass spectrometry of triazine herbicides and some of their degradation products in surface water. *International Journal of Environmental Analytical Chemistry*, 64, 265-278.

[83] Wu, Q. L., Wang, M. F. and Simon, J. E. (2005) *Rapid Communications in Mass Spectrometry*, 19, 2062.

[84] Schroder, H. F. (1999) Substance-specific detection and pursuit of non-eliminable compounds during biological treatment of waste water from the pharmaceutical industry. *Waste Management*, 19, 111-123.

[85] Armenta, S., Garrigues, S. and de la Guardia, M. (2007) Recent developments in flow-analysis vibrational spectroscopy. *Trends in Analytical Chemistry*, 26, 775-787.

[86] Gallignani, M. and Brunetto, M. D. (2004) Infrared detection in flow analysis-developments and trends. *Talanta*, 64, 1127-1146.

[87] Quintas, G., Armenta, S., Morales-Noe, A., Garrigues, S. and de la Guardia, M. (2003) Simultaneous determination of Folpet and Metalaxyl in pesticide formulations by flow injection Fourier transform infrared spectrometry. *Analytica Chimica Acta*, 480, 11-21.

[88] Karlberg, B. and Torgrip, R. (2003) Increasing the scope and power of flow injection analysis through chemometric approaches. *Analytica Chimica Acta*, 500, 299-306.

[89] Booksh, K. S. and Kowalski, B. R. (1994) Theory of analytical-chemistry. *Analytical Chemistry*, 66, 782A-791A.

[90] Checa, A., Oliver, R., Saurina, J. and Hernández-Cassou, S. (2006) Flow-injection spectrop-

hotometric determination of reverse transcriptase inhibitors used for acquired immuno deficiency syndrome (AIDS) treatment. Focus on strategies for dealing with the background components. *Analytica Chimica Acta*, 572, 155–164.

[91] Tomsu, D., Catalá Icardo, M. and Martínez Calatayud, J. (2004) Automated simultaneous triple dissolution profiles of two drugs, sulphamethoxazole-trimethoprim and hydrochlorothiazide-captopril in solid oral dosage forms by a multicommutation flow-assembly and derivative spectrophotometry. *Journal of Pharmaceutical and Biomedical Analysis*, 36, 549–557.

[92] Saurina, J. (2000) Analytical application of pH-gradients in flow injection analysis and related techniques. *Reviews in Analytical Chemistry*, 19, 157–178.

[93] Checa, A., González-Soto, V., Hernández-Cassou, S. and Saurina, J. (2005) Fast determination of pK (a) values of reverse transcriptase inhibitor drugs for AIDS treatment by using pH-gradient flow injection analysis and multivariate curve resolution. *Analytica Chimica Acta*, 554, 177–183.

[94] Vandeginste, B. G. M., Massart, D. L., Buydens, L. M. C., de Jong, S., Lewi, P. J. and Smeyers-Verbeke, J. (1998) *Handbook of Chemometrics and Qualimetrics: Part B*, Elsevier, Amsterdam.

[95] Martens, M. and Naes, T. (1989) *Multivariate Calibration*, John Wiley & Sons, New York.

[96] Zupan, J. and Gasteiger, J. (1993) *Neural Networks for Chemists: an Introduction*, VCH, Weinhein.

[97] Li, W., Chen, J., Xiang, B. and An, D. (2000) Simultaneous on-line dissolution monitoring of multicomponent solid preparations containing vitamins B1 and B2. *Analytica Chimica Acta*, 408, 39–47.

[98] Ruiz Medina, A., Fernández de Córdova, M. L. and Molina-Díaz, A. (1999) Simultaneous determination of paracetamol, caffeine and acetylsalicylic acid by means of a FI ultraviolet PLS multioptosensing device. *Journal of Pharmaceutical and Biomedical Analysis*, 21, 983–992.

[99] Ayora Cañada, M. J., Pascual Reguera, M. L, Molina Díaz, A. and Capitán Vallvey, L. F. (1999) Solid-phase UV spectroscopic multisensor for the simultaneous determination of caffeine, dimenhydrinate and acetaminophen by using partial least squares multicalibration. *Talanta*, 49, 691–701.

[100] Polster, J., Prestel, G., Wollenweber, M., Kraus, G. and Gauglitz, G. (1995) Simultaneous determination of penicillin and ampicillin by spectral fibre-optical enzyme optodes and multivariate data analysis based on transient signals obtained by flow injection analysis. *Talanta*, 42, 2065–2072.

[101] Blasco, F., Medina-Hernández, M. J. and Sagrado, S. (1997) Use of pH gradients in continuous-flow systems and multivariate regression techniques applied to the determination of methionine and cysteine in pharmaceuticals. *Analytica Chimica Acta*, 348, 151–159.

[102] Hernández, O., Jiménez, A. I., Jiménez, F. and Arias, J. J. (1995) Evaluation of multicomponent flow injection analysis data by use of a partial least-squares calibration method. *Analytica Chimica Acta*, 310, 53–61.

[103] Hernández, O,, Jiménez, F., Jiménez, A. I. and Arias, J. J. (1996) Multicomponent analysis by flow injection using a partial least-squares model. Determination of copper and zinc in serum and metal alloys. *Analyst*, 121, 169–172.

[104] Bro, R. (2006) Review on multiway analysis in chemistry-2000–2005. *Critical Reviews in Analytical Chemistry*, 36, 279–293.

[105] de Juan, A., Casassas, E. and Tauler, R. (2000) in *Encyclopedia of Analytical Chemistry: Instrumentation and Applications* (ed. R. A. Meyers), Wiley, Chichester. 9800–9837.

[106] Saurina, J. and Tauler, R. (2000) Strategies for solving matrix effects in the analysis of

triphenyltin in sea-water samples by three-way multivariate curve resolution. *Analyst*, 125, 2038-2043.

[107] Saurina, J., Hernández-Cassou, S., Tauler, R. and Izquierdo-Ridorsa, A, (1999) Continuous-flow and flow injection pH gradients for spectrophotometric determinations of mixtures of nucleic acid components. *Analytical Chemistry*, 71, 2215-2220.

[108] Norgaard, L. and Ridder, C. (1994) Rank annihilation factor-analysis applied to flow injection analysis with photodiode-array detection. *Chemometrics and Intelligent Laboratory Systems*, 23, 107-114.

[109] Smilde, A. K., Tauler, R., Saurina, J. and Bro, R. (1999) Calibration methods for complex second-order data. *Analytica Chimica Acta*, 398, 237-251.

[110] Pasamontes, A. and Callao, M. P. (2003) Determination of amoxicillin in pharmaceuticals using sequential injection analysis (SIA) -evaluation of the presence of interferents using multivariate curve resolution. *Analytica Chimica Acta*, 485, 195-204.

[111] Marsili, N. R., Lista, A., Fernández Band, B. S., Goicoechea, H. C. and Olivieri, A. C. (2004) New method for the determination of benzoic and sorbic acids in commercial orange juices based on second-order spectrophotometric data generated by a pH gradient flow injection technique. *Journal of Agricultural and Food Chemistry*, 52, 2479-2484.

[112] Gómez, V. and Callao, M. P. (2005) Use of multivariate curve resolution for determination of chromium in tanning samples using sequential injection analysis. *Analytical and Bioanalytical Chemistry*, 382, 328-334.

[113] Gómez, V., Larrechi, M. S. and Callao, M. P. (2006) Chromium speciation using sequential injection analysis and multivariate curve resolution. *Analytica Chimica Acta*, 571, 129-135.

[114] Gómez, V., Cuadros, R., Ruisánchez, I. and Callao, M. P. (2007) Matrix effect in second-order data-determination of dyes in a tanning process using vegetable tanning agents. *Analytica Chimica Acta*, 600, 233-239.

[115] Pasamontes, A. and Callao, M. P. (2006) Sequential injection analysis linked to multivariate curve resolution with alternating least squares. *Trends in Analytical Chemistry*, 25, 77-85.

[116] Gómez, V. and Callao, M. P. (2007) Multicomponent analysis using flow systems. *Trends in Analytical Chemistry*, 26, 767-774.

[117] Checa, A., Oliver, R., Hernández-Cassou, S. and Saurina, J. (2007) Flow-injection determination of zidovudine in plasma samples using multivariate curve resolution. *Analytica Chimica Acta*, 592, 173-180.

10 与离散样品进样仪器相耦合的流动处理设备

M. Valcárcel，S. Cárdenas，B. M. Simonet 和 R. Lucena

10.1　引言：样品处理的问题

近年来，分析仪器呈指数级发展。因此，现存有能够基于各种物理/化学原理进行高精度测定的各种仪器。此类仪器包括分子和原子吸收和发射分光光度计、分子振动光谱和质谱仪以及电导计等。仪器的发展伴随着分离科学，特别是在液相色谱和毛细管电泳方面的巨大进步。此外，通过减少样品和试剂使用量，小型化的发展促使分析设备能够快速且准确地分离各种组分。

尽管之前取得了进展，但常规分析实验室的工作进程因分析过程的初步操作而放缓。对复杂样品的预处理过程通常是劳动密集型和耗时的。因此，自动化或此类操作的集成有助于简化常规分析。在这种情况下，流动系统提供了一种简练的、有效的自动化/机械化样品处理方式。本章涉及一种改善样品处理过程的方式，其使用了与离散样品进样系统相连的流动系统。

10.2　流动处理设备的作用

不断简化是分析化学的另一个明显趋势，迄今为止，它的目标是（生物）化学测量中的自动化/机械化样品制备。正如其他章节所述，流动系统尤其与样品处理和方法校准相关。在这种情况下，流动样品预处理单元和离散样品进样装置的在线组合非常具有吸引力，因为它们可以通过单个装配仪器实现整个分析过程的开发，同时避免传统样品处理过程中的典型问题。

简化过程也会影响分析实验室所提供信息质量。流动分析系统有助于增强该趋势。事实上，流动系统的内在优势，通常包括低成本、高灵活性和吞吐量，以及轻松减少误差的能力，使其特别适合于开发快速响应的分析系统。流动分析仪可以根据客户或法律规定的阈值提供一系列化合物的索引，这些化合物用于样品的分类和鉴定[1]。为此，流动系统可以与检测器（前沿配置）或高性能仪器（前沿/后备配置）在线耦合，通过流动处理单元处理样品[2]。前沿/后备配置更灵活，因为样品处理单元和高性能仪器可以共享或使用不同的检测器，这有助于在进行额外的或选择性的测量时灵活地更改系统。流动系统在这一新兴分析化学领域的潜力得到了研究[3]。

10.3　将流动处理装置与离散进样仪器耦合的方法

根据人的参与程度和特定的硬件，可以通过间歇处理程序、集成设备或耦合设备处理并分析样品。在最后一种情况下，设备可以近线耦合、在线耦合或在位耦合。

近线耦合涉及使用自动化接口将流动系统与测量仪器相连。通常，自动化接口在运行时会将一部分经过处理或调节的样品放入小瓶自动进样器或将样品直接插入分析仪器的进样器中。

与近线耦合不同，在线耦合涉及来自流动系统的流动流体、阀门（或适当的接口）

和仪器的一部分（通常是进样区域）之间的直接接触。流动系统和仪器通常通过流动元件（例如阀门、T 型连接器或分流接口）相连。

最后，在线耦合涉及流动系统和仪器之间完整，紧密的结合。这是通过将流动系统的关键元件（例如，萃取单元）合并到仪器中来实现的。

制造商倾向于在商用仪器中使用在线耦合。一个典型的例子是将纤维中的固相微萃取耦合到液相或气相色谱仪中。由于商用仪器是封闭式的，分析人员无法访问仪器的特定部件，这限制了其与其他设备连接的潜力。这可能就是为什么流动系统和仪器通常通过将一小部分样品插入测量仪器的进样器来耦合的原因。

在离散样品的进样仪器中，两种特定技术值得一提，即电热原子吸收和电感耦合等离子体（ICP）。尽管它们从传统意义上被认为是离散样品的进样技术，但最新的进展使其能够直接耦合到流动系统。有关这两种联用技术的更详细信息，读者请参阅第二卷第 6 章。

因此，本章仅专门介绍流动处理设备与基于色谱和电泳分离仪器的耦合。

10.4　将流动处理装置与气相色谱仪耦合

将流动系统耦合到气相色谱仪的主要难点在于所涉及流体具有不同的聚集状态和为了保持色谱分离度而插入的样品体积相对较低（几微升）[4]。这个问题可以通过使用大体积进样（LVI）技术得到解决，其通过数百微升的进样量消除了对分离度的影响。本节讨论低压和高压型流动系统与气相色谱仪的在线耦合。大多数现有系统是从以前的离线系统演变而来的，当使用自动进样器注入样品时，可以将其视为在位系统。

10.4.1　接口和耦合类型

将流动处理设备正确连接到气相色谱仪需要考虑以下因素：（1）目标分析物的挥发性和热稳定性；（2）所用介质与液体样品的相容性；（3）萃取体积应尽可能小以尽量减少分析物的稀释并避免过度降低灵敏度；（4）分析物应定量地从预处理模块转移到气相色谱仪。为此使用了许多接口，最常用的三个接口基于柱上进样、溶剂汽化和多端口阀[4,5]。

在柱上进样中，以固相萃取为主的连续高压流动系统通过 GC 软件控制的六通进样阀与气相色谱仪耦合；阀门通过金属或熔融石英毛细管（通常为 20~30cm 长×0.1mm 内径并且插入柱上进样器的隔膜中）将分析物转移到合适的介质中。由于此类系统通常与 LVI 技术一起使用以引进大量溶剂（通常为 100μL），因此柱上进样器必须依次连接到保留间隙（即 3~5m 长×0.53mm 内径去活熔融石英毛细管），然后是 1~2mm×0.25mm 内径的保留预柱，最后是分析柱。通常，预柱和分析柱包含相同的固定相。溶剂蒸气出口（SVE）套件也安装在两个柱之间，以便去除大部分进样溶剂并尽可能地减少最易挥发化合物的损失。或者，可以使用可编程的温度蒸发器（PTV）代替柱上进样器并保留 SVE，但也可以不保留 SVE 因为多余的有机溶剂可以在分流阀中去除。当使用多端口进样阀时，离开流动处理仪器的有机相（所含分析物浓度最高）被用于填充高压进样阀的回路（通常体积为 5μL）。干燥柱放置在阀前以防止痕量水进入色谱柱。色谱仪的载气还用于将分析物通过 PTFE 或不锈钢管从定量环转移到进样器，该管配有插入分流/不分流进样器隔膜的进样针。根据特定的仪器和进样器配置，载气应该选择分流（在进样阀和色谱仪之间）或不分流，以保持峰的分离度。在某些情况下，需要对接口进行额外的加热。以下部分描述了在流动系统中使用非色谱分离技术进行样品处理，并讨论了以前接口的优缺点。

10.4.2 分析用途

将流动处理设备在线耦合到气相色谱仪的主要目的通常是促进开发完全机械化的样品预处理过程。显然，为此通常需要使用连续的非色谱分离技术。在这种情况下，固相萃取（SPE）是最常见的选择。这并不奇怪，因为 SPE 凭借分析物的特征可以与气相色谱相兼容，该分析物从填充的吸附材料上分离出来并通过检测前直接转移到仪器中的几微升有机溶剂进行洗脱。在洗脱前进行干燥可以从吸附剂中除去痕量水。这种在线痕量富集操作可以通过使用各种流动系统来执行。最早的方法使用低压连续流动系统，其中吸附剂填充在实验室制造的微型柱中，该柱位于进样阀的回路中，样品和试剂（调节溶剂、洗脱液和衍生试剂）被直接吸入歧管。通过这种基本配置开发了多种应用，包括测定环境、临床、毒理学和农业食品样品中的污染物、维生素、脂肪酸和药物[6-14]。表 10.1 列出了选定的示例。

表 10.1　　与气相色谱联用的低压流动处理装置的选定示例

样品	分析物	分离技术	参考文献
食用油	固醇	SPE	[6]
药物制剂	维生素 D2 和 D3	SPE	[7]
水域	氯酚、酚类、	SPE	[8]
	N-甲基氨基甲酸酯		[9]
			[10]
生物体液	毒品	SPE	[11]
乳制品	脂肪酸	SPE/LLE/衍生化	[12]
生物体液	甘油三酯和脂肪酸	SPE/LLE/衍生化	[13]
人血清	胆固醇（总和 HDL）	固定化酶反应器	[14]
水域	杀虫剂	SPE	[15]
水域	内分泌干扰物	SPE	[16]
水域	三嗪类	SPE（Prospekt 使用免疫亲和吸附剂）	[17]
水域	杀虫剂		[18, 19]
空气样本	有机磷酸酯	动态微波辅助萃取与 SPE 耦合	[20]
空气样本	有机磷酸酯	与 SPE 耦合的动态超声辅助萃取	[21]
土壤和污泥	Me$_2$Hg、Et$_2$Hg 和 MeHgCl	渗透蒸发	[22]

续表

样品	分析物	分离技术	参考文献
食品样品	乙醛和丙酮	渗透蒸发	[23]
橙汁	风味和异味	渗透蒸发	[24]
水	酚类	LLE	[25]
脂肪	脂肪酸	LLE	[26]
日用品	氨基甲酸酯类农药	LLE	[27]
食用油和脂肪	胆固醇和生育酚	LLE/衍生化	[28]
水域	有机氯农药	MMLLE	[29]
红葡萄酒	有机氯农药	MMLLE	[30]
土壤	多环芳烃	热水萃取–中空纤维液萃取	[31]
葡萄	杀虫剂	热水萃取–中空纤维液萃取	[32]

　　也可以通过使用高压进样阀和泵的组合来构建流动歧管，以输送调节色谱柱所需的样品和有机溶剂或使用注射泵输送洗脱液。吸附剂柱通过手工包装（通常使用聚合物）并放置在样品和洗脱液的高压进样阀之间。这些系统的典型应用包括分析水中的杀虫剂[15]和内分泌干扰物[16]。可以通过使用免疫吸附材料来提高萃取选择性，例如通过 Prospekt（可编程在线固相萃取技术）系统测定水性样品中的三嗪[17]，可从 Spark Holland 购得并用于样品制备、同样来自 Spark Holland 的 Midas 自动进样器和用于分析物洗脱的 HPLC 泵。PTV 接口与 LVI 技术的结合用于测定水中的农药[18,19]。动态微波辅助萃取[20]和动态超声辅助溶剂萃取[21]在 SPE-LVI-GC 之前在线耦合，以测定空气样品中的有机磷酸酯。

　　当与气相色谱联用时[22]，分析性渗透蒸发已被证明是顶空技术的可靠替代方案，可用于直接分析挥发性馏分。通常，渗透蒸发模块由用于引入样品的下部单元和被渗透膜（可用于渗透目标分析物）隔离的上部部分组成。通常需要一个隔板来促进顶部空间的形成。为了耦合，将上部腔室放置在进样阀的回路中，以便使受体气体（即色谱载气）通过并将分析物输送至进样器。表 10.1 显示了这些在线配置的选定应用[22-24]。

　　液/液萃取（LLE）也可以在连续流歧管中实施。然而，它不能成为首选，因为首先它的富集因子较低，其需要保持有机相与水相的比例尽可能接近统一以确保有效的相分离，其次它还缺乏稳定性，该系统最薄弱的部件是相分离器（T 型件、膜或夹层连接器）。不管怎样，在线耦合 LLE 已被用于确定水、脂肪和乳制品中的酚类[25]、脂肪酸[26]、农药[27]和胆固醇[28]（表 10.1）。

　　新兴的非色谱分离技术也已和气相色谱联用，以克服一些成熟萃取技术的缺点。微孔膜液/液萃取（MMLLE）就是其中一个例子。与 LLE 相比，它具有以下优势，包括不形成乳液、样品使用量小和提取物纯度高。此外，可以通过选择合适的膜材料及膜孔径来提高选择性。一些应用案例使用夹在两个体积为 $10 \sim 100 \mu L$ 的模块之间的平面聚丙烯膜。萃取装置和 GC 仪器通过一个装有定量环的多端口阀连接起来。膜应每使用 $50 \sim 100$ 次更换一次，具体取决于特定的应用，以尽可能地减少潜在的吸附问题。通常使用 LVI 和 SVE。这些系统已被用于测定水中的有机氯杀虫剂[29]和红酒[30]。可提供更大萃取表面（提高萃取效率）的中空纤维膜已用于通过在线加压热水萃取法分别从土壤和葡萄中提取多环芳烃和农药[31,32]。含有分析物的水相被推至膜的供体侧，分析物被提取到受体溶液，然后浓缩的提取物通过柱上接口在线输送至 GC 仪器。

10.4.3　结果讨论

与气相色谱仪耦合的流动处理设备将低压或高压模式与分流/不分流或大体积进样相结合。通常，它们可以引入未经处理的样品，从而简化分析过程并提高与生产率相关的分析特性。最常见的非色谱技术可以通过适当的接口轻松地与 GC 结合，或者串联流动系统接口可以与先前的基于能量的辅助萃取系统在线耦合。

10.5　将流动处理装置与液相色谱仪耦合

流动处理设备和液相色谱仪的结合使用已被证明是解决分析科学中许多问题的有力工具。两者的性质促进了它们的耦合，从而产生了提高后续方法分析特性的协同效应。从它们相关的设备中可以明显看出两者之间的相似性[33]。

流动处理设备和液相色谱仪可以在两种主要类型的配置中耦合，即

（1）预柱配置　其中流动系统主要用于通过预浓缩或净化提高灵敏度和选择性，但也可用于其他目的，例如节省试剂使用量或引入有问题或危险的样品。

（2）后柱配置　旨在色谱柱分离后通过在流动系统中衍生化来促进目标分析物的检测。

本节重点介绍预柱配置，其中流动装置用于将处理过的样品等分试样引入色谱系统。高压进样阀是组合系统的核心元件，因为它充当低压（流动）和高压（色谱）管线之间的接口。液相色谱仪的自动进样器是最简单的预柱配置示例（在线模式下）；使用类似于非顺序进样分析所采用的自动注射器来填充进样阀的定量环。

10.5.1　接口和耦合类型

在实践中，耦合的流动处理/液相色谱系统明显不同于前面描述的液相色谱自动进样器。实际上，流动处理装置不仅用于将样品引入色谱系统，而且用于样品预处理。预处理（主要是为了使样品适应色谱分离条件）涉及包含非色谱程序的一种或多种操作。处理过的样品等分试样被输送到高压进样阀，然后启动该阀以将样品塞引入柱中（图 10.1）。色谱仪的可重复进样依赖于整个系统的准确计时和同步操作。

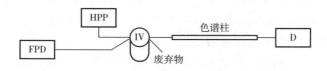

图 10.1　一般流动设备与液相色谱联用示意图

FPD—流动处理装置　HPP—高压泵　IV—高压进样阀　D—检测器

与色谱系统联用的多种在线样品处理方案可用于提高测定的灵敏度和选择性。使用固相萃取（SPE）进行分析物预浓缩和净化可以实现不同类型的耦合（图 10.2）。在高压进样阀的回路中装有一个填充有吸收剂材料的预柱用以保留目标分析物。流动系统可以使 SPE 方案的初始步骤（即调节、平衡、装样和吸附剂净化）以连续方式进行。通过将阀门切换到进样位置进行洗脱。如 10.4.2 节所述，基于 SPE 的全自动配置（例如 Prospekt[34] 或 Aspec[35]）也可以通过使用高压进样阀作为接口在线耦合到液相色谱仪。

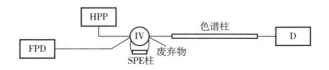

图 10.2　连续固相萃取与液相色谱联用
FPD—流动处理装置　HPP—高压泵　IV—高压进样阀　D—检测器

其他耦合系统使用两个或三个进样阀。因此，在同一歧管中通过双阀配置实现样品筛选和确认方法；这种操作模式在液相色谱中被称为流动配置的两用[36,37]。为此，将 SPE 色谱柱放置在第一个阀中，将色谱柱放置在第二个阀中，两者在线连接，如图 10.3 所示的一般方案。为了在筛选（装载位置）和确认模式（注射位置）之间切换，第二个阀是必不可少的。从本质上讲，首先利用 FI 系统筛选目标分析物或分析物类别的所有样品，然后通过液相色谱单独分析总浓度接近或高于预设阈值的样品。在确认步骤中，FI 系统既可用于预浓缩样品，也可用作柱后衍生系统。

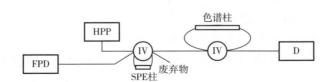

图 10.3　流动处理设备在线耦合到液相色谱，包括筛选样品和确认方法
FPD—流动处理装置　HPP—高压泵　IV—高压进样阀　D—检测器

在分析进样技术被开发之前，预柱与液相色谱的组合使用了连续分段流动配置。这使得样品可以通过机械化的方式进行处理。因此，这种组合被认为是当今流动技术（基于样品注射）的先驱。流动进样（FI）技术从简单的操作基础发展而来，使用廉价的硬件，操作简单方便，具有高度灵活性，并提供高样品处理量和高成本效益[38]。连续注射（SI）技术从 FI 发展而来并共享一些基本功能。FI 和 SI 歧管均已大量用于设计与液相色谱在线耦合的流动处理设备，也可以结合使用这两种技术来组装特定应用的复杂歧管。

最近开发的顺序进样色谱（SIC）[39] 技术证明了流动歧管和液相色谱仪的高度共生性质。SIC 技术（图 10.4）除了使用在低压下分离分析物的整体式色谱柱之外，还利用了 SI 歧管引入样品并传输流动相。这种组合已被用于测定药物中的硝酸萘甲唑啉和对羟基苯甲酸甲酯[40]，以及利多卡因和丙胺卡因[41]。

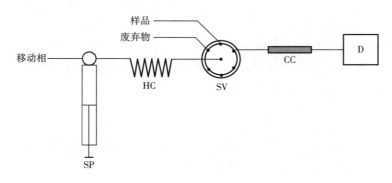

图 10.4　顺序进样色谱

SP—注射泵　HC—贮存盘管　SV—选择阀　CC—色谱柱　D—检测器

10.5.2　分析用途

具有灵活性的 FI 和 SI 技术已被用于有效地预处理样品以进行色谱分离并实施多种非色谱技术。

膜分离技术如渗透析和气体扩散已分别应用于测定天然水中的阴离子[42]、氨和甲胺[43]。典型的夹层扩散池放置在低压管线中，受体流股被输送至高压进样阀的回路。执行渗透析和预浓缩的自动连续微量透析液富集（ASTED）系统已成功用于测定鸡蛋中的四环素[44] 和人、大鼠和猴血浆中的氧化醇[45]。单独的在线膜萃取[46] 和与渗透蒸发的结合[47] 被用于在 HPLC 处理之前预浓缩分析物。

近年来，微渗析与 HPLC 的在线联用被证明可以有效地从复杂基质中轻松分析出物质，从样品基质中快速分离组分，进行潜在的富集和减少或不使用有机溶剂[48]。检测牛奶中的磺胺类化合物[49] 和牛奶发酵产品中的有机酸类化合物[50] 是其中两个突出的例子。

SPE/HPLC 联用是一种综合选择，其已应用于测定水中的农药[51]、岩石中的镧系元素[52]、咖啡因以及水生系统中选定的苯胺和酚类化合物[53]。这种操作方法正在不断发展，特别是在吸附剂材料和方案方面。一些作者使用分子印迹聚合物（MIP）[54] 和碳纳米管[55] 作为选择性保留分析物的吸附剂。同样，诸如可再生固相萃取之类的新方案正处于开发中，并与 HPLC 相结合[56]。

10.5.3　结果讨论

由于流动处理设备和液相色谱各自的特性和易于实施的特点，两者的协同联用已广泛应用于分析科学。流动处理设备显著提高了所开发方法的选择性和灵敏度。几种非色谱技术已经机械化并与液相色谱相结合，证明了所描述系统配置的多功能性。

10.6　流动处理设备与毛细管电泳设备相耦合

毛细管电泳（CE）是一种高效、灵活的分离技术，已成为其他分离技术的主要竞争对手（包括色谱法）[57,58]。然而，CE 对样品的要求比其他分离技术更严格。事实上，适当的样品处理是获得准确、可重复结果的关键步骤；这需要注意避免毛细管堵塞和大分子吸附在其壁上等注意事项。

电渗流是 CE 的驱动力之一。这种现象起因于毛细管壁表面电荷的存在。其结果是缓冲溶液在负电极方向上的净流动。电渗流非常稳定，以 $0.5\sim4nL/s$ 的速率发生，具体取决于缓冲液的 pH[59]。另一个重要因素是毛细管的内径较小，其可以使用非常少量的样品和试剂，以及有效进行小型化[58,60,61]。

将流动处理设备与毛细管电泳设备联用的能力受到以下因素的限制，所有这些因素都需要仔细考虑：

（1）处理设备中流体动力学流动与毛细管中电渗流的相容性。

（2）通常用于处理设备中的高流速与 CE 系统中的低电渗流速的兼容性。

（3）来自处理设备的样品塞与要引入 CE 毛细管的小体积样品的兼容性。

（4）将施加到电泳分离系统和流动处理设备的高压和电流去耦。

以下部分描述了选定的耦合系统及其接口，以及一些突出的用途。

10.6.1　接口和耦合类型

流动处理设备已经在位、近线和在线耦合到 CE 设备[62]。总的来说，在线耦合系统是最常见的。感兴趣的读者可以找到与商用 CE 设备结合使用的样品处理设备的相关综述[63]。

将流动处理设备与 CE 设备近线耦合需要使用机械臂接口将来自前者的样品放置在后者的一个空的小瓶中[4,58,64]。这种组合受到若干限制，其中最大的限制是 CE 自动进样器的可访问性和可输送到瓶中的最小体积。它还需要使用电子接口和适当的控制软件，以同步机械接口和自动进样器的运动。从图 10.5 中可以看出，可编程机械臂的针可以依据自动进样器样品瓶以两种方式运动。当流动处理设备工作时，针头向下，样品准备好并转移到 CE 样品瓶中。当流动处理设备停止时，针被抬起，并通过将先前填充的样品瓶移动到毛细管末端和电极所在的位置开始 CE 分析。如图 10.5 所示，可编程臂可以安装一根或两根针。在后一种情况下，针头的长度可以相同或不同，较长的针用于填充自动进样器样品瓶，较短的针用于排液以保持预设的液位。当使用单针时，将恒定的预设体积输送到每个小瓶（例如，通过使用空气作为载体）。

处理设备和 CE 设备可以通过补给系统替代可编程机械手臂进行近线耦合，用于清空小瓶，并在一些商业仪器中通过新鲜缓冲液填充小瓶[65]。这需要断开来自补给瓶的特氟龙管上的补给针，并将其替换为来自流动处理设备[63,65] 的针。

近线耦合系统最显著的优点是 CE 设备在其正常运行模式下运行。这可以将样品以流体动力学或电动学的方式引入毛细管中。它还有助于其他 CE 操作，例如毛细管调节。

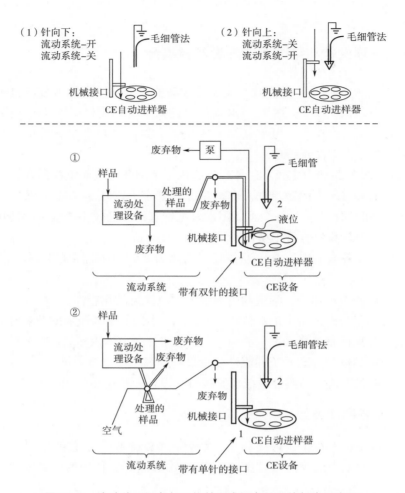

图 10.5　流动处理设备与毛细管电泳设备的近线耦合示意图

（1）样品收集模式；（2）用于电泳分析的进样模式。流动系统歧管用于①带有双针的机械接口和②带有单针的机械接口。

将流动处理设备在线耦合到 CE 涉及将毛细管末端插入前者的连续流体中。由于流动处理设备和电泳系统在不同的流速下运行，两者需要分流接口进行耦合。分流接口最初是由 Fang 的小组[66-68] 在垂直系统和 Karlberg 小组[69-71] 在水平系统中同时开发的。图 10.6 比较了两种类型的接口，它们具有低死体积并且接地。样品和电解液通过电渗流和电泳迁移率的作用被引入到电泳毛细管中。应通过确保接口（即毛细管入口）的液位与毛细管出口的液位一致来避免流体动力学流动。

分流接口可以很容易通过电介质材料构成，如聚四氟乙烯、甲基丙烯酸酯或有机玻璃。此外，还可以将一根聚乙烯管插入电泳毛细管并用胶水粘连[72]。

通过将接口接地，流动处理设备与电泳系统相兼容。这避免了接口和流动系统之间的电压差。电泳分离是通过对毛细管末端施加电压差来实现的，如图 10.6 所示。当光检测器与电泳系统一起使用时，强烈推荐这种配置，但对于其他类型的检测器（例如质谱仪）则不建议使用。根据 Valcárcel 研究小组的研究，分流接口必须承受一定的

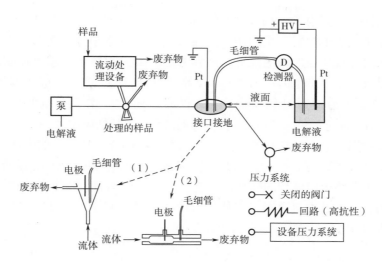

图 10.6　流动处理设备与毛细管电泳设备的在线耦合示意图
（1）垂直设计；（2）水平设计中的分流接口细节。利用流体动力进样模式并用于电泳分析的系统描述

电压差，才能在质谱仪的电喷雾电离界面的电喷雾针中获得电压差[73]。图 10.7 分别显示了这两种配置，包括带有接地电喷雾针和电喷雾室的质谱仪。由接地流动处理设备和分流接口之间的电压差引起的电流–连接到电源–必须中断以避免流动系统中的阀门和泵产生电弧放电。此外，可以使用具有高电阻的物质（例如纯水或空气）来中断电流[73]。还建议在泵的正前方插入由接地电极组成的安全线[63,73]。

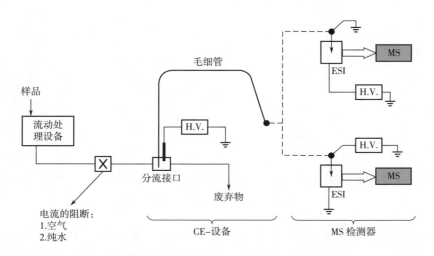

图 10.7　使用分流接口将流动处理设备与毛细管电泳–质谱仪在线耦合的设计示意图，
这种配置需要使用空气或纯水进行电压隔离

原则上，通过分流接口连接的在线耦合系统只能通过电动的方式引入样品。但是这种注入方式在某些情况下会导致结果产生偏差。这促进了流体动力注射的使用。因此，Pu 等[74]使用分流池，通过电渗流将样品以流体动力学注入 CE 毛细管。接口包括

一个全氟磺酸接头，其用于将 CE 毛细管连接到流动系统的管子（图 10.8（1））。电子式时间继电器系统用于控制高压的切换。kuban 等[71]在水平分流接口的末端插入一个阀门。关闭阀门导致样品进入毛细管。这种方法的最大限制在于需要控制阀门开启和关闭的时间以及系统中产生的压力。Santos 等[73]提出通过使用能够承受更高压力的阀门回路来控制压力。通过使用商用 CE 仪器，还可以连接设备的压力系统[63,73]（图 10.6）。需要注意的是，商用 CE 设备可提供高精度的低压注射。

分流接口可用于流动进样和顺序注射系统的在线耦合。基于一般方法，分流接口，微顺序进样系统或集成阀上实验室系统[75,76]已耦合到 CE。顺序进样系统也通过微型阀在线耦合，其可以将恒定体积的样品插入毛细管[77,78]。然而，环体积比 CE 中通常使用的环体积要高，必须通过切换阀门或从接口冲洗样品来减小环体积，以促进一部分样品的电动插入（图 10.8（2））。

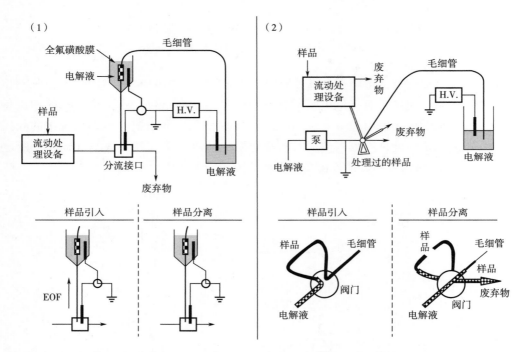

图 10.8　在流动系统与毛细管电泳的在线组合中采用自动流体动力学进样的替代方法进行电泳分析（1）使用全氟磺酸膜和（2）使用进样阀。

分流接口的改进版本最近用于在毛细管末端精确地容纳典型的固相微萃取（SPME）纤维[79]。尽管样品在纤维上进行处理并且流动系统仅用于耦合 SPME 和 CE，它们也可以在光纤与流动系统[80]的连接接口处进行处理。

将流动处理设备与 CE 在位耦合涉及将毛细管端（入口区域）插入处理过的样品中，反之亦然。这可以通过使用中空纤维进行液相微萃取（LPME）来实现。如图 10.9 所示，可以将电泳毛细管插入中空纤维的管腔或将萃取单元插入毛细管[81]。在后一种情况下，纤维可以通过加热安装到毛细管上[63]流动系统也已耦合到微芯片电泳系统[82]。使用毛细管作为顺序进样系统和微芯片之间的接口；为此，毛细管的一端通过特氟龙接头连接到微芯片。这种组合的主要缺点是在微芯片分离通道中存在残余的流体动力流动[82,83]。

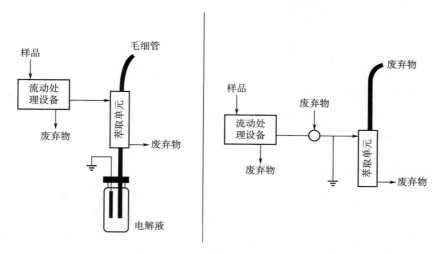

图 10.9　流动处理设备与毛细管电泳设备在线耦合的示意图

10.6.2　分析应用

　　流动处理设备的使用构成了通过自动化、小型化以及简化初步分析阶段（在 CE 运行中很重要）提高分析性能的最可靠方法之一。将流动处理设备与 CE 设备耦合可促进三类任务，即自动校准[64,84,85]、样品筛选[86-88] 以及样品预浓缩和净化[89-91]。

　　在这种情况下，吞吐量受电泳时间限制。事实上，在每次新的运行之前，必须中断高电压并冲洗毛细管。然而，Kuban 等[92] 已经证明连续运行是可行的。Roche 等[93] 和 Kaljurand 等[94] 已经检验了每次运行后无需冲洗毛细管即可执行多次进样的能力。

　　表 10.2 显示了与 CE 设备耦合的流动处理设备的选定示例。可以看出，耦合设备包括萃取、过滤、渗透析膜、气体提取和气体扩散单元；中空纤维和辅助设备。该表通过一些选定条目说明了该耦合方法在分析实际各类具有复杂基质的样品方面的潜力。其主要结论是选择合适的流动处理设备可以促进处理和分析几乎任何类型的样品（生物医学、制药、环境、食品）。对与 CE 耦合的设备类型感兴趣的读者请参阅参考文献 [62] 以获得更详细的信息。

表 10.2　　　　　　　　　　流动处理装置与毛细管电泳耦合选定示例

样品	分析物	前处理装置	耦合方式	CE 类型	检出限	相对标准偏差/%	参考文献
牛奶样品	磺胺类	固相萃取	旁线	商业化	0.6μg/L	7.1	[88]
食物样品	肌醇磷酸酯	阴离子交换树脂	旁线	商业化	11μmol/L	7.9	[91]

续表

样品	分析物	前处理装置	耦合方式	CE 类型	检出限	相对标准偏差/%	参考文献
人尿	氯酚	固相萃取	旁线	商业化	$0.08\mu g/L$	7.2	[95]
人血浆	伪麻黄碱	固相萃取	在线	自制	$12\mu g/L$	1.2	[96]
人血浆	班布特罗	支撑液膜	内嵌	自制	$<4nmol/L$	5	[81]
生物样品	酸性药物	透析装置	在线	自制	$0.05\mu g/mL$	10	[97]
组织样品	天冬氨酸异构体	透析装置	在线	自制	$10nmol/L$	5	[98]
鱼样品	三甲胺	气体提取	旁线	商业化	$0.5mg/L$	4	[99]
血清样品	喹诺酮类	固相萃取	在线	商业化	$0.5\mu g/mL$	3.2	[100]
血液	葡萄糖	微透析	内嵌	自制	$<0.5nmol/L$	1.1	[101]

　　选择流动处理设备最关键的因素之一是经过处理的样品的化学成分要与进行的电泳分析相兼容。样品处理技术（例如 SPE、LLE）需要使用有机溶剂，例如甲醇，其直接插入电泳缓冲液中会导致电流中断。该问题可以通过改变缓冲液 pH、添加改性剂（例如，有机溶剂的表面活性剂）或向缓冲液添加少量溶剂得以解决。因而，在位耦合系统通过将处理过或调节过的样品收集到含有改性剂的小瓶中，对样品进行轻微的改性。替代方法涉及修改流动系统内的样品。其他需要考虑的影响因素包括样品体积和由于流动系统中的扩散现象而引起的样品稀释。

　　将流动处理设备连接到微电泳芯片或电泳系统以开发体内测定是特别令人感兴趣的，这得益于电泳系统使用少量样品并提供快速分析的能力。例如，与 CE 连接的在线微透析针可以在体内监测药物的演变[102,103]。事实上，通过这种方法可以记录简单动物对药物的特征性药物代谢动力学反应。另一个有用的优势是能够分析特殊样本，例如脑组织[103]。

10.6.3　批判性讨论

　　一般来说，流动处理设备的使用提高了 CE 方法的整体效率、选择性和灵敏度。此外，它有助于一些特殊的测定分析，例如体内药物代谢动力学分析。毫无疑问，流动处理设备的小型化将有助于联用系统潜力的进一步发展。

10.7　展望

　　如前所述，简化是当今分析化学的一个明确趋势。简化无疑可以为常规分析实验室带来实质性优势，在这些实验室中，由于样品需要预处理而使得吞吐量受到影响。样品处理通常是劳动密集型、耗费时间并且会带来实验误差。因此，处理样品并将其直接转移到测量仪器的能力是大家所期望的。大量科学出版物描述了能够处理复杂样品的流动系统，这证明了流动技术是可以用于执行分析过程的初步操作的。预计在不久的将来，人们会投入新的努力来克服一些限制（例如在直接分析固体样品时所遇到的一些局限性）。自动化/机械化系统的另一个主要缺点是需要频繁更换膜、萃取柱和各种其他元件。

新材料和纳米材料的使用将有助于开发与微型或纳米仪器配置兼容的更有效和更有用的接口。如果研发线和客户之间的隔阂得到有效弥合，耦合系统也必定会越来越与常规分析工作相兼容。关于这个主题的基础研究已经开展并有相关文件论述。因此，现在是开发实际应用程序并促进其应用于常规实验室的时候。参与此转换过程的各方显然应包括分析工具的开发人员。

参考文献

［1］Valcárcel, M., Cárdenas, S. and Gallego, M. (1999) Sample screening systems in analytical chemistry. *Trends in Analytical Chemistry*, 18, 685-694.

［2］Valcárcel, M. and Cárdenas, S. (2005) Vanguard-rearguard analytical strategies. *Trends in Analytical Chemistry*, 24, 67-74.

［3］Valcárcel, M., Cárdenas, S. and Gallego, M. (2002) Continuous flow systems for rapid sample screening. *Trends in Analytical Chemistry*, 21, 251-258.

［4］Valcárcel, M., Gallego, M. and Ríos, A. (1998) Coupling continuous flow systems to instruments based on discrete sample introduction. *Fresenius' Journal of Analytical Chemistry*, 362, 58-66.

［5］Hyötyläinen, T. and Riekkola, M. (2004) Approaches for on-line coupling of extraction and chromatography. *Analytical and Bioanalytical Chemistry*, 378, 1962-1981.

［6］Ballesteros, E., Gallego, M. and Valcárcel, M. (1995) Simultaneous determination of sterols in edible oils by use of a continuous separation module coupled to a gas-chromatograph. *Analytica Chimica Acta*, 308, 253-260.

［7］Ballesteros, E., Gallego, M. and Valcárcel, M. (1995) Gas-chromatographic flow method for preconcentration and determination of vitamins D2 and D3 in pharmaceutical preparations. *Chromatographia*, 40, 425-431.

［8］Crespín, M. A., Ballesteros, E., Gallego, M. and Valcárcel, M. (1996) Automatic preconcentration of chlorophenols and gas chromatographic determination with electron capture detection. *Chromatographia*, 43, 633-639.

［9］Crespín, M. A., Ballesteros, E., Gallego, M. and Valcárcel, M. (1997) Trace enrichment of phenols by on-line solid-phase extraction and gas chromatographic determination. *Journal of Chromatography A*, 757, 165-172.

［10］Ballesteros, E., Gallego, M. and Valcárcel, M. (1996) On line preconcentration and gas chromatographic determination of N-methylcarbamates and their degradation products in aqueous samples. *Environmental Science & Technology*, 30, 2071-2077.

［11］Cárdenas, S., Gallego, M. and Valcárcel, M. (1997) An automated preparation device for the determination of drugs in biological fluids coupled on-line to a gas chromatograph mass spectrometer. *Rapid Communications in Mass Spectrometry*: *RCM*, 11, 973-980.

［12］Ballesteros, E., Cárdenas, S., Gallego, M. and Valcárcel, M. (1994) Determination of free fatty-acids in dairy-products by direct coupling of a continuous preconcentration ion-exchange-derivatization module to a gas-chromatograph. *Analytical Chemistry*, 66, 628-634.

[13] Cárdenas, S., Ballesteros, E., Gallego, M. and Valcárcel, M. (1994) Sequential determination of triglycerides and free fatty-acids in biological-fluids by use of a continuous pretreatment module coupled to a gas-chromatograph. *Analytical Biochemistry*, 222, 332–341.

[14] Cárdenas, S., Ballesteros, E., Gallego, M. and Valcárcel, M. (1995) Automatic gas-chromatographic determination of the high-density-lipoprotein cholesterol and total cholesterol in serum. *Journal of Chromatography B*, 672, 7–16.

[15] Pocurrull, E., Aguilar, C., Borrull, F. and Marcé, R. M. (1998) On-line coupling of solid-phase extraction to gas chromatography with mass spectrometric detection to determine pesticides in water. *Journal of Chromatography A*, 818, 85–93.

[16] Brossa, L., Marcé, R. M., Borrull, F. and Pocurrull, E. (2002) Application of on-line solid-phase extraction-gas chromatography-mass spectrometry to the determination of endocrine disruptors in water simples. *Journal of Chromatography A*, 963, 287–294.

[17] Dallüge, J., Hankemeier, T., Vreuls, R. J. J. and Brinkman, U. A. T. (1999) On-line coupling of immunoaffinity-based solid-phase extraction and gas chromatography for the determination of s-triazines in aqueous samples. *Journal of Chromatography A*, 830, 377–386.

[18] Sasano, R., Hamada, T., Kurano, M. and Furano, M. (2000) On-line coupling of solid-phase extraction to gas chromatography with fast solvent vaporization and concentration in an open injector liner: analysis of pesticides in aqueous samples. *Journal of Chromatography A*, 896, 41–49.

[19] Brondi, S. H. G., Spoljaric, F. C. and Lanas, F. M. (2005) Ultratraces analysis of organochlorine pesticides in drinking water by solid-phase extraction coupled with large volume injection/gas chromatography/mass spectrometry. *Journal of Separation Science*, 28, 2243–2246.

[20] Ericsson, M. and Colmsjö, A. (2003) Dynamic microwave-assisted extraction coupled on-line with solid-phase extraction and large-volume injection gas chromatography: Determination of organophosphate esters in air simples. *Analytical Chemistry*, 75, 1713–1719.

[21] Sánchez, C., Ericsson, M., Carlsson, H. and Colmsjö, A. (2003) Determination of organophosphate esters in air samples by dynamic sonication-assisted solvent extraction coupled on-line with large-volume injection gas chromatography utilizing a programmed-temperature vaporizer. *Journal of Chromatography A*, 993, 103–110.

[22] Bryce, D. W., Izquierdo, A. and Luque de Castro, M. D. (1997) Pervaporation as an alternative to headspace. *Analytical Chemistry*, 69, 844–847.

[23] Priego-López, E. and Luque de Castro, M. D. (2002) Pervaporation-gas chromatography coupling for slurry samples: Determination of acetaldehyde and acetone in food. *Journal of Chromatography A*, 976, 399–407.

[24] Gómez-Ariza, J. L., García-Barrera, T. and Lorenzo, F. (2004) Determination of flavour and off-flavour compounds in orange juice by on-line coupling of a pervaporation unitto gas chromatography-mass spectrometry. *Journal of Chromatography A*, 1047, 313–317.

[25] Ballesteros, E., Gallego, M. and Valcárcel, M. (1990) On-line coupling of a gas-chromatograph to a continuous liquid-liquid extractor. *Analytical Chemistry*, 62, 1587–1591.

[26] Ballesteros, E., Gallego, M. and Valcárcel, M. (1993) Automatic method for online preparation of fatty-acid methyl-esters from olive oil and other types of oil prior to their gas-chromatographic determi-nation. *Analytica Chimica Acta*, 282, 581–588.

[27] Ballesteros, E., Gallego, M. and Valcárcel, M. (1993) Automatic gas-chromatographic

determination of nmethylcarbamates in milk with electroncapture detection. *Analytical Chemistry*, 65, 1773-1778.

［28］ Ballesteros, E., Gallego, M. and Valcárcel, M. (1996) Gas chromatographic determination of cholesterol and tocopherols in edible oils and fats with automatic removal of interfering tr iglycerides. *Journal of Chromatography A*, 719, 221-227.

［29］ Lüthje, K., Hyötyläinen, T. and Riekkola, M. (2004) On-line coupling of microporous membrane liquid-liquid extraction and gas chromatography in the analysis of organic pollutants in water. *Analytical and Bioanalytical Chemistiy*, 378, 1991-1998.

［30］ Hyötyläinen, T., Lüthje, K., Rautiainen-Rämä, M. and Riekkola, M. (2004) Determination of pesticides in red wines with on-line coupled microporous membrane liquid-liquid extraction-gas chromatography. *Journal of Chromatography A*, 1056, 267-271.

［31］ Kuosmanen, K., Hyötyläinen, T., Hartonen, K. and Riekkola, M. (2003) Analysis of polycyclic aromatic hydrocarbons in soil and sediment with on-line coupled pressurised hot water extraction, hollow fibre microporous membrane liquid-liquid extraction and gas chromatography. *Analyst*, 128, 434-439.

［32］ Lüthje, K., Hyötyläinen, T., Rautiainen-Rämä, M. and Riekkola, M. (2005) Pressurised hot water extraction-microporous membrane liquid-liquid extraction coupled on-line with gas chromatography-mass spectrometry in the analysis of pesticides in grapes. *Analyst*, 130, 52-58.

［33］ Luque, M. D. and Valcarcel, M. (1992) New approaches to coupling flow-injection analysis and highperformance liquid chromatography. *Journal of Chromatography A*, 600, 183-188.

［34］ Barret, Y. C., Akinanya, B., Chang, S. Y. and Vesterqvist, O. (2005) Automated on-line SPE LC-MS/MS method to quantitate 6beta-hydroxycortisol and cortisol in human urine: Use of the 6beta-hydroxycortisol to cortisol ratio as an indicator of CYP3A4 activity. *Journal of Chromatography B*, 821, 159-165.

［35］ Halme, K., Lindfors, E. and Peltronen, K. (2007) A confirmatory analysis of malachite green residues in rainbow trout with liquid chromatography-electrospray tandem mass spectrometry. *Journal of Chromatography B*, 845, 74-79.

［36］ Criado, A., Cárdenas, S., Gallego, M. and Valcárcel, M. (2004) Direct automatic screening of soils for polycyclic aromatic hydrocarbons based on microwave-assisted extraction/ fluorescence detection and on-line liquid chromatographic confirmation. *Journal of Chromatography A*, 1050, 111-118.

［37］ Criado, A., Cádenas, S., Gallego, M. and Valcárcel, M. (2002) Biological fluid screening and confirmation of bile acids by use of an integrated flow injection-LC-evaporative light-scattering system. *Chromatographia*, 55, 49-54.

［38］ Grudpan, K. (2004) Some recent developments on cost-effective flow-based analysis. *Talanta*, 64, 1084-1090.

［39］ Satínský, D., Huclová, J., Solich, P. and Karlíek, R. (2003) Reversed-phase porous silica rods, an alternative approach to high-performance liquid chromatographic separation using the sequential injection chromatography technique. *Journal of Chromatography A*, 1015, 239-244.

［40］ Chocholous, P., Satinsky, D. and Solich, P. (2006) Fast simultaneous spectrophotometric determination of naphazoline nitrate and methylparaben by sequential injection chromatography. *Talanta*, 70, 408-413.

［41］ Klimundová, J., Šatinsk ý, D., Sklená řová, H. and Solich, P. (2006) Automation of simultaneous release tests of two substances by sequential injection chromatography coupled with Franz cell. *Talanta*, 69, 730–735.

［42］Grudpan, K., Jakmuneea, J. and Sooksamitib, P. (1999) Flow injection dialysis for the determination of anions using ion chromatography. *Talanta*, 49, 215–223.

［43］Gibb, S. W., Fauzi, R., Mantoura, C. and Liss, P. S. (1995) Analysis of ammonia and methylamines in natural waters by flow injection gas diffusion coupled to ion chromatography. *Analytica Chimica Acta*, 316, 291–304.

［44］Zurhelle, G., Muller-Seitz, E. and Petz, M. (2000) Automated residue analysis of tetracyclines and their metabolites in whole egg, egg white, egg yolk and hen's plasma utilizing a modified ASTED system. *Journal of Chromatography B*, 739, 191–203.

［45］Jacobsen, F. B. (2000) On-line dialysis and quantitative high-performance liquid chromatography analysis of iodixanol in human, rat and monkey plasma. *Journal of Chromatography B*, 749, 135–142.

［46］Wang, X. and Mitra, S. (2005) Development of a total analytical system by interfacing membrane extraction, pervaporation and high-performance liquid chromatography. *Journal of Chromatography A*, 1068, 237–242.

［47］Guo, X. and Mitra, S. (2000) On-line membrane extraction liquid chromatography for monitoring semivolatile organics in aqueous matrices. *Journal of Chromatography A*, 904, 189–196.

［48］Jen, J. F. and Liu, T. C. (2006) Determination of phthalate esters from food-contacted materials by on-line microdialysis and liquid chromatography. *Journal of Chromatography A*, 1130, 28–33.

［49］Yang, T. C. C., Yang, I. L. and Liao, L. J. (2004) Determination of sulfonamide residues in milk by on-line microdialysis and HPLC. *Journal of Liquid Chromatography & Related Technologies*, 27, 501–510.

［50］Wei, M. C., Chang, C. T. and Jen, J. F. (2001) Determination of organic acids in fermentation products of milk with high performance liquid chromatography/on-lined micro-dialysis. *Chromatographia*, 54, 601–605.

［51］Koal, T., Asperger, A., Efer, J. and Engewald, W. (2003) Simultaneous determination of a wide spectrum of pesticides in water by means of fast on-line SPE-HPLC-MS-MS-a novel approach. *Chromatographia*, 57, S93–S101.

［52］Buchmeiser, M. R., Seeber, G. and Tessadri, R. (2000) Quantification of lanthanides in rocks using succinic acidderivatized sorbents for on-line SPE-RP-ion-pair HPLC. *Analytical Chemistry*, 72, 2595–2602.

［53］Papadopoulou-Mourkidou, E., Patsias, J., Papadakis, E. and Koukourikou, A. (2001) Use of an automated on-line SPE-HPLC method to monitor caffeine and selected aniline and phenol compounds in aquatic systems of Macedonia-Thrace, Greece. *Fresenius' Journal of Analytical Chemistry*, 371, 491–496.

［54］Koeber, R., Fleischer, C., Lanza, F., Boos, K. S., Sellergren, B. and Barcelo, D. (2001) Evaluation of a multidimensional Solid-Phase extraction Platform for highly selective on-line cleanup and highthroughput LC-MS analysis of triazines in river water samples using molecularly imprinted polymers. *Analytical Chemistry*, 73, 2437–2444.

［55］Fang, G. Z., He, J. X. and Wang, S. (2006) Multiwalled carbon nanotubes as sorbent for on-line coupling of solid-phase extraction to high-performance liquid chromatography for simultaneous determination of 10 sulfonamides in eggs and pork. *Journal of Chromatography A*, 1127, 12–17.

［56］Quintana, J. B., Miró, M., Estelá, J. M. and Cerdá, V. (2006) Automated on-line renewable solid-phase extraction-liquid chromatography exploiting multisyringe flow injection-bead injection lab-on-valve analysis. *Analytical Chemistry*, 78, 2832-2840.

[57] Marina, M. L., Ríos, A. and Valcárcel, M. (2005) *Analysis and Detection by Capillary Electrophoresis*, Comprehensive Analytical Chemistry, Elsevier.

[58] Simonet, B. M., Ríos, A. and Valcárcel, M. (2003) Enhancing sensitivity in capillary electrophoresis. *Trends in Analytical Chemistry*, 22, 605-614.

[59] Marina, M. L. and Torre, M. (1994) Capillary electrophoresis. *Talanta*, 41, 1411-1433.

[60] Marina, M. L., Ríos, A. and Valcárcel, M. (2005) Chapter 1: Fundamentals of capillary electrophoresis, Comprehensive Analytical *Chemistry*, *Analysis and Detection by Capillary Electrophoresis*. Elsevier, 45, pp. 1-30.

[61] Ríos, A., Escarpa, A., González, M. C. and Crevillén, G. (2006) Challenges of analytcial microsystems. *Trends in Analytical Chemistry*, 25, 467-479.

[62] Simonet, B. M., Ríos, A. and Valcárcel, M. (2005) Chapter 4: Coupling continuous flow systems to capillary electrophoresis, *Comprehensive Analytical Chemistry*, *Analysis and detection by capillary electrophoresis*. Elsevier, 45, pp. 173-223.

[63] Santos, B., Simonet, B. M., Ríos, A. and Valcárcel, M. (2006) Automatic sample preparation in commercial capillary-electrophoresis equipment. *Trends in Analytical Chemistry*, 25, 968-976.

[64] Arce, L., Hinsmann, P., Novic, M., Ríos, A. and Valcárcel, M. (2000) Automatic calibration in capillary electrophoresis. *Electrophoresis*, 21, 556-562.

[65] Santos, B., Simonet, B. M., Ríos, A. and Valcárcel, M. (2004) Direct automatic determination of biogenic amines in wine by flow injection-capillary electrophoresis-mass spectrometry. *Electrophoresis*, 25, 3427-3433.

[66] Fang, Z. L., Chen, H. W., Fang, Q. and Pu, Q. S. (2000) Developments in flow injection-capillary electrophoresis systems. *Analytical Sciences*, 16, 197-203.

[67] Fang, Z. L., Liu, Z. S. and Shen, Q. (1997) Combination of flow injection with capillary electr-ophoresis. Part I. The basic system. *Analytica Chimica Acta*, 346, 135-143.

[68] Fang, Q., Wang, F. R., Wang, S. L., Liu, S. S., Xu, S. K. and Fang, Z. L. (1999) Sequential injection sample introduction microfluidic-chip based capillary electrophoresis system. *Analytica Chimica Acta*, 390, 27-37.

[69] Kuban, P. and Karlberg, B. (1998) Interfacing of flow injection pretreatment system with capillary electrophoresis. *Trends in Analytical Chemistry*, 17, 34-41.

[70] Kuban, P., Engström, A., Olsson, J. C., Thorsén, G., Tryzell, R. and Karlberg, B. (1997) New interface for coupling flow injection and capillary electrophoresis. *Analytica Chimica Acta*, 337, 117-124.

[71] Kuban, P., Pirmohammadi, R. and Karlberg, B. (1999) Flow injection analysis capillary electrophoresis system with hydrodynamic injection. *Analytica Chimica Acta*, 378, 55-62.

[72] Fan, L, Cheng, Y, Li, Y., Chen, H., Chen, X. and Hu, Z. (2005) Head-column field amplified sample stacking in a capillary electrophoresis flow injection system. *Electrophoresis*, 26, 4345-4354.

[73] Santos, B., Simonet, B. M., Lendl, B., Ríos, A. and Valcárcel, M. (2006) Alternatives for coupling sequential injection systems to commercial capillary electrophoresis mass spectrometry equipment. *Journal of Chromatography A*, 1127, 278-285.

［74］Pu，Q. S. and Fang，Z. K. (1999) Combination of flow injection with capillary electrophoresis. Part 6. A biasfree sample introduction system based on electroosmotic flow traction. *Analytica Chimica Acta*, 398, 65-74.

［75］Wu，C. H.，Scampavia，L. and Ruzicka，J. (2002) Microsequential injection: anion separations using "Lab-on-valve" coupled with capillary electrophoresis. *Analyst*, 127, 898-905.

［76］Wu，C. H.，Scampavia，L. and Ruzicka，J. (2003) Microsequential injection: automated insulin derivatization and separation using a lab-on-valve capillary electrophoresis system. *Analyst*, 128, 1123-1130.

［77］Wuersig，A.，Kuban，P.，Khaloo，S. S. and Hauser，P. C. (2006) Rapid electrophoretic separations in short capillaries using contactless conductivity detection and a sequential injection analysis manifold for hydrodynamic sample loading. *Analyst*, 131, 944-949.

［78］Zacharis，C. K.，Tempels，F. W. A.，Theodoridis，G. A.，Voulgaropulos，A. N.，Underberg，W. J. M.，Somsen，G. W. and de Jong，GJ. (2006) Combination of flow injection analysis and capillary electrophoresis-Laser induced fluorescence via a valve interface for on-line derivatization and analysis os amino acids and peptides. *Journal of Chromatography A*, 1132, 297-303.

［79］Santos，B.，Simonet，B. M.，Ríos，A. and Valcárcel，M. (2007) On-line coupling of solid phase microextraction to commercial CE-MS equipment. *Electrophoresis*, 28, 1312-1318.

［80］Portillo，M.，Prohibas，N.，Salvadó，V. and Simonet，B. M. (2006) Vial position in the determination of chlorophenols in water by solid phase microextraction. *Journal of Chromatography A*, 1103, 29-34.

［81］Palmarsdottir，S.，Thordarson，E.，Edholm，L. E.，Jonson，J. A. and Mathiasson，L. (1997) Miniaturized supported liquid membrane device for selective on-line enrichment of basic drugs in plasma combined with capillary zone electrophoresis. *Analytical Chemistry*, 69, 1732-1737.

［82］Chen，Y，Lu，W.，Chen，X. and Hu，Z. (2007) Combination of flow injection with electrophoresis using capillaries and chips. *Electrophoresis*, 28, 33-44.

［83］Li，C. C.，Lee，G. B. and Chen，S. H. (2002) Automation for continuous analysis on microchip electrophoresis using a flow through sampling. *Electrophoresis*, 23, 3550-3557.

［84］Tyson，J. F. (1988) Flow injection calibration techniques，Fresenius. *Analytical Chemistry*, 329, 663-667.

［85］Kuban，P.，Tennberg，K.，Tryzell，R. and Karlberg，B. (1998) Calibration principles for flow injection analysis capillary electrophoresis systems with electrokinetic injection. *Journal of Chromatography A*, 808, 219-227.

［86］Manganiello，L.，Arce，L.，Ríos，A. and Valcárcel，M. (2002) Piezoelectric screening coupled on line to capillary electrophoresis for detection and speciation of mercury. *Journal of Separation Science*, 25, 319-327.

［87］Peña，R.，Alcaraz，M. C.，Arce，L.，Ríos，A. and Valcárcel，M. (2002) Screening of aflotoxins in feed samples using a flow system coupled to capillary electrophoresis. *Journal of Chromatography A*, 967, 303-314.

［88］Santos，B.，Lista，A.，Simonet，B. M.，Ríos，A. and Valcárcel，M. (2005) Screening and analytical confirmation of sulfonamide residues in milk by capillary electrophoresis-mass spectrometry. *Electrophoresis*, 26, 1567-1575.

［89］Suárez，B.，Simonet，B. M.，Cárdenas，S. and Valcárcel，M. (2007) Determination of nonantiinflamatory drugs in urine by combining an immobilized carboxylated carbon nanotubes minicolumn for solidphase extraction with capillary electrophoresis mass spectrometry. *Journal of Chromatography A*, 1159, 203-207.

[90] Nozal, L., Arce, L, Simonet, B. M., Ríos, A. and Valcárcel, M. (2004) Rapid determination of trace levels of tetracyclines in surface water using a continuous flow manifold coupled to a capillary electrophoresis system. *Analytica Chimica Acta*, 517, 89-94.

[91] Simonet, B. M., Ríos, A., Grases, F. and Valcárcel, M. (2003) Determination of myo-inositol phosphates in food samples by flow injection capillary zone electrophoresis. *Electrophoresis*, 24, 2092-2098.

[92] Kuban, P., Engström, A., Olsson, J. C., Thorsen, G., Tryzell, R. and Karlberg, B. (1997) New interface for coupling flow injection and capillary electrophoresis. *Analytica Chimica Acta*, 337, 117-124.

[93] Roche, M. E., Oda, R. P., Machacek, D., Lawson, G. M. and Landers, J. P. (1997) Enhanced throughput with capillary electrophoresis via continuous sequential sample injection. *Analytical Chemistry*, 69, 99-104.

[94] Kaljurand, M., Ebber, M. and Somer, T. (1995) An automatic sampling device for capillary zone electrophoresis. *Journal of High Resolution Chromatography*, 18, 263-265.

[95] Mardones, C., Ríos, A. and Valcárcel, M. (1999) Determination of chorophenols in human urine based on the integration of on-line automated clean-ttp and preconcentration unit with micellar electrokinetic chromatography. *Electrophoresis*, 20, 2922-2929.

[96] Chen, H. W. and Fang, Z. L. (1999) Combination of flow injection with capillary electrophoresis. Part 5. Automated preconcentration and determination of pseudoephedrine in human plasma. *Analytica Chimica Acta*, 394, 13-22.

[97] Veraart, J. R., Groot, M. C. E., Gooijer, C., Lingeman, H., Vethorts, N. H. and Brinkman, U. A. Th. (1999) On-line dialysis-SPE-CE of acidic drugs in biological samples. *Analyst*, 124, 115-118.

[98] Thompson, J. E., Vickrory, T. W. and Kennedy, R. T. (1999) Rapid determination of aspartate enantiomers in tissue samples by microdialysis coupled on-line with capillary electrophoresis. *Analytical Chemistry*, 71, 2379-2384.

[99] Lista, A. G., Arce, L., Ríos, A. and Valcárcel, M. (2001) Analysis of soil samples by capillary electrophoresis using a gas extr action sampling device in a flow system. *Analytica Chimica Acta*, 438, 315-322.

[100] Priego Capote, F. and Luque de Castro, M. D. (2007) On-line preparation of microsamples prior to CE. *Electrophoresis*, 28, 1214-1220.

[101] Chen, H., Yu, Y., Xia, Z., Tang, S., Mu, X. and Long, S. (2006) The fabrication and evaluation of inline coupling of microdialysis with capillary electrophoresis and its application in the determination of blood glucose. *Electrophoresis*, 27, 4182-4187.

[102] Wang, L, Zhang, Z. and Yang, W. (2005) Pharmakocinetic study of trimebutine maleate in rabbit blood using in vivo microdialysis coupled to capillary electrophoresis. *Journal of Pharmaceutical and Biomedical Analysis*, 39, 399-403.

[103] Ciriacks, C. M. and Bowser, M. T. (2004) Monitoring D-serine dynamics in the rabit brain using on-line microdialysiscapillary electrophoresis. *Analytical Chemistry*, 76, 6582-6587.

11 流动分析中的在线样品处理方法

Manuel Miró 和 Elo Harald Hansen

11.1　引言

目标测定物的低浓度水平以及在任何分析化学领域中普遍遇到的实际样品基质的复杂性，包括环境、生物、工业和生物技术应用涵盖食品分析、过程监测和质量控制测试，经常阻碍核心参数的测定分析，甚至通过利用现代分析仪器也无法解决。这是由于基质成分对分析信号的影响以及目标分析物的浓度低于检测装置的动态线性范围。因此，在定量步骤之前，需要开发稳定有效的样品预处理程序以去除基质干扰成分，同时通过预浓缩提高被测物的可检测性。当以手动方式执行时，这些初步操作是劳动密集型和耗时的，难以系统地控制，并且可能产生偏差和意外误差（例如样品污染）从而极大影响了分析结果的准确度和精确度。因此，就分析数据的可靠性而言，它们被视为整个分析过程的主要瓶颈[1]。

利用各种流动进样方法［即流动进样分析（FIA），顺序进样分析（SIA）、基于多路换向的方法和联用技术］开发在线样品预处理程序，开辟了通过自动化和小型化处理样品的新途径，此外还能节省样品和试剂以及减少废物的产生[2-5]。

本章通过选定的示例介绍并讨论了过去 10 年在将流动进样系统连接到各种检测仪器进行在线基质分离和/或预浓缩（以及可能的稀释）方面的最新进展。这些方案包括以下几个方面。

①使用溶剂萃取：包括微团介导的萃取、流体间歇萃取和湿膜萃取；

②固相萃取：包括吸附剂光电传感和微珠进样、使用编结反应器的壁上分子吸附和沉淀/（共）沉淀保留；

③生成氢化物/蒸汽；

④基于膜的分离：包括（微）透析、气体扩散、渗透蒸发和支撑液膜；

⑤消化方案：例如微波、超声波和紫外线照射辅助萃取。应该注意的是，尽管 FIA/SIA 提供了独特的设施，但此处报告的几种方法同样适用于早期的空气分段流动分析方法。还特别注意流动方法在适应样品处理步骤方面的潜力，而不管样品介质的聚集状态如何。为此，本章全面描述了在线处理固体样品、颗粒和胶体悬浮液以及空气样品的新趋势。本章最后讨论了通过将固相微萃取和溶剂微萃取方案结合到流动系统中来进一步缩小这些初步操作的规模，从而提供所谓的绿色化学方法，即消除或尽可能减少危险化学品和/或有机溶剂。

11.2　水样和空气样品的在线预处理方案

11.2.1　在线稀释

样品稀释是流动系统中最简单的单元操作。其背后的想法是使用梯度稀释[6] 执行单一标准校准，以尽可能减少基质干扰效应，或使被测物浓度进入检测设备的动态线性范围之内。通过采用分流，区域采样或合并区域程序的流动网络内的微流体操作轻松实现中等稀释因子，如通过原子吸收/发射光谱测定盐基质中金属元素[7]。另一种替代方法是利用 SIA 中的流动反转方法，旨在将样品段以不同程度分散到载流中[8,9]。通过选择向前和向后移动的次数和样品位移的长度，可以根据分析的要求调整稀释程度[10]。然而，高于 20 倍的样品稀释度是难以实现的。

将内部容积为几毫升的小型混合室连接到 SIA 歧管选择阀的外围端口被认为是在宽浓度范围内执行在线受控样品稀释的重现度最高和最可靠的方法[10,11]。通过适当选择在贮存盘管[11]内的部分稀释区，可以以全自动方式获得几百倍的稀释系数。特别是通过使用配备再生纤维素（铜纺）膜的单一或连续排列的流通平行板透析器[12]可以稀释极性物质。

11.2.2　衍生反应

自流动分析的早期发展以来，许多分析应用都基于将流动分析作为均相化学衍生化的机械化系统。通过动力学控制的化学反应，FIA 和相关方法因此被证明是将不可检测物质转化为可检测物质的理想方法。高度可重复的流股混合和可控的时间使以前从未想过的新应用成为可能。不稳定中间反应产物的监测很好地阐释了流动分析的强大功能。例如，经典的分光光度法测定氰化物基于首先将目标分析物与氯胺-T 卤化，然后与吡唑啉酮或巴比妥酸的混合物反应形成紫色聚二甲基亚砜。然而，亚稳态红色中间产物由于其显色更强，对其测定可以显著改善灵敏度。

然而，使用固相反应器进行非均相的化学衍生化反应被视为流动分析研究中发展最快和最具挑战性的领域之一[13]。在流动网络中通过填充床微柱在线还原或氧化目标化合物已被证明是研究物质形成的绝佳途径[2]。与间歇处理程序相反，FIA 的一个有价值的优点是可能通过合适的基质中的捕集作用在溶液中使用不稳定的试剂，从而获得高度稳定的试剂来源，或在固相氧化还原反应器中在线生成活性物质[14]。样品通过含有不溶性盐的填充柱后检测出传递物质，该置换反应引起了众多研究人员[15,16] 的兴趣，因为这表明了试剂重复利用，在反应器中收集沉淀物以及与各种检测仪器（如分光光度计或原子吸收/发射光谱仪）在线联用的可能性。

酶填充床或开放式管反应器与多种检测技术耦合所进行的催化异相反应已被认为是确定酶促反应底物和酶活性的一种有吸引力的方法[17]。利用流动分析所能得到的最直接的好处是提高基于时间操作的可重复性和通过固定化降低昂贵生物成分的消耗，通过物理或化学作用结合到适当的支持物上可以增加酶的稳定性[18]。固定化酶结构刚性的增加有利于保留蛋白质的天然构型并使蛋白质去折叠的可能性降低。和集成生物传感器相比，通过形成席夫碱将酶固定在流通柱式反应器中的优势在于能够捕获大量催化剂的能力。随之而来的高活性促进了大量底物快速转化为可检测产物，从而产生较低的检测限[19]。

11.2.3　溶剂萃取

液-液萃取是第一种适用于自动流动系统的用于分离和预浓缩目标物质的样品处理方法。该方法最大的优点在于克服了对应间歇方法的主要缺点，即因操作不当导致分析物的损失、处理大量危险试剂、采样频率低、有机蒸气污染实验室环境以及产生大量残留溶剂。一般通过使用一个相分段器、萃取盘管和分相器在连续流动系统中执行间歇式液-液萃取程序的基本步骤（即引入规定体积的水相和有机相，通过引入不混溶的溶液来转移衍生物质，以及两相的物理分离），如图 11.1（1）所示。

尽管在从各种基质中分离和预浓缩过渡金属方面取得了初步进展[20]，同时建立了测定苯酚指数[21]和阴离子表面活性剂[22]的官方标准，其进一步发展并没有受到应有的关注。事实上，这些方法的可重复性、灵敏度和准确性，都受到上述流通式萃取器组件的极大约束。由于污垢和延滞效应以及较低的相分离效率，相分离器实际上应该被视为流动分析仪最易于出故障的部件[23,24]。尽管可以通过开发用于定量回收低密度和高密度相[25,26]的新型分离设计或用于提高耦合检测设备选择性和多功能性的反萃取方案来提高流通系统中溶剂萃取的整体性能[27]，最近的趋势是通过开发新的概念和策略提高相分离的耐用性，而摒弃经典的萃取器组件。

利用微孔疏水材料通过毛细管应力（因此称为液膜）贮存有机萃取剂为分段流动进样系统提供了一种有吸引力的替代方案，用于构建高效和自动的样品预处理装置[28]。最被人们所接受的方法是所谓的支撑液膜萃取（SLME）[29,30]，或中空纤维辅助液-液微萃取[31]，其基于通过固定化有机相将目标分析物从供体流体中萃取到另一个水相中，但经常出现延滞的现象。对于 SLME，经常利用闭环型管路来容纳供体流体，如图 11.1（2）所示。应该强调的是，SLME 的适用性不局限于预浓缩可电离的有机化合物，因为永久带电的化合物（例如金属离子）也可以通过载体介导的萃取进行测定。读者可以参考综述文章[28,32]以了解关于在线液膜萃取的基本原理以及临床和环境研究方面应用案例的详尽描述。

单相液-液连续萃取是加速萃取前衍生化反应的最佳方法，因为样品是在均质介质中处理的。在这种情况下，在位胶束介导的萃取技术[33]，例如流动进样浊点萃取（CPE），最近在分离和富集疏水性有机物质或金属离子方面引起了相当大的关注，这些物质可以是天然形式或是不带电的共价螯合物或离子对形式[34,35]。在 CPE 中，随着目标化合物衍生物的产生，温度的升高导致单相体系分解为两个不同的相；其中之一即所谓的表面活性剂富集相，通过疏水或静电相互作用将介质中的目标物质捕获至实体组织中[36]。这种混合物通常被输送到装有合适过滤材料（即玻璃棉、棉或尼龙纤维）的微柱中，以保留用于捕获分析物的大尺寸表面活性剂聚集体，如图 11.1（3）所示。然而，应该牢记的是，CPE 对 FIA 分光光度计/荧光分光光度计组件的适应性可能会因温度升高时在流动网络内产生的蒸汽气泡而受到影响。这个缺陷可以通过使用盐析剂诱导在线相分离来克服[37]。其他组件，包括囊泡、吸附胶团和微型乳剂也已用于流动系统，并分别通过被测物的浓度或溶解度来调整分析方法的灵敏度和选择性[36]。

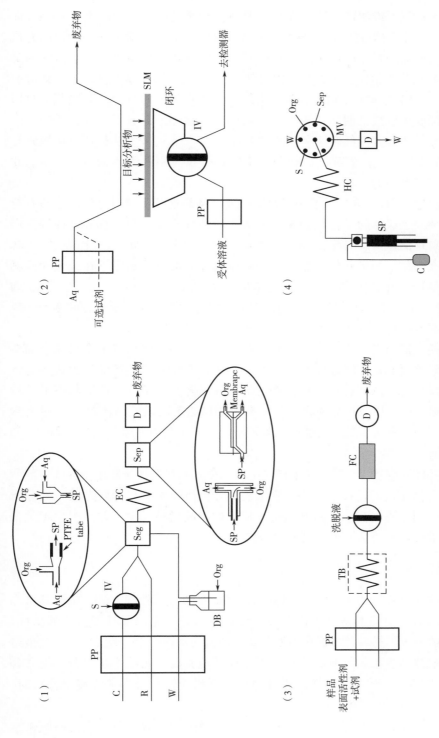

图11.1 自动液-液萃取的典型流动系统示意图

（1）配备分段器和分相器的常规流动进样装置；（2）基于支撑液膜的方案；（3）用于浊点萃取的流动进样装置；（4）用于稳态条件下溶剂萃取和相分离的顺序进样系统。（1）中的插图描述了合并管和同轴型分段器以及T型重力型重力分相器。
S—样品 PP—蠕动泵 C—载体 R—试剂 W—水 IV—进样阀 EC—萃取盘管 Seg—分段阀 Sep—分相器
SP—分段相 D—检测器 SLM—支撑液膜 TB—恒温水浴 TB—恒温水浴 FC—过滤柱 HC—贮存盘管 S—注射泵
Org—有机相 Aq—水相 Sep—分相器 DB—置换瓶 MV—多位阀
[资料来源：经Bentham Science. 出版商许可改编自参考文献 [39]。]

随着新型 SIA 润湿膜方法的出现，在提高灵敏度和避免样品之间的交叉污染方面取得了显著进步[38]。该方法基于在聚四氟乙烯管式反应器的内壁涂上一层薄薄的有机相，通过溶剂和反应器材料之间的疏水作用促进，这将导致有机相相对于水溶液的延滞。与经典 FIA 溶剂萃取相比，提高的水相/有机相体积比提供了高浓度因子。该薄膜有较高的萃取效率，避免分段式 FIA 萃取中出现的被测物的轴向分散。湿膜萃取与原子或分子光谱检测联用已被证明适用于痕量金属的预浓缩和形态分析，并且适用于同时测定各种酚类异构体和监测低活性水平的放射性核素[39]。这种方法最严重的缺陷是有机相[40] 的伪平稳性，这需要仔细优化每一个特定分析应用的流体动力学变量。此外，膜的容量是相当有限的。

所谓的萃取色谱（EC）也利用了 SIA 的优点进行样品处理。它通过使用浸渍有选择性螯合剂或大环离子载体的惰性聚合物柱，从非活性基质成分和干扰放射性裂变产物中分离目标放射性同位素。因此，Grate 及其同事[41,42] 强调了 SIA-EC 作为 ICP-MS前端用于锕系元素同位素测量和作为非选择性液体闪烁光谱仪前端用于在线辐射检测的潜力，例如对核废水中 ^{90}Sr、^{99}Tc 和锕系元素同位素（即 Am、Cm、Pu、Th、Np 和U）分离、识别和量化。尤其是可以通过应用需要在线修改流动相化学成分的多种洗脱方案来提高锕系元素的色谱分离度[42]。

在配有一组换向器和光学传感器的流动歧管中实施微萃取室构成了全自动溶剂萃取方法的基础并对连续 FIA 萃取进行了补充[43]。由此产生的在非连续流动模式下运行的微型液相分析仪具有一系列优点，包括将溶剂消耗量降至最低、在停滞状态下用重力相分离代替动态过程，以及可靠地将富集的有机相输送至流通检测器[44]。通过将常规分离模块聚集到 SIA 系统中的多功能阀的外围端口之一，可以获得相同的效果[24] 如图 11.1（4）所示。

最近的一篇基础性综述文章[39] 详细描述了其他创新的萃取模块和用于在线溶剂萃取的流通装置（包括迭代流动反向作用、管上检测、色谱膜萃取和萃取光极）的分析能力。外部能量，例如超声波，对 LLE 系统中传质的影响已被探索，并且根据相关报道，其对涉及化学衍生化的系统也有显著的影响[45]。

11.2.4 吸附剂萃取

在线固相萃取（SPE），也称为吸附剂萃取，是主要的样品处理方法，由于其操作简单且分离、预浓缩能力强而得到迅速发展。最常用的是填充床或基于盘式的微柱，该微柱填充有合适的吸附材料并放置在检测装置之前的流动网络中（图 11.2）。其最终目标是通过预浓缩被测物和从复杂的生物、工业或环境基质中去除干扰成分，提高分析程序的灵敏度或克服检测系统对样品成分固有的低耐受性。每当进行痕量分析时，基质分离与被测物富集同时发生。

正如最近几篇综述文章[2,25,46,47] 所证明的那样，吸附剂萃取与原子光谱检测相结合发挥着突出的作用。SIA 的不连续操作使得该方法非常适合于在端末装有微柱或在歧管中装有微柱的模式下将 SPE 与 ETAAS 联用，这是由于检测器的离散、非连续性质[47,48]（图 11.2）。应该强调的是，通过选择吸附和化学洗脱液可以使无机金属形态

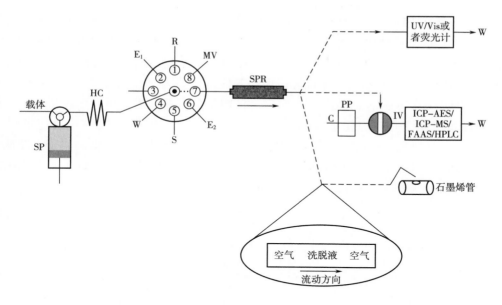

图 11.2　连续进样系统的在线耦合，该系统包含填充床、柱和各种可选检测装置

插图说明了用于电热原子吸收检测的空气夹层洗脱原理

SP—注射泵；HC—贮存盘管；MV—多向阀；SPR—固相反应器；S—样品；R—试剂；E—洗脱液；PP—蠕动泵；C—载体；IV—进样阀；W—废弃物。ICP-AES—电感耦合等离子体原子发射光谱法；ICP-MS—电感耦合等离子体原子光谱法；FAAS—火焰原子吸收光谱法；HPLC—高效液相色谱法。

[资料来源：经 Elsevier 科学出版社许可改编自文献 [54]。]

分析与 FIA/SIA-SPE 相兼容，例如测定 Cr^{3+}/Cr^{6+}、As^{3+}/As^{5+}、Fe^{2+}/Fe^{3+}、Se^{4+}/Se^{6+} 和 Sb^{3+}/Sb^{5+}[49-52]。

　　大量具有不同设计的固相反应器，主要是均匀钻孔或锥形微柱，已在流式组件中成功应用。通过离子交换微柱或螯合反应器（通常含有亚氨基二乙酸或 8-羟基喹啉部分）上的静电相互作用，低浓度的单个金属离子、营养物和带电螯合物的临时保留已被用于流通式 SPE 方法并适用于各种分析领域[53,54]。衍生的非极性螯合物（主要是二硫代氨基甲酸盐或二硫代磷酸盐）或疏水性物质，例如有机污染物、染料和药物，通过分配、疏水或 π-π 相互作用被预浓缩到反相材料（例如十八烷基化学改性硅胶、聚四氟乙烯（PTFE）微粒或具有可变极性单体的共聚物吸附剂）。目标化合物要么在适当的吸附剂处理后直接保留在活性相上，要么在位衍生成合适的化学形式以吸附到反应表面上。后一种方案通过对衍生剂的智能选择提高了痕量金属测定的选择性，正如金属物质被反相材料或改性共聚物吸收那样[2,47]。

　　目前正在合成基于分子或离子识别特性的高选择性、定制化的吸附剂材料，产生所谓的分子或离子印迹聚合物[55,56]。然而，由于未浸出的模板随着时间的推移而流失，因此其在流动系统中的适用性相当有限。一种特殊结构的 SPE（蛋白质和大分子基质成分被排除在外，而低分子质量被测物被富集），已在流动系统中开发和使用，并用于直接注射和自动分析未经处理的生物样品[57]。

　　涉及吸附/洗脱的 SPE 萃取模式通常用于和各种光学检测技术偶联。固体表面的光学传感，包括在吸收衍生的目标化合物后直接测量吸附剂相的光衰减，是常规带有洗脱液检测方法的绝佳替代方案[58,59]。因此该方案避免了在吸附步骤中由于洗脱相中的稀释而导致预浓缩能力的部分损失。最近对流通式固相光传感概念的最新技术进行了回顾与评价[60]，其中充分描述了实际应用的各种光极/传感器配置的潜力和局限性。

可溶性金属有机配合物的固相萃取也已证明是可行的，无需借助颗粒填充柱，使用由裸露或预涂 PTFE 的管子作为吸附介质制成的三维定向（编结）反应器[61-63]（图 11.3）。与填充柱相比，此类系统的主要优点是流动阻力相对较低，由于大流速而带来的高浓缩效率，以及几乎无限的使用寿命。然而，较低的保留效率（通常<40%）迫使需要注入大量样品进行超痕量水平测定。

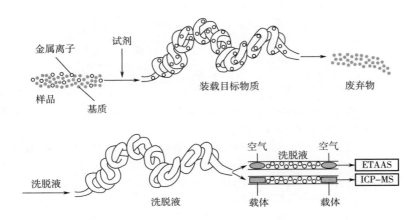

图 11.3　通过在线（共）沉淀法分离和预浓缩痕量金属的分析程序示意图

目标物质与衍生试剂反应形成的沉淀物被截留在编结反应器中。为了通过原子光谱法进行分析测量，将沉淀溶解在计量体积的洗脱液中。

[资料来源：经 Elsevier Science Publishers 许可改编自文献［3］］。

传统上，吸附剂柱被视为流动网络的一个组成部分，在样品装载和洗脱序列中重复使用，只有在长期运行后才能更换或重新填充。然而，在流动系统中重复使用吸附剂反应器可能会引起一些问题，这些问题与背压积聚、被测物延滞或由于污染、失活甚至活性位点丢失而导致的吸附实体表面性质的不可逆改变有关。克服这些缺点的一个极好的替代方法是所谓的微珠进样（BI）（或微珠可再生）方法[64,65]，其中 SPE 柱内的物质在线取出并在每次分析运行时更换。有关为 BI 设计的各种配置（即喷射环单元和阀上实验室方案）的更多信息，以及该方法的相关应用（通常与 SIA 相关），参见第 3 章。

11.2.5　沉淀/共沉淀

沉淀或共沉淀是另一种常用的痕量元素分离和富集方法。当前的流动系统利用免滤器收集（共）沉淀物到开放式管状编结反应器[62] 上，这是在流体中产生离心力的结果，该流体携带着颗粒流向管壁（图 11.3）。样品最初与试剂在线混合，形成水不溶性物质，并被困在反应器中。如果（共）沉淀物和管材相容，即既是疏水的，又是亲水的，目标元素将被内壁的薄层收集，从而不会产生流动阻力[46,47]。清洗残留的颗粒后，（共）沉淀物被少量、明确体积的洗脱液洗脱，并通过将其夹在空气分段或液体区中间而离散地转移到检测装置。然而，应牢记所用（共）高浓度的沉淀剂可能与所使用的检测技术不兼容，因为会产生光谱和非光谱干扰效应。因此，（共）沉淀方案在传统上与生成氢化物的方法相结合，用于测定从干扰基质成分中有效分离的在线释放的挥发性化合物[66,67]（见下一节）。

11.2.6　气液分离

使用配有气液分离器的流体歧管将液体反应介质中的气相物质释放并分离进入惰性气体流，并进一步输送到连续运行的检测器，该方法引起了人们相当大的兴趣，近年来当与电感耦合等离子体联用时越来越受欢迎，原子发射光谱法（ICP-AES）和原子荧光光谱法（AFS）[68,69]。在线生成挥发性化合物的最广泛使用的方法是使用合适的化学还原剂，例如四氢硼酸钠，然而，最近介绍了利用电解电流的在线生成电化学氢化物（HG）的方法[70,71]。这两种方案都可以完全消除伴随的基质成分，因此最有利于分析经常遇到严重光谱和非光谱干扰的生物样品。

用于形成氢化物元素（即 As、Se、Sb、Bi、Te、Sn 和 Pb）和挥发性金属（即 Hg、Au、Zn、Cd、Ag 和 Ni）的蒸汽发生技术利用流动方法（与间歇方法相比）显著减少了样品和昂贵化学品的消耗，并通过应用动力学差异方案[2]增强了对干扰性过渡金属的耐受性，例如 Fe^{3+}、Co^{2+} 和 Ni^{2+}。应该指出的是，上述金属离子可能会被还原成胶态游离金属，在间歇方案中，其已被证明是降解氢化物的极好的催化剂。

关于准金属物质的测定，流动进样组件已被提出作为合适的载体，通过仔细控制以下实验变量来实施无机和有机物质的形态形成方案，例如形成挥发性物质所需要的 pH 和四氢硼酸盐浓度[72-74]，低温捕集后氢化物的连续挥发[72,75]，流动进样与液相色谱分离的联用[76,77] 或微波炉、超声波探头的操作控制[78,79]。将氢化物连续原位捕集转移到电热原子吸收光谱仪的预涂 Pd-、W-、Zr-或 Ir-层石墨管上[80] 并且在检测前将富集的汞作为金汞合金[81] 使得检测限得到了提高（通过十多年的努力）。尽管雾化器内的螯合可能看起来很有吸引力，但从操作的角度来看，最好在单个循环中利用在线吸附分离或（共）沉淀方案实现所有流体操作。不仅因为无论使用哪种蒸气发生方案，都可以对样品处理方案进行优化，而且因为它可以在相当短的采样时间内产生更高的富集因子[2]。

11.2.7　基于膜的分离

在流动网络中实施选择性渗透屏障为样品处理步骤的自动化开辟了新的可能性。在包括过滤、超滤、反渗透、渗透蒸发、膜萃取、（微）透析和气体扩散（也称为等温蒸馏）在内的各种膜分离技术中，后两种方法在流动分析中的应用最多。包含平板膜的夹层型装置是流通式分析仪的首选配置。具有中空纤维膜的同心或线性配置也已用于构建动态顶空装置和微透析探针[82]。通过适当设计供体和受体通道，还设计了包含内部顶空区的非常规无膜单元[83]。图 11.4 显示了基于流通膜的模块与现代分析仪器进行联用，以下为相关细节的讨论。

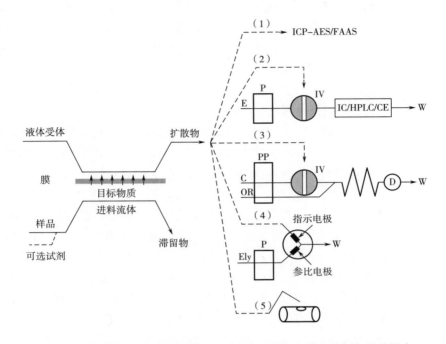

图 11.4　基于膜的样品处理技术与利用流动分析方法的分析仪器的耦合

与以下仪器的在线耦合：（1）连续运行的原子光谱仪，（2）柱分离系统，（3）二次流动进样歧管（带有可选的衍生反应），（4）小型化电位装置或微型全分析系统和（5）电热原子吸收光谱仪。ICP-AES—电感耦合等离子体原子发射光谱法；FAAS—火焰原子吸收光谱法；IV—注射泵；P—泵；CE—毛细管电泳；IC—离子色谱法；HPLC—高效液相色谱法；C—载体；OR—可选试剂；PP—蠕动泵；D—检测器；Ely—电解液；W—废液。

[资料来源：经 Elsevier Science Publishers 许可改编自参考文献［82］。]

11.2.7.1　气体扩散

该术语被引入流动分析中以描述一种方法，通过该方法，供体流体中内源性或产生的气体物质通过微孔或均质疏水膜（例如分别为聚四氟乙烯或硅酮）传输到受体溶液。在室温下由于只有相对较少的化合物具有足够的挥发性，因此气体扩散与选择性增强的程度相关。通常即使使用分光光度法，无需任何额外的预处理也可以分析有色和混浊样品（离子化合物被完全排除在外）。涉及蒸馏分离或样品消解（例如凯氏氮、游离氰化物和总氰化物）[84,85] 或氢化物、挥发性物质（例如 AsH_3、Hg）[86,87] 释放的常规程序可以很容易地适应流动系统并用于颗粒含量高的样品（例如工业废水、土壤泥浆和植物材料）的无干扰分析。

基于流动的气体扩散分析仪固有的高选择性促进了非差分检测器或非选择性分析程序的利用，其中常规或非接触式检测器的电导率变化[88] 或酸碱指示剂的颜色变化[82,89] 已被用于进行定量测量。关于预浓缩能力，气体扩散程序在借助停流或逆流方案的情况下可以充分利用 SIA 或多路换向方法[90-92]。

　　这种膜分离技术不限于液体样品的在线处理，也可用于自动气体取样。在所谓的扩散洗涤器或渗透采样器[93,94]，穿过透气性聚合物膜的可溶性大气痕量气体被捕集在受体水溶液中，并且可以通过化学衍生进一步处理[95]。此外，洗涤器溶液可以供入离子或气相色谱仪的进样系统，对截留的质子迁移气体（例如氨、二氧化硫、硝酸、亚硝酸和盐酸）进行多组分测定[93,96]。适当的配置和屏障尺寸都可以实现快速响应和接近定量地收集被测物[96]。与传统过滤器、冲击式或吸附剂采样器相比，扩散洗涤器的一个显著特点是在采样过程中可以规避气体和伴随存在的颗粒物之间的潜在相互作用。

11.2.7.2　透析

　　被动透析在流动系统中的应用有着悠久的传统，自从它首次应用于空气分段连续流动分析以来，已经出现了大量的相关文献报道。它旨在将低分子量化合物与干扰性大分子、腐殖质、胶体物质和悬浮颗粒分离。透析效率与流动池配置及其几何尺寸、亲水膜的性质（即材料种类、孔隙率和厚度）以及供体和受体流体的流速和化学成分有关[12,97]。根据预期的应用调整流动透析，不仅可以获得样品的高度稀释，而且通过暂时停止受体溶液，或在受体相中实施逆流程序或螯合反应，可以使被测物几乎完全恢复以保持浓度梯度[98,99]。特别有趣的是可以在流动歧管中实施多检测器方案，通过将供体和受体流体耦合到适当的流通检测器，或通过两个或多个分离单元的并联或串联排列可以使单个样品塞进行同时检测（例如测定总的和可透析的金属离子）[12,100]。

　　通过永久带电的表面进行物质转移的唐南或活性透析在流动系统中较少使用。然而，对于离子化合物，由于样品组分和膜的可离子化部分之间的静电相互作用，它能提供预浓缩能力并且可以提高选择性。典型应用包括富集痕量金属，然后进行原子光谱检测[101,102]。

　　微透析是透析的特殊应用，传统上用于神经化学和药物代谢动力学研究，并用于动态监测活组织中的细胞外化学活动。流动系统已被用于将小型化采样单元与色谱和电泳分离相耦合[103,104]。然而，微透析概念可以扩展到其他应用，因为最近一些报告表明使用微透析器可以对环境相关基质中的过渡金属、有机酸和糖类进行自动微量采样[105]。

11.2.7.3　渗透蒸发

　　连续蒸发和气体扩散的结合，即渗透蒸发，已被确立为一种强大的膜分离技术，用于在线处理高颗粒负载量和固体基质的液体样品，Luque de Castro 及其同事[106,107]对此进行了广泛的验证。为了在封闭系统中产生挥发性物质（例如硫化氢、氨、二氧化碳、氰化氢、二氧化硫和准金属氢化物），将一种释放性化学试剂与样品进料模块在位合并[108,109]。此外，热挥发和微波辅助消解作为释放程序已被用于对食品和环境相关固体基质中的有机、无机物进行测定/形态分析[110,111]。样品不接触疏水膜，但挥发性反应产物在扩散通过膜进入受体溶液之前蒸发到组装装置的顶部空间，在检测之前它与适当的衍生剂反应，如在气体扩散程序中那样。

11.2.8 消解方案

流动方法应被视为在线样品消解程序的理想工具，这已通过其与强大的分析技术（例如 HG-AAS、ICP-AES、ICP-MS）或混合技术（例如用于金属和类金属的形态研究的 HPLC-HG-ICP-MS 或 HPLC-HG-AAS/AFS）的耦合而得到证明[76,77]。这些方法背后的想法是通过简单的操作将复杂的环境和生物样品（例如，全血、尿液、污水污泥、土壤、海鲜、饮料）矿物化，进而分解可能干扰分析测量的有机基质，或将被测物转化为可由元素特异性检测技术（例如 HG-AAS/AFS/ICP-MS）监测的化学形式[112]。它们也可用于提高慢动力学液相衍生反应的产率[113]。

三种采用外部能源的样品处理程序目前正以在线的方式广泛使用，即紫外线光氧化[114,115]、微波辅助分解[78,112,116] 和超声波辅助样品制备[117,118]。前两种方法与氧化剂结合使用，已证明在环境领域监测中具有至关重要的地位，例如溶解的有机磷、总溶解的磷、所需的化学氧含量、结合的氰化物、总氮、无机汞和有机汞[5]。最近的趋势集中于扩大光学技术的分析适用性，例如分光荧光法和化学发光法。通过紫外光直接在线光解以诱导荧光或化学发光，测定不显示本体发光的农药或药物[119-121]。

然而，应该记住，由于反应时间短、样品处理过程中产生气泡以及高百分比的未吸收辐射，在线样品消解方案的实施并不像预期那么简单。通过仔细优化化学变量和反应器配置以及在流通消解装置出口处定制消泡器，这些缺陷在一定程度上得到了缓解。

11.3 固体样品的在线处理：浸出/萃取方法

近年来，很多努力都集中于设计和表征与流动系统耦合的样品处理单元，其旨在以机械化的方式直接引入固体样品（例如食品和环境基质)[122]。在这方面，各种样品预处理技术包括电解溶解[123]、在线透析[97,98]、在线过滤或超滤[124] 和渗透蒸发（见上文）已成功与连续流动系统耦合。流动进样/连续流动系统与各种处理方式，如传导加热[125]、微波[126,127] 或超声辅助萃取[118,128]、超临界二氧化碳萃取[129] 或亚临界水萃取[130,131] 的接合，已证明可用于监测有机污染物（即多环芳烃、酚类物质、氯化联苯、杀虫剂和内分泌干扰物）以及土壤、种子、植物材料、食品中的痕量金属和类金属。这些方法通常具有与监管机构（例如美国环境保护署）认可的方法相似的效率，但显著减少了萃取时间和对样品的处理。

应该强调的是，目前有研究通过调整用于分馏固体基质中金属、非金属和营养物的经典顺序萃取方案和体外胃肠消化方案，使它们适应在线动态过程。其目的是缩短实施间歇处理方法所需的时间并促进生物可利用池的进一步量化，同时获得有关萃取动力学和萃取剂效率的相关知识[132,133]。除了化学分级之外，在过去十年中，还研究和优化了交叉流超滤方案，用于颗粒、大分子和胶体的尺寸分级[134,135]。

在制药领域，特别关注用于监测药片溶出曲线的流动系统的开发[136]，和/或通过使用模仿皮肤的膜以及所谓的 Franz 扩散池对局部半固体制剂释放和渗透进行的体外测试[137]。

关于采样方式，尤其值得一提的是，填充有固体材料的微柱反应器采样[124-132]，以及通过在线透析分离将浆液采样策略与 AAS[138] 或液相检测器耦合。综述性文章 [122，133] 讨论了流动系统在与适当的分析仪器联用时直接处理和分析固体材料的能力。

11.4 趋势与展望

希望通过微流体处理的自动化、流动网络的小型化以及分析方法和所用设备耐用性的提升彻底改变样品处理方式的愿景激发了各种类型流动进样分析的发展和进步。其追求的目标是在微观或亚微观水平上加快分析过程中的初步操作，以减少大量化学品和有机溶剂的使用，从而产生所谓的"绿色分析方法"。配备样品预处理/富集模块的流动系统的相关分析应用如表 11.1 所示。

表 11.1 作为在线样品预处理的流动分析，用于分离和富集水溶液中的目标物质

分离/富集技术	检测原理	典型被测物	特征	相关文献
溶剂萃取/浊点萃取	光谱法，ETAAS，FAAS，ICP-AES	金属离子、表面活性剂、酚类衍生物、脂肪烃和芳香烃、农药、维生素	(1) 痕量金属螯合物或离子对复合物的形成 (2) 相体积比越大，富集因子越大 (3) 在静止条件下应用连续进样系统进行相分离 (4) 利用流通式单滴微萃取方法进行潜在的小型化	[3] [4] [5] [20] [23] [33] [34] [35] [36] [39] [142]
吸附剂萃取	主要是原子光谱法，但也有光度法、荧光光谱法和化学发光法	营养素、无机物、金属离子、放射性核素、药物、维生素	(1) 常用于提高 AAS-ICP-MS-ICP-AES 和伴随分析物富集发光方法的选择性 (2) 采用固相光传感方法提高灵敏度 (3) 用于金属物质的形态分析（例如 Fe，Al，Cr，Cd） (4) 比液液萃取更好，因为更高的分离效率和富集因子 (5) 使用微珠进样法的色谱柱再生方案 (6) 与色谱柱分离系统（通常为 HPLC）联用，用于痕量污染物的多参数测定	[2] [3] [4] [5] [46] [47] [48] [53] [54] [57] [59] [60] [61] [64]

续表

分离/富集技术	检测原理	典型被测物	特征	相关文献
			(7) 利用管内固相微萃取的潜在小型化	
蒸气发生（冷蒸气和氢化）	AAS、ICP-AES、ICP-MS 和 AFS	准金属（As、Se、Te、Sb、Bi）、Pb 和 Sn 氢化 使用冷蒸气技术的汞 Cd、Zn、Au、Ag 和 Ni 与蒸气发生	(1) 气液分离专用配置的构建 (2) 在准金属和 Hg（无机/有机物种）的流动系统中实施各种物质形成策略 (3) HG-AFS 中提到的 FI 旨在将四氢硼酸盐用作氢源，连续供给火焰 (4) 通过金捕集预浓缩汞	[3][5][67] [68][71][75] [78][79][80]
气体扩散/渗透蒸发	分光光度法（也在气相中）。电导率、电位测定法、电流测定法和化学发光	铵、碳酸盐、硫化物、氰化物和亚硫酸盐、As、Hg、低分子醇、胺和酚类化合物	(1) 主要用于提高选择性 (2) 适用于非判别检测器 (3) 适用于含颗粒的水溶液 (4) 在受体流中通过停流方法富集分析物	[4][82][83] [84][86][87] [88][90][92] [107][108] [110]
渗透析（被动和唐南）	分光光度法、荧光分光光度法、FAAS、ICP-MS、ICP-AES、电位法、火焰光度法和电流法	碱金属和碱金属，重金属，阴离子物质（例如氯化物、磷酸盐和硫酸盐）、葡萄糖、乳酸盐、谷氨酸盐、谷氨酰胺	(1) 从细胞和高分子质量基质化合物（如蛋白质）中分离的被测物 (2) 适应泥浆取样方案 (3) 有助于提高离子选择性电极的选择性、稳定性和寿命 (4) 被动透析在线稀释分析物 (5) 唐南透析法在线预浓缩过渡金属 (6) 适用于多元素同时测定	[5][12][82] [96][97][98] [101][102] [103][105]
消解过程	分光光度法、电流分析法、分光荧光法、化学发光法、HG-AAS、ICP-AES、ICP-MS、FAAS、ETAAS 和 AFS	N-总量、Hg-总量；CN-总量、磷种类、化学需氧量、有机基质中的金属痕量、农药和药物化合物	(1) 主要是紫外线、超声波、微波辅助消化 (2) 精心优化实验条件，在动态条件下获得高产 (3) 适用于物质研究 (4) 利用光化学降解提高发光方法的灵敏度	[5][75][76] [77][112] [113][114] [115][116] [118][119]

注：缩略词：FAAS—火焰原子吸收光谱法；ETAAS—电热原子吸收光谱法；AFS—原子荧光光谱法；ICP-MS—电感耦合等离子体质谱法；ICP-AES—电感耦合等离子体原子发射光谱法；HG—氢化物生成。

在流动系统的微型化领域，阀上实验室（LOV）概念开辟了新的可能性。紧凑型 SIA-LOV 耦合作为一个便携式多功能实验室，可在微升级提高任何所需样品处理序列的可重复性。最重要的是，LOV 目前正成为一种缩小规模的工具，以克服芯片实验室微系统难以处理真实样品的困境[139]。这是通过其固有的灵活性来适应样品预处理方案，例如，通过集成微柱反应器进行吸附萃取[65,140]，是监测复杂环境和生物样品中目标物痕量浓度的必要条件。

流体歧管中各种外部能源的使用，如紫外线、超声波和微波辐射，促进了对样品的在线处理，不管下游检测器在进一步量化目标物之前，基质和聚集状态的复杂性如何。在这种情况下，最近有人提出将基于电场内离子物质迁移速率不同导致的在线电堆积富集作为预浓缩和形态分析的替代方法[141]。

目前正在努力推出用于样品处理的新型微萃取技术，例如，固相微萃取（SPME）和液-液微萃取（LLME），包括微滴萃取和中空纤维辅助萃取，这些技术主要用于在色谱分离之前的离线样品处理。微萃取技术与流动分析和色谱分离的结合受到越来越多的关注，以开发完全自动化的系统，正如最近通过与 HPLC 或 GC 联用处理在线单滴 LLME[142] 和管内 SPME[143] 的工作所证明的那样。

缩略语表

FIA：流动进样分析

SIA：顺序进样分析

LOV：阀上实验室

BI：微珠进样

AAS：原子吸收光谱

ETAAS：电热原子吸收光谱

AFS：原子荧光光谱

HG：氢化物生成

ICP-AES：电感耦合等离子体原子发射光谱

ICP-MS：电感耦合等离子体质谱

HPLC：高效液相色谱

GC：气相色谱

SLME：支撑液膜萃取

LLE：液-液萃取

SPE：固相萃取

SPME：固相微萃取

LLME：液-液微萃取

CPE：流动进样浊点萃取

EC：萃取色谱

PTFE：聚四氟乙烯

参考文献

［1］ Valcárcel, M. (2000) *Principles of Analytical Chemistry*, Springer-Verlag, Heildeberg.

［2］ Hansen, E. H. and Miró, M. (2007) How flow injection analysis (FIA) over the past 25 years has changed our way of performing chemical analyses. *Trends in Analytical Chemistry*, 26, 18-26.

［3］ Hansen, E. H. and Wang, J. -W. (2002) Implementation of suitable flow injection/sequential-sample separation/ preconcentration schemes for determination of trace metal concentrations using detection by electrothermal atomic absorption spectrometry and inductively coupled plasma mass spectrometry. *Analytica Chimica Acta*, 467, 3-12.

［4］ Economou, A. (2005) Sequential-injection analysis (SIA): a useful tool for on-line samplehandling and pre-treatment. *Trends in Analytical Chemistry*, 24, 416-425.

［5］ Miró, M. and Frenzel, W. (2004) What Flow Injection has to Offer in the Environmental Analytical Field. *Microchimica Acta*, 148, 1-20.

［6］ Ruzicka, J. and Hansen, E. H. (1988) *Flow Injection Analysis*, 2nd edn, Wiley-Interscience, New York, Chapter 2, pp. 44-52.

［7］ Holliday, A. E. and Beauchemin, D. (2003) Preliminary investigation of direct seawater analysis by inductively coupled plasma mass spectrometry using a mixedgas plasma, flow injection and external calibration. *Journal of Analytical Atomic Spectrometry*, 18, 1109-1112.

［8］ Silva, M. S. P. and Masini, J. C. (2002) Exploiting monosegmented flow analysis to perform in-line standard additions using a single stock standard solution in spectrophotometric sequential injection procedures. *Analytica Chimica Acta*, 466, 345-352.

［9］ Economou, A., Panoutsou, P. and Themelis, D. G. (2006) Enzymatic chemiluminescent assay of glucose by sequential-injection analysis with soluble enzyme and on-line sample dilution. *Analytica Chimica Acta*, 572, 140-147.

［10］ Mas-Torres, F., Estela, J. M., Miró, M., Cladera, A. and Cerdà, V. (2004) Sequential injection spectrophotometric determination of orthophosphate in beverages, wastewaters and urine samples by electrogeneration of molybdenum blue using tubular flow-through electrodes. *Analytica Chimica Acta*, 510, 61-68.

［11］ Albertús, F., Horstkotte, B., Cladera, A. and Cerdà, V. (1999) A robust multisyringe system for process flow analysis. Part I. On-line dilution and single point titration of protolytes. *Analyst*, 124, 1373-1381.

［12］ Van Staden, J. F. (1995) Membrane separation in flow injection systems. 1. Dialysis. *Fresenius' Journal of Analytical Chemistry*, 352, 271-302.

［13］ Valcárcel, M. and Luque de Castro, M. D. (1995) Use of Solid Reagents in Flow Injection Analysis, in *Automation in the Laboratory* (ed. W. J. Hurst), VCH, Weinheim, Chapter 3, pp. 74—77.

［14］ Yang, M., Xu, Y. and Wang, J. -H. (2006) Lab-on-valve system integrating a chemiluminescent entity and in situ generation of nascent bromine as oxidant for chemiluminescent determination of tetracycline. *Analytical Chemistry*, 78, 5900-5905.

［15］ van Staden, J. F. and Kluever, L. G. (1998) Determination of sulphide in effluent streams using a solid-phase lead (Ⅱ) chromate reactor incorporated into a flow injection system. *Analytica Chimica Acta*,

369, 157-161.

[16] López-Gómez, A. V. and Martínez-Calatayud, J. (1998) Determination of cyanide by a flow injection analysisatomic absorption spectrometric method. *Analyst*, 123, 2103-2107.

[17] Trojanowicz, M. (2000) Enzymatic Methods of Detection, in *Flow Injection Analysis-Instrumentation, and Applications*, World Scientific, Singapore, Chapter 4, pp. 165-177.

[18] Manera, M., Miró, M., Estela, J. M. and Cerdà, V. (2004) A multisyringe flow injection system with immobilized glucose oxidase based on homogeneous chemiluminescence detection. *Analytica Chimica Acta*, 508, 23-30.

[19] Hansen, E. H. (1994) Flow injection analysis: a complementary or alternative concept to biosensors. *Talanta*, 41, 939-948.

[20] Trojanowicz, M. (2000) Solvent Extraction, in *Flow Injection Analysis*, *Instrumentation and Applications*, World Scientific, Singapore, Chapter 6, pp. 223-236.

[21] EN/ISO 14402 (1999) Water quality-Determination of phenol index by flow analysis and photometric detection.

[22] EN/ISO 16264 (2000) Water quality-determination of anionic surfactants by flow analysis and photometric detection.

[23] Fang, Z.-L. (1993) *Flow Injection Separation and Preconcentration*, VCH, Weinheim, Chapter 3, pp. 47-83.

[24] Marshall, G., Wolcott, D. and Olson, D. (2003) Zone fluidics in flow analysis: potentialities and applications. *Analytica Chimica Acta*, 499, 29-41.

[25] Wang, J.-H. and Hansen, E. H. (2002) Development of an automated sequential injection on-line solvent exhaction-back extraction procedure as demonstrated for the determination of cadmium with detection by electrothermal atomic absorption spectrometry. *Analytica Chimica Acta*, 456, 283-292.

[26] Anthemidis, A. N., Zachariadis, G. A. and Stratis, J. A. (2003) Development of an on-line solvent extraction system for electrothermal atomic absorption spectrometry utilizing a new gravitational phase separator. Determination of cadmium in natural waters and urine samples. *Journal of Analytical Atomic Spectrometry*, 18, 1400-1403.

[27] Wang, J.-H. and Hansen, E. H. (2003) On-line sample-pre-treatment schemes for trace-level determinations of metals by coupling flow injection or sequential injection with ICP-MS. *Trends in Analytical Chemistry*, 22, 836-846.

[28] Jönsson, J. Å. and Mathiasson, L. (2003) Sample preparation perspectives-Membrane extraction for sample preparation. *LC-GC Europe*, 16, 683-690.

[29] Kocherginsky, N. M., Yang, Q. and Seelam, L. (2007) Recent advances in supported liquid membrane technology. *Separation and Purification Technology*, 53, 171-177.

[30] Jönsson, J. Å. and Mathiasson, L. (1999) Liquid membrane extraction in analytical sample preparation-I. Principles. *Trends in Analytical Chemistry*, 18, 318-324.

[31] Rasmussen, K. E. and Pedersen-Bjergaard, S. (2004) Developments in hollow fiber-based, liquid-phase microextraction. *Trends in Analytical Chemistry*, 23, 1-10.

[32] Jönsson, J. Å. and Mathiasson, L. (1999) Liquid membrane extraction in analytical sample preparation-II. Applications. *Trends in Analytical Chemistry*, 18, 325-334.

[33] Paleologos, E. K., Giokas, D. L. and Karayannis, M. I. (2005) Micelle-mediated separation and cloud-point extraction. *Trends in Analytical Chemistry*, 24, 426-436.

[34] Bezerra, M. A., Arruda, M. A. Z. and Ferreira, S. L. C. (2005) Cloud point extraction as a procedure of separation and pre-concentration for metal determination using spectroanalytical techniques: a review. *Applied Spectroscopy Reviews*, 40, 269-299.

[35] Silva, M. F., Cerutti, E. S. and Martinez, L. D. (2006) Coupling cloud point extraction to instrumental detection systems for metal analysis. *Microchimica Acta*, 155, 349-364.

[36] Burguera, J. L. and Burguera, M. (2004) Analytical applications of organized assemblies for on-line spectrometric determinations: present and future. *Talanta*, 64, 1099-1108.

[37] Garrido, M., Di Nezio, M. S., Lista, A. G., Palomeque, M. and Fernández-Band, B. S. (2004) Cloud-point extraction/preconcentration on-line flow injection method for mercury determination. *Analytica Chimica Acta*, 502, 173-177.

[38] Luo, Y.-Y., Al-Othman, R., Ruzicka, J. and Christian, G. D. (1996) Solvent extraction-sequential injection without segmentation and phase separation based on the wetting film formed on a teflon tube. *The Analyst*, 121, 601-606.

[39] Miró, M., Estela, J. M. and Cerdà, V. (2005) Recent advances in on-line solvent extraction exploiting flow injection/ sequential injection analysis. *Current Analytical Chemistry*, 1, 329-343.

[40] Miró, M., Cladera, A., Estela, J. M. and Cerdà, V. (2001) Dual wetting-film multisyringe flow injection analysis extraction Application to the simultaneous determination of nitrophenols. *Analytica Chimica Acta*, 438, 103-116.

[41] Egorov, O. B., O'Hara, M. J., Farmer, O. T., III and Grate, J. W. (2001) Extraction chromatographic separations and analysis of actinides using sequential injection techniques with on-line inductively coupled plasma mass spectrometry (ICP MS) detection. *Analyst*, 126, 1594-1601.

[42] Grate, J. W., Egorov, O. B. and Fiskum, S. K. (1999) Automated extraction chromatographic separations of actinides using separation-optimized sequential injection techniques. *Analyst*, 124, 1143-1150.

[43] Ródenas-Torralba, E., Reis, B. F., Morales-Rubio, A. and de la Guardia, M. (2005) An environmentally friendly multicommutated alternative to the reference method for anionic surfactant determination in water. *Talanta*, 66, 591-599.

[44] Comitre, A. L. D. and Reis, B. F. (2005) Automatic flow procedure based on multicommutation exploiting liquid-liquid extraction for spectrophotometric lead determination in plant material. *Talanta*, 65, 846-852.

[45] Luque de Castro, M. D. and Priego-Capote, F. (2007) Ultrasound assistance to liquid-liquid extraction: a debatable analytical tool. *Analytica Chimica Acta*, 583, 2-9.

[46] Benkhedda, K., Goenaga-Infante, H., Adams, F. C. and Ivanova, E. (2002) Inductively coupled plasma mass spectrometry for trace analysis using flow injection on-line preconcentration and time-of-flight mass analyzer. *Trends in Analytical Chemistry*, 21, 332-342.

[47] Burguera, M. and Burguera, J. L. (2007) On-line electrothermal atomic absorption spectrometry configurations: recent developments and trends. *Spectrochimica Acta Part B-Atomic Spectroscopy*, 62, 884-896.

[48] Wang, J.-H. and Hansen, E. H. (2005) Trends and perspectives of flow injection/ sequential injection on-line sample-pretreatment schemes coupled to ETAAS. *Trends in Analytical Chemistry*, 24, 1-8.

[49] Jitmanee, K., Oshima, M. and Motomizu, S. (2005) Speciation of arsenic (III) and arsenic (V) by inductively coupled plasmaatomic emission spectrometry coupled with preconcentration system. *Talanta*, 66, 529-533.

［50］Marqués, M. J. , Morales-Rubio, A. , Salvador, A. and de la Guardia, M. (2001) Chromium speciation using activated alumina microcolumns and sequential injection analysis-flame atomic absorption spectrometry. *Talanta*, 53, 1229-1239.

［51］Long, X. -B. , Miró, M. and Hansen, E. H. (2005) An automatic micro-sequential injection bead injection Lab-on-Valve (μSI-BI-LOV) assembly for speciation analysis of ultra trace levels of Cr (Ⅲ) and Cr (Ⅵ) incorporating on-line chemical reduction and employing detection by electrothermal atomic absorption spectrometry (ETAAS) . *Journal of Analytical Atomic Spectrometry*, 20, 1203-1211.

［52］Bosch-Ojeda, C. , Sánchez-Rojas, F. and Cano-Pavón, J. M. (2005) Use of 1, 5-bis (di-2-pyridyl) methylene thiocarbohydrazide immobilized on silica gel for automated preconcentration and selective determination of antimony (Ⅲ) by flow injection electrothermal atomic absorption spectrometry. *Analytical and Bioanalytical Chemisry*, 382, 513-518.

［53］Trojanowicz, M. (2000) Solid-phase Extraction, in *Flow Injection Analysis*: *Instrumentation and Applications*, World Scientific, Singapore, Chapter 6, pp. 236-247.

［54］Miró, M. and Hansen, E. H. (2006) Solid reactors in sequential injection analysis: recent trends in the environmental field. *Trends in Analytical Chemistiy*, 25, 267-281.

［55］Xiong, Y, Zhou, H. -J. , Zhang, Z. -J. , He, D. -Y. and He, C. (2006) Molecularly imprinted on-line solid-phase extraction combined with flow injection chemiluminescence for the determination of tetracycline. *Analyst*, 131, 829-834.

［56］Bravo, J. C. , Fernández, P. and Durand, J. S. (2005) Flow injection fluorimetric determination of B-estradiol using a molecularly imprinted polymer. *Analyst*, 130, 1404-1409.

［57］Huclova, J. , Satinsky, D. , Maia, T. , Karlicek, R. , Solich, P. and Araujo, A. N. (1087) Sequential injection extraction based on restricted access material for determination of furosemide in serum. *Journal of Chromatography. A*, 2005, 245-251.

［58］Bosch-Ojeda, C. and Sánchez-Rojas, F. (2006) Recent development in optical chemical sensors coupling with flow injection analysis. *Sensors*, 6, 1245-1307.

［59］Tzanavaras, P. D. and Themelis, D. G. (2007) Review of recent applications of flow injection spectrophotometry to pharmaceutical analysis. *Analytica Chimica Acta*, 588, 1-9.

［60］Miró, M. and Frenzel, W. (2004) Flow-through sorptive preconcentration with direct optosensing at solid surfaces for trace-ion analysis. *Trends in Analytical Chemistry*, 23, 11-20.

［61］Yan, X. -P. and Jiang, Y. (2001) Flow injection on-line preconcentration and separation coupled with atomic (mass) spectrometry for trace element (speciation) analysis based on sorption of organo-metallic complexes in a knotted reactor. *Trends in Analytical Chemistry*, 20, 552-562.

［62］Cerutti, S. , Martinez, L. D. and Wuilloud, R. G. (2005) Knotted reactors and their role in flow injection on-line preconcentration systems coupled to atomic spectrometry-based detectors. *Applied Spectroscopy Reviews*, 40, 71-101.

［63］Dimitrova-Koleva, B. , Benkhedda, K. , Ivanova, E. and Adams, F. (2007) Determination of trace elements in natural waters by inductively coupled plasma time of flight mass spectrometry after flow injection preconcentration in a knotted reactor. *Talanta*, 71, 44-50.

［64］Kradtap-Hartwell, S. , Grudpan, K. and Christian, G. D. (2004) Bead injection with a simple flow injection system: an economical alternative for trace analysis. *Trends in Analytical Chemistiy*, 23, 619-623.

［65］Wang, J. -H. , Hansen, E. H. and Miró, M. (2003) Sequential injection-bead injection-lab-on-valve schemes for on-line solid-phase extraction and preconcentration of ultra-trace levels of heavy metals with determination by electrothermal atomic absorption spectrometry and inductively coupled plasma mass spectrometry. *Analytica Chimica Acta*, 499, 139–147.

［66］Wu, H., Hong, J., Yan, S., Shi, Y.-Q. and Bi, S.-P. (2007) On-line organoselenium interference removal for inorganic selenium species by flow injection coprecipitation preconcentration coupled with hydride generation atomic fluorescence spectrometry. *Talanta*, 71. 1762–1768.

［67］Wang, Y, Chen, M.-L. and Wang, J.-H. (2006) Sequential/bead injection lab-on-valve incorporating a renewable microcolumn for co-precipitate preconcentration of cadmium coupled to hydride generation atomic fluorescence spectrometry. *Journal of Analytical Atomic Spectrometry*, 21, 535–538.

［68］Hernandez, P.C., Tyson, J.F., Uden, P.C. and Yates, D. (2007) Determination of selenium by flow injection hydride generation inductively coupled plasma optical emission spectrometry. *Journal of Analytical Atomic Spectrometry*, 22, 298–304.

［69］Burguera, J.L. and Burguera, M. (2002) On-line flow injection-atomic spectroscopic configurations: road to practical environmental analysis. *Quimica Analitica*, 20, 255–273.

［70］Bings, N.H., Stefanka, Z. and Rodríguez-Mallada, S. (2003) Flow injection electrochemical hydride generation inductively coupled plasma time-of-flight mass spectrometry for the simultaneous determination of hydride forming elements and its application to the analysis of fresh water samples. *Analytica Chimica Acta*, 479, 203–214.

［71］Zhang, W.-B., Gan, W., Shao, L.-J. and Lin, X.-Q. (2006) Flow-Injection online reduction atomic fluorescence spectrometry determination of Se (IV) and Se (VI) with electrochemical hydride generation. *Spectroscopy Letters*, 39, 533–545.

［72］Burguera, J.L., Burguera, M., Rivas, C. and Carrero, P. (1998) On-line cryogenic trapping with microwave heating for the determination and speciation of arsenic by flow injection/hydride generation/atomic absorption spectrometry. *Talanta*, 45, 531–542.

［73］Sigrist, M.E. and Beldomenico, H.R. (2004) Determination of inorganic arsenic species by flow injection liydride generation atomic absorption spectrometry with variable sodium tetrahydroborate concentrations. *Spectrochimica Acta Part B-Atomic Spectroscopy*, 59, 1041–1045.

［74］Coelho, N.M.M., Cósmen da Silva, A. and Moraes da Silva, C. (2002) Determination of As (III) and total inorganic arsenic by flow injection hydride generation atomic absorption spectrometry. *Analytica Chimica Acta*, 460, 227–233.

［75］Hsiung, T.-M. and Wang, J.-M. (2004) Cryogenic trapping with a packed cold finger trap for the determination and speciation of arsenic by flow injection/hydride generation/atomic absorption spectrometry. *Journal of Analytical Atomic Spectrometry*, 19, 923–928.

［76］Tsalev, D.L. (1999) Hyphenated vapour generation atomic absorption spectrometric techniques. *Journal of Analytical Atomic Spectrometry*, 14, 147–162.

［77］Simon, S., Lobos, G., Pannier, F., De Gregori, I., Pinochet, H. and Potin-Gautier, M. (2004) Speciation analysis of organoarsenical compounds in biological matrices by coupling ion chromatography to atomic fluorescence spectrometry with on-line photooxidation and hydride generation. *Analytica Chimica Acta*, 521, 99–108.

［78］Gallignani, M., Valero, M., Brunetto, M.R., Burguera, J.L., Burguera, M. and Petit de Peña, Y. (2000) Sequential determination of Se (IV) and Se (VI) by flow injection-hydride generation-atomic absorption spectrometry with HCl/HBr microwave aided pre-reduction of Se (Vl) to Se (IV) .

Talanta, 52, 1015-1024.

[79] Fernandez, C., Conceiçao, A. C. L., Rial-Otero, R., Vaz, C. and Capelo, J. L. (2006) Sequential flow injection analysis system on-line coupled to high intensity focused ultrasound: green methodology for trace analysis applications as demonstrated for the determination of inorganic and total mercury in waters and urine by CVAAS. *Analytical Chemistry*, 78, 2494-2499.

[80] Burguera, J. L. and Burguera, M. (2001) Volatile species generation in flow injection for the on-line determination of species in environmental samples by electrothermal atomic absorption spectrometry. *Journal of Flow Injection Analysis*, 18, 5-12.

[81] Kan, M., Willie, S. N., Scriver, C. and Sturgeon, R. E. (2006) Determination of total mercury in biological samples using flow injection CVAAS following tissue solubilization in formic acid. *Talanta*, 68, 1259-1263.

[82] Miró, M. and Frenzel, W. (2004) Automated membrane-based sampling and sample preparation exploiting flow injection analysis. *Trends in Analytical Chemistry*, 23, 624-636.

[83] Choengchan, N., Mantim, T., Wilairat, P., Dasgupta, P. K., Motomizu, S. and Nacapricha, D. (2006) A membraneless gas diffusion unit: design and its application to determination of ethanol in liquors by spectrophotometric flow injection. *Analytica Chimica Acta*, 579, 33-37.

[84] Miralles, E., Compañó, R., Granados, M. and Prat, M. D. (1999) Photodissociation/gas-diffusion separation and fluorimetric detection for the analysis of total and labile cyanide in a flow system. *Fresenius' Journal of Analytical Chemistry*, 365, 516-520.

[85] Lima, J. L. F. C., Montenegro, M. C. B. S. M. and Pinto, A. P. M. M. O. (1999) Determination of total nitrogen in food by flow injection analysis (FIA) with a potentiometric differential detection system. *Fresenius' Journal of Analytical Chemistry*, 364, 353-357.

[86] Amini, N. and Kolev, S. D. (2007) Gas-diffusion flow injection determination of Hg (II) with chemiluminescence detection. *Analytica Chimica* Acta, 582, 103-108.

[87] Lomonte, C., Currell, M., Morrison, R. J. S., McKelvie, I. D. and Kolev, S. D. (2007) Sensitive and ultra-fast determination of arsenic (III) by gas-diffusion flow injection analysis with chemiluminescence detection. *Analytica Chimica Acta*, 583, 72-77.

[88] Hohercakova, Z. and Opekar, F. (2005) A contactless conductivity detection cell for flow injection analysis: determination of total inorganic carbon. *Analytica Chimica Acta*, 551, 132-136.

[89] Moskvin, L. N. and Nikitina, T. G. (2004) Membrane Methods of Substance Separation in Analytical Chemistry. *Journal of Analytical Chemistry*, 59, 2-16.

[90] de Armas, G., Ferrer, L, Miró, M., Estela, J. M. and Cerdà, V. (2004) In-line membrane separation method for sulfide monitoring in wastewaters exploiting multisyringe flow injection analysis. *Analytica Chimica Acta*, 524, 89-96.

[91] Catalá-Icardo, M., García-Mateo, J. V. and Martínez-Calatayud, J. (2001) Selective chlorine determination by gas diffusion in a tandem flow assembly and spectrophotometric detection with o-dianisidine. *Analytica Chimica Acta*, 443, 153-163.

[92] Mesquita, R. B. R. and Rangel, A. O. S. S. (2005) Gas diffusion sequential injection system for the spectrophotometric determination of free chlorine with o-dianisidine. *Talanta*, 68, 268-273.

[93] Toda, K. (2004) Trends in atmospheric trace gas measurement instruments with membrane-based gas diffusion scrubbers. *Analytical Sciences*, 20, 19-27.

[94] Dasgupta, P. K. (2002) Automated Diffusion-based Collection and Measurement of Atmospheric

Trace Gases, in *Sampling and Sample Preparation Techniques for Field and Laboratory* (ed. J. Pawliszyn), Wilson and Wilson's Comprehensive Analytical Chemistry Series, Vol. 37, Elsevier, The Netherlands, pp. 97–160.

[95] Amornthammarong, N., Jakmunee, J., Li, J.-Z. and Dasgupta, P. K. (2006) Hybrid fluorometric flow analyzer for ammonia. *Analytical Chemistry*, 78, 1890–1896.

[96] Takeuchi, M., Li, J.-Z., Morris, K. J. and Dasgupta, P. K. (2004) Membrane-based parallel plate denuder for the collection and removal of soluble atmospheric gases. *Analytical Chemistry*, 76, 1204–1210.

[97] Miró, M. and Frenzel, W. (2003) A novel flow-through microdialysis separation unit with integrated differential potentiometric detection for the determination of chloride in soil samples. *Analyst*, 128, 1291–1297.

[98] van Staden, J. F. and Tlowana, S. I. (2002) On-line separation, simultaneous dilution and spectrophotometric determination of zinc in fertilisers with a sequential injection system and xylenol orange as complexing agent. *Talanta*, 58, 1115–1122.

[99] Araújo, A. N., Lima, J. L. F. C., Rangel, A. O. S. S. and Segundo, M. A. (2000) Sequential injection system for the spectrophotometric determination of reducing sugars in wine. *Talanta*, 52, 59–66.

[100] da Silva, J. E., Pimentel, M. F., da Silva, V. L., Montenegro, M. C. B. S. M. and Araújo, A. N. (2004) Simultaneous determination of pH, chloride and nickel in electroplating baths using sequential injection analysis. *Analytica Chimica Acta*, 506, 197–202.

[101] Antonia, A. and Allen, L. B. (2001) Extraction and analysis of lead in sweeteners by flow injection Donnan dialysis with flame atomic absorption spectroscopy. *Journal of Agricultural and Food Chemistry*, 49, 4615–4618.

[102] Pyrzynska, K. (2006) Preconcentration and recovery of metal ions by Donnan dialysis. *Microchimica Ada*, 153, 117–126.

[103] Ruiz-Jiménez, J. and Luque de Castro, M. D. (2006) Coupling microdialysis to capillary electrophoresis. *Trends in Analytical Chemistry*, 25, 563–571.

[104] Haskins, W. E., Watson, C. J., Cellar, N. A., Powell, D. H. and Kennedy, R. T. (2004) Discovery and neurochemical screening of peptides in brain extracellular fluid by chemical analysis of in vivo microdialysis samples. *Analytical Chemistry*, 76, 5523–5533.

[105] Miró, M. and Frenzel, W. (2005) Tire potential of microdialysis as an automatic sample-processing technique for environmental research. *Trends in Analytical Chemistry*, 24, 324—333.

[106] Caballo-López, A. and Luque de Castro, M. D. (2007) Determination of cadmium in leaves by ultrasound-assisted extraction prior to hydride generation, pervaporation and atomic absorption detection. *Talanta*, 71, 2074–2079.

[107] Ruiz-Jiménez, J. and Luque de Castro, M. D. (2006) Pervaporation as interface between solid samples and capillary electrophoresis. *Journal of Chromatography. A*, 1110, 245–253.

[108] Rupasinghe, T., Cardwell, T. J., Cattrall, R. W., Potter, I. D. and Kolev, S. D. (2004) Determination of arsenic by pervaporation-flow injection hydride generation and permanganate spectrophotometric detection. *Analytica Chimica Acta*, 510, 225–230.

[109] Satienperakul, S., Sheikheldin, S. Y., Cardwell, T. J., Cattrail, R. W., Luque de Castro, M. D., McKelvie, I. D. and Kolev, S. D. (2003) Pervaporation-flow injection analysis of phenol after on-line derivatisation to phenyl acetate. *Analytica Chimica Acta*, 485, 37–42.

[110] Fernandez-Rivas, C., Muñoz-Olivas, R. and Camara, C. (2001) Coupling pervaporation to AAS for inorganic and organic mercury determination. A new approach to speciation of Hg in environmental samples. *Fresenius' Journal of Analytical Chemistry*, 371, 1124—1129.

[111] Luque de Castro, M. D. and Papaefstathiou, I. (1998) Pervaporation-A useful tool for speciation analysis. *Spectrochimica Acta Part B-Atomic Spectroscopy*, 53, 311–319.

[112] Burguera, M. and Burguera, J. L. (1998) Microwave-assisted sample decomposition in flow analysis. *Analytica Chimica Acta*, 366, 63–80.

[113] Luque de Castro, M. D. and Priego-Capote, F. (2006) Ultrasound-assisted preparation of liquid samples. *Talanta*, 72, 321–334.

[114] Dan, D. -Z., Sandford, R. C. and Worsfold, P. J. (2005) Determination of chemical oxygen demand in fresh waters using flow injection with on-line UV-photocatalytic oxidation and spectrophotometric detection. *Analyst*, 130, 227–232.

[115] Tue-Ngeun, O., Ellis, P., McKelvie, I. D., Worsfold, P. J., Jakmunee, J. and Grudpan, K. (2005) Determination of dissolved reactive phosphorus (DRP) and dissolved organic phosphorus (DOP) in natural waters by the use of rapid sequenced reagent injection flow analysis. *Talanta*, 66, 453–460.

[116] Almeida, M. I. G. S., Segundo, M. A., Lima, J. L. F. C. and Rangel, A. O. S. S. (2004) Multi-syringe flow injection system with in-line microwave digestion for the determination of phosphorus. *Talanta*, 64, 1283–1289.

[117] Priego-Capote, F. and Luque de Castro, M. D. (2007) Ultrasound in analytical chemistry. *Analytical and Bioanalytical Chemistry*, 387, 249–257.

[118] Priego-Capote, F. and Luque de Castro, M. D. (2007) Ultrasound-assisted digestion: a useful alternative in sample preparation. *Journal of Biochemical and Biophysical Methods*, 70, 299–310.

[119] López-Flores, J., Fernández de Córdova, M. L. and Molina-Díaz, A. (2005) Implementation of flow-through solid phase spectroscopic transduction with photochemically induced fluorescence: determination of thiamine. *Analytica Chimica Acta*, 535, 161–168.

[120] Gómez-Taylor, B., Palomeque, M., García-Mateo, J. V. and Martínez-Calatayud, J. (2006) Photoinduced chemiluminescence of pharmaceuticals. *Journal of Pharmaceutical and Biomedical Analysis*, 41, 347–357.

[121] Pérez-Ruiz, T., Martínez-Lozano, C. and García, M. D. (2007) Determination of propoxur in environmental samples by automated solid-phase extraction followed by flow injection analysis with tris (2, 2'-bipyridyl) ruthenium (II) chemiluminescence detection. *Analytica Chimica Acta*, 584, 275–280.

[122] Zhi, Z. -L., Ríos, A. and Valcárcel, M. (1996) Direct processing and analysis of solid and other complex samples with automatic flow injection systems [Review]. *Critical Reviews in Analytical Chemistry*, 26, 239–260.

[123] Packer, A. P., Gervasio, A. P. G., Miranda, C. E. S., Reis, B. F., Menegario, A. A. and Ginè, M. F. (2003) On-line electrolytic dissolution for lead determination in high-purity copper by isotope dilution inductively coupled plasma mass spectrometry. *Analytica Chimica Acta*, 485, 145–153.

[124] Caballo-López, A. and Luque de Castro, M. D. (2003) Continuous ultrasound-assisted extraction coupled to on line filtration-solid-phase extraction-column liquid chromatography-post column derivatisation-fluorescence detection for the determination of N-methylcarba-mates in soil and food. *Journal of Chromatography. A*, 998, 51–59.

[125] Sweileh, J. A. (2007) On-line flowinjection solid sample introduction, leaching and potentiometric

determination of fluoride in phosphate rock. *Analytica Chimica Acta*, 581, 168-173.

[126] Morales-Muñoz, S., Luque-García, J. L. and Luque de Castro, M. D. (2004) A continuous approach for the determination of Cr (VI) in sediment and soil based on the coupling of microwave-assisted water extraction, preconcentration, derivatization and photometric detection. *Analytica Chimica Acta*, 515, 343-348.

[127] Silva, M., Kyser, K. and Beauchemin, D. (2007) Enhanced flow injection leaching of rocks by focused microwave heating with in-line monitoring of released elements by inductively coupled plasma mass spectrometry. *Analytica Chimica Acta*, 584, 447-454.

[128] Yebra-Biurrun, M. C., Moreno-Cid, A. and Cancela-Pérez, S. (2005) Fast on-line ultrasound-assisted extraction coupled to a flow injection-atomic absorption spectrometric system for zinc determination in meat samples. *Talanta*, 66, 691-695.

[129] Tena, M. T., Luque de Castro, M. D. and Valcárcel, M. (1996) Screening of polycyclic aromatic hydrocarbons in soil by on-line fiber-optic-interfaced supercritical fluid extraction spectrofluorometry. *Analytical Chemistry*, 68, 2386-2391.

[130] Priego-López, E. and Luque de Castro, M. D. (2004) Superheated water extraction of linear alkylbenzene sulfonates from sediments with on-line preconcentration/derivatization/detection. *Analytica Chimica Acta*, 511, 249-254.

[131] Morales-Muñoz, S., Luque-García, J. L. and Luque de Castro, M. D. (2006) Pure and modified water assisted by auxiliary energies: an environmental friendly extractant for sample preparation. *Analytica Chimica Acta*, 557, 278-286.

[132] Jimoh, M., Frenzel, W. and Müller, V. (2005) Microanalytical flow-through method for assessment of the bioavailability of toxic metals in environmental samples. *Analytical and Bioanalytical Chemistry*, 381, 438-444.

[133] Miró, M., Chomchoei, R., Hansen, E. H. and Frenzel, W. (2005) Dynamic flow-through approaches for metal fractionation assays in environmentally relevant solid samples. *Trends in Analytical Chemistry*, 24, 759-771.

[134] Liu, R.-X., Lead, J. R. and Baker, A. (2007) Fluorescence characterization of cross flow ultrafiltration derived freshwater colloidal and dissolved organic matter. *Chemosphere*, 68, 1304—1311.

[135] Hasellöv, M., Buesseler, K. O., Pike, S. M. and Dai, M.-H. (2007) Application of cross-flow ultrafiltration for the determination of colloidal abundances in suboxic ferrous-rich ground waters. *The Science of the Total Environment*, 372, 636-644.

[136] Tomsu, D., Catalá-Icardo, M., Martínez-Calatayud, J., (2004) Automated simultaneous triple dissolution profiles of two drugs, sulphamethoxazole-trimethoprirm and hydrochlorotliiazide-captopril in solid oral dosage forms by a multicommutation flow assembly and derivative spectrophotometry. *Journal of Pharmaceutical and Biomedical Analysis*, 36, 549-557.

[137] Motz, S. A., Klimundová, J., Schaefer, U. F., Balbach, S., Eichinger, T., Solich, P. and Lehr, C.-M. (2007) Automated measurement of permeation and dissolution of propranolol HCl tablets using sequential injection analysis. *Analytica Chimica Acta*, 581, 174—180.

[138] Rio-Segade, S. and Tyson, J. F. (2007) Determination of methylmercury and inorganic mercury in water samples by slurry sampling cold vapor atomic absorption spectrometry in a flow injection system after preconcentration on silica C18 modified. *Talanta*, 71, 1696-1702.

[139] Miró, M. and Hansen, E. H. (2007) Miniaturization of environmental chemical assays in flowing

systems: the Lab-on-a-Valve approach vis-a-vis Lab-on-a-Chip microfluidic devices. *Analytica Chimica Acta*, 600, 46–57.

[140] Hansen, E. H., Miró, M., Long, X.-B. and Petersen, R. (2006) Recent developments in automated determinations of trace level concentrations of elements and on-line fractionations schemes exploiting the micro-sequential injection-lab-on-valve approach. *Analytical Letters*, 39, 1243–1259.

[141] Coelho, L. M., Coelho, N. M. M., Arruda, M. A. Z. and de la Guardia, M. (2007) On-line bi-directional electrostacking for As speciation/preconcentration using electrothermal atomic absorption spectrometry. *Talanta*, 71, 353–358.

[142] Liu, Y, Hashi, Y. and Lin, J.-M. (2007) Continuous-flow microextraction and gas chromatographic-mass spectrometric determination of polycyclic aromatic hydrocarbon compounds in water. *Analytica Chimica Acta*, 585, 294–299.

[143] Kataoka, H. (2002) Automated sample preparation using in-tube solid-phase microextraction and its application-a review. *Analytical and Bioanalytical Chemistry*, 373, 31–45.

12 流动分析和互联网-数据库、仪器、资源

Stuort J. Chalk

12.1 引言

有趣的是，流动分析技术的演变与互联网发展发生在相同时期。就在 1957 年 Leonard Skeggs[1] 发表了第一篇关于分段连续流动分析的文章[2] 之后，J. C. R. Licklider 开发了"银河网络"概念[3]，这是当今互联网的雏形——ARPANET（高级研究计划署）的模板。当然，在 1957~2007 年，互联网的发展远远超过流动分析。

互联网现在是全球范围内的通信媒介，对流动分析来说，互联网促进了该领域的知识、实践和研究的传播，但是，如果您在 Google[4] 上搜索"Flow injection analysis"（2007 年 6 月 1 日执行），您会得到 424000 个搜索结果！信息太多了！因此，本章重点介绍了一些精选的互联网资源，读者可以使用这些资源来了解流动分析技术、确定流动分析在实际样品中的应用以及确定要添加的关于实验室仪器或组件的供应商。本章还将介绍一些新的"Web 2.0"[5] 概念和技术，它们将彻底改变我们使用、重用、访问互联网的方式。虽然新技术在被证明（并因此成为标准）之前就对其存在风险加以讨论，但重要的是向读者传达互联网的发展方向，以便使研究人员所处的流动分析领域能够继续在全球社区蓬勃发展。

12.2 数据库

流动分析领域的研究增长令人震惊，自 1975 年以来，据估计，大约有 21000 篇关于流动分析各方面的文章。通过这种方式（类似于互联网上的大量信息）找到所有关于特定研究主题的文献是多么困难且耗时。互联网的发展和期刊出版商将研究文章以便携式文档格式（PDF）的形式出版，既有助于也阻碍了该问题的解决。

通过出版商网站上研究论文（目前存留的文本）的访问权限的规范化，全世界任何有互联网访问权限的人都可以下载（首先合法）他们需要的论文。然而，快速访问全文的另一面是较难找到合适的文章，因为目前的搜索条件对上下文不敏感（这将在未来改变，见最后一节）。通过顺序进样分析搜索有关铁元素分析的论文时可能会搜索出许多不合适的结果，因为铁可能会作为试剂、干扰物或作为"环境"一词的一部分出现。我们甚至不会提到已扫描并转换为 PDF 的留存论文，其中"铁"被误识别为"狮子"。

因此，网络上准确搜索研究文献的重要工具都是专注于专业领域的数据库，如流动分析。目前，有三个值得关注的搜索流动分析的工具，如下所述。

12.2.1 Elo Hansen 博士的有关流动分析的索引

http://www.flowinjection.com/database1_interface/fia_database/results_page.asp

流动进样分析的两位原始发明者之一，Elo Hansen 博士，通过 FIAlab 仪器网站分享了大量的文章索引。2006 年更新的引用次数为 16500 次（6/1/07），在这个综合性的数据库中，可以通过标题和/或作者姓名等关键词搜索文章。获得的结果按时间顺序显示（可追溯至 1974 年），并包含作者、标题、语言和引用信息。

12.2.2　Google Scholar Beta

http://scholar.google.com/

谷歌学术是一个相对较新但拥有大量信息的数据库。谷歌学术于 2005 年发布，其专门通过 Google 搜索技术来研究文章数据和元数据。虽然这不是一个特定用于流动分析技术的数据库，但该数据库的综合特性和搜索的便利性使其成为查找任何研究主题文献的极其有用的工具，更不用说流动分析了。下面的表 12.1 显示了截至 2007 年 6 月 1 日在谷歌学术中找到的流动分析术语的结果。

表 12.1	谷歌学术中的搜索结果
搜索项	结果
＋"流动进样分析"	17600
＋"顺序进样分析"	957
＋"连续流动分析"	1790
＋"分段流动分析"	290
＋"阀上实验室"	150

除了常规搜索框之外，高级搜索框（图 12.1）可以根据作者、期刊、日期和学科领域对搜索结果进行限定。此外，搜索结果包含指向引用文章的链接，您可以通过单击 "cited by" 链接找到这些引用文章。

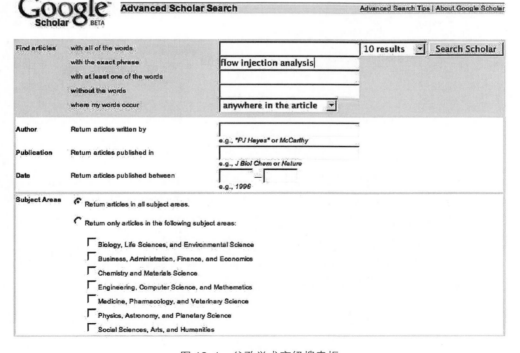

图 12.1　谷歌学术高级搜索柜

12.2.3 流动分析数据库 * (http://www.fia.unf.edu/)

流动分析数据库是一个在 1997 年上线的网站，大约有 3000 次引用。从那时起，它通过包含更多存留和现有的引文发展成为一个更全面的网站。该数据库涵盖了流动分析的所有方面，包含描述高效液相色谱（HPLC）中柱后衍生化反应的研究文章（分离后的流动分析）。

由于该数据库专门针对有关流动分析的研究文献，它旨在满足其用户群的需求。首页（图 12.2）包含许多功能，用于浏览和搜索超过 17000 篇文章的数据库。

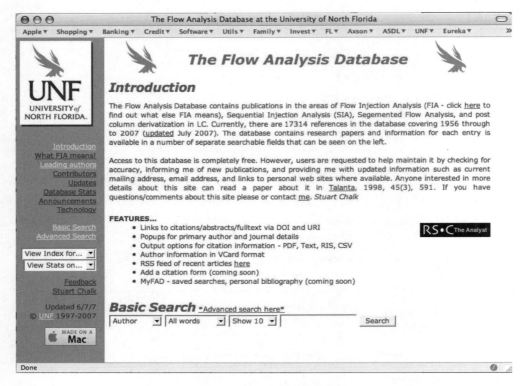

图 12.2　流动分析数据库主页

基本搜索允许用户按作者、期刊标题、分析物、样品基质、检测技术、关键字（具体的流动分析）、语言和出版年份搜索引文。此外，在左侧，用户可以为每一个字段选择一个可浏览的索引，其显示了数据库中用于识别引文的术语。更多复杂的搜索（图 12.3）可以通过布尔（AND/OR）逻辑在高级搜索页面上完成。

搜索结果在检索时以精简视图显示，用户可以选择这些结果中的一个或多个以查看更多详细信息。图 12.4 显示了详细的结果页面。

---

* 免责声明：本网站由本章作者开发

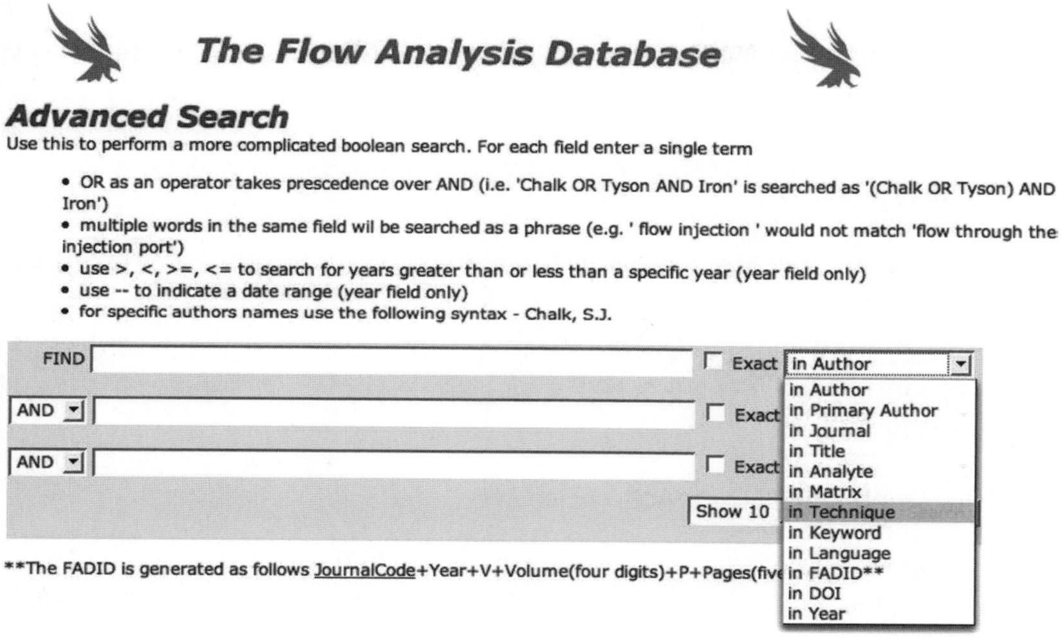

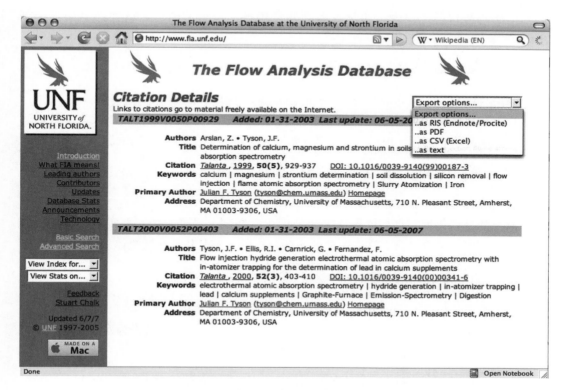

图 12.3 流动分析数据库高级搜索页面

图 12.4 流动分析数据库详细结果页面

除了关于引文的信息之外，还有一个指向在线论文的链接（如果存在），以便于访问研究。用户也可以将结果以多种格式导出，包括 EndNote/Procite、PDF 和逗号分隔值文件格式（CSV），以便将信息导入其他应用程序。

12.3 期刊

截至 2006 年，有关流动分析的文章已出现在全球 1000 多种同行评审期刊上。大多数文章都可以从分析化学期刊中找到。

但在特定应用期刊中可以找到相当多的文章，如临床化学（见下文）、药物和生物医学分析杂志[6]、农业和食品化学杂志[7] 和生物化学杂志[8]。以下是流动分析研究出版的最重要期刊列表。

12.3.1 Analytica Chimica Acta（Elsevier）

http://www.sciencedirect.com/science/journal/00032670

Analytica Chimica Acta（ACA）是 1975 年第一个发表关于流动进样分析文章的期刊[9]，其发表了 Ruzicka 和 Hansen 的整个系列的 10 篇文章。由于这些文章出现在 ACA 中，ACA 被认为时流动分析领域的主要期刊。今天，ACA 发表的关于流动分析的论文比其他任何期刊都多得多，而且考虑到如今编辑委员会的组成，这种现象还会继续下去。

12.3.2 Talanta（Elsevier）

http://www.sciencedirect.com/science/journal/00399 140

Talanta 已成为国际公认的分析化学领域高质量的出版物期刊，其很大一部分内容是关于流动分析。（始于 1976 年），部分归功于主编 Gary Christian 的编辑指导。

12.3.3 分析化学（美国化学学会-ACS）

http://pubs.acs.org/acs/journals/ancham/

ACS 的分析化学一直是世界顶级的分析化学期刊。尽管它的主要重点不在于仪器的设计和开发，但它包含有许多重要的流动分析论文，尤其是在微流体领域。

12.3.4 The analyst（皇家化学学会-RSC）

http://www.rsc.org/publishing/journals/an/

英国皇家化学学会首屈一指的分析期刊，*The Analyst* 延续了其作为发表基础性研究以及对分析科学重要概念的进行评审讨论的论坛的传统。

12.3.5 Journal of Flow Injection Analysis（日本流动进样分析协会）

http://aitech.ac.jp/~jafia/english/jfia/

Journal of Flow Injection Analysis（JFIA）是唯一致力于流动进样分析领域的期刊，

由日本流动进样分析协会出版。该前沿期刊自 1984 年推出以来一直助推日本流动分析研究和应用的发展。它还在每期（半年刊）中出版关于流动进样分析的引用书目。

12.3.6　Journal of Automatic Methods and Management in Chemistry（Hindawi）

http：//www. hindawi. com/journals/jammc/

创刊时期刊名为 Journal of Automatic Chemistry，*Journal of AutomaticMethods and Management in Chemistry*（*JAMMC*）也发表了大量关于 SFA 和其他自动化化学分析方法的文章。今天，JAMMC 所有期刊都可在线免费获取。

12.3.7　Analytical and Bioanalytical Chemistry（Springer）

http：//www. springerlink. com/content/1618−2642/

以前名为"Fresenius Joumal of Analytical Chemistry"的 *Analytical and Bioana-lytical Chemistry* 包含大量关于流动分析应用的有趣的技术文章。该期刊现在由一个化学学会团队管理，这使得它成为一个非常平衡的分析期刊。

12.3.8　Analytical Sciences（日本分析化学学会）

http：//www. jsac. or. jp/cgi-bin/analsci/toc/

作为一个新兴的（1985 年首次出版）分析期刊，Analytical Sciences 正迅速成长为主要的国际分析化学期刊。最近，Analytical Sciences 超过 Bunseki Kagaku 和 The Journal of Flow Injection Analysis（见下文）成为发布流动分析论文最多的出版物。促使它成长的主要因素是其可获得的完整的档案文件（开放获取）以及期刊语种为英语。

12.3.9　Analytical Letters（Taylor and Francis）

http：//www. informaworld. com/0003−2719

Analytical Letters 最初是 Marcel Dekker 的一部分，其发表所有关于分析化学领域的研究且专注于快速发表短篇通讯文章。

12.3.10　Journal of Chromatography A（Elsevier）

http：//www. sciencedirect. com/science/journal/00219673

尽管 Journal of Chromatography A 主要是关于分离的期刊，但除了混合流动分析−液相色谱和流动分析−毛细管电泳分析的文章之外，还有许多文章利用了与流动分析相关的带有液相色谱的柱后化学反应（衍生化）。

12.3.11　Electroanalysis（Wiley）

http：//www3. interscience. wiley. com/journal/26571/home

在 Joe Wang 的领导下，Electroanalysis 发表了电化学分析所有领域的研究成果。鉴于几乎 20% 的流动分析出版刊都使用了电化学检测，因此 Electroanalysis 成为该领域的主要期刊也就不足为奇了。

12. 3. 12　Journal of Analytical Atomic Spectrometry（RSC）

http：//www. rsc. org/publishing/journals/ja/

流动分析对原子光谱领域的影响不容低估。样品通过自动化的方式引入火焰、等离子体和放电体极大地推动了这些技术的发展。The Journal of Analytical Atomic Spectrometry（JAAS）发表了大量利用这些检测技术进行界面流分析的论文。

12. 3. 13　Fenxi Huaxue（万方数据）

http：//www. analchem. com

Fenxi Huaxue（分析化学）是当今中国最重要的分析期刊，流动分析占该期刊论文的很大一部分。

12. 3. 14　Bunseki Kagaku（日本分析化学学会）

http：//www. jsac. or. jp/bunka/bunsekikagaku_e. html

该日语期刊"Bunseki Kagaku"（"日本分析师"）是日本最早发表有关流动分析论文的期刊。在撰写本文时，全文文章可以追溯到 1975 年，但期刊的一些卷册收录于 JSTAGE（见下文），相信很快 Bunseki Kagaku 就会提供相关论文的完整文档。

12. 3. 15　Clinical Chemistry（美国临床化学协会）

http：//www. clinchem. org

从 20 世纪 60 年代中期开始，Clinical Chemistry 发表了许多关于使用分段连续流分析（SFA）进行自动流动分析的原创文章，该分析由 Skeggs 开发。现在可以通过上面的链接在线访问 Clinical Chemistry，该杂志的所有文档都可以免费访问（截至 2007 年 7 月）。

值得一提的是，有许多期刊的网址包含了所有科学领域（及其他领域）的大量研究文档。表 12. 2 列出了关于流动分析的最重要的一些期刊网址。

表 12. 2　　　　　　　　　　期刊网址

期刊出版商	网址
Elsevier	http：//www. sciencedirect. com
Wiley	http：//www. interscience. wiley. com
Taylor and Francis	http：//www. informaworld. com/smpp/subjecthome？db＝jour
Springer	http：//www. springerlink. com
Blackwell	http：//www. blackwell-synergy. com/
American Chemical Society	http：//pubs. acs. org/archives/
Royal Society of Chemistry	http：//www. rsc. org/Publishing/Journals/DigitalArchive/lndex. asp
I-STACE（日本）	http：//www. jstage. jst. go. ip/
SciElo	http：//www. scielo. org/
万方数据（中国）	http：//www. wanfangdata. com

12.4 仪器

基于伦纳德·斯凯格斯（Leonard Skeggs）的工作，自 20 世纪 60 年代后期以来，流动分析仪（自动分析仪）就已经出现了。今天，用于各种类型流动分析的仪器已经普及到全球。表 12.3 显示了设备和耗材的主要供应商以及流动分析仪器市场所用的技术。

表 12.3　　流动分析仪器的供应商及所用技术

供应商（网址）	技术
Astoria Pacific（http://www.astoria-pacific.com）	SFA，DA
Alliance（http://www.alliance.instruments.com/）	SFA
FIALab（http://www.flowinjection.com）	FIA，SIA，LOV，PA
Foss（http://www.foss.dk）	FIA
Global FIA（http://www.globalfia.com）	FIA，SIA，ZF，DA，PA，Custom
Lachat（http://www.lachatinstruments.com）	FIA
OI Analytical（http://www.oico.com）	FIA，SIA，SFA，DA
Seal Analytical（http://www.seal-analytical.com）	SFA，DA，PA
Skalar（http://www.skalar.com）	SFA，PA
Bran+Luebbe（http://www.brans.luebbe.de）	PA
Ogawa（http://www.ogawajapan.com）	FIA

注：FIA——流动进样分析；SIA——顺序进样分析；LOV——阀上实验室；SFA——分段流动分析（CFA）；DA——离散分析仪；PA——过程分析仪。

12.5 标准方法

在过去 30 年，流动分析方法已作为标准方法在世界范围内发布。下表总结了全球主要标准组织发布的方法（此列表并不包含所有标准机构）。

12.5.1 国际标准组织（http://www.iso.org/）

牛乳和乳制品
14673-2：2004　硝酸盐和亚硝酸盐含量的测定-第 2 部分：使用分段流动分析方法（常规方法） http://www.iso.org/iso/en/CatalogueDetailPage.CatalogueDetail? CSNUMBER=38703
14673-3：2004　硝酸盐和亚硝酸盐含量的测定-第 3 部分：使用在线透析进行镉还原和流动进样分析的方法（常规方法） http://www.iso.org/iso/en/CatalogueDetailPage.Catalogue Detail? CSNUMBER=38704

续表

	牛乳和乳制品
土壤质量 17380：2004	总氰化物和易释放氰化物的测定-连续流动分析方法 http：//www. iso. org/iso/en/CatalogueDetailPage. CatalogueDetailPCSNUMBER = 33033
烟草 15517：2003	硝酸盐含量的测定-连续流动分析法 http：//www. iso. org/iso/en/CatalogueDetailPage. CatalogueDetailPCSNUMBER = 27377
15152：2003	还原物质含量的测定-连续流动分析法 http：//www. iso. org/iso/en/CatalogueDetailPage.
15154：2003	还原碳水化合物含量的测定-连续流动分析法 http：//www. iso. org/iso/en/CatalogDetailPage. CatalogueDetailPCSNUMBER = 26507

	水质
11732：2005	铵态氮的测定-流动分析法 （CFA 和 FIA） 和光谱检测法 http：//www. iso. org/iso/en/CatalogueDetailPage. CatalogueDetailPCSNUMBER = 38924
13395：1996	通过流动分析 （CFA 和 FIA） 和光谱检测测定亚硝酸盐氮和硝酸盐氮以及两者的总和 http：//www. iso. org/iso/en/CatalogDetailPage. CatalogueDetail？ CSNUMBER = 21870
14402：1999	流动分析法测定苯酚指数 （FIA 和 CFA） http：//www. iso. org/iso/en/CatalogueDetailPage. CatalogueDetail？ CSNUMBER = 23708
14403：2002	通过连续流动分析测定总氰化物和游离氰化物 http：//www. iso. org/iso/en/Catalogue DetailPage. CatalogueDetail？ CSNUMBER = 23709
15681-1：2003	通过流动分析 （FIA 和 CFA） 测定正磷酸盐和总磷含量-第 1 部分：流动进样分析法 （FIA） http：//www. iso. org/iso/en/CatalogueDetailPage. CatalogueDetail？ CSNUMBER = 35050
15681-2：2003	通过流动分析 （FIA 和 CFA） 测定正磷酸盐和总磷含量-第 2 部分： 连续流动分析法 （CFA） http：//www. iso. org/iso/en/CatalogDetailPage. CatalogueDetail？ CSNUMBER = 35051
15682：2000	通过流动分析 （CFA 和 FIA） 和光度或电位检测测定氯化物 http：//www. iso. org/iso/en/CatalogueDetailPage-CatalogDetail？ CSNUMBER = 27984
16264：2002	通过流动分析 （FIA 和 CFA） 和光度检测测定可溶性硅酸盐 http：//www. iso. org/iso/en/CatalogueDetailPage。 CatalogueDetail？ CSNUMBER = 30224
22743：2006	硫酸盐的测定-连续流动分析法 （CFA） http：//www. iso. org/iso/en/CatalogDetailPage. CatalogueDetail？ CSNUMBER = 38339
23913：2006	铬$^{6+}$的测定-使用流动分析 （FIA 和 CFA） 和光谱检测的方法 http：//www. iso. org/iso/en/CatalogueDetailPage. CatalogueDetail？ CSNUMBER = 37017

12.5.2　美国环境保护署 (http://www. epa. gov/)

130. 1	分光光度计测得的总硬度 http://infotrek. er. usgs. gov/pls/apex/f? p＝119：38：3112691435248230：P38_METHOD_ID：5211
245. 2	CVAA 测得的汞（自动） http://infotrek. er. usgs. gov/pls/apex/f? p＝119：38：3785554329050224：P38_METHOD_ID：4822
310. 2	自动分析测得的碱度 http://infotrek. er. usgs. gov/pls/apex/f? p＝119：38：3112691435248230：P38_METHOD_ID：5231
325. 1	自动比色法测定氯化物 http://infotrek. er. usgs. gov/pls/apex/f? p ＝ 119：38：1941274247707098：：：：P38 _ METHOD _ ID：5771
325. 2	自动比色法测定氯化物 http://infotrek. er. usgs. gov/pls/apex/f? p ＝ 119：38：1941274247707098：：：：P38 _ METHOD _ ID：5765
335. 3	自动比色法测定氯化物 http://infotrek. er. usgs. gov/pls/apex/f? p ＝ 119：38：1941274247707098：：：：P38 _ METHOD _ ID：5404
335. 4	比色法测定氯化物，总物 http://infotrek. er. usgs. gov/pls/apex/f? p＝119：38：3112691435248230：：：：P38_METHOD_ID：5759
340. 3	比色法测定氟化物 http://infotrek. er. usgs. gov/pls/apex/f? p ＝ 119：38：3112691435248230：：：：P38 _ METHOD _ ID：5775
350. 1	自动化比色法测定胺 http://infotrek. er. usgs. gov/pls/apex/f? p ＝ 119：38：3112691435248230：：：：P38 _ METHOD _ ID：5405
351. 1	自动比色法测定 TKN http://infotrek. er. usgs. gov/pls/apex/f? p ＝ 119：38：3112691435248230：：：：P38 _ METHOD _ ID：4872
351. 2	通过半自动块消解和比色法测定 TRN http://infotrek. er. usgs. gov/pls/apex/f? p ＝ 119：38：3112691435248230：：：：P38 _ METHOD _ ID：4720
353. 1	比色法测定硝酸盐和亚硝酸盐 http://infotrek. er. usgs. gov/pls/apex/f? p ＝ 119：38：3112691435248230：：：：P38 _ METHOD _ ID：5250

续表

353.2	比色法测定硝酸盐-腈氮 http://infotrek.er.usgs.gov/pls/apex/f? p = 119：38：3112691435248230：:：: P38 _ METHOD _ ID：4873
353.4	自动比色法测定河口和沿海水域硝酸盐和亚硝酸盐 http://infotrek.er.usgs.gov/pls/apex/f? p = 119：38：3112691435248230：:：: P38 _ METHOD _ ID：7225
365.1	半自动比色法测定磷（所有形式） http://infotrek.er.usgs.gov/pls/apex/f? p = 119：38：3112691435248224：:：: P38 _ METHOD _ ID：5313
365.4	自动比色法测定磷 http://infotrek.er.usgs.gov/pls/apex/f? p = 119：38：3112691435248224：:：: P38 _ METHOD _ ID：4823
365.5	通过比色法测定河口和沿海水域中的正磷酸盐 http://infotrek.er.usgs.gov/pls/apex/f? p = 119：38：3112691435248230：:：: P38 _ METHOD _ ID：7231
375.2	比色法测定硫酸盐 http://infotrek.er.usgs.gov/pls/apex/f? p = 119：38：3112691435248230：:：: P38 _ METHOD _ ID：7231
420.2	自动比色法测定酚醛树脂 http://infotrek.er.usgs.gov/pls/apex/f? p = 119：38：3112691435248230：:：: P38 _ METHOD _ ID：5265
OIA-1677	通过配体交换流动进样测定氰化物 http://infotrek.er.usgs.gov/pls/apex/f? p = 119：38：3112691435248230：:：: P38 _ METHOD _ ID：4836

12.5.3 美国测试与材料协会 (http://www.astm.org/)

D3867-04	水中亚硝酸盐-硝酸盐的标准测试方法 http://www.astm.org/DATABASE.CART/REDLINE_PAGES/D3867.htm
D7237-06	使用气体扩散分离和电流检测的流动进样分析（FIA）的水生游离氰化物标准测试方法 http://www.astm.org/DATABASE.CART/REDLINE_PAGES/D7237.htm
C1310-01（2007）	使用流动进样预浓缩的电感耦合等离子体质谱法测定土壤中放射性核素的标准测试 方法 http://www.astm.org/DATABASE.CART/REDLINE_PAGES/C1310.htm

续表

D6888-04	使用气体扩散分离和电流检测的配体置换和流动进样分析（FIA）测定氰化物的标准测试方法 http://www.astm.org/DATABASE.CART/REDLINE_PAGES/D6888.htm

12.5.4　APHA/AWWA/WEF 标准方法

4500-Br D	流动进样分析（溴化物） http://www.standardmethods.org/Store/ProductView.cfm? productID=178
4500-Cl E 4500-Cl G	自动铁氰化物方法测定氯化物 硫氰酸汞流动进样分析 http://www.standardmethods.org/store/ProductView.cfm? productID=182
4500-CN N 4500-CN O	通过流动进样分析蒸馏后的总氰化物 通过流动进样分析总氰化物和弱酸可分解氰化物 http://www.standardmethods.org/store/ProductView.cfm? productID=180
4500-F G	离子选择性电极流动进样分析 http://www.standardmethods.org/store/ProductView.cfm? productID=184
4500-NH3 G 4500-NH3 H	通过自动苯甲酸盐流动进样分析氨 http://www.standardmethods.org/store/ProductView.cfm? productID=191
4500-NO3 F 4500-NO3 G 4500-NO3 1	通过自动镉还原法测定硝酸盐 通过自动肼还原法测定硝酸盐 镉还原法流动进样法 http://www.standardmethods.org/store/ProductView.cfm? productID=193
4500-N B	使用流动进样分析进行在线 UV/过硫酸盐消解和氧化 http://www.standardmethods.org/Store/ProductView.cfm? productID=189
4500-Norg D	块消解和流动进样分析 http://www.staidardmethods.org/store/ProductView.cfm? productID=194
4500-P F	用抗坏血酸自动还原磷
4500-P G	正磷酸盐的流动进样分析
4500-P H	总磷的手动消解和流动进样分析
4500-P I	总磷的在线 UV/过硫酸盐消解和流动进样分析 http://www.standardmethods.org/Store/ProductView.cfm? productID=197
4500-SiO2 E	二氧化硅，自动化方法测定钼酸盐反应性二氧化硅
4500-SiO2 F	流动进样分析钼酸盐反应性硅酸盐 http://www.standardmethods.org/store/ProductView.cfm? productID=199

续表

4500-SO42 G	流动进样分析甲基百里酚蓝 http://www.standardmethods.org/store/ProductView.cfm?productID＝202
4500-S2 1	蒸馏，亚甲蓝流动进样分析方法 http://www.standardmethods.org/store/ProductView.cfm?productID＝200

12.5.5　美国地质调查标准方法（http://www.usgs.gov/）

I-2302	氰化物，全水可回收；比色法 http://infotrek.cr.usgs.gov/pls/apex/f?p＝119：38：3112691435248230：：：：P38 _ METHOD _ ID：5660
I-2371	碘化物，通过比色法溶解在水中 http://infotrek.cr.usgs.gov/pls/apex/f?p＝119：38：3112691435248230：：：：P38 _ METHOD _ ID：5661
I-2525	氮，氨，溶解的，低离子强度，比色法，ASF http://infotrek.cr.usgs.gov/pls/apex/f?p＝119：38：3112691435248230：：：：P38 _ METHOD _ ID：5480
I-2542	亚硝酸盐，溶解，比色法，ASF，低离子强度 http://infotrek.cr.usgs.gov/pls/apex/f?p＝119：38：3112691435248230：：：：P38 _ METHOD _ ID：5480
I-2545	氮，亚硝酸盐加硝酸盐，溶解的，比色法，ASF http://infotrek.cr.usgs.gov/pls/apex/f?p＝119：38：3112691435248230：：：：P38 _ METHOD _ ID：5482
I-2602	磷，正磷酸盐加可水解，溶解的，比色法，ASF http://infotrek.cr.usgs.gov/pls/apex/f?p＝119：38：3112691435248230：：：：P38 _ METHOD _ ID：5483
I-2606	磷，正磷酸盐加上可水解的，溶解的，比色的，ASF http://infotrek.cr.usgs.gov/pls/apex/f?p＝119：38：3112691435248230：：：：P38 _ METHOD _ ID：5484
I-2607	磷，溶解的，低离子强度，比色法，ASF http://infotrek.cr.usgs.gov/pls/apex/f?p＝119：38：3112691435248230：：：：P38 _ METHOD _ ID：5485
I-4302	氰化物，全水可回收；比色法 http://infotrek.cr.usgs.gov/pls/apex/f?p＝119：38：3112691435248230：：：：P38 _ METHOD _ ID：5671
I-4602	磷，正磷酸盐加可水解的，总量，比色，ASF http://infotrek.cr.usgs.gov/pls/apex/f?p＝119：38：3112691435248230：：：：P38 _ METHOD _ ID：5502

I-4607	磷，总量，比色法，ASF http：//infotrek. cr. usgs. gov/pls/apex/f? p = 119：38：3112691435248230：：：：P38 _ METHOD _ ID：5503
I-6302	氰化物，可从底部材料回收，干燥重量，比色法 http：//infotrek. cr. usgs. gov/pls/apex/f? p = 119：38：3112691435248230：：：：P38 _ METHOD _ ID：5690
I-6545	氮，亚硝酸盐加硝酸盐，底部材料中的总量，干重，比色法，ASF http：//infotrek. cr. usgs. gov/pls/apex/f? p = 119：38：3112691435248230：：：：P38 _ METHOD _ ID：5511

12.6　其他有用的网站

12.6.1　教程

- http：//www. lachatinstruments. com/products/qcfia/fiaprimer. asp "FIA 入门"—对 FIA 要点进行简明扼要的讨论
- http：//www. flowinjection. com/freeCD. html "流动进样分析"—基于 CD 的第三版针对流动方法的深入全面的教程
- http：//www. globalfia. com/tutorial. html FIA/SIA 教程—针对 FIA/SIA/ZF 基本原理和应用的优异教程
- http：//www. sci. monash. edu. au/wsc/fia/FIA 简介—对 FIA 原理和实践的有用概述

12.6.2　书目（按时间顺序）

- "连续流动分析（临床和生化分析系列：第 3 卷）" W. B. 0824763203. Furman 1976 年 ISBN9780824763206http：//www. amazon. com/dp/
- "流动进样分析" J. Ruzicka 和 E. Hansen 第一版 1981 年 ISBN9780471081920http：//www. amazon. com/dp/0471081922
- "流动进样分析：原理与应用" M. Valcárcel, M. D. LuquedeCastro 和 A. Losada 1987 ISBN 97801332！9364http
- "流动进样分析" J. Ruzicka 和 E. Hansen 第二版 1988 年 ISBN9780471813559http：//www. amazon. com/dp/0471813559
- "流动进样原子光谱" J. L Burguera 1989 年 ISBN 9780824780593
- http：//www. amazon. com/dp/0824780590
- "流动进样分析：实用指南" B. Karlberg 和 G. Pacey 1989 年 ISBN 9780444880143 http：//www. amazon. com/dp/0824780590

- "基于酶或抗体的流动进样分析（FIA）" RL Schmid1991 年 ISBN 9783527282494 http://www. amazon. com/dp/3527282491
- "流动进样分离和预浓缩" Z.′L，Fang 1993 年 ISBN 179194 http://www. amazon. com/dp/1560811471
- "流动进样原子吸收光谱法" Z. L Fang 1995 ISBN 9780471953319 http://www. amazon. com/dp/0471953318
- "流动进样" JM 制药分析 1996 年 ISBN 9780748404452 http://www. amazon. com/dp/0748404457
- "流动进样分析：仪器与应用" M. Trojanowicz 2000 年 ISBN 9789810227104 http://www. amazon. com/dp/981022710

12.6.3 杰出研究人员的网页（按字母顺序排列）

http://www. uv. es/~martinej/personal/index1. html	Dr. Jose Martínez Calatayud
http://www. uib. es/depart/dqu/dquiweb/grupo_e. html	Dr. Victor Cerda
http://depts. washington. edu/chem/people/faculty/christian. html	Dr. Gary Christian
http://www3. uta. edu/faculty/dasgupta/index. htm	Dr. Sandy Dasgupta
http://www. css. zju. edu. cn/~imas/faculty/fzl. html	Dr. Zhaolun Fang
http://www. aua. gr/georgiou/index. htm	Dr. Constantinos Georgiou
http://www. uv. es/solinqui/	Dr. Miguel De La Guardia
http://www. anchem. su. se/staffcard. asp？ID=16	Dr. Bo Karlberg
http://www. chemistry. unimelb. edu. au/staff/spas/research/index. html	Dr. Spas Kolev
http://www. chem. monash. edu. au/staff/mckelvie/research. html	Dr. Ian McKelvie
http://chem1. chem. okayama−u. ac. jp/staff_e/motomizu. html	Dr. Shoji Motomizu
http://depts. washington. edu/chem/people/faculty/ruzicka. html	Dr. Jarda Ruzicka
http://www. chem. uw. edu. pl/labs/lfac_head. htm	Dr. Marek Trojanowicz
http://www. hull. ac. uk/chemistry/academic_staff. php？id=at	Dr. Alan Townshend
http://www. chem. umass. edu/Faculty/tyson. htm	Dr. Julian Tyson
http://www. chemistry. nmsu. edu/~research/sensors/srg/srg. html	Dr. Joseph Wang
http://www. plymouth. ac. uk/staff/pworsfold	Dr. Paul Worsfold
http://www. uco. es/grupos/FQM−215/index. htm	Dr. Miguel Valcarcel
http://www. up. ac. za/academic/chem/koos. htm	Dr. Koos Van Staden

注：没有找到 Dr. Elo Hansen 的网页。

12.6.4 其他

- http://aitech. ac. jp/~jafia/−日本流动进样分析协会

- http：//www. uv. es/~martinej/Flow-Analysis/–流动分析论坛

- http：// www. iupac. org/publications/pac/2002/7404/7404x0585. html Elias AGZagatto、Jacobus F. van Staden、Nelson Maniasso1、Raluca I. Stefan 和 GrahamD. Marshall "表征流动分析系统的必要信息（IUPAC 技术报告）" Pure Appl. Chem. 2002 74（4）p. 585.

- http：//www. iupac. org/publications/pac/2004/7606/ 7606x1119. html K. Tóth、K. Stulík、W. Kutner、Z. Fehér 和 E. Lindner "液体流分析技术中的电化学检测：表征和分类（IUPAC 技术报告）" Pure Appl. Chem. 2004 76（6）p. 1119

12.7　未来方向

展望互联网"水晶球"，流动分析研究的未来将何去何从？前景很好。为增强互联网体验而开发的技术将有助于跨学科的科学研究。下面是即将发生的事情。

12.7.1　语义网

语义网[10] 是互联网的下一次革命，从本质上讲，语义网意味着机器（计算机）将能够像人类一样理解信息。例如，对于人类来说 1-904-620-1938 很明显是电话号码，但是电脑看到的只是一串数字和破折号。如果我们加上一些元数据（关于数据的数据），电脑就可以理解这个字符串是电话号码。例如<telephone>1-904-620-1938</telephone>。通过添加元数据增加了上下文信息，从而使数据更有用。

对出版的数字革命改变了我们"挖掘"研究文献的方式。由于可以通过全文搜索，我们不再需要依靠论文的摘要来一瞥其内容。但是，在 PDF 中找到"磷酸盐"一词并不能告诉我们它是分析物（正磷酸盐）还是缓冲液（磷酸氢钠），或是样品（磷酸盐岩），因此我们再次需要上下文。因此语义网，作为一个看似抽象的概念，将使研究人员通过上下文以及复合、矩阵等进行搜索来影响数字化出版。

受控词汇表、同义词库和本体是语义的重要组成部分，作为流动分析研究的从业者，我们需要开发 Web，以便我们可以利用这场革命。受控词汇表，顾名思义，用于学科领域特定主题的标准术语列表。多年来，出版商和作者一直以关键字的形式而努力，但它们当然不受控制！为了使受控词汇表在实际意义上起作用，还需要叙词表。由于化学家喜欢使用术语吸光度（比尔定律），生物学家坚持使用光密度。因此，智能计算机系统必须能够将非标准术语（光密度）翻译成受控词汇术语（吸光度）以进行搜索，即使用同义词库。最后，可以在本体中定义受控词汇术语之间的关系以及将这些术语组合在一起。如果我们作为一个全球社区可以组织和开发这些词库列表，那么我们就可以显著推进我们的科学。

12.7.2　可扩展标记语言（XML）

可扩展标记语言（XML）[11] 是一种 Web 技术，由于信息需要上下文因而衍生了该技术。这是一种以"美国信息交换标准代码"格式（ASCII）识别信息的优雅方法，并且足够灵活，适用于任何应用程序。以下列出了几个有趣的例子可以很容易地应用于流动分析的研究文章中，并能加强对研究论文的搜索和比较。

- 分析指标–对开发新方法的重要分析参数的简要总结。

```
<codedisplay><![CDATA[
    <calibration analyte="iron"xunit="ppm"
    yunit="absorbance">
        <slope>0.219</slope>
        <intercept>0.0004</intercept>
        <rsquared>0.999903</rsquared>
        <detectionlimit unit="ppb">5.03</detectionlimit>
        <limitoflinearity>4.0</limitoflinearity>
    </calibration>
    <analysis replicates="5">
        <analyte>iron</analyte>
        <matrix>Seawater</matrix>
        <dilution>10 mL to 100 mL</dilution>
        <result unit="ppm">1.74</result>
        <resulterror unit="ppm">0.0074</resulterror>
    <analysis>
]]></codedisplay>
```

- 歧管流动流程图—歧管参数的文本表示

```
<manifold analyte="cyanide">
        <line id="1"type="input"name="carrier">
                <flowrate unit="mL/min">1.0</flowrate>
                <solution>Borate buffer ph 10.8</solution>
        </line>
        <line id="2"type="input"name="reagent">
                <flowrate unit="mL/min">0.1</flowrate>
                <solution>Copper (II) /EDTA/Phenolphthalin
                </solution>
        </line>
        <line id="3"type="output"name="mixingcoil">
                <coil>
                <length unit="cm">100</length>
                <diameter unit="mm">0.1</diameter>
    </coil>
        </line>
        <confluencePoint>
                <input id="1"/>
```

```
        <input id="2"/>
        <output id="3"/>
        <geometry>Tee</geometry>
    <confluencePoint>
    <detector>
        <input id="3"/>
        <type>spectrophotometer</type>
        <wavelength unit="nm">512</pathlength>
        <pathlength unit="cm">1.0</pathlength>
    </detector>
</manifold>
```

总之，互联网为流动分析提供了很多东西。我们不仅可以更轻松地交流想法；紧跟文献和跨洲合作，还可以有很多机会来建立集成的网络社区。再过 50 年会是什么样子？

参考文献

［1］ Skeggs, L. T. (2000) Persistence…and Prayer：From the Artificial Kidney to the AutoAnalyzer. *Clinical Chemistry*, 46, 1425-1436. http://www. clinchem. org/cgi/content/full/46/9/1425.

［2］ Skeggs, L. T. Jr. (1957) An automatic method for colorimetric analysis. *American Journal of Clinical Pathology*, 28, 311-322.

［3］ The History of Web Hosting-A Galactic Network, Accessed July 1, 2007, http://www. thehistoryof. net/history-of-web-hosting. html.

［4］ Google Search Engine, Accessed July 1, 2007, http://www. google. com.

［5］ Web 2. 0, Accessed July 1, 2007, http://en. wikipedia. org/wiki/Web_2.

［6］ Journal of Pharmaceutical and Biomedical Analysis, Accessed July 1, 2007, http:// www. sciencedirect. com/science/journal/ 07317085.

［7］ Journal of Agricultural and Food Chemistry, Accessed July 1, 2007, http://pubs. acs. org/ journals/jafcau/index. html.

［8］ Journal of Biological Chemistry, Accessed July 1, 2007, http://www. jbc. org.

［9］ Ruzicka, J. and Hansen, E. (1975) Flow injection analyses. Part I. A new concept of fast continuous flow analysis. *Analytica Chimica Acta*, 78, 145-147 http://dx. doi. org/10. 1016/S0003-2670 (01) 84761-9.

［10］ W3C Semantic Web Activity, Accessed July 1, 2007, http://www. w3. org/2001/sw/.

［11］ Extensible Markup Language (XML), Accessed July 1, 2007, http://www. w3. org/xml/.